中 国 国 家 标 准 汇 编

478

GB 25668～25694

（2010 年制定）

中国标准出版社　编

中国质检出版社
中国标准出版社
北　京

图书在版编目（CIP）数据

中国国家标准汇编：2010年制定. 478：GB 25668～25694/中国标准出版社编. —北京：中国标准出版社，2011
ISBN 978-7-5066-6517-9

Ⅰ. ①中… Ⅱ. ①中… Ⅲ. ①国家标准-汇编-中国-2010 Ⅳ. ①T-652.1

中国版本图书馆CIP数据核字(2011)第187732号

中国质检出版社
中国标准出版社 出版发行
北京市朝阳区和平里西街甲2号(100013)
北京市西城区三里河北街16号(100045)

网址：www.spc.net.cn
总编室：(010)64275323 发行中心：(010)51780235
读者服务部：(010)68523946

中国标准出版社秦皇岛印刷厂印刷
各地新华书店经销

*

开本 880×1230 1/16 印张 36 字数 922 千字
2011年12月第一版 2011年12月第一次印刷

*

定价 220.00 元

出 版 说 明

1.《中国国家标准汇编》是一部大型综合性国家标准全集。自1983年起,按国家标准顺序号以精装本、平装本两种装帧形式陆续分册汇编出版。它在一定程度上反映了我国建国以来标准化事业发展的基本情况和主要成就,是各级标准化管理机构,工矿企事业单位,农林牧副渔系统,科研、设计、教学等部门必不可少的工具书。

2.《中国国家标准汇编》收入我国每年正式发布的全部国家标准,分为"制定"卷和"修订"卷两种编辑版本。

"制定"卷收入上一年度我国发布的、新制定的国家标准,顺延前年度标准编号分成若干分册,封面和书脊上注明"20××年制定"字样及分册号,分册号一直连续。各分册中的标准是按照标准编号顺序连续排列的,如有标准顺序号缺号的,除特殊情况注明外,暂为空号。

"修订"卷收入上一年度我国发布的、修订的国家标准,视篇幅分设若干分册,但与"制定"卷分册号无关联,仅在封面和书脊上注明"20××年修订-1,-2,-3,……"字样。"修订"卷各分册中的标准,仍按标准编号顺序排列(但不连续);如有遗漏的,均在当年最后一分册中补齐。需提请读者注意的是,个别非顺延前年度标准编号的新制定的国家标准没有收入在"制定"卷中,而是收入在"修订"卷中。

读者配套购买《中国国家标准汇编》"制定"卷和"修订"卷则可收齐上一年度我国制定和修订的全部国家标准。

3.由于读者需求的变化,自1996年起,《中国国家标准汇编》仅出版精装本。

4.2010年我国制修订国家标准共2846项。本分册为"2010年制定"卷第478分册,收入国家标准GB 25668～25694的最新版本。

中国标准出版社

2011年8月

目　　录

ICS 25.100
J 41

中华人民共和国国家标准

GB/T 25668.1—2010

镗铣类模块式工具系统 第1部分：型号表示规则

Modular tooling system for boring and milling—Part 1: Designation

2010-12-23 发布 2011-07-01 实施

中华人民共和国国家质量监督检验检疫总局
中国国家标准化管理委员会 发布

前　言

GB/T 25668《镗铣类模块式工具系统》分为两个部分：

——第1部分：型号表示规则；

——第2部分：TMG21工具系统的型式和尺寸。

本部分为GB/T 25668的第1部分。

本部分由中国机械工业联合会提出。

本部分由全国刀具标准化技术委员会(SAC/TC 91)归口。

本部分主要起草单位：成都成量工具集团有限公司、成都工具研究所、哈尔滨量具刃具集团公司、上海工具厂有限公司。

本部分主要起草人：田立新、杨忠俊、查国兵、沈士昌、潘凡伟、张铁铭、于海宏、高英、魏华亮、刘钢、励政伟。

镗铣类模块式工具系统
第1部分：型号表示规则

1 范围

GB/T 25668 的本部分规定了镗铣类模块式工具系统的型号表示规则。

本部分适用于镗铣类模块式工具系统。

2 规范性引用文件

下列文件中的条款通过 GB/T 25668 的本部分的引用而成为本部分的条款。凡是注日期的引用文件，其随后所有的修改单(不包括勘误的内容)或修订版均不适用于本部分，然而，鼓励根据本部分达成协议的各方研究是否可使用这些文件的最新版本。凡是不注日期的引用文件，其最新版本适用于本部分。

GB/T 1443—1996 机床和工具柄用自夹圆锥(eqv ISO 296:1991)

GB/T 3837—2001 7:24 手动换刀刀柄圆锥(eqv ISO 297:1988)

GB/T 5342.1—2006 可转位面铣刀 第1部分:套式面铣刀(ISO 6462:1983,MOD)

GB/T 6133.1—2006 削平型直柄刀具夹头 第1部分:刀具柄部传动系统的尺寸(ISO 5414-1:2002,IDT)

GB/T 19449.1—2004 带有法兰接触面空心圆锥接口 第1部分:柄部——尺寸(ISO 12164-1:2001,IDT)

ISO 7388-1:2007 自动换刀机床用 7:24 圆锥工具柄部 第1部分:A,AD,AF,U,UD 和 UF 型柄部的尺寸和代号

ISO 7388-2:2007 自动换刀机床用 7:24 圆锥工具柄部 第2部分:J,JD 和 JF 型柄部的尺寸和代号

ISO 10897:1996 带有 1:10 锥度卡簧的弹簧夹头

ISO 15488:2003 带有半锥角 8°卡簧的弹簧夹头

ISO 26622-1:2008 带有钢球拉紧系统的空心圆锥接口 第1部分:柄的尺寸和代号

ISO 26623-1:2008 带有法兰接触面的三棱弧锥接口 第1部分:柄的尺寸和代号

3 名称与型号的编制

3.1 一般说明

镗铣类模块式工具系统，通常称做 TMG 工具系统，为区分各种不同连接结构的模块式工具系统，在 TMG 后加上两位数字，以表明该系统的结构特征，见示例 1。

示例 1 中，定心方式代号按表 1，锁紧方式代号按表 2。

示例 1：

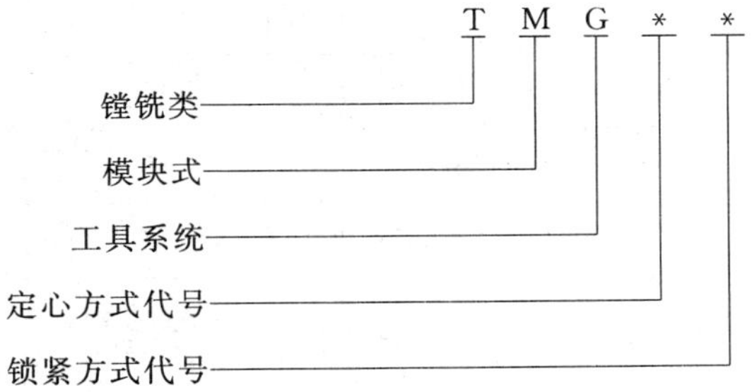

表 1

代　　号	定 心 方 式
1	短圆锥定心
2	单圆柱面定心
3	双键定心
4	端齿啮合定心
5	双圆柱面定心
6	异形锥面定心

表 2

代　　号	锁 紧 方 式
0	中心螺钉拉紧
1	径向销钉锁紧
2	径向楔块锁紧
3	径向双头螺栓锁紧
4	径向单侧螺钉锁紧
5	径向两螺钉垂直方向锁紧
6	螺纹连接锁紧
7	内部弹性锁紧
8	内部钢球锁紧

3.2　主柄柄部型式代号

主柄柄部型式代号含义按表 3,用 1～5 个大写英文字母或符号表示柄部型式,其后××(数字)表示某一尺寸规格。

表 3

柄部型号与规格	说　　明
A××	按 ISO 7388-1:2007 的 A 型柄
AD××	按 ISO 7388-1:2007 的 AD 型柄
AF××	按 ISO 7388-1:2007 的 AF 型柄
U××	按 ISO 7388-1:2007 的 U 型柄
UD××	按 ISO 7388-1:2007 的 UD 型柄
UF××	按 ISO 7388-1:2007 的 UF 型柄
J××	按 ISO 7388-2:2007 的 J 型柄
JD××	按 ISO 7388-2:2007 的 JD 型柄
JF××	按 ISO 7388-2:2007 的 JF 型柄
ST××	按 GB/T 3837—2001 的柄部
STW××	按 GB/T 3837—2001 的柄部,但无锥柄尾部圆柱部分

表 3（续）

柄部型号与规格	说　明
MT××	按 GB/T 1443—1996 的莫氏圆锥柄，有扁尾部分
MW××	按 GB/T 1443—1996 的莫氏圆锥柄，无扁尾部分
HSK-A××	按 GB/T 19449.1—2004 的 HSK-A 型柄
HSK-C××	按 GB/T 19449.1—2004 的 HSK-C 型柄
TS××	按 ISO 26622-1:2008 的 TS 型柄
PSC××	按 ISO 26623-1:2008 的 PSC 型柄

3.3 工作模块代号含义

工作模块代号含义按表 4，用 1～3 个大写字母表示工作模块的型号。允许在所规定的型号之后，增加一个字母表示结构特征。其后数字表示装夹工具直径（或孔径）、加工范围的起始值，或与刀具、附件接口的尺寸。

表 4

工作模块的型号与规格	说　明
ER××	按 ISO 15488:2003 的卡簧外锥锥度半角为 8°的弹簧夹头模块
QH××	按 ISO 10897:1996 的卡簧外锥锥度为 1:10 的弹簧夹头模块
GI××	Ⅰ型攻丝夹头模块
GII××	Ⅱ型攻丝夹头模块
M×	按 GB/T 1443—1996 的装有扁尾莫氏圆锥工具柄
TQW××	为倾斜型微调镗刀模块
TZW××	为直角型微调镗刀模块
XMA××	装按 GB/T 5342.1—2006 的 A 类套式面铣刀的模块
XMB××	装按 GB/T 5342.1—2006 的 B 类套式面铣刀的模块
XMC××	装按 GB/T 5342.1—2006 的 C 类套式面铣刀的模块
TS××	双刃可调镗刀模块
TSW××	双刃微调镗刀模块
TW××	小孔径微调镗刀模块
XP××	按 GB/T 6133.1—2006 的装削平型直柄工具模块
XPD××	装 2°斜削平型直柄工具模块
Z××	装莫氏短锥钻夹头模块
ZJ××	装贾氏短锥钻夹头模块
QKZ××	可转位浅孔钻模块
K××	可转位扩孔钻模块

4 模块式工具系统型号的编制方法

4.1 直接与机床主轴相连接的主柄模块

4.1.1 主柄模块型号表示规则

* * A · * * · * — *

- 用1位数字表示模块连接的定心方式(见表1)
- 用1位数字表示模块连接的锁紧方式(见表2)
- 用字母A表示此模块为主柄
- 分隔点
- 用字母表示主柄柄部型式(见表3)
- 用数字表示柄部尺寸代号(见表3)
- 分隔点
- 表示模块连接处的外径D
- 分离线
- 表示刀柄与编程有关的工作长度

4.1.2 主柄模块的型号含义示例

代号为21A.A40.40-90 表示:

单圆柱面定心,径向销钉锁紧,主柄模块,主柄柄部按ISO 7388-1:2008中A型结构40号规格,模块接口部分的名义外径40 mm,主柄圆锥大端直径至前端面的轴向长度为90 mm,见图1。

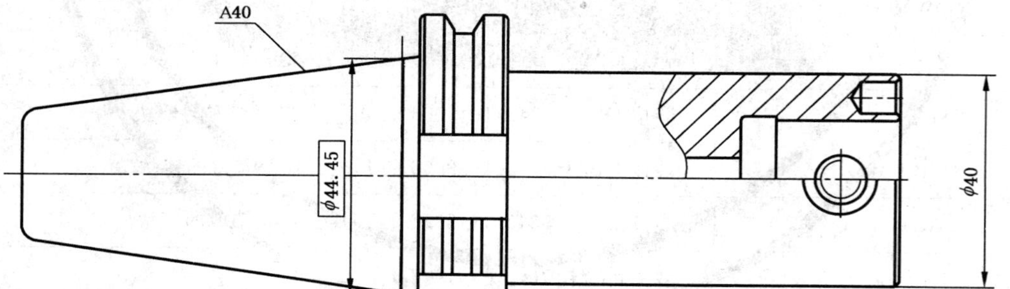

图 1

4.2 加长工具轴向尺寸和变换连接直径的中间模块

4.2.1 中间模块型号表示规则

* * B · * / * — *

- 用 1 位数字表示模块连接的定心方式(见表 1)
- 用 1 位数字表示模块连接的锁紧方式(见表 2)
- 用字母 B 表示此模块为中间模块
- 分隔点
- 靠近主轴一端的模块外径
- 分隔线
- 靠近工作模块一端的模块外径
- 分离线
- 用数字表示接长长度

4.2.2 中间模块的型号含义示例

代号为 21B.40/32-40 表示：

单圆柱面定心，径向销钉锁紧，中间模块，靠近主柄一端的模块外径为 40 mm，靠近工作模块一端的模块外径为 32 mm，接长长度 40 mm，见图 2。

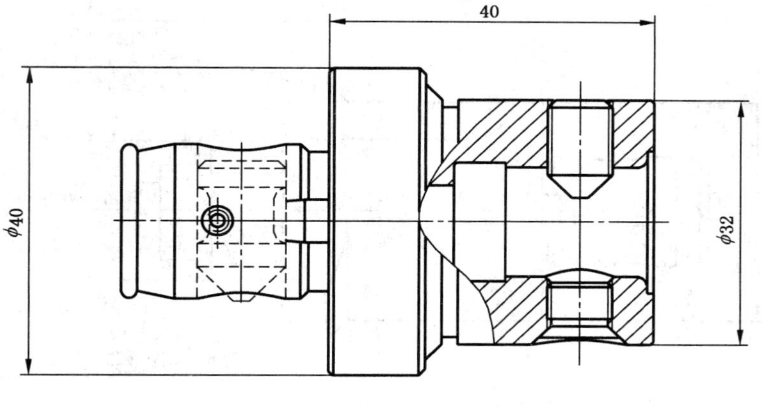

图 2

4.3 装夹各种切削刀具的工作模块

4.3.1 工作模块型号表示规则

* * C(D) · * — * * — *

用 1 位数字表示模块连接的定心方式(见表 1)
用 1 位数字表示模块连接的锁紧方式(见表 2)
C 表示工作模块,CD 表示工作模块带有刀具
分隔点
用数字表示模块接口处外径
分离线
用字母表示工作模块的用途
用数字表示工作模块的规格
分离线
用数字表示工作模块的有效长度

4.3.2 工作模块的型号含义示例

代号为 21CD.32-TS9039-60 表示:

单圆柱面定心,径向销钉锁紧,自身带有刀具的工作模块,模块接口处外径为 32 mm,双刃镗刀模块,90°双刃最小镗孔直径为 39 mm,工作模块的有效长度为 60 mm,见图 3。

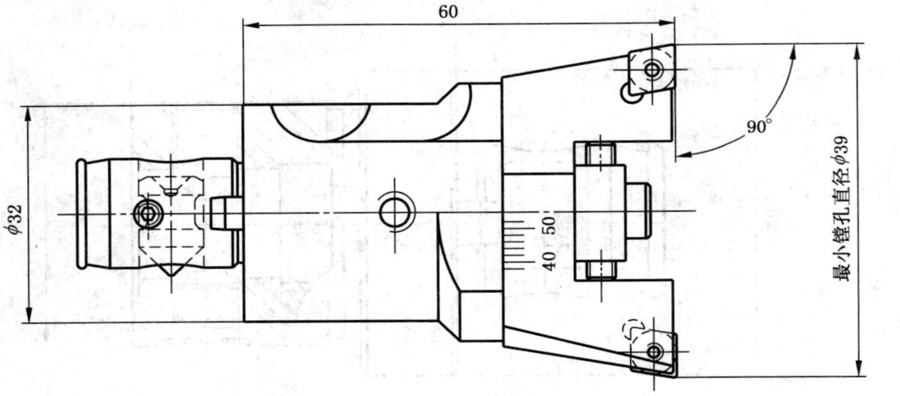

图 3

ICS 25.100
J 41

中华人民共和国国家标准

GB/T 25668.2—2010

镗铣类模块式工具系统 第2部分：TMG21工具系统的型式和尺寸

Modular tooling system for boring and milling—Part 2: TMG21 tooling system dimensions

2010-12-23 发布　　　　2011-07-01 实施

中华人民共和国国家质量监督检验检疫总局
中国国家标准化管理委员会　发布

前　言

GB/T 25668《镗铣类模块式工具系统》分为两个部分：

——第1部分：型号表示规则；

——第2部分：TMG21工具系统的型式和尺寸。

本部分为GB/T 25668的第2部分。

本部分的附录A为规范性附录。

本部分由中国机械工业联合会提出。

本部分由全国刀具标准化技术委员会(SAC/TC 91)归口。

本部分主要起草单位：成都成量工具集团有限公司、成都工具研究所、哈尔滨量具刃具集团公司、上海工具厂有限公司。

本部分主要起草人：田立新、杨忠俊、查国兵、沈士昌、潘凡伟、张铁铭、于海宏、高英、魏华亮、刘钢、励政伟。

镗铣类模块式工具系统 第2部分:TMG21工具系统的型式和尺寸

1 范围

GB/T 25668的本部分规定了TMG21工具系统中各种模块的型式与尺寸,TMG21工具系统的型号表示规则按GB/T 25668.1的规定。

本部分适用于TMG21工具系统。

2 规范性引用文件

下列文件中的条款通过GB/T 25668的本部分的引用而成为本部分的条款。凡是注日期的引用文件,其随后所有的修改单(不包括勘误的内容)或修订版均不适用于本部分,然而,鼓励根据本部分达成协议的各方研究是否可使用这些文件的最新版本。凡是不注日期的引用文件,其最新版本适用于本部分。

GB/T 79 内六角圆柱端紧定螺钉

GB/T 3837—2001 7∶24手动换刀刀柄圆锥(eqv ISO 297:1988)

GB/T 5342.1—2006 可转位面铣刀 第1部分:套式面铣刀(ISO 6462:1983,MOD)

GB/T 6133.1—2006 削平型直柄刀具夹头 第1部分:刀具柄部传动系统的尺寸(ISO 5144-1:2002,IDT)

GB/T 19449.1—2004 带有法兰接触面空心圆锥接口 第1部分:柄部——尺寸(ISO 12164-1:2001,IDT)

GB/T 25668.1 镗铣类模块式工具系统 第1部分:型号表示规则

ISO 7388-1:2007 自动换刀机床用7∶24圆锥工具柄部 第1部分:A,AD,AF,U,UD和UF型柄部的尺寸和代号

ISO 7388-2:2007 自动换刀机床用7∶24圆锥工具柄部 第2部分:J,JD和JF型柄部的尺寸和代号

ISO/DIS 10643 切削刀具的附件尺寸

ISO 15488:2003 带有半锥角8°卡簧的弹簧夹头

ISO 26622-1:2008 带有钢球拉紧系统的空心圆锥接口 第1部分:柄的尺寸和代号

ISO 26623-1:2008 带有法兰接触面的三棱弧锥接口 第1部分:柄的尺寸和代号

3 术语和定义

下列术语和定义适用于本部分。

3.1

主柄模块 taper shank modular

模块式工具系统中直接与机床主轴相连接的工具模块(见图1)。

3.2

中间模块 medium modular

模块式工具系统中用于加长轴向尺寸或变换连接直径的工具模块(见图1)。

3.3

工作模块 working modular

模块式工具系统中用于装夹各种切削刀具或进行切削加工的模块(见图1)。

3.4

接口轴　location spigot

模块间起连接、定位作用的轴和端面，与接口孔对应表面相接触(见图 1)。

3.5

接口孔　location hole

模块间起连接、定位作用的孔和端面，与接口轴对应表面相接触(见图 1)。

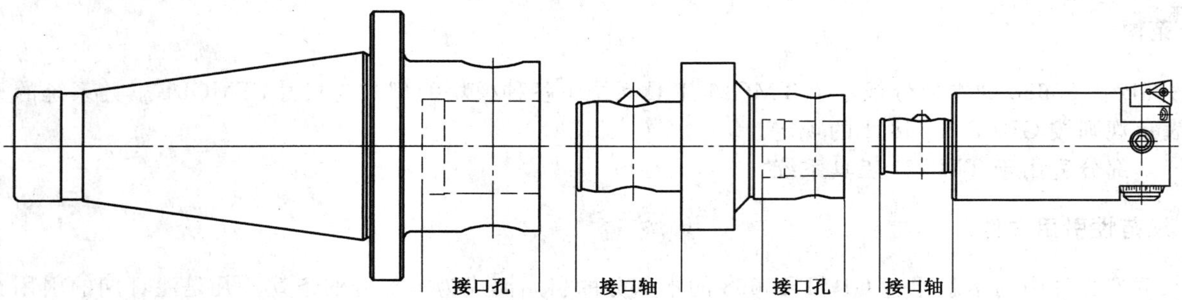

图 1

4 模块型式

模块型式按图 2 的规定。

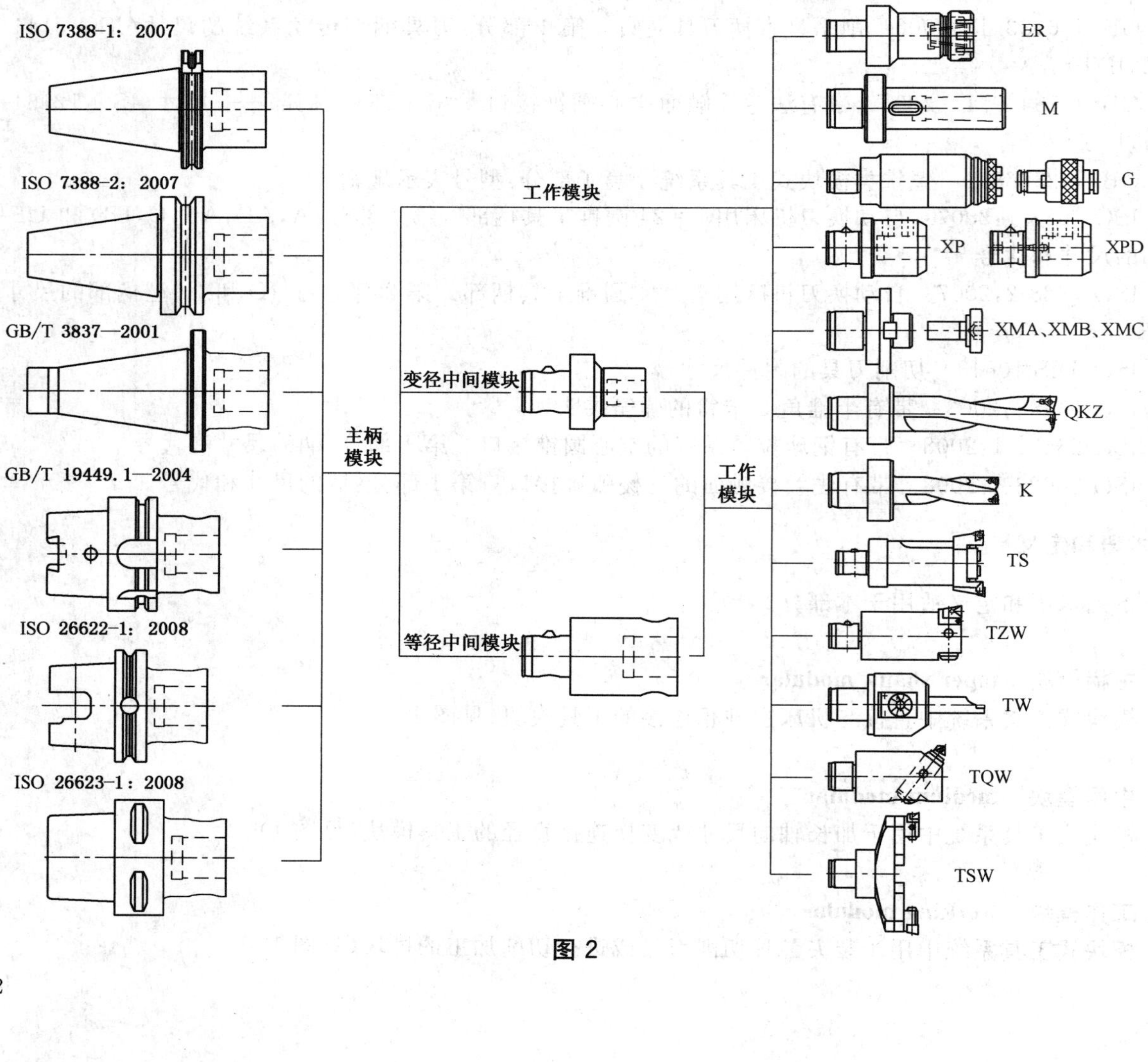

图 2

5 TMG21 接口各组成零件名称

TMG21 接口各组成零件名称按图 3 和表 1。

图 3

表 1

序　　号	零 件 名 称
1	接口孔
2	接口轴
3	内锥端螺钉
4	锁紧滑销
5	定位销螺钉
6	外锥端螺钉
7	内六角圆柱端紧定螺钉(按 GB/T 79)

6 TMG21 接口的型式尺寸

6.1 接口孔的型式尺寸

接口孔的型式尺寸按图 4 和表 2。

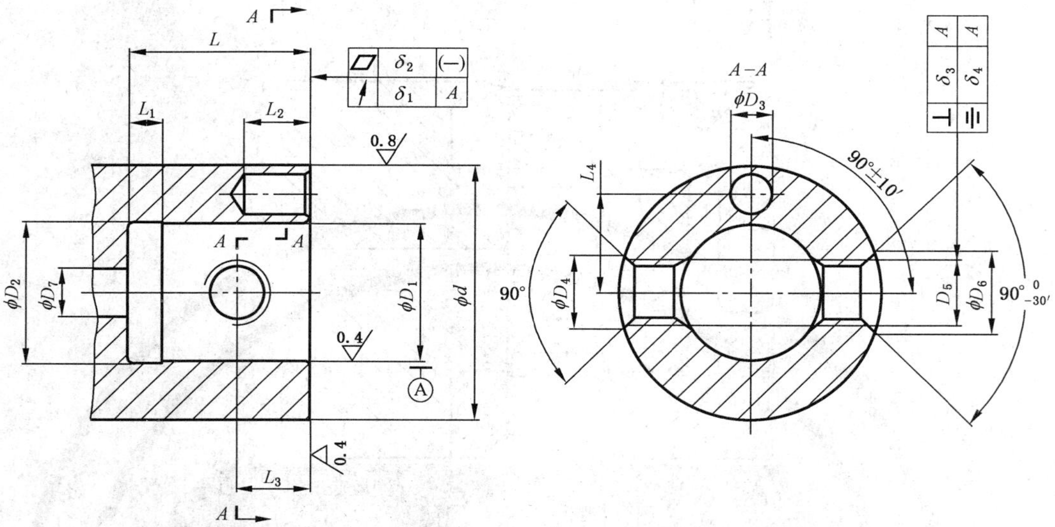

图 4

表 2

单位为毫米

规格	25	32	40	50	63	80	100	125
d(g8)	25	32	40	50	63	80	100	125
D_1	$13^{+0.005}_{+0.002}$	$16^{+0.005}_{+0.002}$	$20^{+0.005}_{+0.002}$	$28^{+0.006}_{+0.003}$	$34^{+0.006}_{+0.003}$	$46^{+0.007}_{+0.003}$	$56^{+0.008}_{+0.003}$	$70^{+0.009}_{+0.004}$
D_2	14	17	21	29	35	47	57	71
D_3(H12)	3.3	5	6	7	10	12	16	20
D_4	8	10	12	14	18	22	26	32
D_5	M6×0.75	M8×1	M10×1.25	M12×1.5	M16×1.5	M20×2	M24×2	M30×2
D_6	8.3	10.4	13.4	16.5	20.5	26	31	40
D_7	作为主柄内冷却孔由各生产厂家自行设计，作为中间模块内冷却孔根据接口轴的 D_5 尺寸设计							
L	24	27	31	36	43	48	60	76
L_1	6	7	8	8	8	8	8	10
L_2	4	7	9	10	12	14	18	25
L_3±0.05	8.3	10.3	11.3	13.3	17.4	20.4	24.4	30.5
L_4(JS12)	9.5	12	15	19.5	24.3	31	39	48.5
δ_1	0.002 5	0.003	0.003	0.003	0.004	0.004	0.004	0.005
δ_2	0.003	0.004	0.004	0.005	0.005	0.006	0.006	0.008
δ_3	ϕ0.03	ϕ0.04	ϕ0.04	ϕ0.05	ϕ0.05	ϕ0.06	ϕ0.06	ϕ0.08
δ_4	0.05	0.06	0.06	0.06	0.08	0.08	0.08	0.10

6.2 接口轴的型式尺寸

接口轴的型式尺寸按图 5 和表 3。

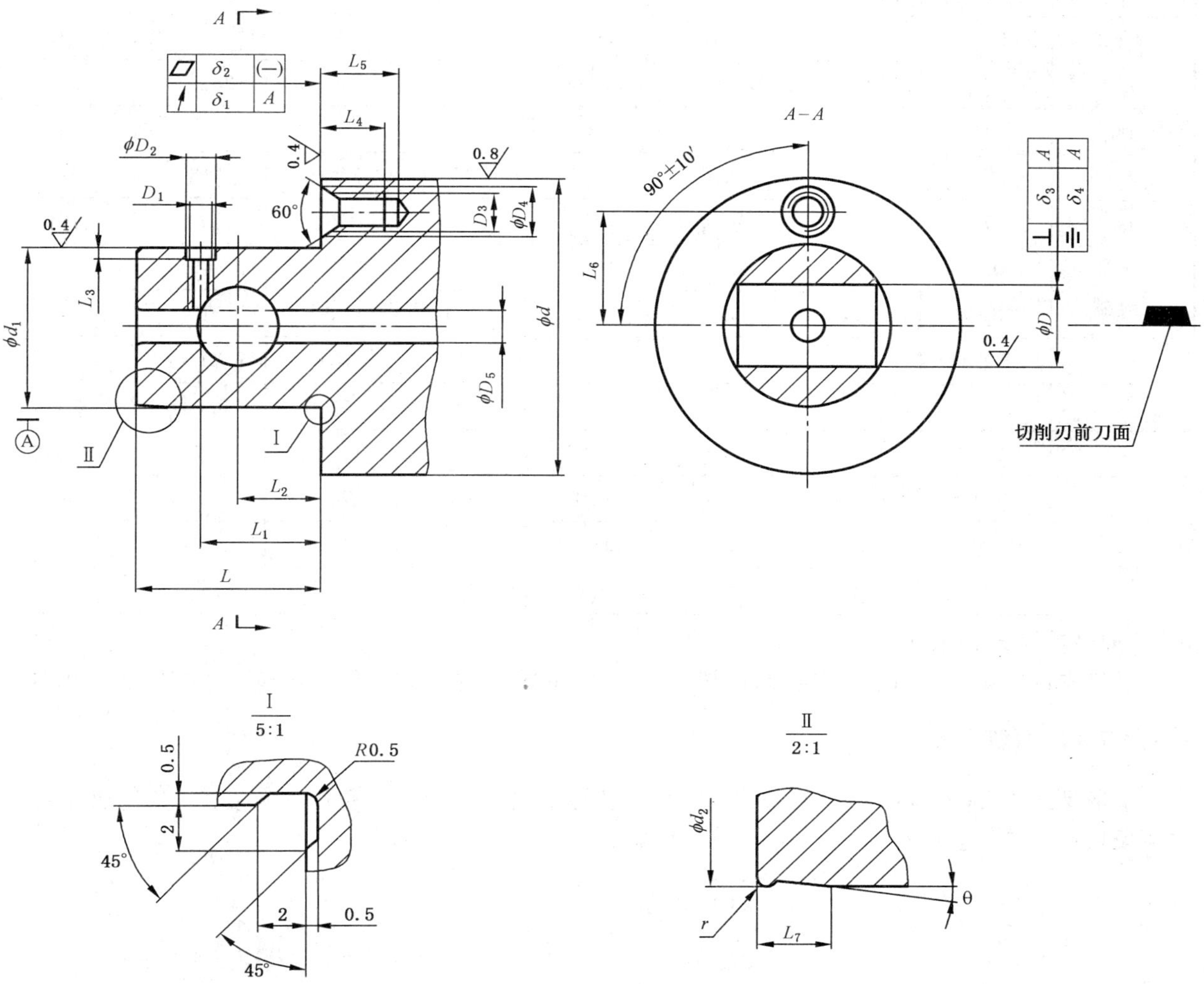

图 5

表 3

单位为毫米

规格	25	32	40	50	63	80	100	125
d(g8)	25	32	40	50	63	80	100	125
d_1	$13_{-0.004}^{-0.002}$	$16_{-0.004}^{-0.002}$	$20_{-0.004}^{-0.002}$	$28_{-0.004}^{-0.002}$	$34_{-0.005}^{-0.002}$	$46_{-0.006}^{-0.003}$	$56_{-0.006}^{-0.003}$	$70_{-0.007}^{-0.003}$
d_2(f9)	13	16	20	28	34	46	56	70
D(H8)	7	9	11	13	17	21	25	32
D_1	M2.5-6H	M2.5-6H	M4-6H	M4-6H	M5-6H	M5-6H	M5-6H	M6-6H
D_2	3.5	3.5	5	5	6	6	6	7
D_3	M2.5-6H	M4-6H	M4-6H	M5-6H	M8-6H	M10-6H	M14-6H	M16-6H
D_4	3.3	5.0	6.0	7.0	10.3	12.5	16.0	20.0
D_5	4.1	6.1	6.1	7.0	7.0	8.1	14	14

表 3（续）

单位为毫米

规格	25	32	40	50	63	80	100	125
L	20	23	26	31	38	43	55	70
L_1(js12)	11.3	14.1	16	18.8	24.8	20	24	30
L_2	$8_{-0.08}^{0}$	$10_{-0.08}^{0}$	$11_{-0.08}^{0}$	$13_{-0.08}^{0}$	$17_{-0.08}^{0}$	$20_{-0.08}^{0}$	$24_{-0.08}^{0}$	$30_{-0.10}^{0}$
L_3	1	1.5	1.5	2	2.5	4	5	6
L_4	5	7	9.3	11.5	12	16	18	22
L_5	7	9.5	10.2	15	16	20	22	26
L_6(js12)	9.5	12.0	15.0	19.5	24.3	31	39	48.5
L_7	3.7	4.5	5.5	6.8	7.5	8	12	16
r	R0.6	R1	R1	R1	R1	R1	R1.5	R1.5
δ_1	0.002 5	0.003	0.003	0.003	0.004	0.004	0.004	0.005
δ_2	0.003	0.004	0.004	0.005	0.005	0.006	0.006	0.008
δ_3	ϕ0.025	ϕ0.025	ϕ0.03	ϕ0.04	ϕ0.04	ϕ0.05	ϕ0.05	ϕ0.06
δ_4	0.04	0.04	0.05	0.05	0.06	0.06	0.08	0.08
θ	10°	10°	10°	10°	10°	10°	7°	7°

6.3 附件的型式和尺寸

接口中内锥端螺钉、锁紧滑销、定位销螺钉、外锥端螺钉、紧定螺钉的型式和尺寸按附录 A 的规定。

7 主柄模块的型式尺寸

柄部型式按 ISO 7388-1:2007 中 A 型柄的主柄模块的型式和尺寸见图 6 和表 4。其他柄部型式的主柄模块可参考本模块设计。

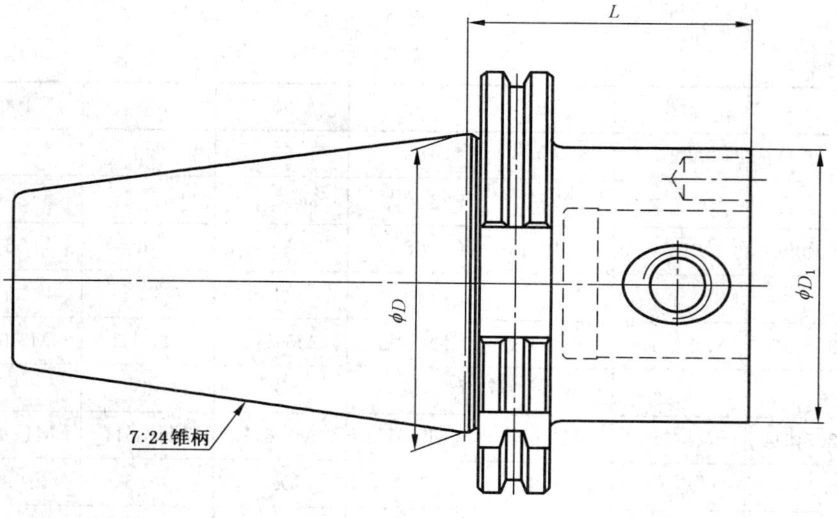

图 6

表 4

单位为毫米

柄部型式	型号规格		D	D_1	工作长度 L（参考）
	基本型号	工作长度			
ISO 7388-1:2007	21A.A40.25-	50～220	44.45	25	50～220
	21A.A40.32-			32	
	21A.A40.40-			40	
	21A.A40.50-			50	
	21A.A40.63-			63	
	21A.A50.32-		69.85	32	
	21A.A50.40-			40	
	21A.A50.50-			50	
	21A.A50.63-			63	
	21A.A50.80-			80	
	21A.A50.100-			100	
	21A.A50.125-			125	
主柄模块与主轴端面键相配的键槽方向与 TMG 21 接口孔处内、外锥端螺钉孔中心线平行。					

8 中间模块的型式尺寸

8.1 等径中间模块

等径中间模块的型式尺寸见图 7 和表 5。

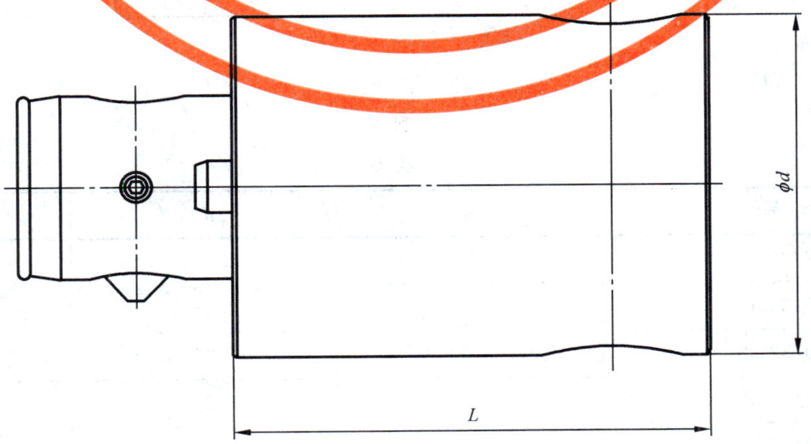

图 7

表 5

单位为毫米

型号		d	工作长度 L （参考）
基本型号	工作长度		
21B.25/25-	45～200	25	45～200
21B.32/32-		32	
21B.40/40-		40	
21B.50/50-		50	
21B.63/63-		63	
21B.80/80-		80	
21B.100/100-		100	
21B.125/125-		125	

8.2 变径中间模块

变径中间模块的型式尺寸见图 8 和表 6。

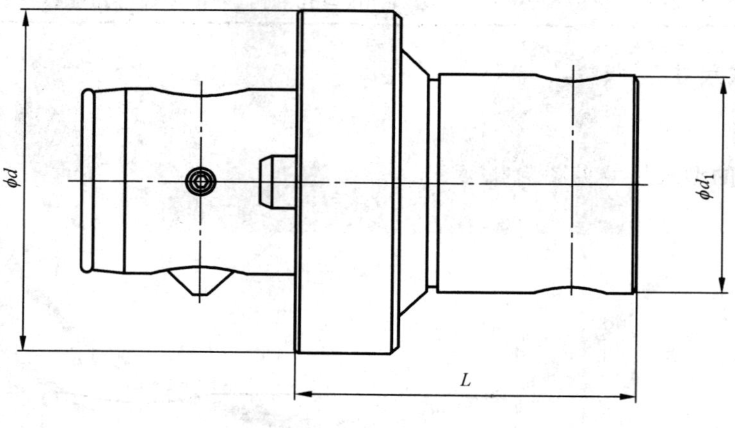

图 8

表 6

单位为毫米

型号	d	d_1	L(参考)
21B.32/25-40	32	25	40
21B.40/25-40	40		
21B.40/32-40		32	
21B.50/25-50	50	25	50
21B.50/32-50		32	
21B.50/40-50		40	

表 6（续）

单位为毫米

型　　号	d	d_1	L(参考)
21B.63/25-60	63	25	60
21B.63/32-60		32	
21B.63/40-60		40	
21B.63/50-60		50	
21B.80/32-60	80	32	
21B.80/40-60		40	
21B.80/50-60		50	
21B.80/63-60		63	
21B.100/40-80	100	40	80
21B.100/50-80		50	
21B.100/63-80		63	
21B.100/80-80		80	
21B.125/40-100	125	40	100
21B.125/50-100		50	
21B.125/63-100		63	
21B.125/80-100		80	
21B.125/100-100		100	

9　工作模块的型式尺寸

9.1　弹簧夹头模块

按 ISO 15488:2003 的带有 8°半锥角的弹簧夹头模块的型式尺寸见图 9 和表 7。

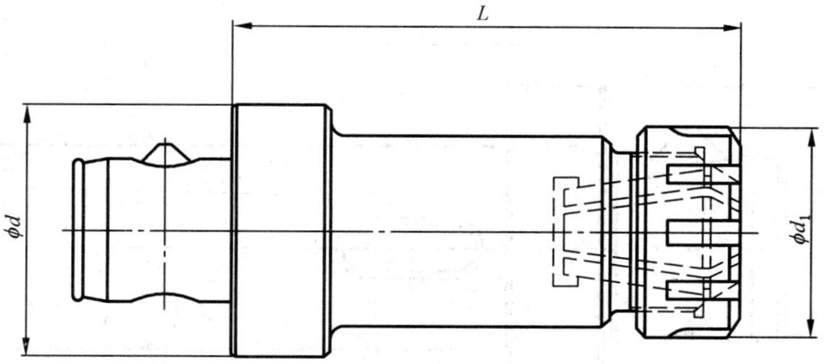

图 9

表 7

单位为毫米

型号		d	d_1	工作长度 L（参考）
基本型号	工作长度			
21C.25-ER11-	40～160	25	19	40～160
21C.25-ER16-			32	
21C.32-ER11-		32	19	
21C.32-ER16-			32	
21C.32-ER20-			35	
21C.40-ER11-		40	19	
21C.40-ER16-			32	
21C.40-ER20-			35	
21C.40-ER25-			42	
21C.50-ER11-		50	19	
21C.50-ER16-			32	
21C.50-ER20-			35	
21C.50-ER25-			42	
21C.50-ER32-			50	
21C.63-ER11-		63	19	
21C.63-ER16-			32	
21C.63-ER20-			35	
21C.63-ER25-			42	
21C.63-ER32-			50	
21C.63-ER40-			63	

9.2 有扁尾莫氏圆锥孔模块

有扁尾莫氏圆锥孔模块的型式尺寸按图 10 和表 8。

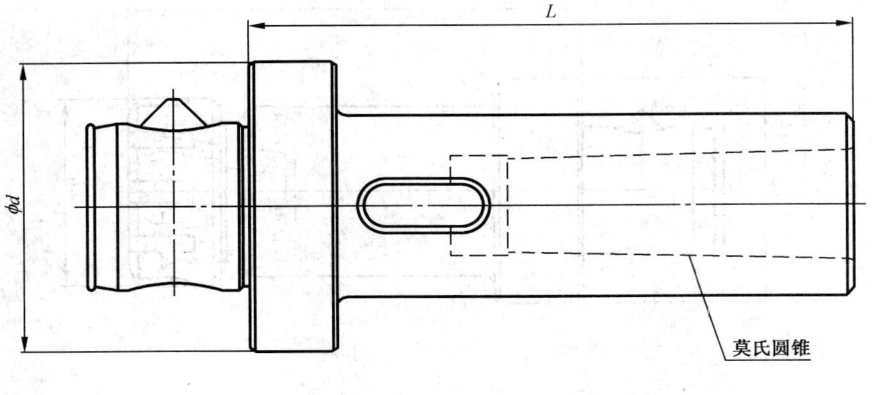

图 10

表 8

单位为毫米

型　　号	d	工作长度 L(参考)	莫氏圆锥号
21C. 32-M1-100	32	100	M1
21C. 40-M2-110	40	110	M2
21C. 40-M3-135		135	M3
21C. 50-M2-110	50	110	M2
21C. 50-M3-135		135	M3
21C. 50-M4-160		160	M4
21C. 63-M2-110	63	110	M2
21C. 63-M3-135		135	M3
21C. 63-M4-160		160	M4
21C. 63-M5-190		190	M5
21C. 80-M4-160	80	160	M4
21C. 80-M5-190		190	M5
21C. 80-M6-250		250	M6
21C. 100-M5-190	100	190	M5
21C. 100-M6-250		250	M6
21C. 125-M6-250	125		

9.3　**Ⅰ型丝锥夹头模块**

Ⅰ型丝锥夹头模块的型式尺寸按图 11 和表 9。

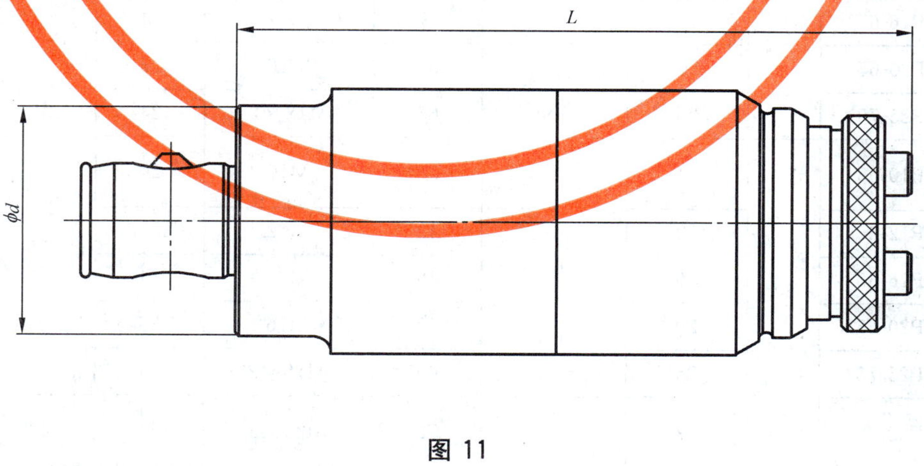

图 11

表 9

单位为毫米

型　　号	d	L	攻丝范围
21C. 40-GⅠ3-110	40	110	M3～M12
21C. 50-GⅠ12-135	50	135	M12～M24

9.4 装削平型直柄刀具模块

9.4.1 按 GB/T 6133.1—2006 的装削平型直柄刀具模块的型式尺寸按图 12 和表 10。

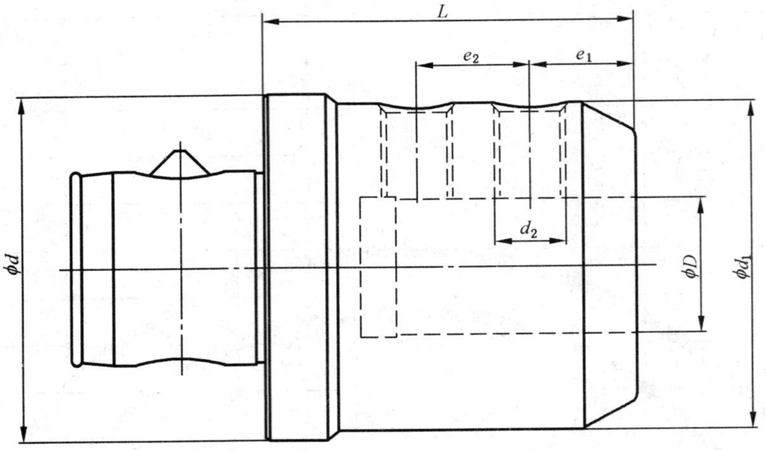

图 12

表 10

单位为毫米

型　　号	d	D 基本尺寸	D 极限偏差 (H5)	d_1	d_2	e_1	e_2	L(参考)
21C.50-XP6-45	50	6	$^{+0.005}_{0}$	25	M6	18	—	45
21C.50-XP8-45		8	$^{+0.006}_{0}$	28	M8			
21C.50-XP10-55		10		35	M10	20		55
21C.50-XP12-65		12	$^{+0.008}_{0}$	42	M12	22.5		65
21C.50-XP16-65		16		48	M14	24		
21C.50-XP20-65		20	$^{+0.009}_{0}$	52	M16	25		
21C.50-XP25-75		25		65	M18×2	24	25	75
21C.63-XP10-55	63	10	$^{+0.006}_{0}$	35	M10	20	—	55
21C.63-XP12-65		12	$^{+0.008}_{0}$	42	M12	22.5		65
21C.63-XP16-65		16		48	M14	24		
21C.63-XP20-65		20	$^{+0.009}_{0}$	52	M16	25		
21C.63-XP25-75		25		65	M18×2	24	25	75
21C.63-XP32-80		32	$^{+0.011}_{0}$	72	M20×2	24	28	80
21C.80-XP16-65	80	16	$^{+0.008}_{0}$	48	M14	24	—	65
21C.80-XP20-65		20	$^{+0.009}_{0}$	52	M16	25		
21C.80-XP25-75		25		65	M18×2	24	25	75
21C.80-XP32-80		32	$^{+0.011}_{0}$	72	M20×2	24	28	80

9.4.2 装2°削平型直柄刀具夹头模块的型式尺寸按图13和表11。

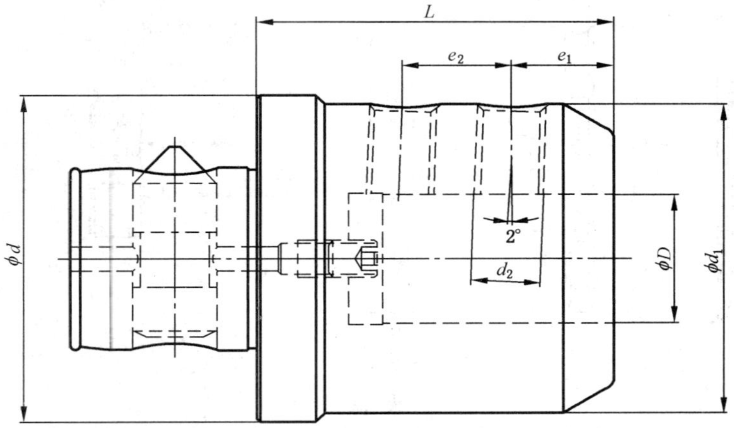

图 13

表 11

单位为毫米

型号	d	D 基本尺寸	D 极限偏差（H5）	d_1	d_2	e_1	e_2	L（参考）
21C.50-XPD6-55	50	6	$^{+0.005}_{0}$	25	M6	18	—	55
21C.50-XPD8-55		8	$^{+0.006}_{0}$	28	M8			
21C.50-XPD10-60		10		35	M10	20		60
21C.50-XPD12-65		12	$^{+0.008}_{0}$	42	M12	22.5		65
21C.50-XPD16-70		16		48	M14	24		70
21C.50-XPD20-75		20	$^{+0.009}_{0}$	52	M16	25		75
21C.63-XPD10-60	63	10	$^{+0.006}_{0}$	35	M10	20		60
21C.63-XPD12-65		12	$^{+0.008}_{0}$	42	M12	22.5		65
21C.63-XPD16-70		16		48	M14	24		70
21C.63-XPD20-75		20	$^{+0.009}_{0}$	52	M16	25		75
21C.63-XPD25-80		25		65	M18×2	24	22	80
21C.80-XPD16-70	80	16	$^{+0.008}_{0}$	48	M14	24	—	70
21C.80-XPD20-75		20	$^{+0.009}_{0}$	52	M16	25		75
21C.80-XPD25-80		25		65	M18×2	24	22	80
21C.80-XPD32-90		32	$^{+0.011}_{0}$	72	M20×2		24	90

9.5 装可转位面铣刀（按GB/T 5342.1—2006）的模块

装A、B类可转位面铣刀模块的型式尺寸按图14和表12，装C类可转位面铣刀模块的型式尺寸按图15和表13。

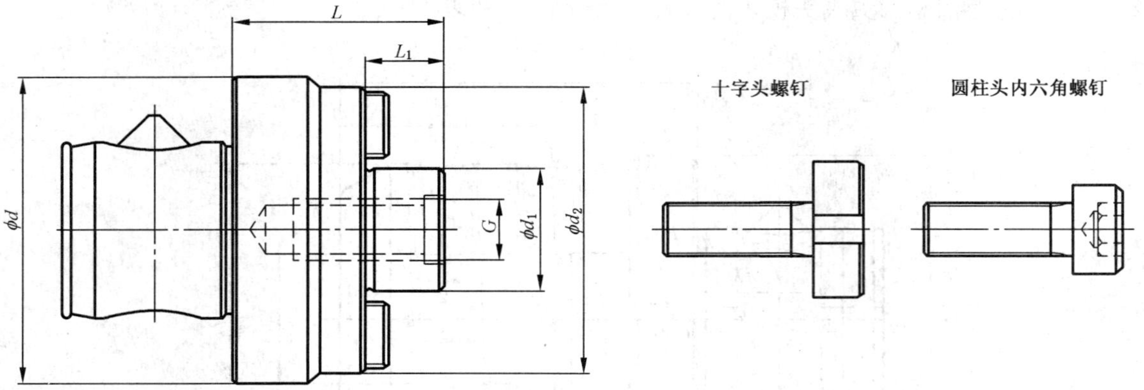

图 14

表 12

单位为毫米

型　　号	d	d_1		L(参考)	d_2(参考)	L_1	G
		基本尺寸	极限偏差(h6)				
21C.50-XMA22-30	50	22	0 −0.013	30	40	19	M10
21C.50-XMA27-30		27			48	21	M12
21C.50-XMB27-30					60		
21C.63-XMA27-32	63			32	48		
21C.63-XMB27-32					60		
21C.80-XMA32-37	80	32	0 −0.016	37	58	24	M16
21C.80-XMB32-37					78		
21C.100-XMB40-43	100	40		43	89	27	M20
注：装 A 类面铣刀配圆柱头内六角螺钉，装 B 类面铣刀配十字头螺钉。							

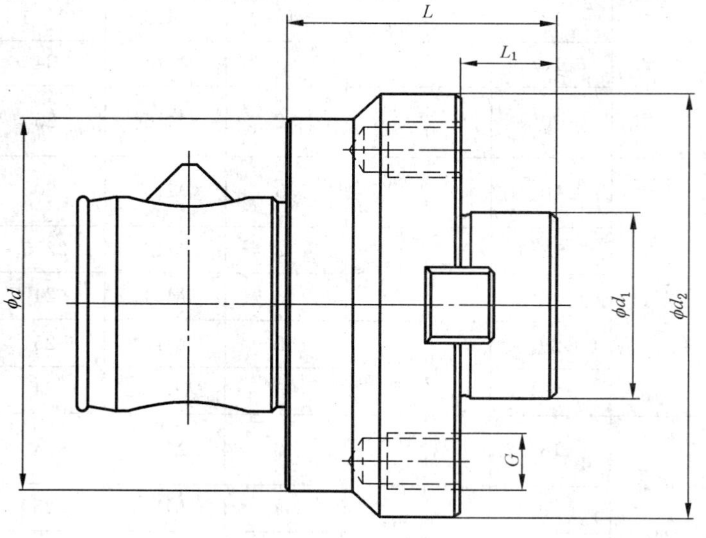

图 15

表 13

单位为毫米

型　　号	d	d_1		d_2(参考)	L(参考)	L_1	G
		基本尺寸	极限偏差(h6)				
21C.100-XMC40-65	100	40	0 −0.016	100	65	30	4-M12
21C.125-XMC60-75	125	60	0 −0.019	130	75	40	4-M16

9.6 可转位浅孔钻模块

可转位浅孔钻模块的型式尺寸按图 16 和表 14。

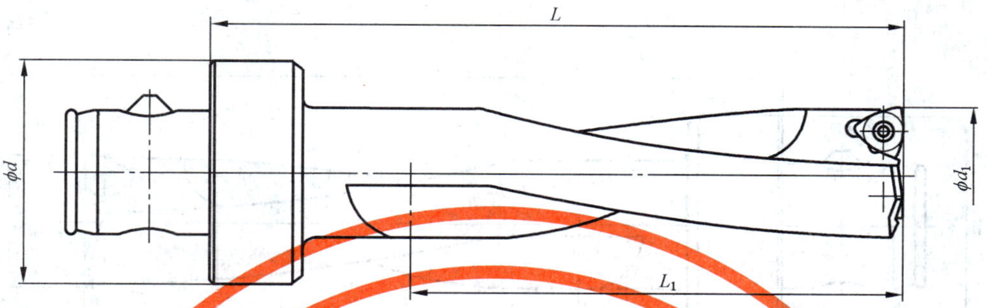

图 16

表 14

单位为毫米

型号	d	d_1 基本尺寸	d_1 极限偏差	L (参考)	L_1 (参考)	型号	d	d_1 基本尺寸	d_1 极限偏差	L (参考)	L_1 (参考)
21CD. 50-QKZ16-89	50	16	±0.260	89	48	21CD. 50-QKZ37-161	50	37	±0.195	161	111
21CD. 50-QKZ17-90		17		90	51	21CD. 50-QKZ38-164		38		164	114
21CD. 50-QKZ18-91		18		91	54	21CD. 50-QKZ39-167		39		167	117
21CD. 50-QKZ19-92		19		92	57	21CD. 50-QKZ40-170		40		170	120
21CD. 50-QKZ20-95		20		95	60	21CD. 50-QKZ41-173		41		173	123
21CD. 50-QKZ21-98		21		98	63	21CD. 50-QKZ42-176		42		176	126
21CD. 50-QKZ22-101		22		101	66	21CD. 50-QKZ73-179		43		179	129
21CD. 50-QKZ23-104		23		104	69	21CD. 50-QKZ44-182		44		182	132
21CD. 50-QKZ24-107		24		107	72	21CD. 63-QKZ45-190	63	45		190	135
21CD. 50-QKZ25-110		25		110	75	21CD. 63-QKZ46-193		46		193	138
21CD. 50-QKZ26-113		26		113	78	21CD. 63-QKZ47-196		47		196	141
21CD. 50-QKZ27-116		27		116	81	21CD. 63-QKZ48-199		48		199	144
21CD. 50-QKZ28-119		28		119	84	21CD. 63-QKZ49-202		49		202	147
21CD. 50-QKZ29-122		29		122	87	21CD. 63-QKZ50-205		50		205	150
21CD. 50-QKZ30-130		30		130	90	21CD. 63-QKZ51-208		51	±0.230	208	153
21CD. 50-QKZ31-133		31	±0.195	133	93	21CD. 63-QKZ52-211		52		211	156
21CD. 50-QKZ32-136		32		136	96	21CD. 63-Z53-214		53		214	159
21CD. 50-QKZ33-139		33		139	99	21CD. 63-Z54-217		54		217	162
21CD. 50-QKZ34-142		34		142	102	21CD. 80-Z55-220	80	55		220	165
21CD. 50-QKZ35-145		35		145	105	21CD. 80-Z56-223		56		223	168
21CD. 50-QKZ36-148		36		148	108	—					

9.7 可转位扩孔钻模块

可转位扩孔钻模块的型式尺寸按图 17 和表 15。

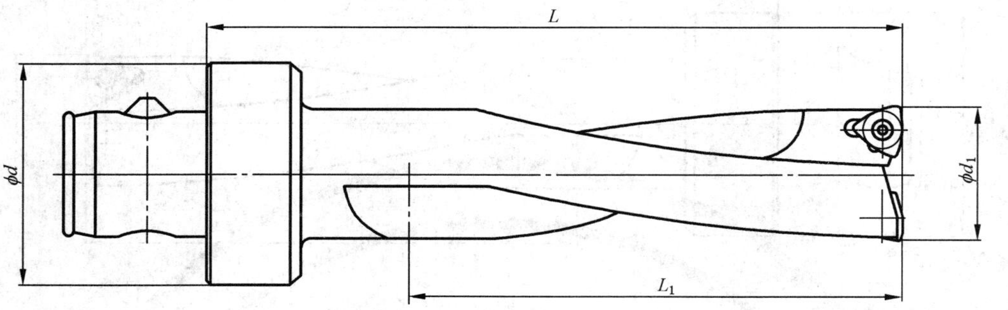

图 17

表 15

单位为毫米

型号	d	d_1 基本尺寸	d_1 极限偏差	L (参考)	L_1 (参考)	型号	d	d_1 基本尺寸	d_1 极限偏差	L (参考)	L_1 (参考)
21CD. 50-K19-92	50	19	±0.20	95	57	21CD. 50-K38-164	50	38	±0.20	164	114
21CD. 50-K20-95		20		95	60	21CD. 50-K39-167		39		167	117
21CD. 50-K21-98		21		98	63	21CD. 50-K40-170		40		170	120
21CD. 50-K22-101		22		101	66	21CD. 50-K41-173		41		173	123
21CD. 50-K23-104		23		104	69	21CD. 50-K42-176		42		176	126
21CD. 50-K24-107		24		107	72	21CD. 50-K73-179		43		179	129
21CD. 50-K25-110		25		110	75	21CD. 50-K44-182		44		182	132
21CD. 50-K26-113		26		113	78	21CD. 63-K45-190	63	45		190	135
21CD. 50-K27-116		27		116	81	21CD. 63-K46-193		46		193	138
21CD. 50-K28-119		28		119	84	21CD. 63-K47-196		47		196	141
21CD. 50-K29-122		29		122	87	21CD. 63-K48-199		48		199	144
21CD. 50-K30-130		30		130	90	21CD. 63-K49-202		49		202	147
21CD. 50-K31-133		31		133	93	21CD. 63-K50-205		50		205	150
21CD. 50-K32-136		32		136	96	21CD. 63-K51-208		51		208	153
21CD. 50-K33-139		33		139	99	21CD. 63-K52-211		52		211	156
21CD. 50-K34-142		34		142	102	21CD. 63-K53-214		53		214	159
21CD. 50-K35-145		35		145	105	21CD. 63-K54-217		54		217	162
21CD. 50-K36-148		36		148	108	21CD. 80-K55-220	80	55		220	165
21CD. 50-K37-161		37		161	111	21CD. 80-K56-223		56		223	168

9.8 90°双刃可调可转位镗刀模块

90°双刃可调可转位镗刀模块的型式尺寸按图 18 和表 16 及图 19 和表 17。

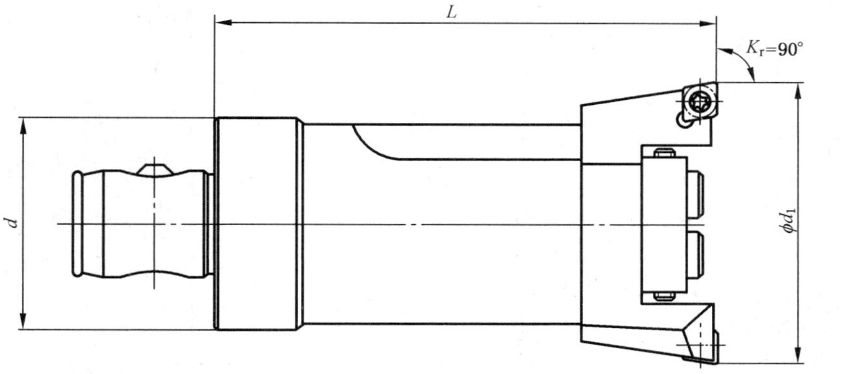

图 18

表 16

单位为毫米

<table>
<tr><th>型　号</th><th>d</th><th>最小镗孔直径 d_1(参考)</th><th>最小工作长度 L</th></tr>
<tr><td>21CD. 25-TS9020-70</td><td rowspan="4">25</td><td>20</td><td rowspan="2">70</td></tr>
<tr><td>21CD. 25-TS9023-70</td><td>23</td></tr>
<tr><td>21CD. 25-TS9026-80</td><td>26</td><td>80</td></tr>
<tr><td>21CD. 25-TS9030-70</td><td rowspan="2">30</td><td>70</td></tr>
<tr><td>21CD. 32-TS9030-85</td><td rowspan="2">32</td><td>85</td></tr>
<tr><td>21CD. 32-TS9039-60</td><td rowspan="2">39</td><td>60</td></tr>
<tr><td>21CD. 40-TS9039-120</td><td rowspan="2">40</td><td>120</td></tr>
<tr><td>21CD. 40-TS9049-60</td><td rowspan="2">49</td><td>60</td></tr>
<tr><td>21CD. 50-TS9049-135</td><td rowspan="2">50</td><td>135</td></tr>
<tr><td>21CD. 50-TS9064-70</td><td>64</td><td>70</td></tr>
<tr><td>21CD. 63-TS9083-70</td><td>63</td><td>83</td><td>70</td></tr>
<tr><td>21CD. 80-TS90109-90</td><td>80</td><td>109</td><td>90</td></tr>
<tr><td>21CD. 100-TS90139-125</td><td>100</td><td rowspan="2">139</td><td>125</td></tr>
<tr><td>21CD. 125-TS90139-150</td><td>125</td><td>150</td></tr>
</table>

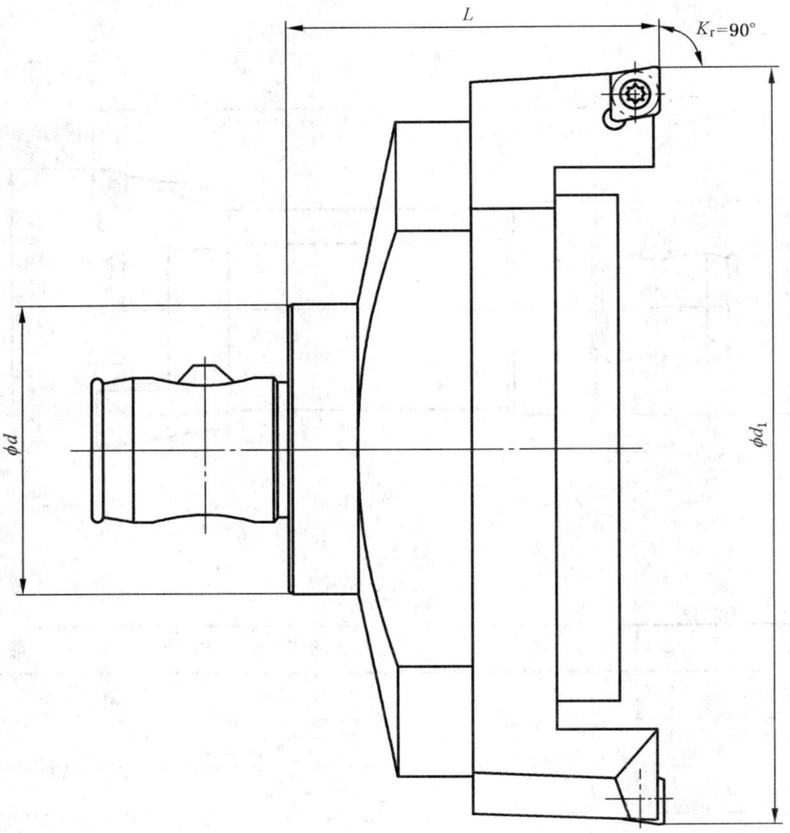

图 19

表 17

单位为毫米

型　　号	d	最小镗孔直径 d_1（参考）	最小工作长度 L
21CD.100-TS90196-88	100	196	88
21CD.125-TS90196-88	125		
21CD.125-TS90261-88		261	
21CD.125-TS90326-88		326	

9.9　80°双刃可调可转位镗刀模块

80°双刃可调可转位镗刀模块的型式尺寸按图 20 和表 18 及图 21 和表 19。

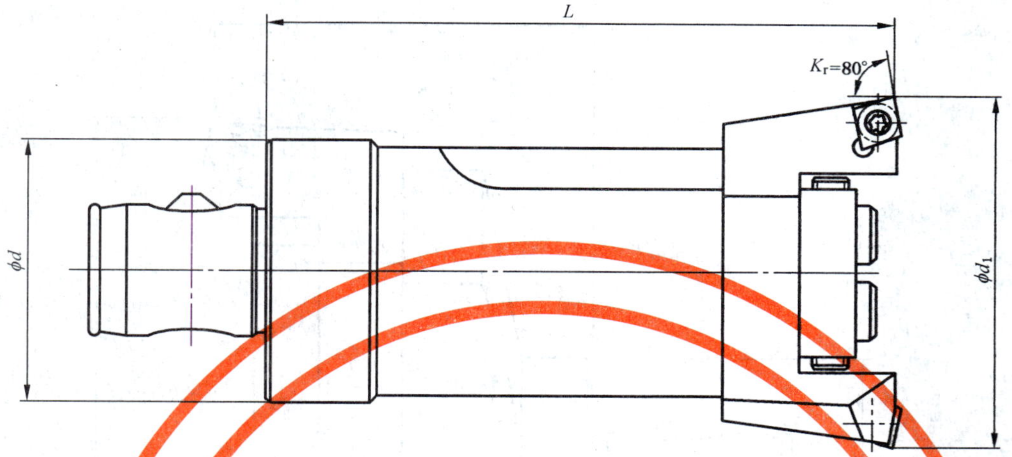

图 20

表 18

单位为毫米

型　　号	d	最小镗孔直径 d_1（参考）	最小工作长度 L
21CD. 25-TS8020-70	25	20	70
21CD. 25-TS8023-70		23	
21CD. 25-TS8026-80		26	80
21CD. 25-TS8030-50		30	50
21CD. 32-TS8030-85	32		85
21CD. 32-TS8041-60		41	60
21CD. 40-TS8041-120	40		120
21CD. 40-TS8049-60		49	60
21CD. 50-TS8049-135	50		135
21CD. 50-TS8064-70		64	70
21CD. 63-TS8083-70	63	83	70
21CD. 80-TS80109-90	80	109	90
21CD. 100-TS80139-125	100	139	125
21CD. 125-TS80139-150	125		150

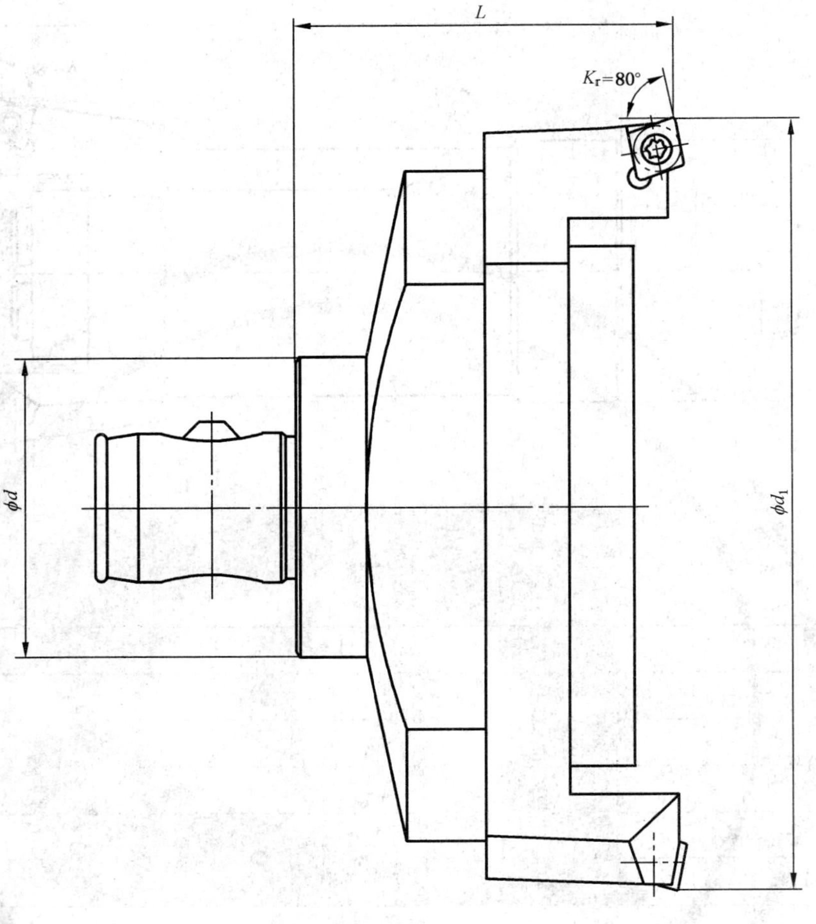

图 21

表 19

单位为毫米

<table>
<tr><th>型　　号</th><th>d</th><th>最小镗孔直径 d_1（参考）</th><th>最小工作长度 L</th></tr>
<tr><td>21CD.100-TS80196-88</td><td>100</td><td rowspan="2">196</td><td rowspan="4">88</td></tr>
<tr><td>21CD.125-TS80196-88</td><td rowspan="3">125</td></tr>
<tr><td>21CD.125-TS80261-88</td><td>261</td></tr>
<tr><td>21CD.125-TS890326-88</td><td>326</td></tr>
</table>

9.10　直角微调可转位镗刀模块

直角微调可转位镗刀模块的型式尺寸按图 22 和表 20。

图 22

表 20

单位为毫米

型　　号	d	工作长度 L(参考)	最小镗孔直径 d_1(参考)
21CD.25-TZW29.5-50	25	50	29.5
21CD.25-TZW35.5-50			35.5
21CD.32-TZW39-60	32	60	39
21CD.32-TZW44-60			44
21CD.40-TZW47-60	40		47
21CD.40-TZW56-60			56
21CD.50-TZW58-70	50	70	58
21CD.50-TZW70-70			70
21CD.63-TZW79-70	63		79
21CD.63-TZW93-70			93
21CD.80-TZW100-90	80	90	100
21CD.80-TZW120-90			120
21CD.100-TZW138-90	100		138
21CD.100-TZW158-90			158
21CD.100-TZW178-90			178

9.11　倾斜微调可转位镗刀模块

倾斜微调可转位镗刀模块的型式尺寸按图 23 和表 21。

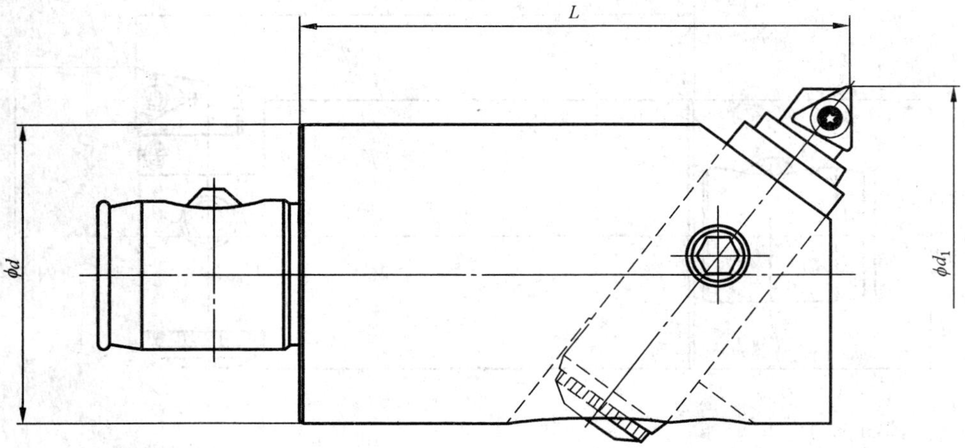

图 23

表 21

单位为毫米

型　号	d	工作长度 L(参考)	最小镗孔直径 d_1(参考)
21CD. 25-TQW28-50. 5	25	50. 5	28
21CD. 25-TQW32-52		52	32
21CD. 32-TQW36-60. 5	32	60. 5	36
21CD. 32-TQW40-62		62	40
21CD. 40-TQW45-60. 9	40	60. 9	45
21CD. 40-TQW50-63. 8		63. 8	50
21CD. 50-TQW56-70. 5	50	70. 5	56
21CD. 50-TQW64-73. 5		73. 5	64
21CD. 63-TQW72-90. 5	63	90. 5	72
21CD. 63-TQW80-93. 5		93. 5	80
21CD. 80-TQW90-110. 8	80	110. 8	90
21CD. 80-TQW100-114. 5		114. 5	100
21CD. 100-TQW110-125. 8	100	125. 8	110
21CD. 100-TQW125-131. 4		131. 4	125

9. 12　90°可转位小孔径微调镗刀模块

90°可转位小孔径微调镗刀模块的型式尺寸按图 24 和表 22。

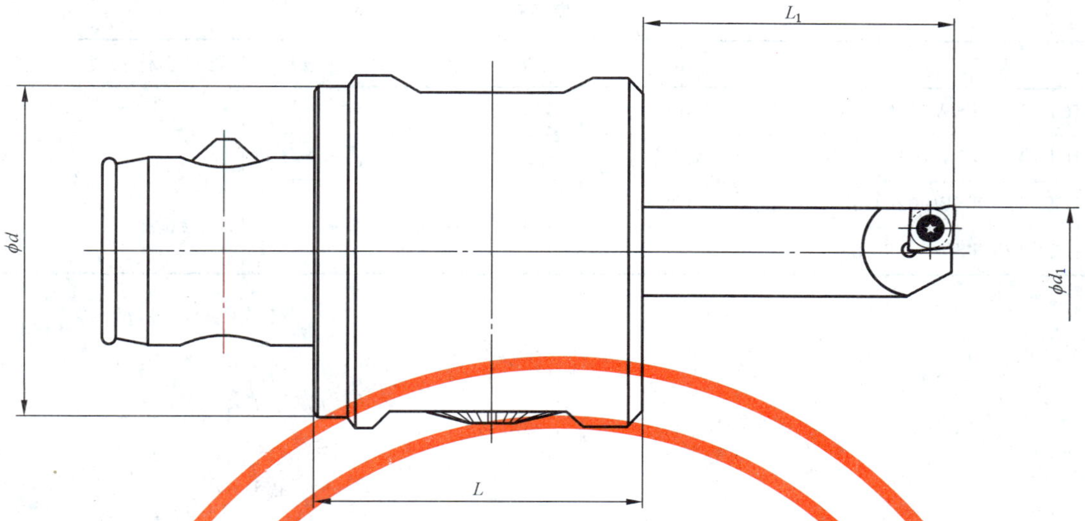

图 24

表 22

单位为毫米

型　　号	镗刀杆型号	d	d_1(参考)	L	L_1(参考)
21CD.50-TW16-48	TW16	50	3～32	48	35～90

9.13　刃微调可转位镗刀模块

双刃微调可转位镗刀模块的型式尺寸按图 25 和表 23。

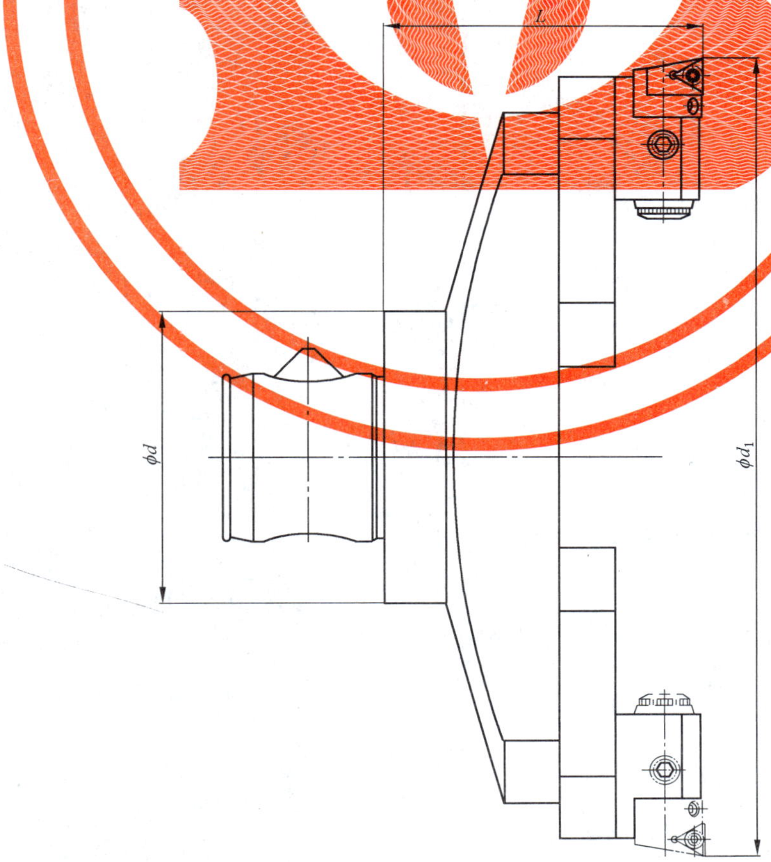

图 25

表 23

单位为毫米

型　　号	d	最小镗孔直径 d_1(参考)	工作长度 L(参考)
21CD.100-TSW90196-88	100	196	88
21CD.125-TSW90196-88	125		
21CD.125-TSW90261-88		261	
21CD.125-TSW90326-88		326	

附 录 A
（规范性附录）
TMG21 接口中附件的型式尺寸

A.1 内锥端螺钉

内锥端螺钉的型式尺寸按图 A.1 和表 A.1。

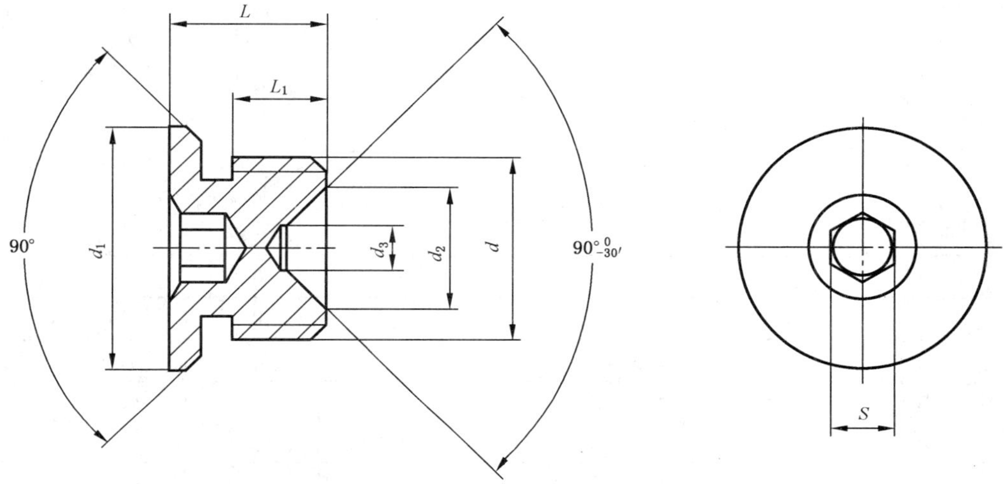

图 A.1

表 A.1

单位为毫米

规格	25	32	40	50	63	80	100	125
d(6h)	M6×0.75	M8×1.0	M10×1.25	M12×1.5	M16×1.5	M20×2.0	M24×2.0	M30×2.0
d_1	8.0	10.0	12.5	15.0	20.0	24.5	29.5	38.5
d_2	4.0	4.8	6.5	7.7	9.5	13.0	14.0	18.0
d_3	1.5	2.0	2.5	3.0	4.0	5.0	6.0	8.0
L(h12)	5.0	6.5	8.0	8.5	12.0	13.8	18.5	23.0
L_1	3	4	4	4.5	7.5	8.8	12.5	17
S	2.0	2.5	3.0	4.0	5.0	6.0	8.0	10.0

A.2 锁紧滑销

锁紧滑销的型式尺寸按图 A.2 和表 A.2。

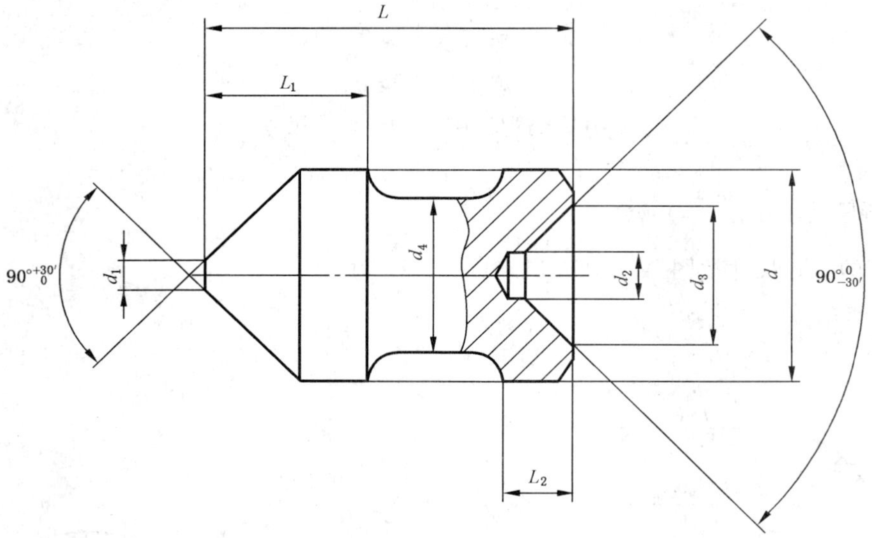

图 A.2

表 A.2

单位为毫米

规格	25	32	40	50	63	80	100	125
d(g7)	7	ϕ9	11	13	17	21	25	32
d_1	0.4	1.0	2.0	2.0	3.0	4.0	5.0	8.0
d_2	1.5	2.0	2.5	3.0	5.0	7.0	10.0	11.0
d_3	4.5	5.5	7.3	8.5	11.0	14.0	18.0	19.0
d_4	5.0	6.5	8.0	9.4	12.5	15.8	20.0	24.2
L(h12)	12.0	14.5	18.5	26.5	32.0	43.0	52.0	63.0
L_1	5.5	7.0	7.5	11.0	14.0	20.0	24.5	30.0
L_2	2.2	3.0	3.5	6.5	9.0	11.0	13.5	19.0

A.3 定位销螺钉

定位销螺钉的型式尺寸按图 A.3 和表 A.3。

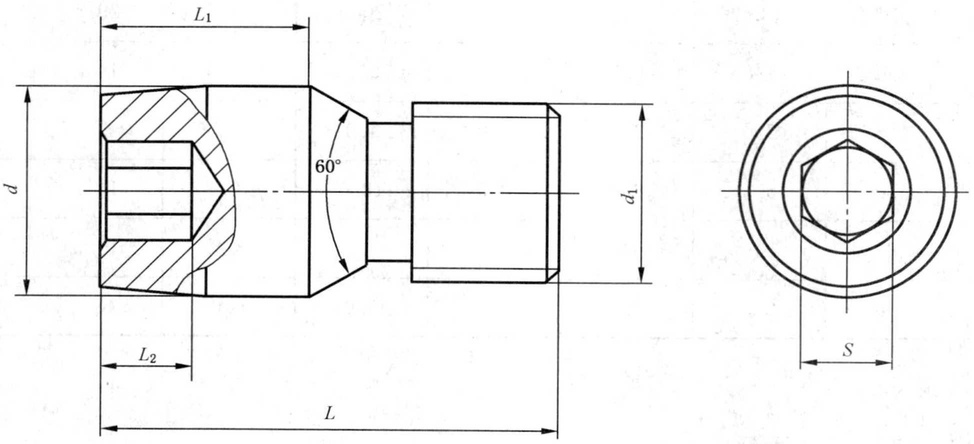

图 A.3

表 A.3

单位为毫米

规格	25	32	40	50	63	80	100	125
d(d9)	3.0	4.7	5.7	6.5	9.5	11.5	15.5	19.5
d_1	M2.5-6h	M4-6h	M4-6h	M5-6h	M8-6h	M10-6h	M14-6h	M16-6h
L	8	11	12	14	20	23	30	40
L_1	3.0	4.5	5.3	6.1	9.1	11.1	14.9	21.0
L_2	2	3	3	3	4	6	8	10
S	1.4	1.4	2.0	2.5	4.0	5.0	8.0	8.0

A.4 外锥端螺钉

外锥端螺钉的型式尺寸按图 A.4 和表 A.4。

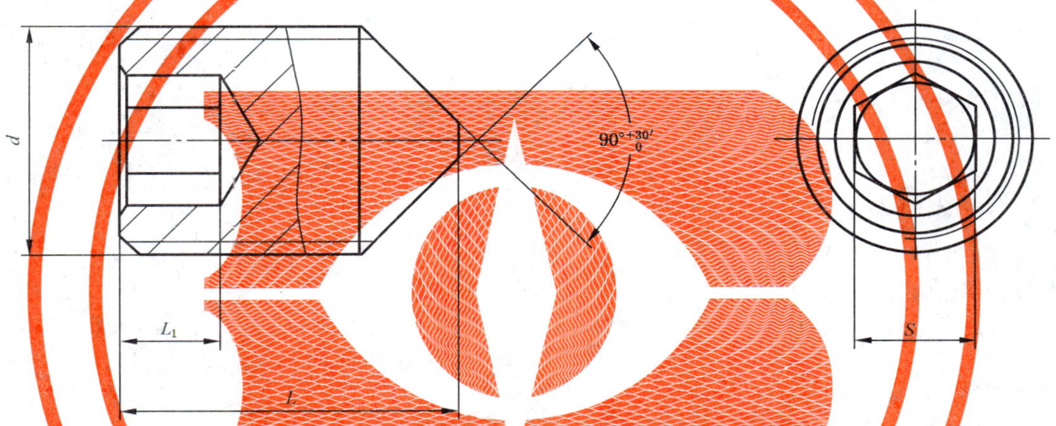

图 A.4

表 A.4

单位为毫米

规格	25	32	40	50	63	80	100	125
d(6h)	M6×0.75	M8×1.0	M10×1.25	M12×1.5	M16×1.5	M20×2.0	M24×2.0	M30×2.0
L	8.5	11.0	14.0	16.5	20.5	26.0	27.5	37.0
L_1	3.0	4.0	5.0	6.0	8.0	10.0	12.0	16.0
S	3	4	5	6	8	10	12	14

A.5 内六角圆柱端紧定螺钉

不同规格的模块式工具系统选用内六角圆柱端紧定螺钉的具体型号及规格见表 A.5。

表 A.5

单位为毫米

接口孔或轴的规格	25	32	40	50	63	80	100	125
内六角圆柱端紧定螺钉	M2.5×4	M2.5×5	M4×6	M4×8	M5×8	M5×12	M5×16	M6×20

ICS 25.100
J 41

中华人民共和国国家标准

GB/T 25669.1—2010

镗铣类数控机床用工具系统 第1部分:型号表示规则

Tooling system for NC boring and milling machine—Part 1:Designation

2010-12-23 发布 2011-07-01 实施

中华人民共和国国家质量监督检验检疫总局
中国国家标准化管理委员会 发布

前　言

GB/T 25669《镗铣类数控机床用工具系统》分为两个部分：

——第1部分：型号表示规则；

——第2部分：型式和尺寸。

本部分为GB/T 25669的第1部分。

本部分由中国机械工业联合会提出。

本部分由全国刀具标准化技术委员会(SAC/TC 91)归口。

本部分主要起草单位：成都工具研究所、成都成量工具集团有限公司、哈尔滨量具刃具集团公司、上海工具厂有限公司。

本部分主要起草人：沈士昌、张铁铭、曾宇环、查国兵、田立新、魏华亮、于海宏、刘钢。

镗铣类数控机床用工具系统 第1部分：型号表示规则

1 范围

GB/T 25669 的本部分规定了镗铣类数控机床用工具系统的型号表示规则。

本部分适用于镗铣类数控机床用工具系统。

2 规范性引用文件

下列文件中的条款通过GB/T 25669 的本部分的引用而成为本部分的条款。凡是注日期的引用文件，其随后所有的修改单(不包括勘误的内容)或修订版均不适用于本部分，然而，鼓励根据本部分达成协议的各方研究是否可使用这些文件的最新版本。凡是不注日期的引用文件，其最新版本适用于本部分。

GB/T 1443—1996 机床和工具柄用自夹圆锥(eqv ISO 296:1991)

GB/T 3837—2001 7：24 手动换刀刀柄圆锥(eqv ISO 297:1988)

GB/T 5342.1—2006 可转位面铣刀 第1部分：套式面铣刀(ISO 6462:1983,MOD)

GB/T 6133.1—2006 削平型直柄刀具夹头 第1部分：刀具柄部传动系统的尺寸(ISO 5414-1:2002,IDT)

GB/T 19449.1—2004 带有法兰接触面空心圆锥接口 第1部分：柄部——尺寸(ISO 12164-1:2001,IDT)

ISO 7388-1:2007 自动换刀机床用7：24 圆锥工具柄部 第1部分：A,AD,AF,U,UD和UF型柄部的尺寸和代号

ISO 7388-2:2007 自动换刀机床用7：24 圆锥工具柄部 第2部分：J,JD和JF型柄部的尺寸和代号

ISO 10643:2009 切削刀具的附件尺寸

ISO 10897:1996 带有1：10 锥度卡簧的弹簧夹头

ISO 15488:2003 带有半锥角8°卡簧的弹簧夹头

ISO 26622-1:2008 带有钢球拉紧系统的空心圆锥接口 第1部分：柄的尺寸和代号

ISO 26623-1:2008 带有法兰接触面的多棱弧锥接口 第1部分：柄的尺寸和代号

DIN 6360:1983 带纵槽的铣刀用大锥套的套式铣刀刀杆

3 名称与型号的编制

3.1 一般说明

镗铣类数控机床用工具系统简称为TSG 工具系统。

TSG 工具系统中的工具型号由三部分组成，各部分之间用横线隔开。

3.2 型号表示规则

3.2.1 第1部分

第1部分用1～5个大写英文字母和符号表示柄部型式，其后××(数字)表示对应标准中的某一尺寸规格，见表1。

表 1

柄部型号与规格	说　明
A××	按 ISO 7388-1:2007 的 A 型柄
AD××	按 ISO 7388-1:2007 的 AD 型柄
AF××	按 ISO 7388-1:2007 的 AF 型柄
U××	按 ISO 7388-1:2007 的 U 型柄
UD××	按 ISO 7388-1:2007 的 UD 型柄
UF××	按 ISO 7388-1:2007 的 UF 型柄
J××	按 ISO 7388-2:2007 的 J 型柄
JD××	按 ISO 7388-2:2007 的 JD 型柄
JF××	按 ISO 7388-2:2007 的 JF 型柄
ST××	按 GB/T 3837—2001 的手动换刀柄
STW××	按 GB/T 3837—2001 的手动换刀柄，但无锥柄尾部圆柱部分
MT××	按 GB/T 1443—1996 的莫氏锥柄，有扁尾部分
MW××	按 GB/T 1443—1996 的莫氏锥柄，无扁尾部分
HSK-A××	按 GB/T 19449.1—2004 的 HSK-A 型柄
HSK-C××	按 GB/T 19449.1—2004 的 HSK-C 型柄
TS××	按 ISO 26622-1:2008 的 TS 型柄
PSC××	按 ISO 26623-1:2008 的 PSC 型柄

3.2.2　第 2 部分

第 2 部分用 1～3 个大写字母表示工作部分的型号。允许在所规定的型号之后，增加一个字母表示结构特征。其后××(数字)表示装夹工具直径(或孔径)、加工范围的起始值，或与刀具、附件接口的尺寸，见表 2。

表 2

工作部分的型号与规格	说　明
ER××	按 ISO 15488:2003 的卡簧外锥锥度半角为 8°的弹簧夹头
QH××	按 ISO 10897:1996 的卡簧外锥锥度为 1∶10 的弹簧夹头
GⅠ××	Ⅰ型攻丝夹头
GⅡ××	Ⅱ型攻丝夹头
M××	按 GB/T 1443—1996 的装带扁尾莫氏圆锥工具柄
MW××	按 GB/T 1443—1996 的装无扁尾莫氏圆锥工具柄
TQC××	倾斜型粗镗刀
TQW××	倾斜型微调镗刀
TZC××	直角型粗镗刀
TZW××	直角型微调镗刀
XMA××	装按 GB/T 5342.1—2006 的 A 类套式面铣刀刀柄
XMB××	装按 GB/T 5342.1—2006 的 B 类套式面铣刀刀柄
XMC××	装按 GB/T 5342.1—2006 的 C 类套式面铣刀刀柄

表 2（续）

工作部分的型号与规格	说　　明
TS××	双刃镗刀
TW××	小孔径微调镗头
XP××	按 GB/T 6133.1 的削平型直柄刀具夹头
XPD××	2°削平型直柄刀具夹头
XS××	按 DIN 6360:1983 的三面刃铣刀刀柄
XSL××	按 ISO 10643:2009 的套式面铣刀和三面刃铣刀刀柄
RZ××	热装夹头
QL××	强力铣夹头
YQ××	液压夹头
Z××	装莫氏短锥钻夹头的刀柄
ZJ××	装贾氏短锥钻夹头的刀柄
ZL××	带有螺纹拉紧式钻夹头的刀柄

3.2.3　第 3 部分

第 3 部分表示刀柄与编程有关的工作长度。比如从机床主轴前端面到刀尖或刀具定位面的距离，或到刀柄前端面的长度。

3.3　示例：

A50-ER25-120

机床主轴前端面锥柄大端直径至弹簧夹头前端面的轴向长度为 120 mm。

工作部分为弹簧夹头，其卡簧外锥规格号为 25 mm，半锥角为 8°。

工具柄部按 ISO 7388-1:2007 的 50 号的 A 型柄。

HSK-A 63-RZ20-95

法兰定位端面至前端面轴向长度 95 mm。

工作部分为热装夹头，装刀直径 20 mm。

工具柄部按 GB/T 19449.1—2004 A 型 63号柄，外径 63 mm。

ICS 25.100
J 41

中华人民共和国国家标准

GB/T 25669.2—2010

镗铣类数控机床用工具系统
第2部分:型式和尺寸

Tooling system for NC boring and milling machine—Part 2:Dimensions

2010-12-23 发布　　　　2011-07-01 实施

中华人民共和国国家质量监督检验检疫总局
中国国家标准化管理委员会　发布

前 言

GB/T 25669《镗铣类数控机床用工具系统》分为两个部分：

——第1部分：型号表示规则；

——第2部分：型式和尺寸。

本部分为GB/T 25669的第2部分。

本部分由中国机械工业联合会提出。

本部分由全国刀具标准化技术委员会(SAC/TC 91)归口。

本部分主要起草单位：成都工具研究所、成都成量工具集团有限公司、哈尔滨量具刃具集团公司、上海工具厂有限公司。

本部分主要起草人：查国兵、曾宇环、张铁铭、沈士昌、田立新、魏华亮、于海宏。

镗铣类数控机床用工具系统 第2部分:型式和尺寸

1 范围

GB/T 25669 的本部分规定了镗铣类数控机床用工具系统中,常用工具和常用工具柄的型式和尺寸。

本部分适用于镗铣类数控机床用工具系统。

2 规范性引用文件

下列文件中的条款通过 GB/T 25669 的本部分的引用而成为本部分的条款。凡是注日期的引用文件,其随后所有的修改单(不包括勘误的内容)或修订版均不适用于本部分,然而,鼓励根据本部分达成协议的各方研究是否可使用这些文件的最新版本。凡是不注日期的引用文件,其最新版本适用于本部分。

GB/T 1443—1996 机床和工具柄用自夹圆锥(eqv ISO 296:1991)

GB/T 3837—2001 7:24 手动换刀刀柄圆锥(eqv ISO 297:1988)

GB/T 5342.1—2006 可转位面铣刀 第1部分:套式面铣刀(ISO 6462:1983,MOD)

GB/T 6133.1—2006 削平型直柄刀具夹头 第1部分:刀具柄部传动系统的尺寸(ISO 5414-1:2002,IDT)

GB/T 19449.1—2004 带有法兰接触面空心圆锥接口 第1部分:柄部——尺寸(ISO 12164-1:2001,IDT)

GB/T 25669.1 镗铣类数控机床用工具系统 第1部分:型号表示规则

ISO 7388-1:2007 自动换刀机床用 7:24 圆锥工具柄部 第1部分:A,AD,AF,U,UD 和 UF 型柄部的尺寸和代号

ISO 7388-2:2007 自动换刀机床用 7:24 圆锥工具柄部 第2部分:J,JD 和 JF 型柄部的尺寸和代号

ISO 10643 切削刀具的附件尺寸

ISO 10897:1996 带有 1:10 锥度卡簧的弹簧夹头

ISO 15488:2003 带有半锥角 8°卡簧的弹簧夹头

ISO 26622-1:2008 带有钢球拉紧系统的空心圆锥接口 第1部分:柄的尺寸和代号

ISO 26623-1:2008 带有法兰接触面的多棱弧锥接口 第1部分:柄的尺寸和代号

DIN 6360:1983 带平键的 7/24 锥柄套式铣刀刀杆

3 型号

镗铣类数控机床用工具系统的型号按照 GB/T 25669.1 的规定。

4 型式与尺寸

4.1 镗铣类数控机床用工具系统的组成

镗铣类数控机床用工具系统的组成如图1所示,各种型式的柄与工具通过不同的组合形成各种用途的工具系统。

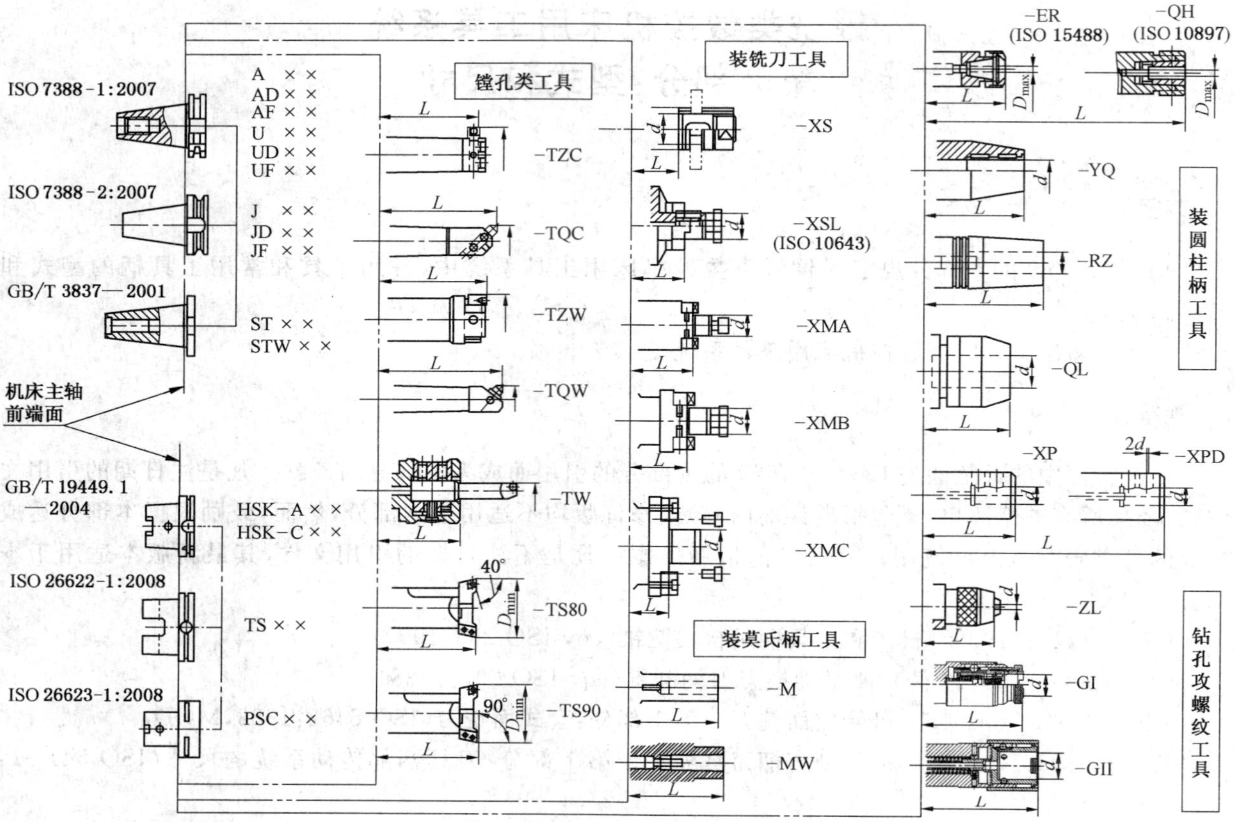

图 1

4.2 镗铣类数控机床用工具系统的柄部型式和尺寸

镗铣类数控机床用工具系统中 A 型柄、AD 型柄、AF 型柄、U 型柄、UD 型柄、UF 型柄的尺寸按 ISO 7388-1:2007 的规定，J 型柄、JD 型柄以及 JF 型柄的尺寸按 ISO 7388-2:2007 的规定，ST 型柄的尺寸按 GB/T 3837—2001 的规定，HSK 柄的尺寸按 GB/T 19449.1—2004 的规定，TS 型柄的尺寸按 ISO 26622-1:2008 的规定，PSC 型柄的尺寸按 ISO 26623-1:2008 的规定。

4.3 镗铣类数控机床用工具系统中各种常用工具的型式和尺寸

4.3.1 直角型粗镗刀(TZC)按图 2 和表 1 的规定。

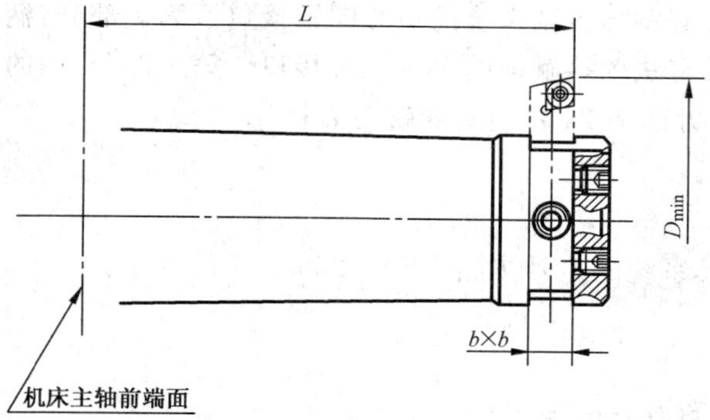

图 2

表 1

单位为毫米

直角型粗镗刀型号	工作长度 L（参考）	刀头方孔 $b\times b$	最小镗孔直径 D_{min}
TZC25	135	8×8	25
TZC38	180	10×10	38
TZC50	180～240	13×13	50
TZC62	180～270	16×16	62
TZC72	225～280	19×19	72
TZC90	180～300		90
TZC105	195～285	25×25	105

4.3.2　倾斜型粗镗刀(TQC)按图 3 和表 2 的规定。

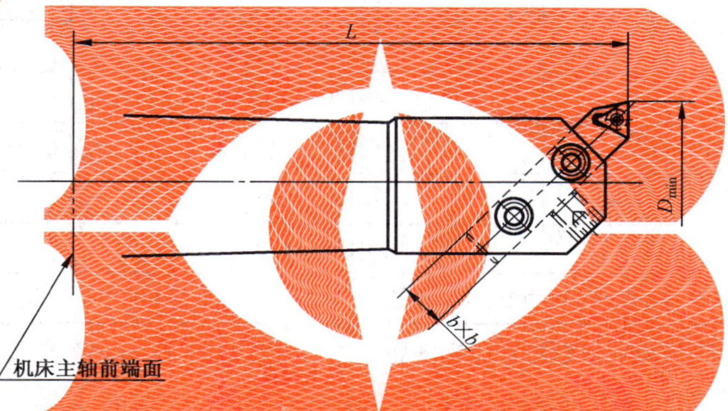

图 3

表 2

单位为毫米

倾斜型粗镗刀型号	工作长度 L（参考）	刀头方孔 $b\times b$	最小镗孔直径 D_{min}
TQC25	135	8×8	25
TQC30	165		30
TQC38	180	10×10	38
TQC42	210		42
TQC50	180～240	13×13	50
TQC62	180～270	16×16	62
TQC72	180～285	19×19	72
TQC90	180～300		90

4.3.3　直角型微调镗刀(TZW)按图 4 和表 3 的规定。

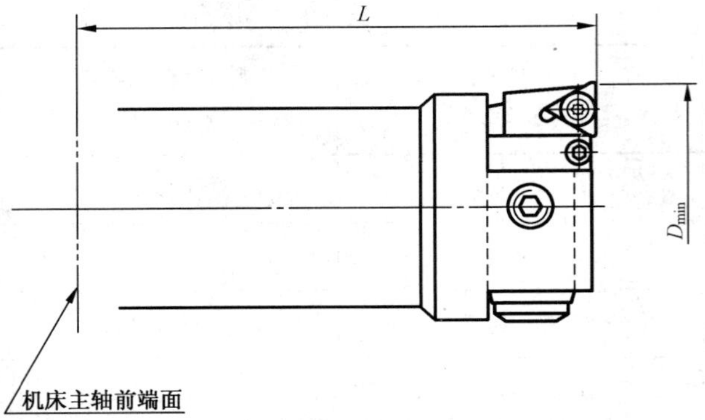

图 4

表 3

单位为毫米

直角型微调镗刀型号	工作长度 L （参考）	最小镗孔直径 D_{min}
TZW××	95～115	××
TZW××	100～125	××
TZW××	105～130	××
TZW××	120～145	××
TZW××	125～140	××
TZW××	150～175	××
TZW××	165～190	××
注：××表示最小镗孔直径数值，可由制造厂自定。		

4.3.4　倾斜型微调镗刀(TQW)按图 5 和表 4 的规定。

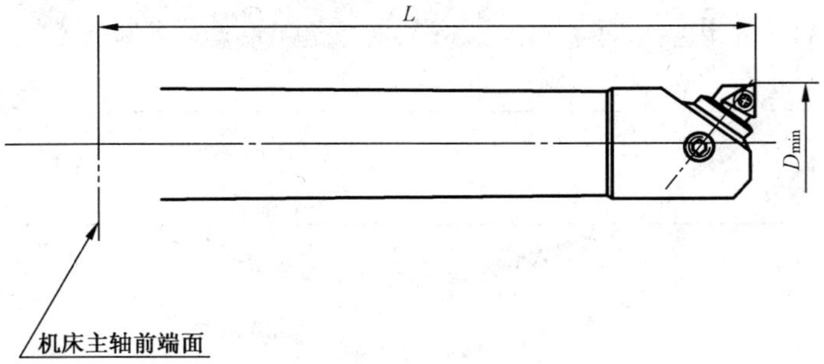

图 5

表 4

单位为毫米

倾斜型微调镗刀型号	工作长度 L （参考）	最小镗孔直径 D_{min}
TQW××	135	××
TQW××	150～210	××
TQW××	180～315	××
TQW××	210	××
注：××表示最小镗孔直径数值，可由制造厂自定。		

4.3.5　小孔径微调镗头(TW)按图 6 和表 5 的规定。

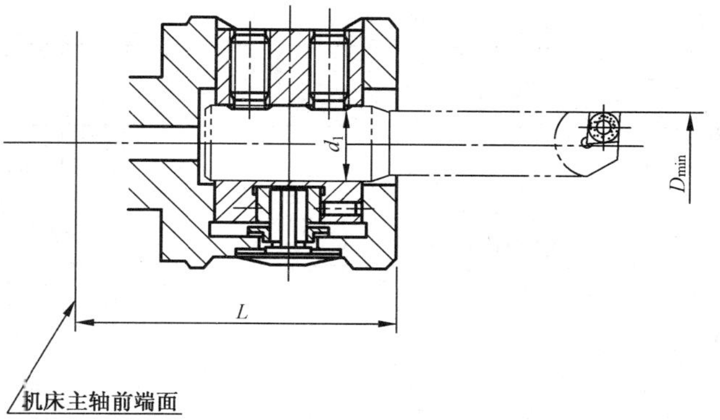

图 6

表 5

单位为毫米

小孔径微调镗头型号	工作长度 L （参考）	d_1	最小镗孔直径 D_{min}
TW16	65～90	16	3

4.3.6　80°双刃镗刀(TS80)按图 7 和表 6 的规定。

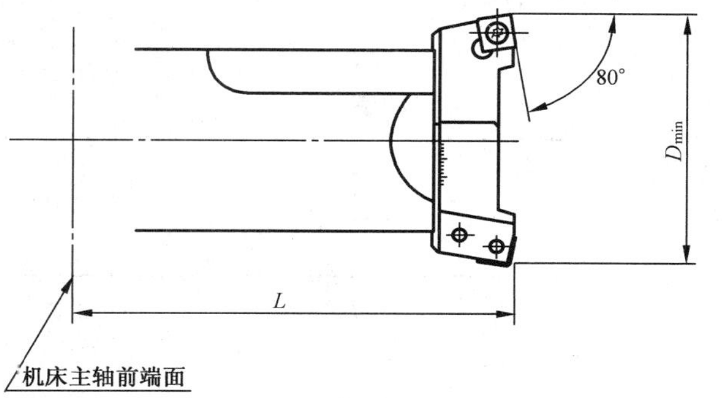

图 7

表 6

单位为毫米

80°双刃镗刀型号	工作长度 L(参考)	最小镗孔直径 D_{min}
TS80××	85～110	××
TS80××	105～125	××
注：××表示最小镗孔直径数值，可由制造厂自定。		

4.3.7　90°双刃镗刀(TS90)按图 8 和表 7 的规定。

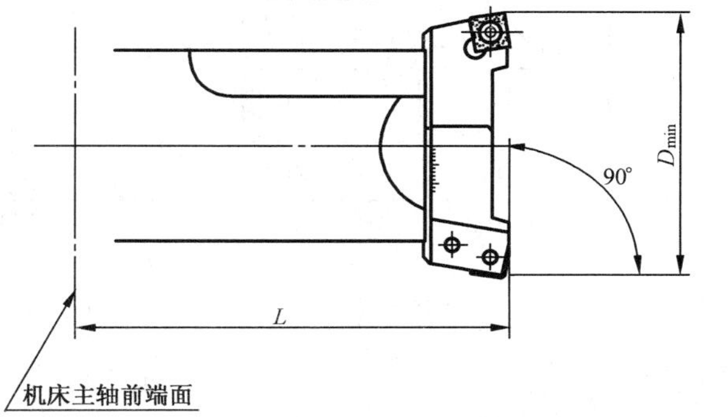

图 8

表 7

单位为毫米

90°双刃镗刀 型号	工作长度 L （参考）	最小镗孔直径 D_{min}
TS90××	85～110	××
TS90××	105～125	××
注：××表示最小镗孔直径数值，可由制造厂自定。		

4.3.8 刀杆尺寸按 DIN 6360:1983，安装三面刃铣刀的刀柄(XS)按图 9 和表 8 的规定。

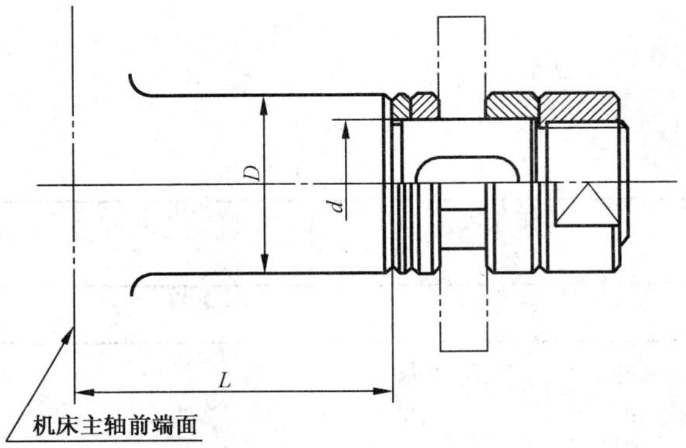

图 9

表 8

单位为毫米

三面刃铣刀 刀柄型号	铣刀定心直径 d h6	D	工作长度 L （参考）	平键	螺母螺纹
XS16	16	27	90～150	4×4	M14×1.5
XS22	22	34		6×6	M20×1.5
XS27	27	41		7×7	M24×2.0
XS32	32	47		8×8	M30×2.0
XS40	40	55		10×10	M36×3.0

4.3.9 刀杆附件尺寸按 ISO 10643，安装套式面铣刀和三面刃铣刀的刀柄(XSL)按图 10 和表 9 的规定。

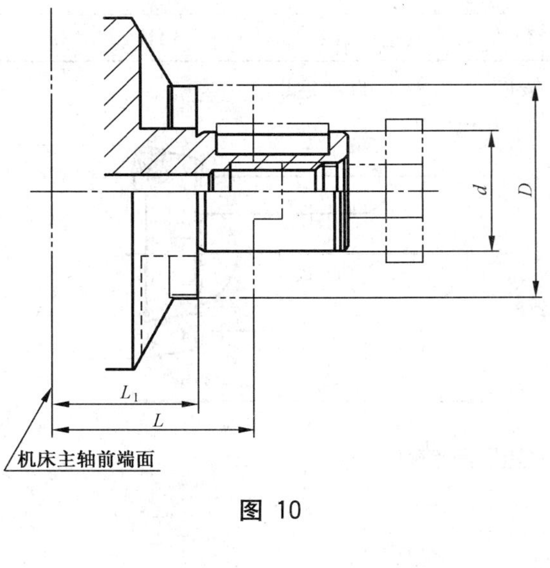

图 10

表 9

单位为毫米

套式面铣刀和三面刃铣刀刀柄型号	工作长度 L（参考）	d h6	D	L-L_1	平键
XSL16	60	16	32	10	4×4
XSL22		22	40	12	6×6
XSL27		27	48	12	7×7
XSL32		32	58	14	8×8
XSL40	70	40	70	14	10×10
XSL50		50	90	16	12×12

4.3.10 安装按 GB/T 5342.1—2006 生产的 A 类、B 类、C 类套式面铣刀的刀柄（XMA、XMB、XMC）分别按图 11 和表 10，图 12 和表 11 以及图 13 和表 12 的规定。其中 C 类套式面铣刀刀柄也可用于 B 类套式面铣刀。

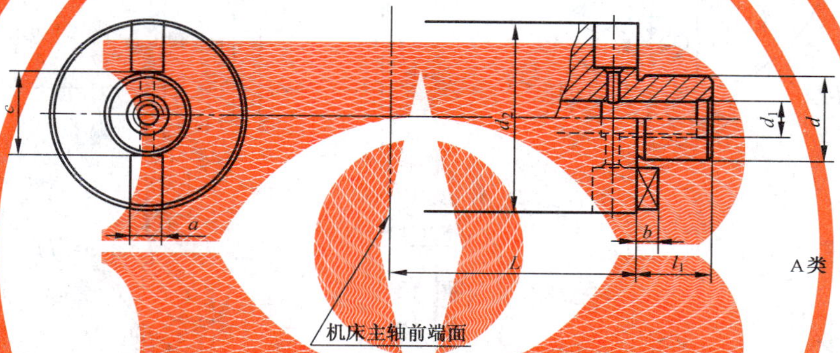

图 11

表 10

单位为毫米

装 A 类面铣刀刀柄型号	工作长度 L（参考）	d h6	d_2	d_1	l_1	a	b	c
XMA22	35～50	22	40	M10	19	10	5.6	22.5
XMA27	45～60	27	48	M12	21	12	6.3	28.5
XMA32	50～60	32	58	M16	24	14	7	33.5

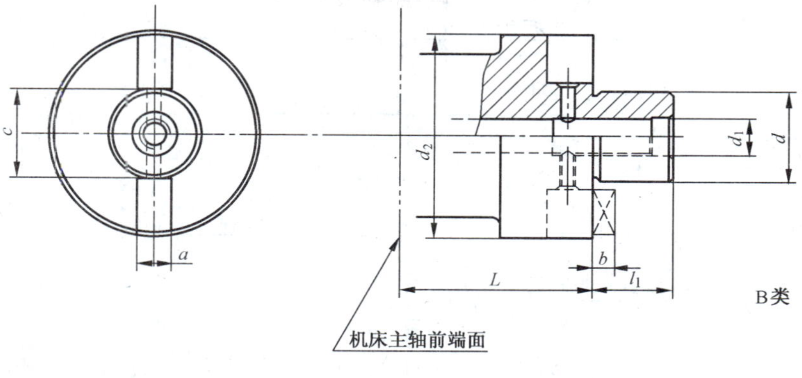

图 12

表 11

单位为毫米

装B类面铣刀刀柄型号	工作长度 L（参考）	d h6	d_2	d_1	l_1	a	b	c
XMB27	45～60	27	60	M12	21	12	6.3	30.5
XMB32	50～60	32	78	M16	24	14	7	33.5
XMB40		40	89	M20	27	16	8	44.5
XMB50	50～70	50	120	M24	30	18	9	55

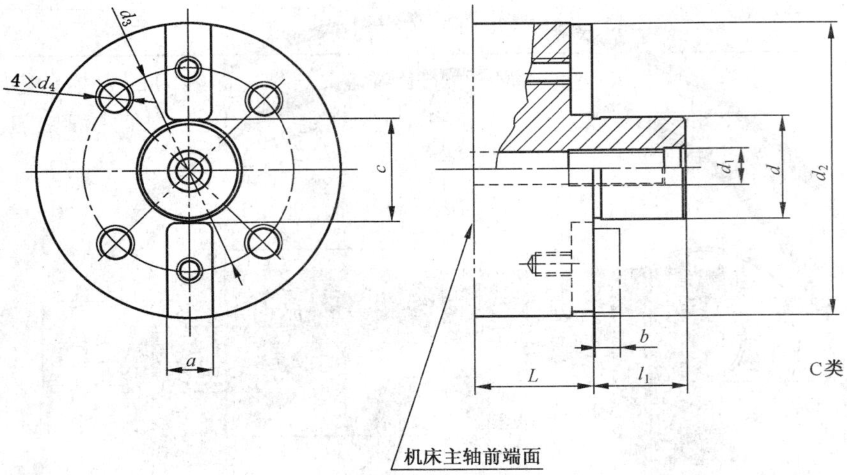

图 13

表 12

单位为毫米

装C类面铣刀刀柄型号	工作长度 L（参考）	d h6	d_2	d_1	d_3	d_4	l_1	a	b	c
XMC40	50～60	40	89	M20	66.7	M12	27	16	8	44.5
XMC60	75	60	130	M30	101.6	M16	40	25.4	12.5	65

4.3.11 按 GB/T 1443—1996 的装有扁尾莫氏圆锥工具柄(M)和按 GB/T 1443—1996 的装无扁尾莫氏圆锥工具柄(MW)，分别按图 14 和表 13，图 15 和表 14 的规定。

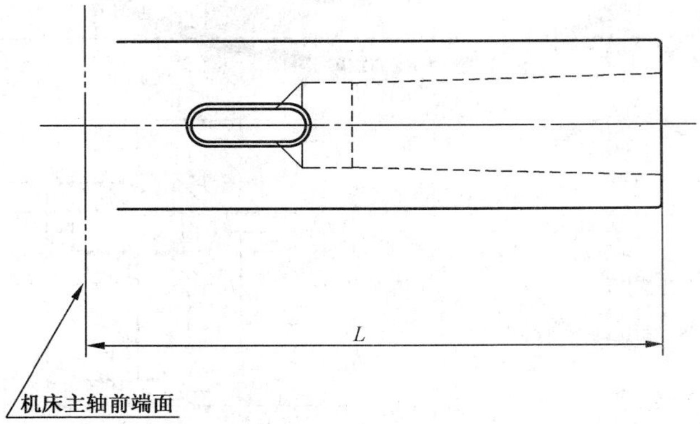

图 14

表 13 单位为毫米

装有扁尾莫氏圆锥工具柄型号	工作长度 L （参考）
M1	35～45，100～180
M2	50～60，120～135
M3	60～75，135～180
M4	75～95，165～180
M5	110～210

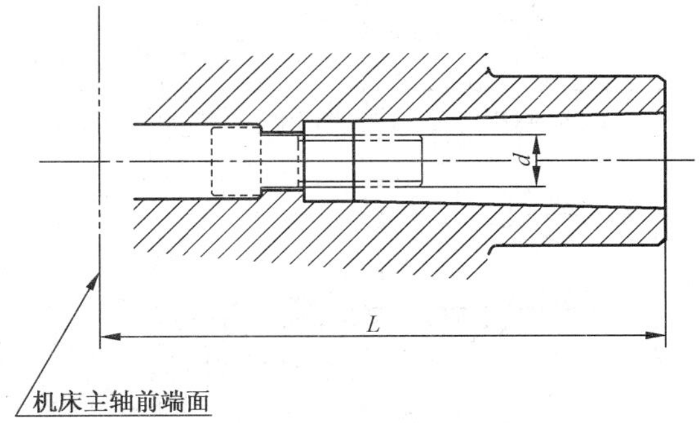

图 15

表 14 单位为毫米

装无扁尾莫氏圆锥工具柄型号	工作长度 L （参考）
MW1	45～50
MW2	50～60
MW3	60～65
MW4	100
MW5	130

4.3.12 按 ISO 15488:2003 的卡簧外锥锥度半角为 8°的弹簧夹头(ER)，按图 16 和表 15 的规定。

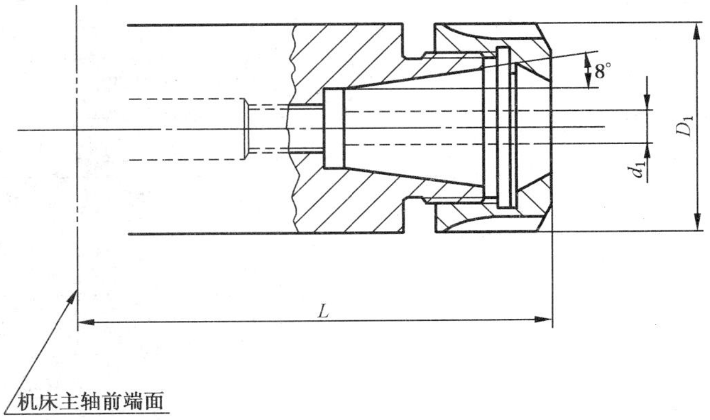

图 16

表 15

单位为毫米

卡簧外锥锥度半角为 8° 的弹簧夹头刀柄型号	工作长度 L（参考）	孔径值 d_1	卡簧型式	D_1
ER11	60～70	1-7	A 型　B 型	19
ER16	60～120	1-10	A 型　B 型	32
ER20	60～120	1-13	A 型　B 型	35
ER25	60～120	1-16	A 型　B 型	42
ER32	60～120	2-20	A 型　B 型	50
ER40	80～100	3-36	A 型　B 型	63

4.3.13　按 ISO 10897:1996 的卡簧外锥锥度为 1∶10 的弹簧夹头(QH)，按图 17 和表 16 的规定。

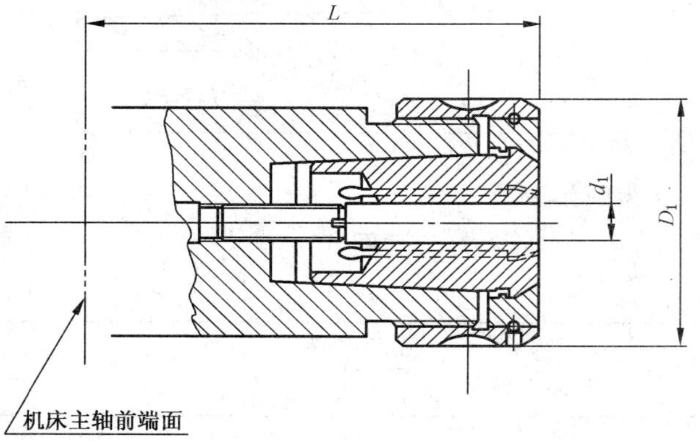

图 17

表 16

单位为毫米

卡簧外锥锥度为 1∶10 的弹簧夹头刀柄型号	工作长度 L（参考）	D_1	卡簧型式孔径值 d_1
QH6	60～70	18	A 型 1-6
QH8	60～70	26	A 型 1-8
QH10	60～70	30	A 型 1-10
QH12	60～120	35	A 型 1-12
QH16	60～120	43	A 型 2-16　B 型 5-16
QH20	60～120	50	A 型 2-20　B 型 6-20
QH25	60～120	60	A 型 2-25　B 型 6-25
QH32	80～100	72	A 型 4-32　B 型 10-32
QH40	80～100	85	A 型 6-29.5　B 型 30-40
QH50	80～100	100	A 型 8-29.5　B 型 8-29.5

4.3.14　液压夹头(YQ)，按图 18 和表 17 的规定。

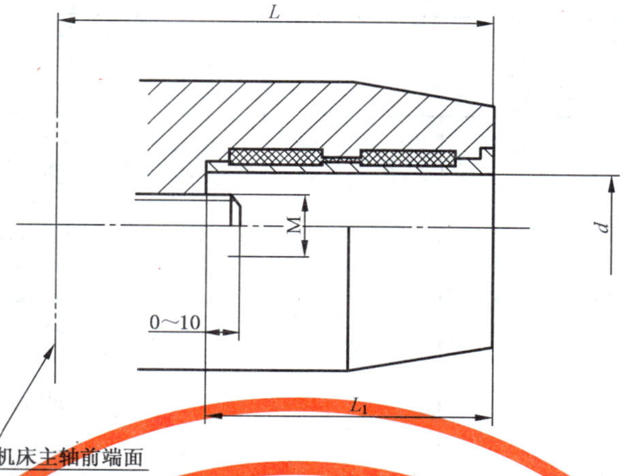

图 18

表 17

单位为毫米

<table>
<tr><th>液压夹头型号</th><th>工作长度 L
(参考)</th><th>d</th><th>L_1
最大值</th><th>调整螺纹 M</th></tr>
<tr><td>YQ6</td><td rowspan="4">70~85</td><td>6</td><td rowspan="2">37.5</td><td>M5</td></tr>
<tr><td>YQ8</td><td>8</td><td>M6</td></tr>
<tr><td>YQ10</td><td>10</td><td>42.5</td><td>M8×1</td></tr>
<tr><td>YQ12</td><td>12</td><td>47.5</td><td>M10×1</td></tr>
<tr><td>YQ16</td><td rowspan="3">90</td><td>16</td><td rowspan="3">52.5</td><td>M12×1</td></tr>
<tr><td>YQ18</td><td>18</td><td rowspan="2">M16×1</td></tr>
<tr><td>YQ20</td><td>20</td></tr>
</table>

4.3.15 热装夹头(RZ),按图 19 和表 18 的规定。

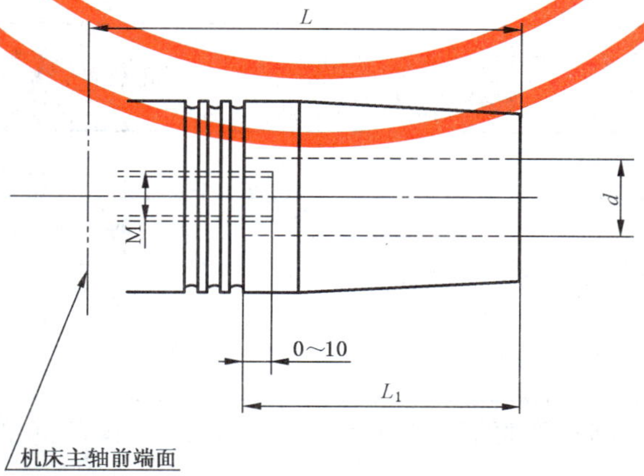

图 19

表 18

单位为毫米

热装夹头型号	工作长度 L (参考)	d	L_1 max	调整螺纹 M
RZ6	80～160	6	36	M5
RZ8		8		M6
RZ10		10	42	M8×1
RZ12		12	47	M10×1
RZ16		16	50	M12×1
RZ20		20	52	M16×1
RZ25	100～160	25	58	

4.3.16 强力铣夹头(QL),按图 20 和表 19 的规定。

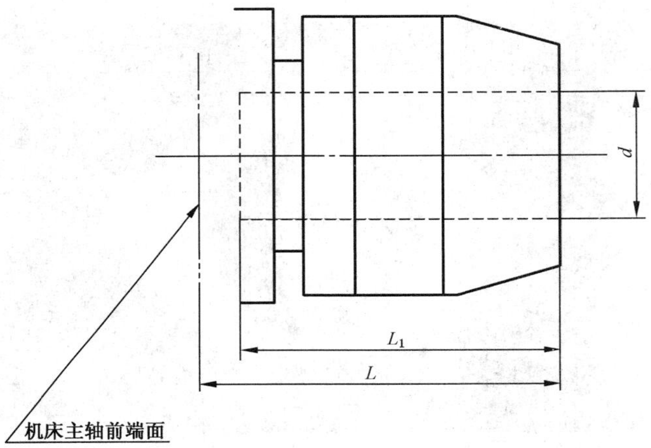

图 20

表 19

单位为毫米

强力夹头型号	工作长度 L (参考)	孔径 d	夹持长度 L_1 min
QL20	105～165	20	50
QL25		25	56
QL32	105～300	32	60
QL40		40	70

4.3.17 按 GB/T 6133.1 的削平型直柄刀具夹头(XP),按图 21 和表 20 的规定。

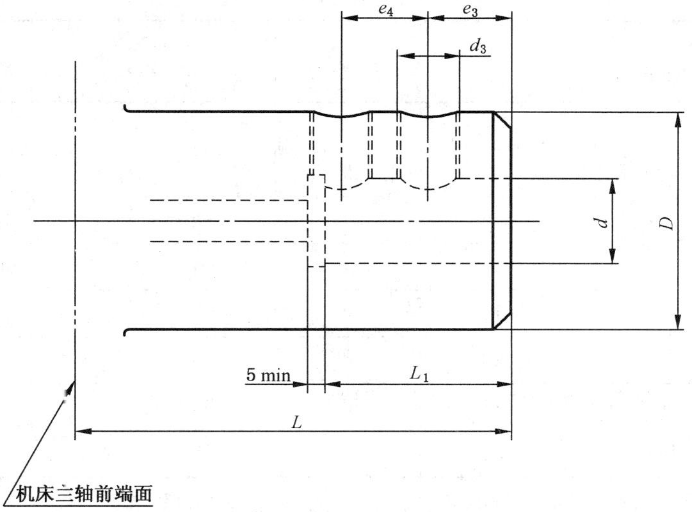

图 21

表 20

单位为毫米

削平型直柄刀具夹头型号	工作长度 L (参考)	d H5	D	L_1	e_3	e_4	d_3
XP6	50～63	6	25	35	18	—	M6
XP8		8	28				M8
XP10		10	35	39	20		M10
XP12		12	42	44	22.5		M12
XP16	63	16	48	47	24		M14
XP20		20	52	49	25		M16
XP25	90	25	65	54	24	25	M18×2
XP32	142	32	72	58		28	M20×2

4.3.18　2°削平型直柄刀具夹头(XPD),按图 22 和表 21 的规定。

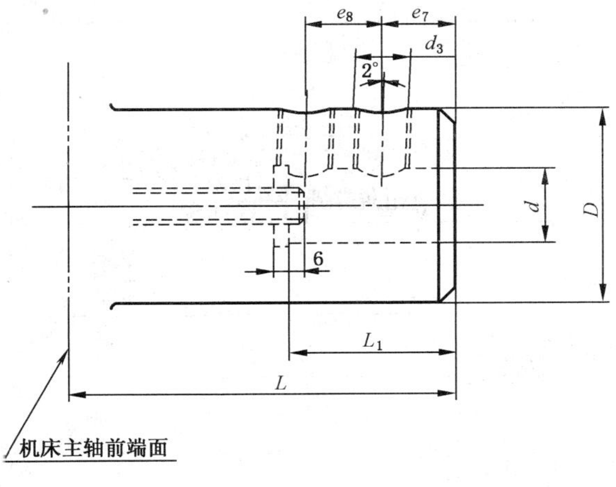

图 22

表 21

单位为毫米

2°削平型直柄刀具夹头型号	工作长度 L（参考）	d H5	D	L_1	e_7	e_8	d_3
XPD6	50～63	6	25	35	18	—	M6
XPD8		8	28				M8
XPD10		10	35	39	20		M10
XPD12		12	42	44	22.5		M12
XPD16	63	16	48	47	24		M14
XPD20		20	52	49	25		M16
XPD25	90	25	65	54	24	22	M18×2
XPD32	142	32	72	58		24	M20×2

4.3.19 带有螺纹拉紧式钻夹头的刀柄(ZL)，按图 23 和表 22 的规定。

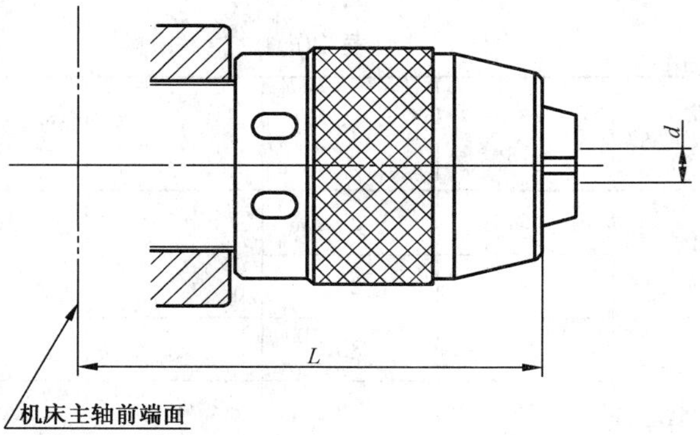

图 23

表 22

单位为毫米

带有螺纹拉紧式钻夹头的刀柄型号	工作长度 L(参考)	夹持范围 d
ZL08	84～90	0.5～8
ZL13	98～108	0.5～13
ZL16	104～128	3～16

4.3.20 I 型攻丝夹头(GI)，按图 24 和表 23 的规定。

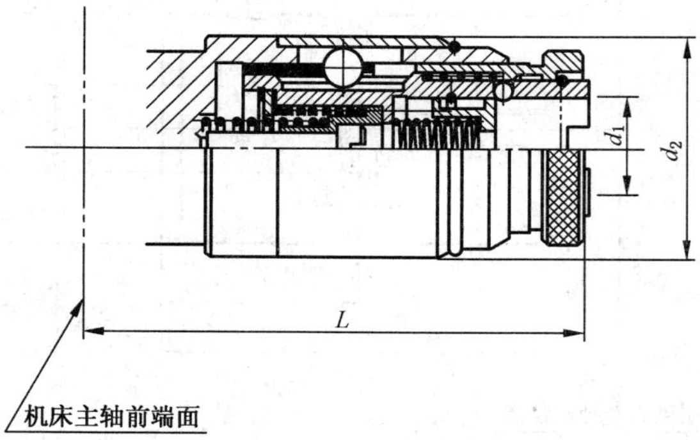

图 24

表 23

单位为毫米

I 型攻丝夹头型号	工作长度 L(参考)	d_1	d_2	攻丝范围
GI 3	110～135	19	45	M3～M12
GI 12	130～145	30	66	M12～M24

4.3.21 II 型攻丝夹头(GII),按图 25 和表 24 的规定。

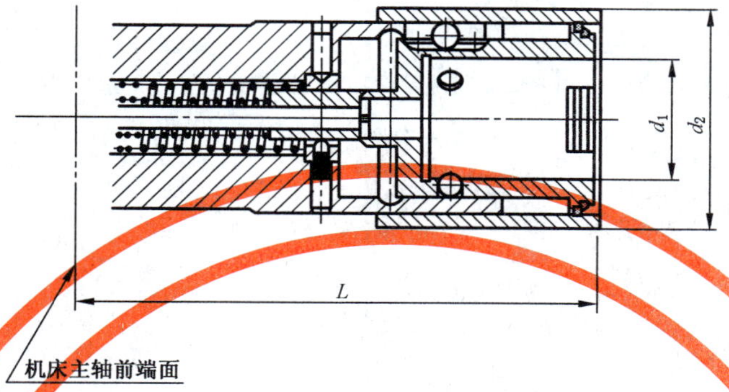

图 25

表 24

单位为毫米

II 型攻丝夹头型号	工作长度 L(参考)	d_1	d_2	攻丝范围
GII 3	59	19	39	M3～M12
GII 8	97	31	59	M8～M20

ICS 25.100.20
J 41

中华人民共和国国家标准

GB/T 25670—2010

硬质合金斜齿立铣刀

End mills with brazed angular hard metal tips

2010-12-23 发布　　2011-07-01 实施

中华人民共和国国家质量监督检验检疫总局
中国国家标准化管理委员会　发布

前　言

本标准由中国机械工业联合会提出。

本标准由全国刀具标准化技术委员会(SAC/TC 91)归口。

本标准主要起草单位:河南一工工具有限公司、北京京城工业物流有限公司。

本标准主要起草人:赵建敏、孔春艳、樊英杰、王晓曼。

硬质合金斜齿立铣刀

1 范围

本标准规定了硬质合金斜齿直柄立铣刀和硬质合金斜齿锥柄立铣刀(以下均简称"立铣刀")的型式和尺寸、形状和位置公差、材料和硬度、外观和表面粗糙度、焊接质量、标志和包装的技术要求。

本标准适用于直径 ϕ10 mm～ϕ28 mm 的硬质合金斜齿直柄立铣刀和直径 ϕ14 mm～ϕ50 mm 的硬质合金斜齿锥柄立铣刀。

2 规范性引用文件

下列文件中的条款通过本标准的引用而成为本标准的条款,凡是注日期的引用文件,其随后所有的修改单(不包括勘误的内容)或修订版均不适用于本标准,然而,鼓励根据本标准达成协议的各方研究是否可使用这些文件的最新版本。凡是不注日期的引用文件,其最新版本适用于本标准。

GB/T 1443　机床和工具柄用自夹圆锥(GB/T 1443—1996,eqv ISO 296:1991)

GB/T 2075　切削加工用硬切削材料的分类和用途　大组和用途小组的分类代号(GB/T 2075—2007,ISO 513:2004,IDT)

GB/T 6131.1　铣刀直柄　第1部分:普通直柄的型式和尺寸(GB/T 6131.1—2006,ISO 3338-1:1996,IDT)

GB/T 6131.2　铣刀直柄　第2部分:削平直柄的型式和尺寸(GB/T 6131.2—2006,ISO 3338-2:2000,MOD)

YS/T 79　硬质合金焊接刀片

3 符号

d　立铣刀直径

d_1　立铣刀柄部直径

l　立铣刀刃部长度

L　立铣刀总长

θ　角度

α　后角

β　斜角

4 型式和尺寸

4.1　直柄立铣刀的型式和尺寸按图1和表1,柄部尺寸和偏差分别按 GB/T 6131.1 和 GB/T 6131.2 的规定,硬质合金型号按 YS/T 79 的规定。斜角 β 一般为 3°,在不同场合,可根据加工对象或用户需要确定。

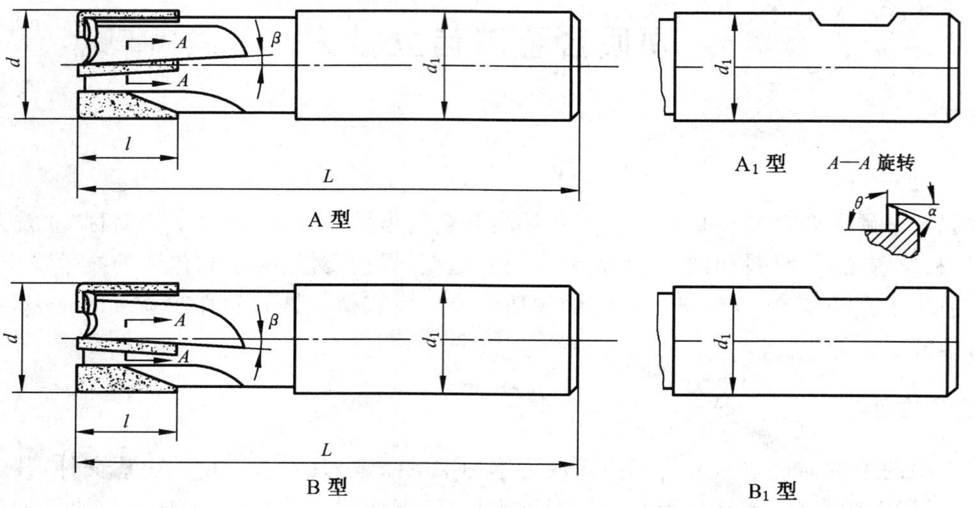

图 1

表 1

单位为毫米

<table>
<tr><th rowspan="2">d
js14</th><th rowspan="2">L
js16</th><th rowspan="2">d_1 [a]</th><th colspan="6">参 考 值</th></tr>
<tr><th>硬质合金
刀片型号</th><th>l</th><th>α
(°)</th><th>θ
(°)</th><th>齿数</th></tr>
<tr><td>10</td><td>75</td><td>10</td><td rowspan="3">E515</td><td rowspan="5">13.5</td><td rowspan="10">12°</td><td rowspan="10">95°</td><td rowspan="6">3</td></tr>
<tr><td>11</td><td rowspan="3">80</td><td rowspan="3">12</td></tr>
<tr><td>12</td></tr>
<tr><td>14</td><td rowspan="2">E315</td></tr>
<tr><td>16</td><td>85</td><td rowspan="2">16</td></tr>
<tr><td>18</td><td rowspan="3">90</td><td rowspan="5">E320</td><td rowspan="5">18.0</td></tr>
<tr><td>20</td><td rowspan="2">20</td><td rowspan="4">4</td></tr>
<tr><td>22</td></tr>
<tr><td>25</td><td rowspan="2">100</td><td rowspan="2">25</td></tr>
<tr><td>28</td></tr>
<tr><td colspan="9">a 普通柄公差为 h8，削平柄公差为 h6。</td></tr>
</table>

4.2　锥柄立铣刀的型式和尺寸按图 2 和表 2，柄部尺寸和偏差按 GB/T 1443 的规定，硬质合金型号按 YS/T 79 的规定。斜角 β 一般为 3°，在不同场合，可根据加工对象或用户需要确定。

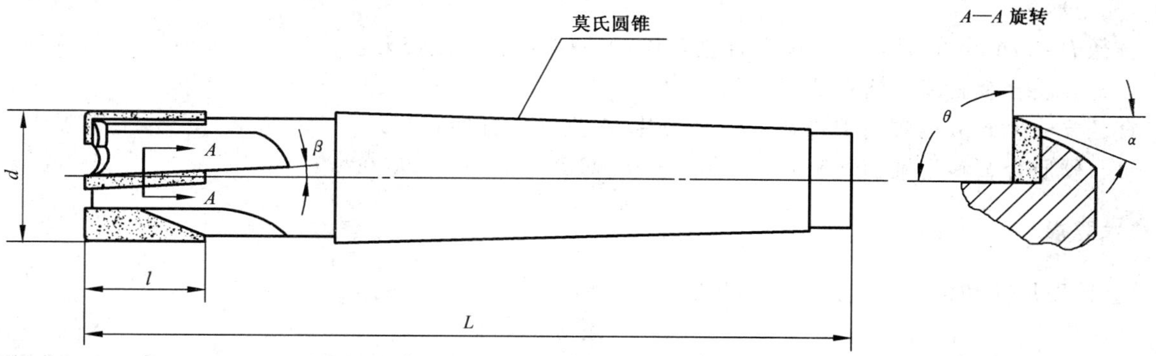

A 型

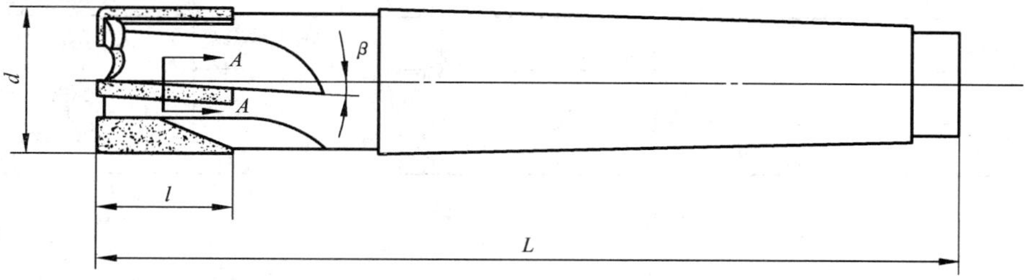

B 型

图 2

表 2

单位为毫米

d js14	L js16	莫氏 圆锥号	参考值				
			硬质合金 刀片型号	l	α (°)	θ (°)	齿数
14	105	2	E315	13.5	12°	95°	3
16							
18	110		E320	18.0			
20	130	3				90°	4
22							
25							
28	155	4					
30	160		E325	23.0			
32							
36						70°	6
40							
45	170		E330	28.0			
	195	5					
50	170	4					
	195	5					

4.3 标记示例

直径d=20 mm 的焊有 P30 硬质合金刀片，A 型斜齿直柄立铣刀：

硬质合金斜齿直柄立铣刀 A20 P30 GB/T 25670—2010。

直径 d=20 mm 的焊有 P30 硬质合金刀片，A 型斜齿锥柄立铣刀：

硬质合金斜齿锥柄立铣刀 A20 P30 GB/T 25670—2010。

5 技术要求

5.1 立铣刀形状和位置公差按表 3 的规定。

表 3

单位为毫米

<table>
<tr><th rowspan="2">d</th><th colspan="2">圆周刃对柄部轴线的径向圆跳动</th><th colspan="2">端刃对柄部轴线的端面圆跳动</th><th rowspan="2">工作部分外径锥度公差</th></tr>
<tr><th>一转</th><th>相邻齿</th><th>一转</th><th>相邻齿</th></tr>
<tr><td>≤18</td><td>0.032</td><td>—</td><td>0.030</td><td>—</td><td rowspan="3">0.02</td></tr>
<tr><td>18<d≤28</td><td>0.040</td><td>0.020</td><td rowspan="2">0.040</td><td rowspan="2">0.020</td></tr>
<tr><td>>28</td><td>0.050</td><td>0.025</td></tr>
</table>

5.2 材料和硬度

5.2.1 材料

5.2.1.1 硬质合金刀片材料

按 GB/T 2075 分类分组的规定，加工钢时为 P20～P30；加工铸铁时为 K20～K30。

硬质合金刀片在焊接前表面应进行研磨、喷砂或其他方法的表面处理。

硬质合金刀片不得有起皮、鼓泡、分层、裂纹等缺陷。

5.2.1.2 刀体用 40Cr 或同等以上性能的合金钢制造。

5.2.2 硬度

柄部硬度为：

——普通直柄、莫氏锥柄：不低于 35 HRC；

——削平直柄：不低于 50 HRC。

5.3 外观和表面粗糙度

5.3.1 立铣刀的切削刃应锋利，不应有崩刃、钝口、裂纹等影响使用性能的缺陷；非工作部分的锐边应倒钝，表面不得有磕伤、锈迹等影响使用性能的缺陷。

5.3.2 立铣刀的表面粗糙度的上限值按下列规定：

——前面和后面：Rz3.2 μm；

——柄部外圆：Ra0.8 μm。

5.4 焊接质量

5.4.1 立铣刀的刀片焊接应牢靠，不应有气孔、未焊透或焊料堆积等影响使用性能的缺陷。

6 标志和包装

6.1 标志

6.1.1 产品上应标志：

a) 制造厂或销售商的商标；

b) 立铣刀的直径；

c) 刀片的硬质合金牌号或代号。

6.1.2 包装盒上应标志：

a) 制造厂或销售商的名称、地址和商标；

b) 立铣刀的标记；

c) 刀片的硬质合金牌号或代号；

d) 件数；

e) 制造年月。

6.2 包装

立铣刀在包装前应经防锈处理。包装应牢靠，并能防止运输过程中的损伤。

ICS 25.100.99
J 41

中华人民共和国国家标准

GB/T 25671—2010

硬质涂层高速钢刀具　技术条件

High speed steels metal cutting tools with hard coating—
Technical specifications

2010-12-23 发布　　　　2011-07-01 实施

中华人民共和国国家质量监督检验检疫总局
中国国家标准化管理委员会　发布

前　言

本标准的附录 A、附录 B 均为规范性附录。

本标准由中国机械工业联合会提出。

本标准由全国刀具标准化技术委员会(SAC/TC 91)归口。

本标准主要起草单位:上海工具厂有限公司、成都工具研究所。

本标准主要起草人:祝新发、励政伟、商宏谟、许辉。

硬质涂层高速钢刀具　技术条件

1　范围

本标准规定了硬质涂层高速钢刀具的涂层前刀具(基体)的技术要求、涂层后刀具的技术要求以及标志和包装等基本要求。

本标准适用于硬质涂层(以下简称"涂层")高速钢刀具。

2　规范性引用文件

下列文件中的条款通过本标准的引用而成为本标准的条款,凡是注日期的引用文件,其随后所有的修改单(不包括勘误的内容)或修订版均不适用于本标准,然而,鼓励根据本标准达成协议的各方研究是否可使用这些文件的最新版本。凡是不注日期的引用文件,其最新版本使用于本标准。

JB/T 7707—1995　离子镀硬膜厚度试验方法　球磨法

3　术语和定义

下列术语和定义适用于本标准。

3.1

硬质涂层　hard coating

刀具表面涂覆一层硬度高于1 800 HV的膜层,提高刀具耐磨性的涂层。

4　涂层的分类和常用涂层元素表达式

4.1　高速钢刀具涂层采用物理气相沉积(PVD)方法制作,一般可分为钛基、铝钛基、铝铬基三种。常用涂层元素表达式见表1。

4.2　高速钢刀具应根据刀具的品种、被加工材料和切削参数等要求选择适合的涂层。

5　涂层前刀具(基体)的技术要求

5.1　外观

5.1.1　涂层前刀具应未经任何表面处理,且无磁性和锈迹。

5.1.2　需要涂层的工作部分不应有崩刃、毛刺、裂纹和磨削烧伤等影响使用性能的缺陷。

5.1.3　刀具没有螺钉固定或压力固定部分。

5.2　表面粗糙度

需涂层的工作表面粗糙度的上限值为 $Ra0.8\ \mu m$。

5.3　尺寸和公差

刀具需涂层部分的尺寸及偏差和形位公差应考虑涂层厚度的影响。

5.4　硬度

涂层前刀具的硬度应符合相应产品标准的规定。

6　涂层后刀具的技术要求

6.1　外观

6.1.1　涂层后刀具工作部分不应有崩刃、裂纹、磁性、锈迹和弧斑等影响使用性能的缺陷。

6.1.2　涂层色泽应具有一致性。

6.1.3 涂层表面的膜层应完整,未涂层部分不应有氧化膜。

6.1.4 涂层与未涂层处分界线应清晰分明。

6.2 表面粗糙度

涂层工作表面粗糙度的上限值为 *Ra*0.8 μm。

6.3 尺寸和公差

涂层刀具的尺寸及偏差和形位公差应符合相应产品标准规定。

6.4 涂层厚度

涂层厚度应大于等于 1 μm。涂层厚度按 JB/T 7707—1995 的规定进行检验。

6.5 涂层结合强度

6.5.1 采用划痕法检验时,用划痕机检验,在试验载荷为 29.4 N 时,膜层不应出现被划透露出基体的现象。其检验方法见附录 A。

6.5.2 采用压痕法进行检测时,其检验方法见附录 B,涂层效果应达到图 B.1 中 HF4。

6.5.3 采用超声波振荡法检验时,应将刀具置于金属清洗剂水溶液或去离子水中,用功率密度 0.4 W/cm^2,输出频率 20 kHz~40 kHz 的超声波冲击 10 min,涂层应无脱落现象。

6.6 硬度

6.6.1 用显维硬度计进行膜层硬度检测。当膜层厚度小于等于 2.5 μm 时,载荷为 25 g;当膜层厚度大于 2.5 μm 时,载荷为 50 g。

钛基、铝钛基、铝铬基涂层的显维硬度值规定见表 1。

表 1 钛基、铝钛基、铝铬基涂层显维硬度值

涂层类别	常用涂层元素表达式	显维硬度 HV
钛基涂层	TiN	≥1 800
	TiCN	≥3 200
铝钛基涂层	TiAlN	≥3 000
	TiAlCN	≥2 800
	AlTiN	≥3 500
铝铬基涂层	AlCrN	≥3 200

6.6.2 涂层硬度在涂层厚度不小于 2.5 μm,且与刀具同炉涂层处理的高速钢平面试样上检验。高速钢试样基体硬度大于 60 HRC,试样表面粗糙度应达到 *Ra*0.4 μm。

7 标志

标志和包装除应符合相应产品标准规定外,包装盒标志增加本标准编号,产品名称前增加涂层元素表达式或代号。

附　录　A
（规范性附录）
涂层结合强度检验方法——划痕法

A.1　检验条件

A.1.1　仪器：WS-88型自动划痕试验机或其他同类设备。

A.1.2　压头：金刚石，锥角120°，尖端半径为0.2 mm。

A.1.3　加载精度：±0.1 N。

A.1.4　加载速率：98 N/min。

A.1.5　划痕速度：16 mm/min。

A.1.6　划痕时间：每次应不超过1 min。

A.1.7　划痕次数：不少于三次。

A.2　试样

A.2.1　试样涂层厚度：与同炉涂层处理刀具的涂层厚度相同。

A.2.2　试样长度：大于20 mm。

附　录　B
（规范性附录）
涂层结合强度检验方法——压痕法

B.1　检验条件

B.1.1　仪器：洛氏硬度计、金相显微镜。

B.1.2　载荷：150 kg，倍率：100×。

B.2　试样

B.2.1　试样基体硬度：不小于 60 HRC。

B.2.2　试样形状：柱状，高度为 15 mm～25 mm，直径为 15 mm～25 mm。

B.2.3　试样表面粗糙度：Ra0.4 μm。

B.3　涂层

B.3.1　试样涂层厚度：不小于 2.5 μm。

B.3.2　涂层结合强度判断标准按图 B.1 中 HF1～HF6 所示。其中：HF1、HF2 级表示涂层结合力好；HF3、HF4 表示涂层结合力合格；HF5、HF6 表示涂层结合力差。

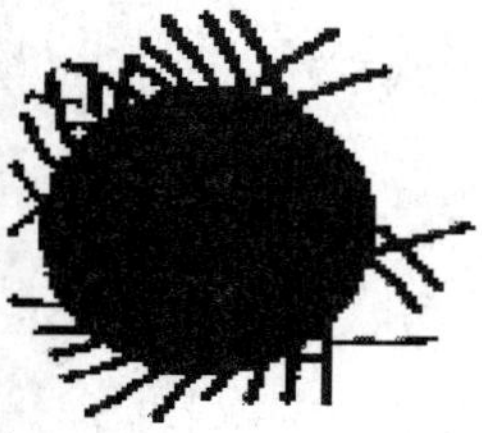

HF1

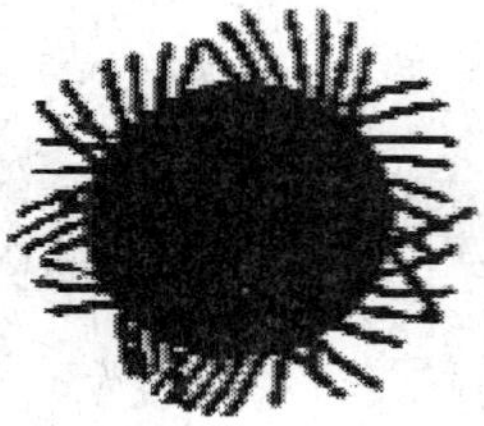

HF2

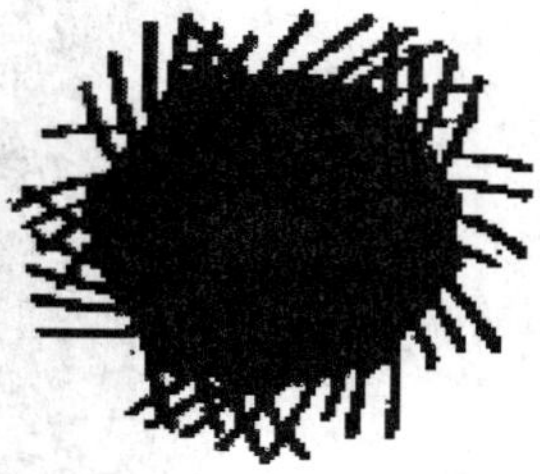

HF3

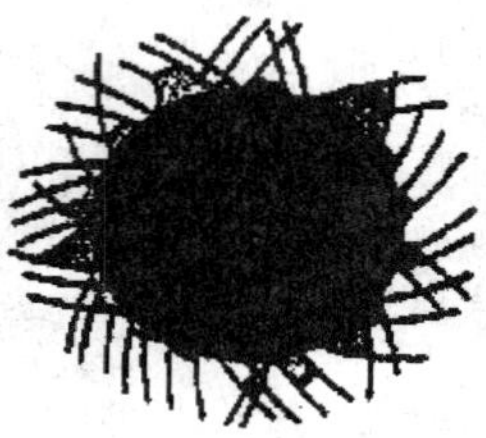

HF4

图 B.1

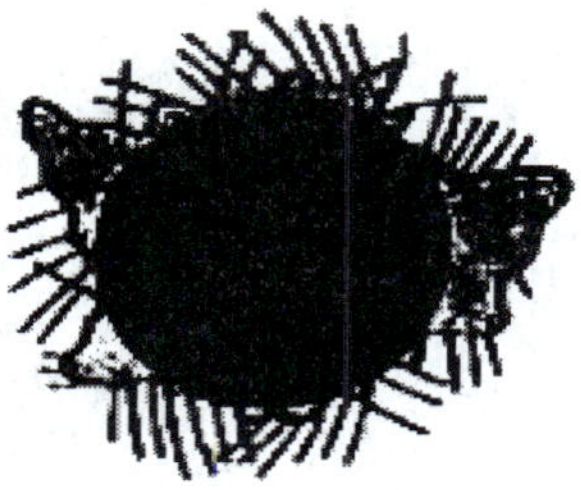

HF5

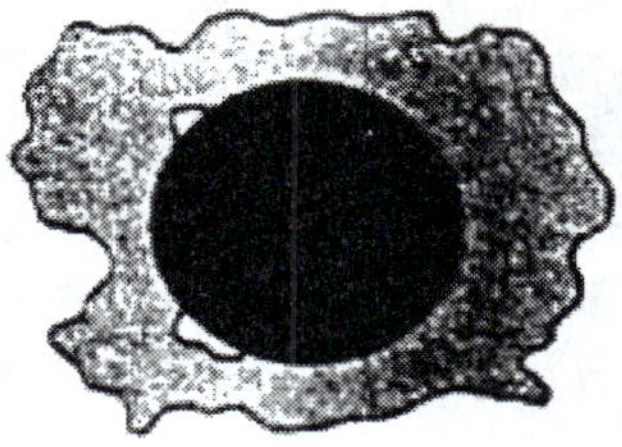

HF6

图 B.1（续）

ICS 25.100.30
J 41

中华人民共和国国家标准

GB/T 25672—2010

电锤钻和套式电锤钻

Hammer drills and shell hammer drills

2010-12-23 发布

2011-07-01 实施

中华人民共和国国家质量监督检验检疫总局
中国国家标准化管理委员会 发布

前　言

本标准的附录A和附录B为规范性附录。

本标准由中国机械工业联合会提出。

本标准由全国刀具标准化技术委员会(SAC/TC 91)归口。

本标准起草单位:常州市鑫思达精密工具有限公司、成都工具研究所。

本标准主要起草人:朱剑鑫、刘玉玲、查国兵、杨世华、许刚。

电锤钻和套式电锤钻

1 范围

本标准规定了电锤钻和套式电锤钻的型式和尺寸、外观和表面粗糙度、位置公差、材料和硬度、标志和包装等基本要求。

本标准适用于在无金属夹杂物的混凝土、砖等材料上钻孔用的直径为 5 mm～50 mm 的电锤钻，以及在砖、砌块、轻质墙等材料上钻孔用的直径为 25 mm～150 mm 的套式电锤钻。

2 规范性引用文件

下列文件中的条款通过本标准的引用而成为本标准的条款。凡是注日期的引用文件，其随后所有的修改单(不包括勘误的内容)或修订版均不适用于本标准，然而，鼓励根据本标准达成协议的各方研究是否可使用这些文件的最新版本。凡是不注日期的引用文件，其最新版本适用于本标准。

GB/T 3478.1 圆柱直齿渐开线花键(米制模数 齿侧配合) 第1部分：总论(GB/T 3478.1—2008,ISO 4156-1:2005,MOD)

GB/T 18376.2 硬质合金牌号 第2部分：地质、矿山工具用硬质合金牌号

GBJ 107 混凝土强度检验评定标准

3 符号

d——电锤钻或套式电锤钻的直径；

d_1——电锤钻的柄部定位圆直径；

l——电锤钻的悬伸长度；

l_1——套式电锤钻套式刀的长度；

l_2——套式电锤钻的悬伸长度；

L——电锤钻或套式电锤钻的总长。

4 型式和尺寸

4.1 电锤钻的型式和尺寸按图1和表1。

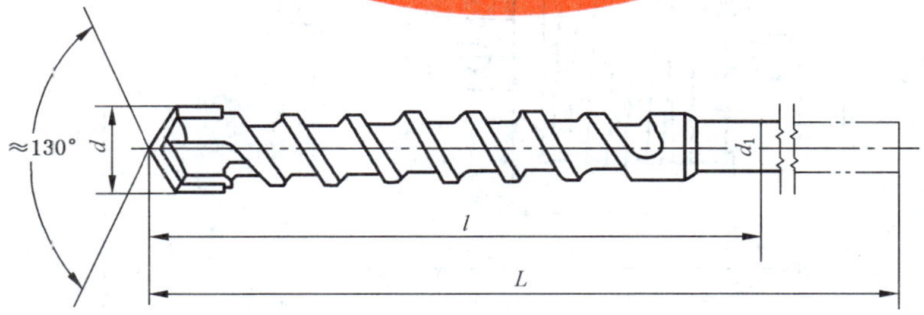

注1：电锤钻直径 d 在转角处去掉油漆或保护层后的硬质合金刀片的尺寸。

注2：l 悬伸于电锤钻机夹头外的长度。

图1 电锤钻

表 1

单位为毫米

<table>
<tr><th colspan="2">d</th><th colspan="4">l</th></tr>
<tr><th>基本尺寸</th><th>极限偏差</th><th>短系列</th><th>长系列</th><th>加长系列</th><th>超长系列</th></tr>
<tr><td>5</td><td rowspan="2">+0.30
+0.12</td><td rowspan="5">60</td><td rowspan="7">110</td><td rowspan="9">150</td><td rowspan="4">—</td></tr>
<tr><td>6</td></tr>
<tr><td>7</td><td rowspan="3">+0.36
+0.15</td></tr>
<tr><td>8</td></tr>
<tr><td>10</td><td rowspan="6">250</td></tr>
<tr><td>12</td><td rowspan="4">+0.43
+0.18</td><td rowspan="5">110</td></tr>
<tr><td>14</td></tr>
<tr><td>16</td><td rowspan="3">150</td></tr>
<tr><td>18</td></tr>
<tr><td>20</td><td rowspan="5">+0.52
+0.21</td><td rowspan="4">300</td></tr>
<tr><td>22</td><td rowspan="3">150</td><td rowspan="5">250</td><td rowspan="3">400</td></tr>
<tr><td>24</td></tr>
<tr><td>26</td></tr>
<tr><td>28</td><td rowspan="8">200</td><td rowspan="8">400</td><td rowspan="8">550</td></tr>
<tr><td>32</td><td rowspan="7">+0.62
+0.25</td></tr>
<tr><td>35</td></tr>
<tr><td>38</td></tr>
<tr><td>40</td><td rowspan="4">300</td></tr>
<tr><td>42</td></tr>
<tr><td>45</td></tr>
<tr><td>50</td></tr>
</table>

4.2 套式电锤钻的型式和尺寸按图 2 和表 2。

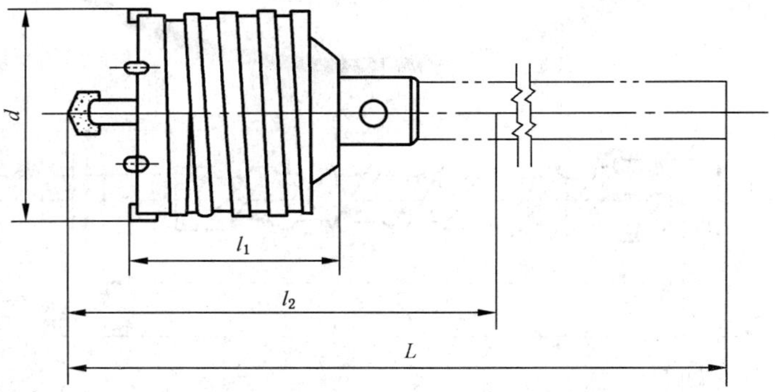

注 1：套式电锤钻直径 d 在转角处去掉油漆或保护层后的硬质合金刀片的尺寸。

注 2：l_2 悬伸于电锤钻机夹头外的长度。

图 2 套式电锤钻

表 2

单位为毫米

<table>
<tr><th colspan="2">d</th><th rowspan="2">l_1</th><th colspan="4">l_2</th></tr>
<tr><th>基本尺寸</th><th>极限偏差</th><th>短系列</th><th>长系列</th><th>加长系列</th><th>超长系列</th></tr>
<tr><td>25</td><td rowspan="2">+0.52
+0.21</td><td rowspan="18">70、80、100、120、150</td><td rowspan="18">200</td><td rowspan="18">300</td><td rowspan="18">400</td><td rowspan="18">550</td></tr>
<tr><td>30</td></tr>
<tr><td>35</td><td rowspan="4">+0.62
+0.25</td></tr>
<tr><td>40</td></tr>
<tr><td>45</td></tr>
<tr><td>50</td></tr>
<tr><td>55</td><td rowspan="4">+0.74
+0.30</td></tr>
<tr><td>65</td></tr>
<tr><td>70</td></tr>
<tr><td>80</td></tr>
<tr><td>85</td><td rowspan="4">+0.87
+0.35</td></tr>
<tr><td>90</td></tr>
<tr><td>100</td></tr>
<tr><td>105</td></tr>
<tr><td>125</td><td rowspan="3">+1.00
+0.40</td></tr>
<tr><td>130</td></tr>
<tr><td>150</td></tr>
</table>

4.3　柄部型式有 A 型柄(锥柄)、B 型柄(锥柄)、C 型柄(四槽方柄)、D 型柄(双槽圆柄)、E 型柄(双槽圆柄)、F 柄(四槽圆柄)、G 型柄(六方柄)、H 型柄(六方柄)、I 型柄(六方柄)、J 型柄(直花键柄)、K 型柄(螺旋花键柄)、L 型柄(圆弧花键柄)。

电锤钻的柄部型式和尺寸及套式电锤钻连接杆的柄部型式和尺寸按附录 A 规定。

4.4　标记示例

直径 d=18 mm,悬伸长度 l=150 mm,柄部型式为 E 型柄(双槽圆柄)的电锤钻的标记为:

电锤钻　18×150-E　GB/T 25672—2010

直径 d=65 mm,悬伸长度 l_2=200 mm,连接杆柄部型式为 E 型柄(双槽圆柄)的套式电锤钻的标记为:

套式电锤钻　65×200-E　GB/T 25672—2010

5　技术要求

5.1　外观和表面粗糙度

5.1.1　电锤钻上硬质合金刀片及套式电锤钻的套式刀和中心导钻上硬质合金刀片应焊接牢固,不应有裂纹、烧伤、夹渣、气孔及未焊透现象;切削刃应锋利、不得有崩刃等影响使用性能的缺陷。

5.1.2　电锤钻的表面粗糙度的上限值:

——前面和后面:Rz 12.5 μm;

——柄部(定位圆柱部分):Ra 3.2 μm。

5.1.3　套式电锤钻的表面粗糙度的上限值:

——前面和后面:Rz 12.5 μm;

——连接杆柄部定位圆部分：*Ra* 3.2 μm。

5.1.4 电锤钻和套式电锤钻的表面应经发黑或喷砂等处理。

5.2 位置公差

5.2.1 电锤钻的位置公差按表 3。

表 3 单位为毫米

项目	*d*	*l*				
		60～100	>100～200	>200～300	>300～400	>400～500
柄部定位圆对刀体轴线的径向圆跳动公差	5～50	1.5	2.0	2.25	2.5	2.75
硬质合金刀片外圆对刀体轴线的对称度公差	5～6	0.20				
	>6～8	0.35				
	>8～16	0.50				
	>16	1.00				
切削刃对刀体轴线的斜向圆跳动公差	5～50	0.50				
注：电锤钻位置公差的检测方法见附录 B 中表 B.1。						

5.2.2 套式电锤钻的位置公差按表 4。

表 4 单位为毫米

项目	*d*	l_2			
		100～200	>200～300	>300～400	>400～550
连接杆柄部定位圆对套式刀轴线的径向圆跳动公差	25～150	2.0	2.25	2.5	2.75
硬质合金刀片外圆对套式刀轴线的径向圆跳动公差	25～50	0.40			
	>50～80	0.50			
	>80～100	0.60			
	>100～150	0.70			
硬质合金刀片端面对套式刀轴线的端面圆跳动公差	25～50	0.40			
	>50～80	0.60			
	>80～150	0.80			
注：套式电锤钻位置公差的检测方法见附录 B 中表 B.2。					

5.3 材料和硬度

5.3.1 电锤钻和套式电锤钻中心导钻上用硬质合金刀片应符合 GB/T 18376.2 的规定。

5.3.2 电锤钻的刀体和刀柄材料采用 40Cr 钢或同等及以上性能其他牌号的合金钢制造。

5.3.3 电锤钻和套式电锤钻上套式刀及中心导钻的刀体应从距刀片底面(轴向)20 mm 处向柄部方向进行热处理，电锤钻的硬度不低于 40 HRC，套式刀的硬度不低于 200 HB，中心导钻的硬度不低于 35 HRC，连接杆的硬度不低于 40 HRC。

5.4 性能试验

5.4.1 试验条件

5.4.1.1 试验钻机：试验用电锤钻机应符合相应标准的规定。

5.4.1.2 试验件数：样本数为5件。

5.4.1.3 试验材料：

——电锤钻的试验材料按GBJ 107的规定，采用C28混凝土或用同等强度的其他建筑材料；

——套式电锤钻的试验材料采用100～200号水泥砂浆块或用同等强度的其他建筑材料。

5.4.2 试验规范

5.4.2.1 电锤钻的性能试验应在转速每分钟大于250转，冲击次数每分钟大于2 000次的钻机上进行，电锤钻每次钻孔深度为1/2，累积钻孔深度为0.5 m。

5.4.2.2 套式电锤钻的试验规范见表5。

表5

d/mm	转速/(r/min)	每分钟冲击次数	钻孔深度/mm	钻孔个数
≤65	>250	>2 000	0.6 l_1	5
>65～90			0.5 l_1	
>90			0.4 l_1	

5.4.3 试验方式：钻不通孔。

5.4.4 试验结果评定

试验后的电锤钻和套式电锤钻不应有崩刃、脱焊、裂纹等现象。如有一件不符合上述规定，则判该批电锤钻或套式电锤钻的性能试验不合格。

6 标志和包装

6.1 标志

6.1.1 电锤钻和套式电锤钻的产品上应标志：

——制造厂或销售商的商标；

——直径。

6.1.2 电锤钻和套式电锤钻包装盒上应标志：

——制造厂或销售商的名称、地址和商标；

——产品的标记；

——刀片材料(硬质合金牌号或用途代号)；

——件数；

——制造年月。

6.2 包装

电锤钻和套式电锤钻在包装前应经防锈处理，包装应牢固，并能防止电锤钻和套式电锤钻在运输过程中损伤。

附 录 A
（规范性附录）
电锤钻柄部和套式电锤钻连接杆柄部的型式和尺寸

A.1 A型柄(锥柄)的型式和尺寸按图 A.1 所示。

单位为毫米

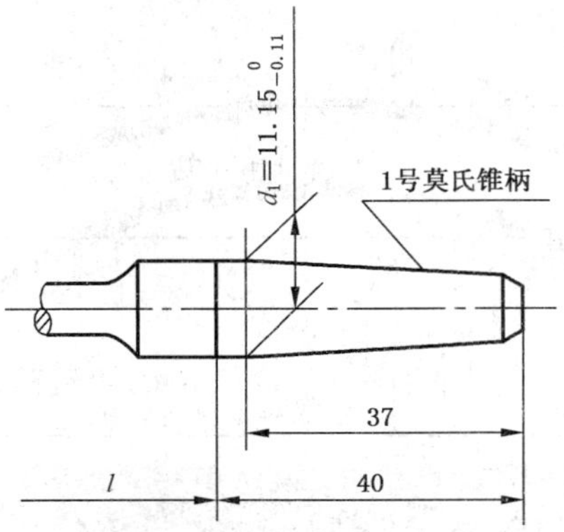

图 A.1

A.2 B型柄(锥柄)的型式和尺寸按图 A.2 所示。

单位为毫米

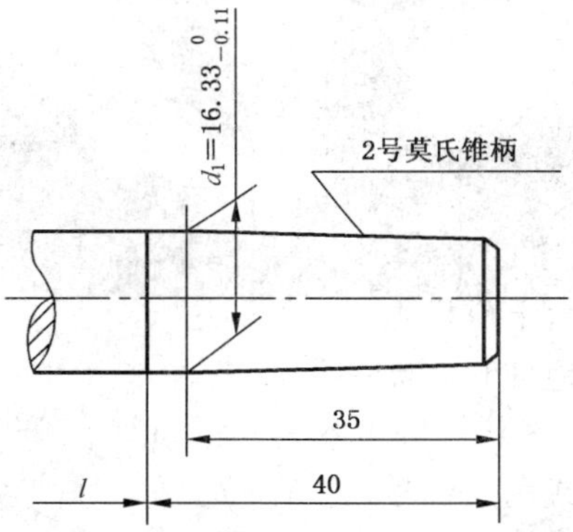

图 A.2

A.3 C型柄(四槽方柄)的型式和尺寸按图 A.3 所示。

单位为毫米

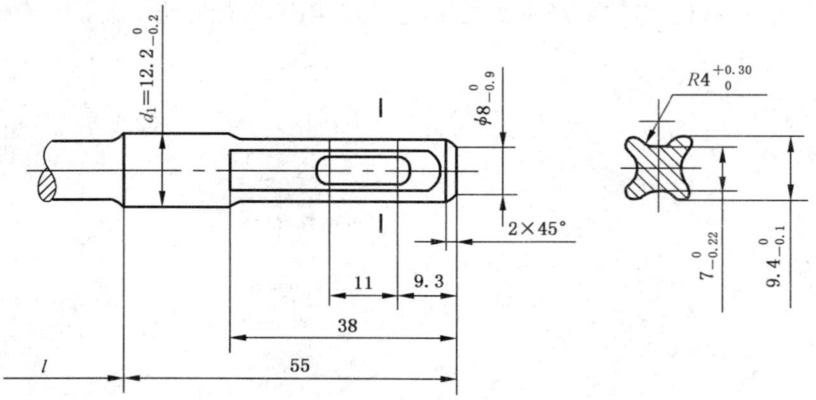

图 A.3

A.4 D 型柄(双槽圆柄)的型式和尺寸按图 A.4 所示。

单位为毫米

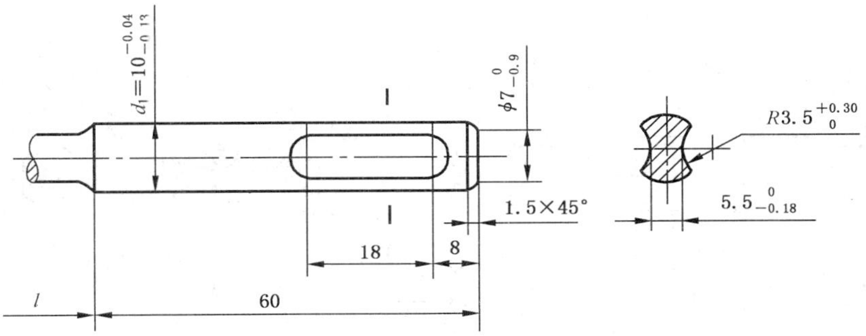

图 A.4

A.5 E 型柄(双槽圆柄)的型式和尺寸按图 A.5 所示。

单位为毫米

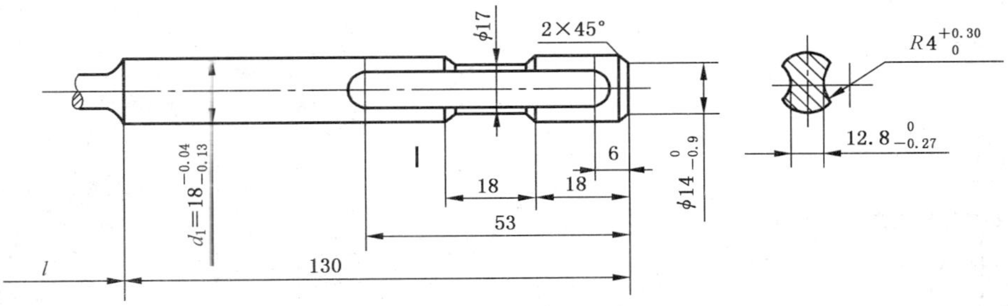

图 A.5

A.6 F 型柄(四槽圆柄)的型式和尺寸按图 A.6 所示。

单位为毫米

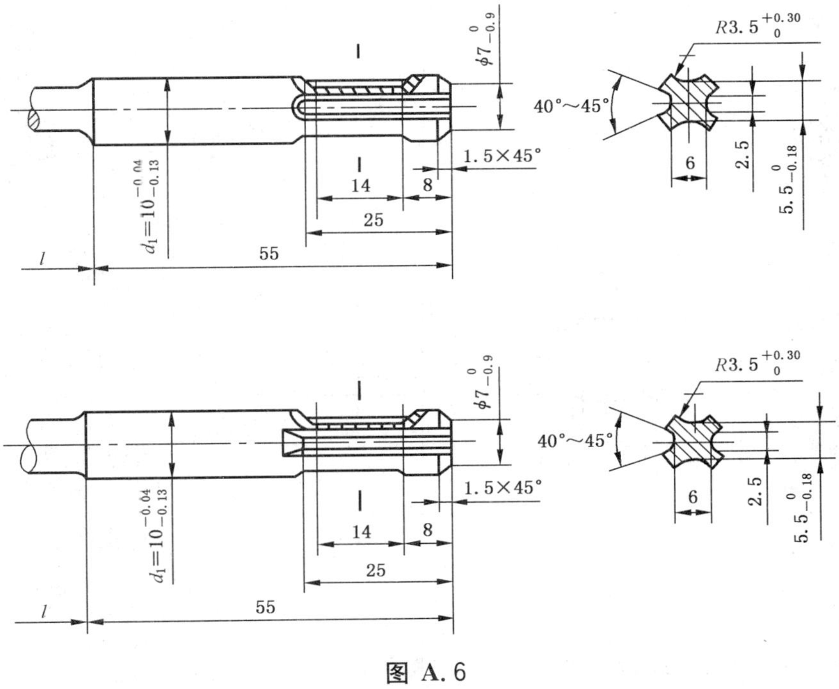

图 A.6

A.7 G 型柄(六方柄)的型式和尺寸按图 A.7 所示。

单位为毫米

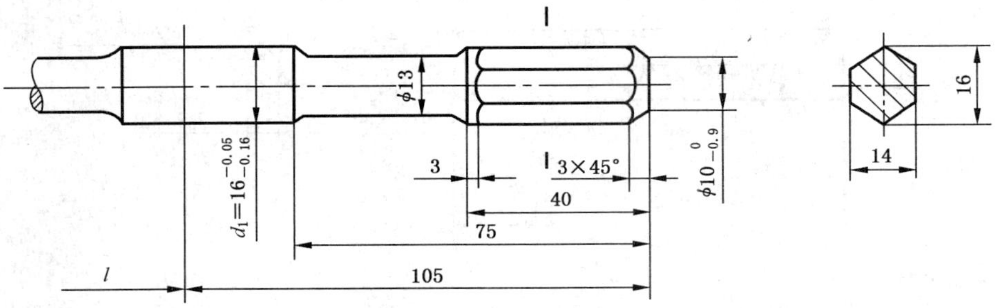

图 A.7

A.8 H 型柄(六方柄)的型式和尺寸按图 A.8 所示。

单位为毫米

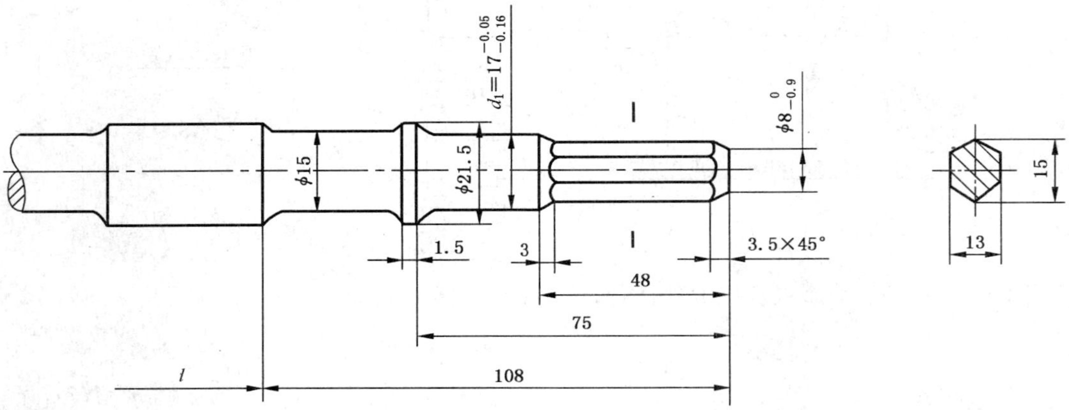

图 A.8

A.9 I 型柄(六方柄)的型式和尺寸按图 A.9 所示。

单位为毫米

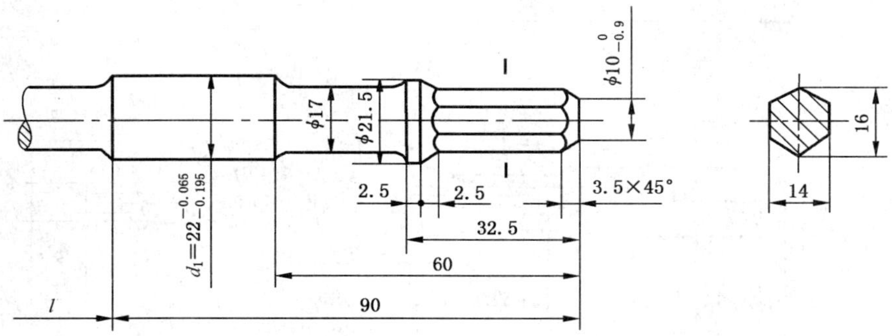

图 A.9

A.10 J 型柄(直花键柄)的型式和尺寸按图 A.10 所示。

单位为毫米

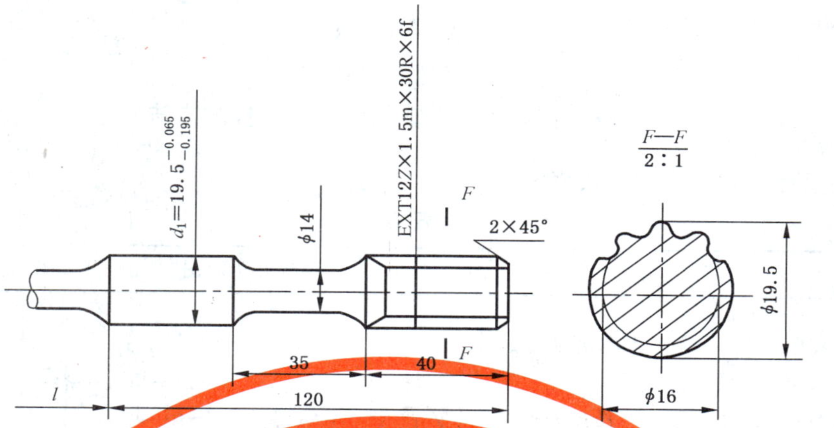

图 A.10

A.11 K 型柄(螺旋花键柄)的型式和尺寸按图 A.11 所示。

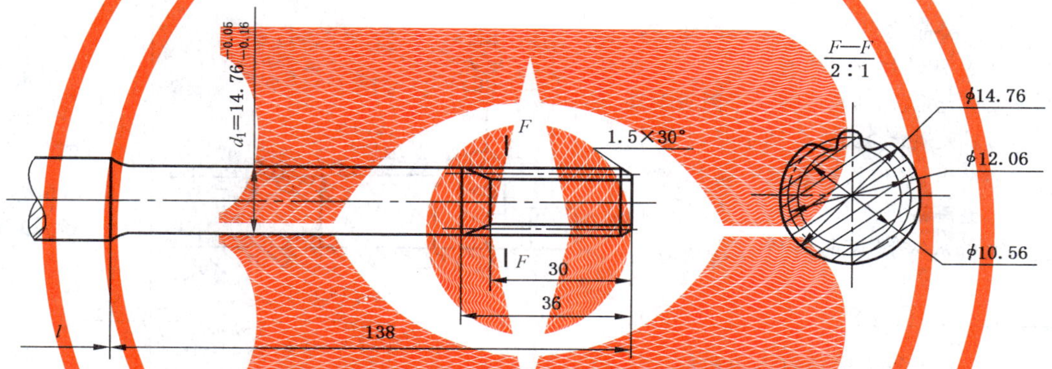

模数	压力角	齿数	螺旋角	螺旋方向	分度圆弧齿厚
1.5	30°	8	5°30′	右	$2.36^{\ 0}_{-0.06}$

图 A.11

A.12 L 型柄(圆弧花键柄)的型式和尺寸按图 A.12 所示。

单位为毫米

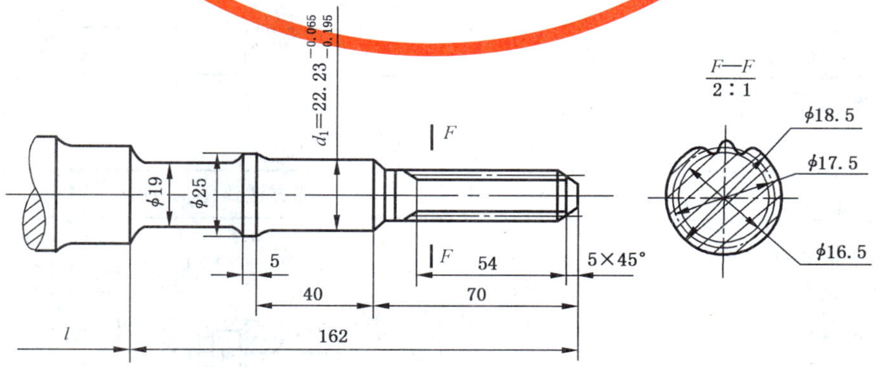

图 A.12

附　录　B
（规范性附录）
电锤钻和套式电锤钻位置公差的检测方法

B.1　电锤钻位置公差的检测方法按表B.1。

表 B.1

项目	检测方法	检测方法简图	检测工具
柄部定位圆对刀体轴线的径向圆跳动	将靠近刀片的刀体沟槽部分放在V型铁上，放置长度不大于 $l/2$，轴向进行定位，然后将指示表测头垂直接触柄部定位圆(距柄端25 mm处)；旋转电锤钻，则指示表读数的最大差值即为径向圆跳动误差	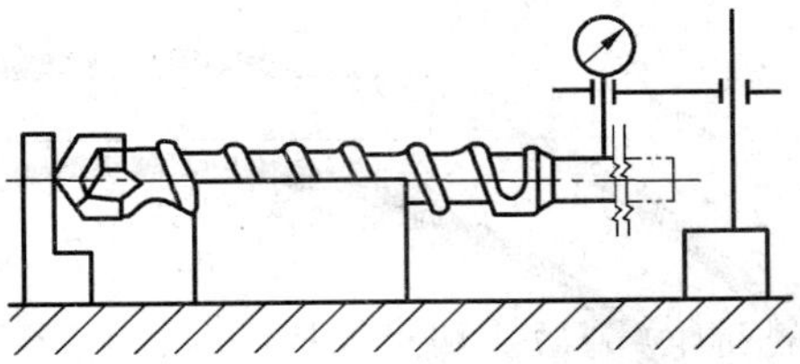	平板、 V型铁、 分度值为0.01 mm的指示表、 表架及定位块
硬质合金刀片外圆对刀体轴线的对称度	将靠近刀片的刀体沟槽部分放在V型铁上，放置长度不大于 $l/2$，轴向进行定位，然后将指示表测头垂直接触硬质合金刀片外圆中部，左右旋转冲击钻，使指示表示值最大，然后将电锤钻旋转180°重复上述测量，两次指示表读数的差值即为对称度误差	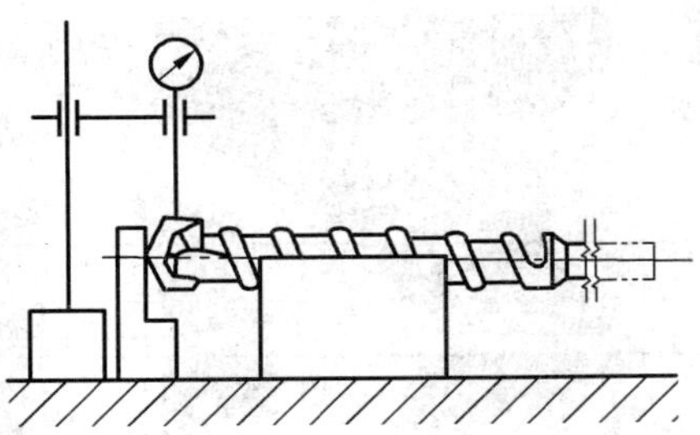	平板、 V型铁、 分度值为0.01 mm的指示表、 表架及定位块
切削刃对刀体轴线的斜向圆跳动	将靠近刀片的刀体沟槽部分放在V型铁上，放置长度不大于 $l/2$，轴向进行定位，然后将指示表测头垂直接触刀片外圆的主切削刃，左右旋转冲击钻，使指示表示值最大，然后将电锤钻旋转180°重复上述测量，两次指示表读数的差值即为斜向圆跳动误差	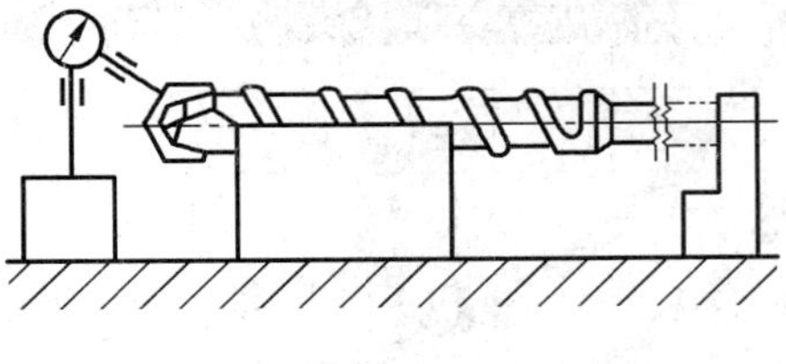	平板、 V型铁、 分度值为0.01 mm的指示表、 表架及定位块
注：V型铁左端距冲击钻刀片底面不大于15 mm。			

B.2　套式电锤钻位置公差的检测方法按表B.2。

表 B.2

项目	检测方法	检测方法简图	检测工具
连接杆柄部定位圆对套式刀轴线的径向圆跳动	将靠近刀片的套式刀体沟槽部分放在V型铁上，轴向进行定位，然后将指示表测头垂直接触柄部定位圆(距柄端25 mm处)；旋转套式电锤钻，则指示表读数的最大差值即为径向圆跳动误差	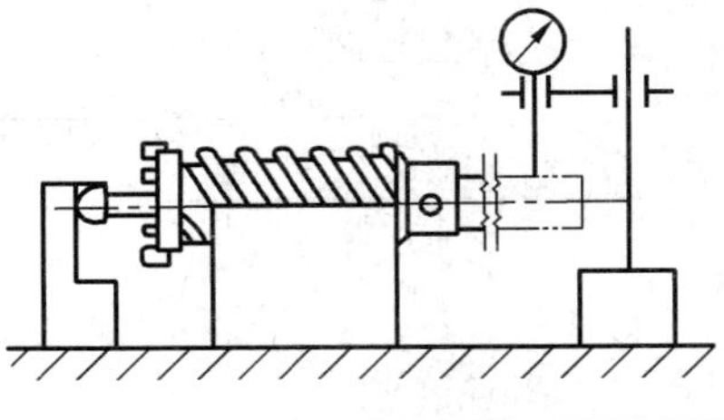	平板、 V型铁、 分度值为0.01 mm的指示表、 表架及定位块

表 B.2（续）

项目	检测方法	检测方法简图	检测工具
硬质合金刀片外圆对套式刀轴线的径向圆跳动	将靠近刀片的套式刀体沟槽部分放在 V 型铁上，轴向进行定位，然后将指示表测头垂直接触套式刀的刀片外圆中部，左右旋转套式电锤钻，使指示表示值最大，然后将套式电锤钻旋转一个齿，重复上述测量，则指示表读数的最大差值即为径向圆跳动误差	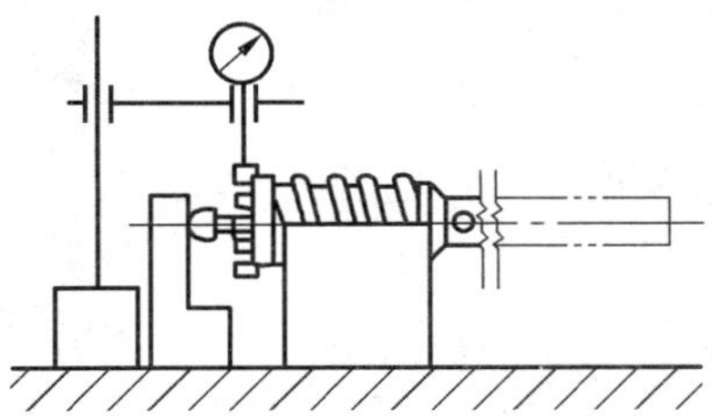	平板、 V 型铁、 分度值为 0.01 mm 的指示表、 表架及定位块
硬质合金刀片端面对套式刀轴线的端面圆跳动	将靠近刀片的套式刀体沟槽部分放在 V 型铁上，轴向进行定位，然后将指示表测头垂直接触套式刀刀片的端面中部，左右旋转套式电锤钻，使指示表示值最大，然后将套式电锤钻旋转一个齿，重复上述测量，则指示表读数的差值即为端面圆跳动误差	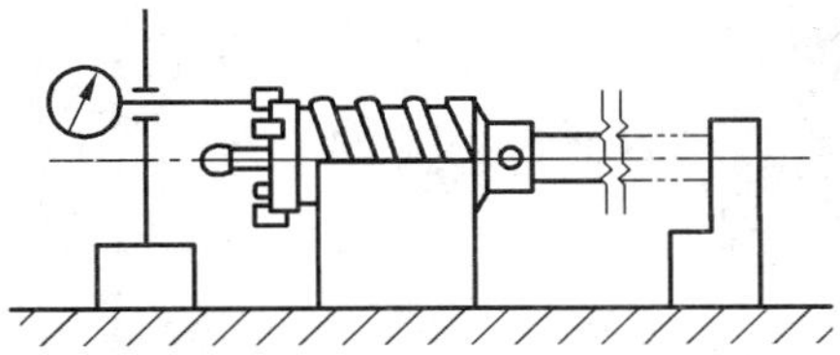	平板、 V 型铁、 分度值为 0.01 mm 的指示表、 表架及定位块
注：V 型铁左端距冲击钻刀片底面不大于 15 mm。			

ICS 25.100.30
J 41

中华人民共和国国家标准

GB/T 25673—2010

可调节手用铰刀

Adjustable hand reamer

2010-12-23 发布

2011-07-01 实施

中华人民共和国国家质量监督检验检疫总局
中国国家标准化管理委员会
发布

前　言

本标准由中国机械工业联合会提出。

本标准由全国刀具标准化技术委员会(SAC/TC 91)归口。

本标准主要起草单位:河南一工工具有限公司、成都工具研究所。

本标准主要起草人:赵建敏、孔春艳、闫悦剑。

可调节手用铰刀

1 范围

本标准规定了可调节手用铰刀的型式和尺寸、形状和位置公差、外观和表面粗糙度、材料和硬度、标志和包装的技术要求。

本标准适用于装可移动刀片，能调节直径的可调节手用铰刀。

2 规范性引用文件

下列文件中的条款通过本标准的引用而成为本标准的条款。凡是注日期的引用文件，其随后所有的修改单(不包括勘误的内容)或修订版均不适用于本标准，然而，鼓励根据本标准达成协议的各方研究是否可使用这些文件的最新版本。凡是不注日期的引用文件，其最新版本适用于本标准。

GB/T 4267 直柄回转工具 柄部直径和传动方头的尺寸(GB/T 4267—2004，ISO 237:1975，IDT)

3 型式和尺寸

3.1 可调节手用铰刀分普通型和带导向套型两种型式。

3.2 普通型铰刀的型式和尺寸按图1和表1规定。

3.3 带导向套型铰刀的型式和尺寸按图2和表2规定。

3.4 柄部方头的偏差按GB/T 4267的规定。

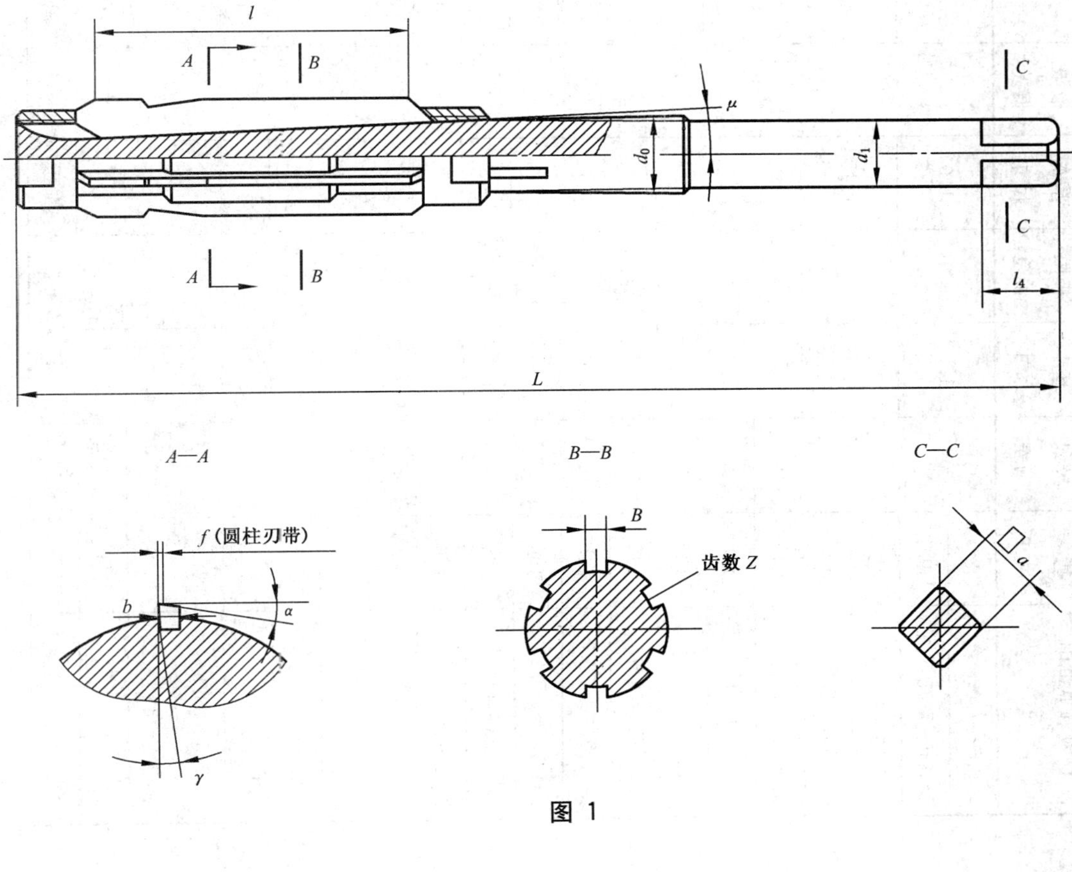

图 1

表 1

单位为毫米

铰刀调节范围	L 基本尺寸	L 极限偏差	B(H9) 基本尺寸	B(H9) 极限偏差	b(h9) 基本尺寸	b(h9) 极限偏差	d_1	d_0	a	l_4	参考值 l	参考值 μ	参考值 γ	参考值 α	参考值 f	参考值 Z 齿数
≥6.5～7.0	85	0 −2.2	1.0	+0.025 0	1.0	0 −0.025	4	M5×0.5	3.15	6	35	1°30′	−1°～4°	14°	0.05～0.15	5
>7.0～7.75	90															
>7.75～8.5	100		1.15		1.15		4.8	M6×0.75	4	7	38			12°		
>8.5～9.25	105														0.1～0.2	
>9.25～10	115		1.3		1.3		5.6	M7×0.75	4.5			2°				6
>10～10.75	125	0 −2.5														
>10.75～11.75	130						6.3	M8×1	5	8					0.1～0.25	
>11.75～12.75	135		1.6		1.6		7.1	M9×1	5.6		44					
>12.75～13.75	145										48					
>13.75～15.25	150						8	M10×1	6.3	9	52			10°		
>15.25～17	165		1.8		1.8		9	M11×1	7.1	10	55					
>17～19	170		2.0		2.0		10	M12×1.25	8	11	60					
>19～21	180						11.2	M14×1.5	9	12						
>21～23	195	0 −2.9	2.5		2.5		14	M16×1.5	11.2	14	65	2°30′			0.1～0.3	
>23～26	215							M18×1.5			72					
>26～29.5	240		3.0		3.0		18	M20×1.5	14	18	80					
>29.5～33.5	270	0 −3.2	3.5	+0.03 0	3.5	0 −0.03	19.8	M22×1.5	16	20	85				0.15～0.4	
>33.5～38	310							M24×2			95					
>38～44	350	0 −3.6	4.0		4.0		25	M30×2	20	24	105	3°				
>44～54	400		4.5		4.5		31.5	M36×2	25	28	120	3°30′				

表 1（续）

单位为毫米

铰刀调节范围	L 基本尺寸	L 极限偏差	B(H9) 基本尺寸	B(H9) 极限偏差	b(h9) 基本尺寸	b(h9) 极限偏差	d_1	d_0	a	l_4	参考值 l	参考值 μ	参考值 γ	参考值 α	参考值 f	参考值 Z 齿数
>54～63	460	0 −4.0	4.5	+0.03 0	4.5	0 −0.03	40	M45×2	31.5	34	120	5°	−1°～4°	8°	0.2～0.4	6
>63～84	510	0 −4.4	5.0		5.0		50	M55×2	40	42	135					
>84～100	570		6.0		6.0		63	M70×2	50	51	140					6 或 8

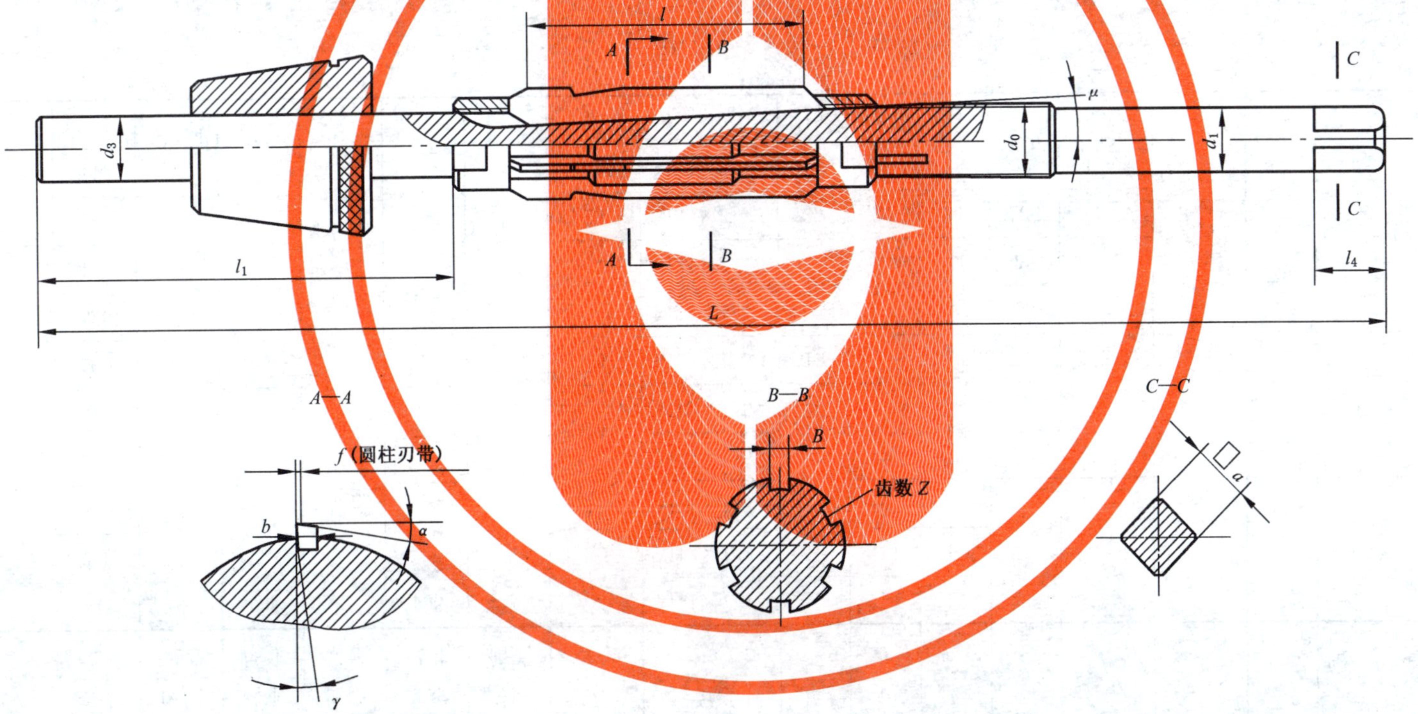

图 2

表 2

单位为毫米

<table>
<tr><th rowspan="2">铰刀调节范围</th><th colspan="2">L</th><th colspan="2">B(H9)</th><th colspan="2">b(h9)</th><th rowspan="2">d_1</th><th rowspan="2">d_0</th><th rowspan="2">d_3</th><th rowspan="2">a</th><th rowspan="2">l_4</th><th colspan="7">参　考　值</th></tr>
<tr><th>基本尺寸</th><th>极限偏差</th><th>基本尺寸</th><th>极限偏差</th><th>基本尺寸</th><th>极限偏差</th><th>l</th><th>μ</th><th>γ</th><th>α</th><th>f</th><th>l_1</th><th>Z
齿数</th></tr>
<tr><td>>15.27～17</td><td>245</td><td>0
−2.9</td><td>1.8</td><td rowspan="6">+0.025
0</td><td>1.8</td><td rowspan="6">0
−0.025</td><td>9</td><td>M11×1</td><td>9</td><td>7.1</td><td>10</td><td>55</td><td rowspan="3">2°</td><td rowspan="11">−1°～4°</td><td rowspan="10">10°</td><td rowspan="3">0.1～0.25</td><td>80</td><td rowspan="11">6</td></tr>
<tr><td>>17～19</td><td>260</td><td rowspan="2">0
−3.2</td><td rowspan="2">2.0</td><td rowspan="2">2.0</td><td>10</td><td>M12×1.25</td><td>10</td><td>8</td><td>11</td><td rowspan="2">60</td><td>90</td></tr>
<tr><td>>19～21</td><td>300</td><td>11.2</td><td>M14×1.5</td><td>11.2</td><td>9</td><td>12</td><td>95</td></tr>
<tr><td>>21～23</td><td>340</td><td rowspan="3">0
−3.6</td><td rowspan="2">2.5</td><td rowspan="2">2.5</td><td rowspan="2">14</td><td>M16×1.5</td><td rowspan="2">14</td><td rowspan="2">11.2</td><td rowspan="2">14</td><td>65</td><td rowspan="5">2°30′</td><td rowspan="3">0.1～0.3</td><td>105</td></tr>
<tr><td>>23～26</td><td>370</td><td>M18×1.5</td><td>72</td><td>115</td></tr>
<tr><td>>26～29.5</td><td>400</td><td>3.0</td><td>3.0</td><td>18</td><td>M20×1.5</td><td>18</td><td>14</td><td>18</td><td>80</td><td>125</td></tr>
<tr><td>>29.5～33.5</td><td>420</td><td rowspan="3">0
−4.0</td><td rowspan="2">3.5</td><td rowspan="5">+0.03
0</td><td rowspan="2">3.5</td><td rowspan="5">0
−0.03</td><td rowspan="2">20</td><td>M22×1.5</td><td rowspan="2">20</td><td rowspan="2">16</td><td rowspan="2">20</td><td>85</td><td rowspan="4">0.15～0.4</td><td rowspan="2">130</td></tr>
<tr><td>>33.5～38</td><td>440</td><td>M24×2</td><td>95</td></tr>
<tr><td>>38～44</td><td>490</td><td>4.0</td><td>4.0</td><td>25</td><td>M30×2</td><td>25</td><td>20</td><td>24</td><td>105</td><td>3°</td><td rowspan="3">140</td></tr>
<tr><td>>44～54</td><td>540</td><td rowspan="2">0
−4.4</td><td rowspan="2">4.5</td><td rowspan="2">4.5</td><td>31.5</td><td>M36×2</td><td>31.5</td><td>25</td><td>28</td><td rowspan="2">120</td><td>3°30′</td></tr>
<tr><td>>54～68</td><td>550</td><td>40</td><td>M45×2</td><td>40</td><td>31.5</td><td>34</td><td>5°</td><td>8°</td><td>0.2～0.4</td></tr>
</table>

3.5 标记示例

直径调节范围为 15.25 mm～17 mm 的普通型可调节手用铰刀的标记为：

可调节手用铰刀 15.25～17 GB/T 25673—2010

直径调节范围为 19 mm～21 mm 的带导向套型可调节手用铰刀的标记为：

可调节手用铰刀 19～21-DX GB/T 25673—2010

4 技术要求

4.1 铰刀的形状和位置公差

4.1.1 铰刀校准部分在调节范围内任一位置上圆度不得大于：

——直径≤15.25 mm　　0.03 mm；

——直径>15.25～26 mm　　0.04 mm；

——直径>26～100 mm　　0.05 mm。

4.1.2 带导向套型铰刀在调节范围内其切削部分和导向柱对公共轴线的径向圆跳动不应大于表 3 的规定：

表 3

单位为毫米

铰刀直径 *D*	公差	
	切削部分	导向柱
<54	0.05	0.03
≥54	0.06	0.04

4.1.3 铰刀在调节范围内校准部分直径均应有倒锥度。

4.2 外观和表面粗糙度

4.2.1 铰刀表面不得有裂纹、刻痕、锈迹以及磨削烧伤等影响使用性能的表面缺陷。

4.2.2 铰刀的表面粗糙度的上限值按下列规定：

——前面和后面：　　*Rz*3.2 μm；

——圆柱刃带表面：　　*Ra*0.63 μm；

——导向柱外圆表面：　　*Ra*1.25 μm。

4.3 铰刀上刀片及各零件材料和硬度

4.3.1 材料

刀片用 W6Mo5Cr4V2 或其他同等性能的高速钢制造，也允许用 9SiCr 或其他同等性能的合金工具钢制造；刀体用 45 钢或同等以上性能的钢材制造；螺母和导向套用 45 钢或同等以上性能的钢材制造。

4.3.2 硬度

合金工具钢刀片的硬度为：62 HRC～65 HRC，高速钢刀片的硬度为：63 HRC～66 HRC；

铰刀刀体硬度不低于 250 HB；

柄部方头的硬度为 30 HRC～45 HRC；

螺母和导向套的硬度不低于 40 HRC。

5 标志和包装

5.1 标志

5.1.1 产品上应标志：

——制造厂或销售商的商标；

——铰刀直径调节范围；

——刀片代号（高速钢标 HSS），合金钢制造的刀片可不标。

5.1.2 包装盒上应标志：

——制造厂或销售商的名称、地址和商标；

——铰刀的标记；

——刀片代号或牌号；

——件数；

——制造年月。

5.2 包装

铰刀在包装前应经防锈处理，包装应牢固，防止运输过程中损伤。

ICS 25.100.20
J 41

中华人民共和国国家标准

GB/T 25674—2010

螺钉槽铣刀

Screw slotting saws

2010-12-23 发布　　　　2011-07-01 实施

中华人民共和国国家质量监督检验检疫总局
中国国家标准化管理委员会　发布

前　言

本标准由中国机械工业联合会提出。

本标准由全国刀具标准化技术委员会(SAC/TC 91)归口。

本标准主要起草单位:嘉兴亿爱思梯工具有限公司、成都工具研究所。

本标准主要起草人:陈尔容、邓智光。

螺 钉 槽 铣 刀

1 范围

本标准规定了直径为 40 mm～75 mm 粗齿和细齿螺钉槽铣刀的型式、尺寸、技术要求、标志和包装的基本要求。

本标准适用于按 GB/T 3103.1 加工螺栓、螺钉、螺柱和螺母一字槽的螺钉槽铣刀。

2 规范性引用文件

下列文件中的条款通过本标准的引用而成为本标准的条款。凡是注日期的引用文件，其随后所有的修改单(不包括勘误的内容)或修订版均不适用于本标准，然而，鼓励根据本标准达成协议的各方研究是否可使用这些文件的最新版本。凡是不注日期的引用文件，其最新版本适用于本标准。

GB/T 3103.1 紧固件公差 螺栓、螺钉、螺柱和螺母(GB/T 3103.1—2002，ISO 4759-1:2000，IDT)

GB/T 6121 锯片铣刀 技术条件

3 符号

d 螺钉槽铣刀外圆直径

D 螺钉槽铣刀内孔直径

L 螺钉槽铣刀厚度

4 型式和尺寸

4.1 螺钉槽铣刀的型式按图 1，尺寸按表 1 的规定。

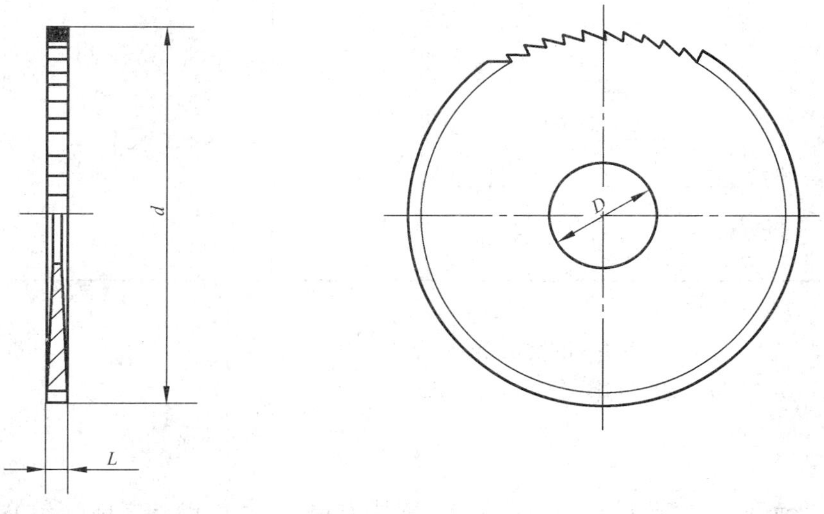

图 1

表 1　螺钉槽铣刀尺寸

单位为毫米

<table>
<tr><th colspan="2">d</th><th colspan="2">L</th><th colspan="2">D</th><th colspan="2" rowspan="2">齿数(参考)</th></tr>
<tr><th rowspan="2">基本尺寸</th><th rowspan="2">极限偏差
js16</th><th rowspan="2">基本尺寸</th><th rowspan="2">极限偏差</th><th rowspan="2">基本尺寸</th><th rowspan="2">极限偏差
H7</th></tr>
<tr><th>粗齿</th><th>细齿</th></tr>
<tr><td rowspan="7">40</td><td rowspan="7">±0.80</td><td>0.25</td><td rowspan="12">+0.15
+0.11</td><td rowspan="7">13</td><td rowspan="16">+0.018
0</td><td rowspan="7">72</td><td rowspan="7">90</td></tr>
<tr><td>0.3</td></tr>
<tr><td>0.4</td></tr>
<tr><td>0.5</td></tr>
<tr><td>0.6</td></tr>
<tr><td>0.8</td></tr>
<tr><td>1.0</td></tr>
<tr><td rowspan="9">60</td><td rowspan="19">±0.95</td><td>0.4</td><td rowspan="9">16</td><td rowspan="19">60</td><td rowspan="19">72</td></tr>
<tr><td>0.5</td></tr>
<tr><td>0.6</td></tr>
<tr><td>0.8</td></tr>
<tr><td>1.0</td></tr>
<tr><td>1.2</td><td rowspan="4">+0.22
+0.15</td></tr>
<tr><td>1.6</td></tr>
<tr><td>2.0</td></tr>
<tr><td>2.5</td></tr>
<tr><td rowspan="10">75</td><td>0.6</td><td rowspan="3">+0.15
+0.11</td><td rowspan="10">22</td><td rowspan="10">+0.021
0</td></tr>
<tr><td>0.8</td></tr>
<tr><td>1.0</td></tr>
<tr><td>1.2</td><td rowspan="5">+0.22
+0.15</td></tr>
<tr><td>1.6</td></tr>
<tr><td>2.0</td></tr>
<tr><td>2.5</td></tr>
<tr><td>3.0</td></tr>
<tr><td>4.0</td><td rowspan="2">+0.28
+0.19</td></tr>
<tr><td>5.0</td></tr>
</table>

4.2　标记示例

d=75 mm,L=1.6 mm,齿数 60 的螺钉槽铣刀为:

螺钉槽铣刀　75×1.6×60　GB/T 25674—2010

5　技术要求

5.1　螺钉槽铣刀表面不得有裂纹,切削刃应锋利,不应有崩刃,钝口以及磨削烧伤等影响使用性能的缺陷。

5.2　螺钉槽铣刀表面粗糙度的最大允许值按下列规定。

——前面：$Rz10\ \mu m$；
——内孔表面：$Ra1.25\ \mu m$；
——两侧隙面：$Ra1.25\ \mu m$。

5.3 螺钉槽铣刀的位置公差按表2规定。

表2 螺钉槽铣刀的位置公差

单位为毫米

d	圆周刃对内孔轴线的径向圆跳动		侧隙面对内孔轴线的端面圆跳动				
			L				
	一转	相邻	0.25～0.5	0.6～1.0	1.2～2.0	2.5～4.0	5.0
40	0.08	0.06	0.12	0.10	—	—	—
60 75	0.10	0.08	0.16	0.12	0.10	0.08	0.06
注：圆跳动检测方法与锯片铣刀检测方法相同，按GB/T 6121的规定。							

5.4 螺钉槽铣刀用W6Mo5Cr4V2或其他同等性能的普通高速钢制造，其硬度为：

$L\leqslant 1$ mm时，62 HRC～65 HRC；

$L>1$ mm时，63 HRC～66 HRC。

6 标志和包装

6.1 标志

6.1.1 螺钉槽铣刀上应标志：

a) 制造厂商标；
b) 螺钉槽铣刀的外圆直径、厚度和齿数；
c) 材料代号(HSS)。

6.1.2 包装盒上应标志：

a) 制造厂或销售商的名称、商标和地址；
b) 螺钉槽铣刀的标记；
c) 材料牌号或代号；
d) 件数；
e) 制造年月。

6.2 包装

螺钉槽铣刀在包装前应经防锈处理，包装应牢固，并能防止运输过程中的损伤。

ICS 37.100.10
J 87

中华人民共和国国家标准

GB/T 25675—2010

印刷机械　资源利用技术条件

Printing machinery—
Technology conditions of resources utilization

2010-12-23 发布　　　2011-07-01 实施

中华人民共和国国家质量监督检验检疫总局
中国国家标准化管理委员会　发布

前　言

本标准由中国机械工业联合会提出。

本标准由全国印刷机械标准化技术委员会(SAC/TC 192)归口。

本标准负责起草单位:潍坊华光精工设备有限公司、北京印刷机械研究所。

本标准参加起草单位:北人印刷机械股份有限公司、辽宁大族冠华印刷科技股份有限公司、宁波欣达印刷机器有限公司。

本标准主要起草人:王丰君、韩晓良、张晓前、杜玉梅、苗发成。

印刷机械　资源利用技术条件

1　范围

本标准规定了印刷机械资源利用技术条件的术语和定义、设备、要求、产品评价。

本标准适用于制版、印刷、印后加工设备及相关辅助设备。

本标准主要包括下列资源：

——水；

——电能；

——油；

——材料；

——其他。

2　规范性引用文件

下列文件中的条款通过本标准的引用而成为本标准的条款。凡是注日期的引用文件，其随后所有的修改单(不包括勘误的内容)或修订版均不适用于本标准，然而，鼓励根据本标准达成协议的各方研究是否可使用这些文件的最新版本。凡是不注日期的引用文件，其最新版本适用于本标准。

GB/T 12452　企业水平衡测试通则

GB/T 13471　节电技术经济效益计算与评价方法

GB/T 15320—2001　节能产品评价导则

JB/T 3090　印刷机械产品命名与型号编制方法

JB/T 6530　印刷机产品型号编制方法

JB/T 6933　印刷机类别划分

3　术语和定义

下列术语和定义适用于本标准。

3.1

无轴传动　shaft less drive

无轴传动也称为电子轴或独立传动、无机械传动。其每个传动点都有自已独立的驱动电机，而不是由一个大电机拖动多个传动点。

3.2

卷筒纸平版商业印刷机　commercial web offset press

采用平版并能用涂布纸印刷彩色精细印品的卷筒纸印刷机。

3.3

定点定量润滑　fixed-point and notion lubricating

对需要润滑的部位，采用定时间、定供油量的润滑方法，做到供油量和消耗量近乎相等，减少润滑油的用量和摩擦热的产生。

3.4

柔性版印刷机　flexographic press

以感光树脂版或橡胶版为基材，用液体油墨、网纹辊传墨，通过印刷方式对承印物进行印刷和印后整饰加工的机器。

3.5

永磁同步电动机　permasyn motor

磁场系统由一个或多个永磁体组成，通常是在用铸铝或铜条焊接而成的笼型转子的内部，按所需的极数装镶有永磁体的磁极。定子结构与异步电动机类似。

3.6

高效节能电机　high-efficient and energy saving motor

高于一般中小型电动机的效率的电机。

3.7

伺服电机　servo motor

伺服电机又称执行电动机。在自动控制系统中，用作执行元件，把所收到的电信号转换成电动机轴上的角位移或角速度输出。

3.8

变频器　transducer

利用电力半导体器件的通断作用将工频电源变换为另一频率的电能控制装置。

3.9

冷烫印工艺　cold and hot scamping technics

传统烫印铝箔工艺是在加温和压力作用下使铝箔和纸张粘合，冷烫印工艺是涂胶后，在压力作用下使铝箔和纸张粘合。

4　设备

印刷机械设备的分类方法见 JB/T 6933、JB/T 6530、JB/T 3090。

4.1　制版设备

本标准包括各种印刷方式的制版机器：

——激光照排机；

——晒版机；

——打样机；

——激光雕刻机；

——直接制版机(CTP 机)。

4.2　印刷设备

本标准包括各种印刷方式的印刷机器：

——凸版印刷机(凸版、柔版)；

——平版印刷机(胶版)；

——凹版印刷机(照像凹版、雕刻凹版)；

——丝网印刷机(孔版)；

——特种印刷机(热转印、移印等)；

——数字印刷机(静电、喷墨、热敏等)。

4.3　印后加工设备

本标准包括各种印刷成品的加工机器：

——书刊装订机；

——报纸堆积传送机；

——包装印刷品成型机；

——纸张加工机等。

4.4 辅助设备

本标准包括印刷机械设备的配套辅助装置：

——输纸、给纸机；

——张力控制装置（一次、两次）；

——喷粉装置；

——烘干装置（红外线、紫外线）；

——套准装置；

——冷却机组；

——废气治理设备；

——调偏装置等。

5 要求

5.1 概述

机器应对结构、性能和安全进行优化设计的同时，还应对资源的合理利用、节约使用进行优化设计。

机器的结构消耗大量原材料；原动力消耗大量的电能；不同功能的机器还消耗水、油、燃气等资源。在选用这些资源时，应采用合理使用、重复使用、节约使用、替代使用等方法，达到节约资源的目的。

5.2 水资源的合理使用

5.2.1 消耗水资源的机器

需要水作为媒介完成印刷工艺过程的机器包括：

——平版印刷机采用水墨平衡原理，印刷过程中始终需要弱酸性水溶液进行润版；

——部分平版印刷机需要通过水冷却墨辊以保持油墨的黏度；

——卷筒纸平版商业印刷机、卷筒料凹版印刷机采用热固性油墨印刷，需要加热烘干、还需要用水冷却印刷品表面；

——卷筒纸类的印刷机、分切机、复卷机等机器采用张力控制系统元件，如磁粉制动器、磁粉离合器、摩擦盘等元件需要用水冷却磁轭和磁粉（低速可采用风冷）。

5.2.2 冷却水的重复利用

5.2.2.1 用水冷却的机器应设计循环水箱，使带走热量的水在水箱冷却，再循环至发热部位，水资源尽量做到能重复利用，重复利用率达到 70%。

5.2.2.2 对用水量较大的机器，可采用室外冷却塔对带出热量的水进行循环冷却。

5.2.2.3 为减小循环水箱等辅助设备的体积，加快冷热交换的速度，可配置热交换设备进行冷热交换，达到减少水的用量的目的。

5.2.2.4 也可采用压缩机进行冷却水的强制冷却。

5.3 电能资源的合理使用

5.3.1 消耗电能资源的机器

以电能为致动力、驱动力、操纵力和辅助功能的机器：

——电能作为致动力实现机器的主运动，完成印刷品的各种加工工艺过程，包括全部印刷机械设备；

——机器在完成印刷品制作过程中，需要由低速到高速的变速运行，实现无级调速，包括各种印刷机和大部分印刷机械设备；

——机器设计定速或有级运行，主要有切纸机等机器；

——电能作为热源，以电热、远红外线、紫外线、激光等形式，完成印刷品的装饰加工的机器；

——机器使用配套系统，如水箱、真空气泵、空气压缩机、鼓风机等；

——机器上一般设置独立照明系统。

5.3.2 机器主电机的确定

机器的主功率应等于在最高运行速度下，完成最大规格尺寸的活件所需要的功率，再增加适当的功率储备。

5.3.3 采用节电的调速方式

5.3.3.1 变频调速

应采用低压变频器、驱动系统和变频电机（或普通电机）实现变频调速运行，达到节约电能的效果。

注：传统调速方式包括：直流调速、电磁调速、整流子调速等调速方式。

5.3.3.2 伺服调速

应采用伺服电机、驱动系统和操纵系统实现机器的数控调速和相位跟踪，既节约电能，还可使机器的结构简化，节约各种资源。

5.3.3.3 间歇作业的机器

机器在运转过程中，可分为工作运行和辅助操作运行。减少辅助操作过程中的电能消耗，可将原机器的定速运行，改为工作期间全速运行和辅助操作时间的低速运行的程序控制，达到节电的目的。

5.3.3.4 永磁同步电机

因为永磁同步电机无需励磁电流，推广使用可达到节电的目的。

5.3.4 印刷或涂布需烘干处理的机器

5.3.4.1 参数的优化设计

凹版印刷机的干燥装置发热元件与承印物之间间隙大小决定热效率，走纸长度的大小决定干燥时间，两个参数应优化设计，保证热量的充分利用。

5.3.4.2 远红外烘干装置

印刷品全部或局部上光涂层或颜料涂层，要求烘干固化，应采取措施减少热量的流失。远红外线烘干装置的烘干罩应加反光保温材料，其边缘距承印物距离（见图1）。

5.3.4.3 热量综合利用

远红外烘干装置的排风系统应设置二次热量回收或收集热量综合利用系统。

5.3.4.4 热风干燥装置

采用热交换器的热风干燥装置，还应设置二次回流热风利用装置。干燥罩与承印物之间的缝隙要求（见图2）。

单位为毫米

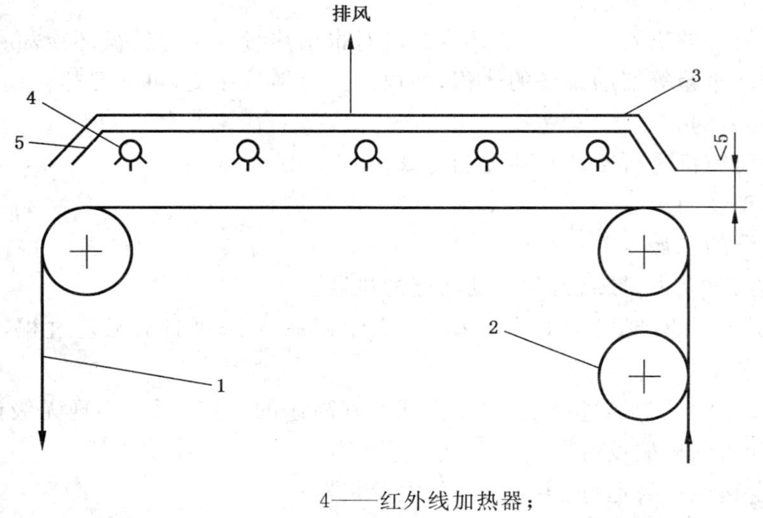

1——承印物；
2——过辊；
3——烘干罩；
4——红外线加热器；
5——保温反光材料。

图1 远红外线烘干装置

单位为毫米

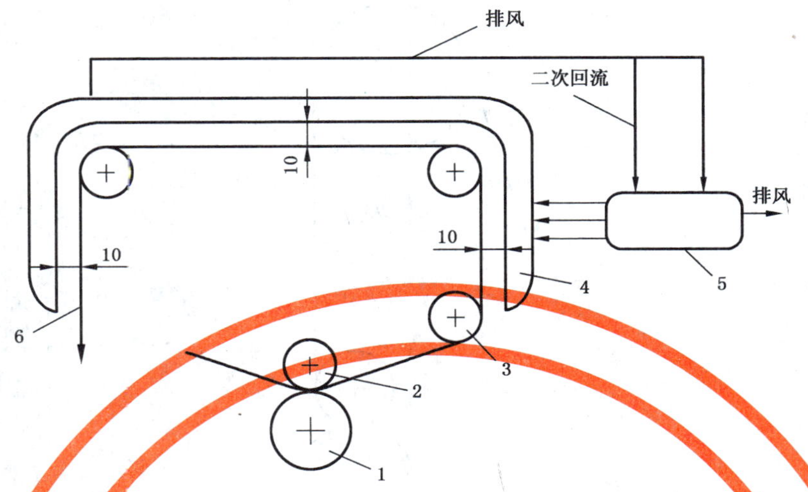

1——版滚筒；
2——压印滚筒；
3——过辊；
4——干燥罩；
5——热交换器；
6——承印物。

图 2 热风干燥装置

5.3.5 电热复合机器

5.3.5.1 概述

电热复合材料加工机器有以下几种：

——电化铝膜与纸张的复合机器(烟纸、牛奶袋)；

——塑料薄膜与纸张复合的覆膜机器；

——烫印膜与纸张局部结合的烫印机器(见图 3)。

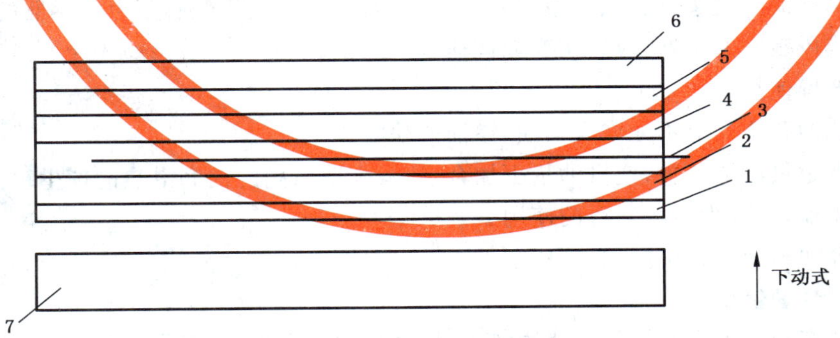

1——烫印模具；
2——蜂窝板；
3——热电偶；
4——加热板；
5——隔热板；
6——垫板；
7——压力板。

图 3 烫印结构

5.3.5.2 干燥滚筒装置

印刷速度较低的凹版印刷机和覆膜机采用干燥滚筒装置(见图 4)，因干燥效率低、热量传导慢、需先预热才能开始工作，尽量少采用。使用这种结构时，要设置保温结构和测温系统。

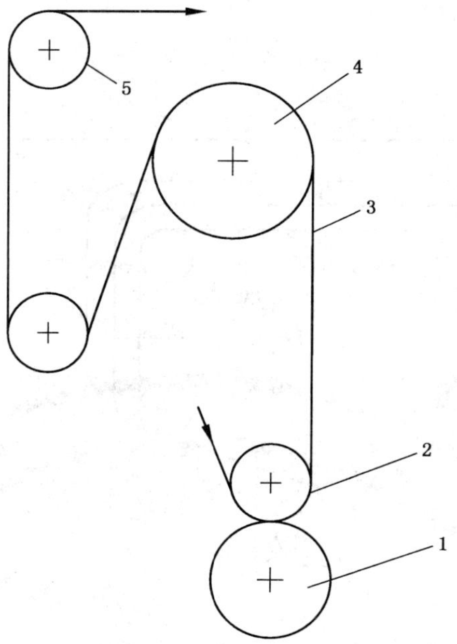

1——版卷筒；
2——压印滚筒；
3——承印物；
4——干燥滚筒；
5——过辊。

图4 干燥滚筒装置

5.3.6 机器独立照明

5.3.6.1 根据不同场合选择光效高、显色性好的光源和高效灯具。

5.3.6.2 照明节电控制手段包括光源分路控制、使用节电开关等。

5.3.6.3 选用节能灯具。

5.3.7 配套设备

5.3.7.1 选购具有恒压供气的空气压缩机、减少压缩空气排空的消耗。

5.3.7.2 使用真空复合气泵、油泵、水泵、墨泵、胶泵的机器，应选择配有压力传感器的节电产品。

5.3.7.3 设计排风装置的机器，应采用变频调速调节风量。

5.4 油资源的合理使用

5.4.1 供油系统的各个环节不允许有漏油、渗油的缺陷。

5.4.2 采用定点定量润滑装置，使供油量更加合理，减少摩擦副的油润滑热的产生。

5.4.3 除齿轮箱外，宜减少雨淋润滑的使用。

5.4.4 油箱的废油不允许直接排放。

5.5 材料资源的合理使用

5.5.1 设计时要充分考虑金属材料的节约使用，尽量采用标准化、通用化的零部件，推荐采用各种型材（包括铸铁型材），以减少材料的切削消耗。

5.5.2 设计时要充分考虑产品的通用化、系列化设计，尽量提高通用零部件的通用化率。

5.5.3 无轴驱动技术的应用，简化传动系统的金属零部件，尤其是齿轮、轴、联轴节、传动箱、减速器等，使机器的材料使用减到最小程度。

5.5.4 将滑动轴承改为滚动轴承或印刷机专用轴承，减少有色金属的使用数量。

5.5.5 推广以下材料的替代使用：

——锌基合金代替锡青铜 5—5—5；

——塑料、玻璃钢制品代替金属板材；

——采用变频器或伺服电机(见图 5)组成的张力控制系统。

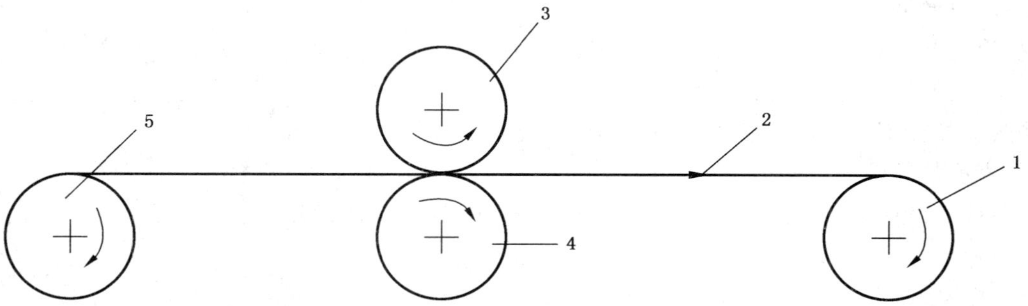

1——收卷电机；
2——承印物；
3——压印滚筒；
4——版滚筒；
5——放卷电机。

图 5 张力控制系统

5.6 其他资源的合理使用

5.6.1 开发数字化直接制版设备，节约胶片片材和制作的费用。

5.6.2 扩大柔性版印刷机的应用领域，达到既环保，又节约大量资源的目的。

5.6.3 减少试车用料的措施：

——印刷机器配备自动检测系统；

——各种规格的印品和相关参数的自动设置；

——印刷数据共享和自动记忆功能；

——减少试车用纸和印刷过版纸的消耗量。

5.6.4 积极采用无水胶印技术，简化胶印机结构和印刷工艺，减少污水排放。

6 产品评价

6.1 节水评价

采用水冷却的机器，应配置循环用水装置，检测水的重复利用率达到 5.2.2.1 的规定。测试方法按 GB/T 12452。

6.2 节电评价

节电产品评价应符合 GB/T 13471 的规定。

6.2.1 主电动机功率检测应符合 5.3.2 规定。

6.2.2 电动机节电措施的选择应符合 5.3.2 的规定。

6.2.3 以电力消耗完成的工艺功能的机器，节能措施应符合 5.3.3～5.3.4 的规定。

6.2.4 电热复合应符合 5.3.5 的规定。

6.2.5 机器独立照明应符合 5.3.6 的规定。

6.2.6 配套设备应符合 5.3.7 的规定。

6.3 节油评价

节油润滑系统评价应符合 5.4 的规定。

6.4 节材与其他评价

6.4.1 节约材料的产品应符合 5.5 的规定。

6.4.2 其他节约措施应符合 5.6 的规定。

6.5 节能产品评价指标

用户增加回收期是评价节能产品经济型指标(见 GB/T 15320—2001)，其计算见公式(1)：

$$\alpha = K/M \qquad \cdots\cdots(1)$$

式中：

α——用户增加投资回收期，年；

K——使用节能产品用户增加的投资额，元；

M——产品的年节能经济效益，元/年。

经济效益的计算应扣除产品寿命期内的运行管理和维护费用。

6.6 节能产品的评价

国家节能产品认证与标志见 GB/T 15320—2001 中第 2 章的定义。

ICS 37.100.10
J 87

中华人民共和国国家标准

GB/T 25676.1—2010

印刷机械 宽幅面喷绘机 第1部分：卷材型宽幅面喷绘机

Printing machinery—Wide format ink-jet printer—Part 1: Roll media wide format ink-jet printer

2010-12-23 发布　　2011-07-01 实施

中华人民共和国国家质量监督检验检疫总局
中国国家标准化管理委员会 发布

前　言

GB/T 25676《印刷机械　宽幅面喷绘机》分为两部分：

——第1部分：卷材型宽幅面喷绘机；

——第2部分：平板型宽幅面喷绘机。

本部分为GB/T 25676《印刷机械　宽幅面喷绘机》的第1部分。

本部分的附录A、附录B为规范性附录。

本部分由中国机械工业联合会提出。

本部分由全国印刷机械标准化技术委员会(SAC/TC 192)归口。

本部分负责起草单位为：深圳市润天智图像技术有限公司、北京印刷机械研究所。

本部分参加起草单位为：沈阳飞行船数码喷印设备有限公司、安徽力宇电脑设备制造有限责任公司、北人集团公司、中国印刷及设备器材工业协会喷墨印刷分会。

本部分主要起草人：江洪、李劲、吴焕炜、朱国胜、章道陆、马正源、于涛、徐承任、李英敏、陈大治。

印刷机械　宽幅面喷绘机
第1部分：卷材型宽幅面喷绘机

1　范围

GB/T 25676的本部分规定了卷材型宽幅面喷绘机的术语和定义、型式及基本参数、要求、试验方法、检验规则、标志、包装、运输、贮存。

本部分适用于各种使用溶剂型、弱溶剂型、水基型和UV型等墨水的卷材型宽幅面喷绘机（简称宽幅喷绘机，包括卷材型超宽幅面喷绘机）。

2　规范性引用文件

下列文件中的条款通过GB/T 25676的本部分的引用而成为本部分的条款。凡是注日期的引用文件，其随后所有的修改单（不包括勘误的内容）或修订版均不适用于本部分，然而，鼓励根据本部分达成协议的各方研究是否可使用这些文件的最新版本。凡是不注日期的引用文件，其最新版本适用于本部分。

GB/T 191　包装储运图示标志（GB/T 191—2008，ISO 780:1997，MOD）

GB/T 3767　声学　声压法测定噪声源声功率级　反射面上方近似自由场的工程法（GB/T 3767—1996，eqv ISO 3744:1994）

GB/T 3768　声学　声压测定噪声源声功率级　反射面上方采用包络面测量表面的简易法（GB/T 3768—1996，eqv ISO 3746:1995）

GB 5226.1—2008　机械电气安全　机械电气设备　第1部分：通用技术条件（IEC 60204-1:2005，IDT）

GB/T 6388　运输包装收发货标志

GB 9254—2008　信息技术设备的无线电骚扰限值和测量方法（CISPR 22:2006，IDT）

GB/T 9969　工业产品使用说明书　总则

GB/T 13306　标牌

GB/T 13384　机电产品包装通用技术条件

GB/T 14436　工业产品保证文件　总则

GB/T 17618　信息技术设备的抗扰度限值和测量方法（GB/T 17618—1998，idt CISPR 24:1997）

3　术语和定义

下列术语和定义适用于本部分。

3.1

喷绘机　ink-jet printer

由计算机控制、以喷墨的方式、把图文转移到介质表面上，且喷绘幅宽在0.61 m以上（含0.61 m）的一种印刷设备。

3.2

宽幅面喷绘机　wide format ink-jet printer

喷绘幅宽在1.83 m以上（含1.83 m）的卷材型喷绘机和喷绘幅宽在1.2 m以上（含1.2 m）的平板型喷绘机称为宽幅面喷绘机（简称宽幅喷绘机）。

3.3

超宽幅面喷绘机　grand format ink-jet printer

喷绘幅宽在 2.5 m 以上(含 2.5 m)的宽幅面喷绘机称为超宽幅面喷绘机，简称超宽幅喷绘机。

3.4

卷材型宽幅面喷绘机　roll media wide format ink-jet printer

喷绘幅宽在 1.83 m 以上(含 1.83 m)，介质为卷材的喷绘机。

3.5

平板型宽幅面喷绘机　flatbed media wide format ink-jet printer

喷绘幅宽在 1.2 m 以上(含 1.2 m)，介质为平板的喷绘机。

3.6

刺辊型宽幅面喷绘机　taker-up roller wide format ink-jet printer

采用刺辊为主动方式实现介质传送的卷材型宽幅面喷绘机。

3.7

胶辊型宽幅面喷绘机　rubber roller grand format ink-jet printer

采用胶辊为主动方式实现介质传送的卷材型(超)宽幅面喷绘机，通常为超宽幅面喷绘机。

3.8

传输带型宽幅面喷绘机　transmission belt wide format ink-jet printer

采用传输带为主动方式实现介质传送的卷材型宽幅面喷绘机。

3.9

滚筒型宽幅面喷绘机　roller wide format ink-jet printer

采用滚筒为主动方式实现介质传送的卷材型宽幅面喷绘机。

3.10

弧面型宽幅面喷绘机　arc wide format ink-jet printer

喷头在弧形表面沿轴向进行扫描式喷绘的卷材型宽幅面喷绘机。

3.11

喷绘介质　print media

喷绘机输出图像的载体。

3.12

介质幅宽　maximum media width

喷绘机可以使用的喷绘介质的最大幅面宽度。

3.13

喷绘幅宽　maximum printing width

喷绘机可以喷绘图像的最大幅面宽度。

3.14

墨水颜色　ink color

使用青色 C(Cyan)、品红 M(Magenta)、黄色 Y(Yellow)、黑色 K(Black)、浅青色 LC(Light Cyan)、浅品红 LM(Light Magenta)、浅黄色 LY(Light Yellow)、浅黑色 LK(Light Black)、白色 W(White)等颜色类型，合成各种不同颜色的色彩表现模式。

3.15

分辨率　resolution

喷绘机所喷绘图像的精细程度，即指每 25.4 mm(即 1 in)喷绘的墨点数量，用在特定方向上每 25.4 mm 上所包含的像素数目来表示，表示为 dot/25.4 mm(即 dot/in，dot per inch)。

3.16

基本分辨率　basic resolution

宽幅面喷绘机的基本分辨率分为基本横向分辨率和基本纵向分辨率。以喷头扫描的相对运动方向为横向(或 X 向),以介质的相对运动方向为纵向(或 Y 向),在 X 向分辨一种颜色墨点的能力称为基本分辨率 x,在 Y 向分辨一种颜色墨点的能力称为基本分辨率 y。

注1:对于采用光栅尺等技术组合的高精度技术,基本分辨率 x,并不指光栅尺等部件的分辨率,而是指由根据设计需要依其光栅尺等部件分辨率的倍数结果。

注2:对于采用多喷头组合高精度技术,基本分辨率 y,并不指喷头的分辨率,而是指根据设计需要由多个喷头组成一个颜色的倍数结果。

3.17

分辨率模式　resolution mode

宽幅面喷绘机图像由横向分辨率和纵向分辨率可以组成不同的分辨率模式,其依据基本分辨率 x 和 y,用以实现喷绘机的 X 向图像分辨率 $nx(n=1,2,4\cdots\cdots)$、Y 向图像分辨率 $my(m=1,2,3\cdots\cdots)$ 和图像分辨率 $X\times Y$ 模式($nx=X$,$my=Y$)。用 X dot/25.4 mm×Y dot/25.4 mm 表示,可简表为 $X\times Y$。

注:基本分辨率模式 $X\times Y$,分别为 $n=1$,$m=1$ 时,即 $x\times y$。

3.18

最大喷绘速度　maximum printing speed

喷绘机单位时间内输出图像的最大面积(m^2/h)。

3.19

断墨　discontinuity ink-jet

在输出图像时,喷孔不能持续喷墨的现象,称为断墨。

3.20

断墨率　discontinuity rate

喷绘机在输出图像中,断墨孔数(应喷墨孔数与实际喷墨孔数的差值)与应喷墨孔数之比,称为断墨率。

3.21

墨点直径　ink-jet spot diameter

喷头单次点火,在喷头有效打印宽度范围内,不少于30%的喷孔数的喷墨点直径算术平均值,用 d 表示。

3.22

墨点离散度　ink-jet spot dispersion

喷头单次点火,在喷头有效打印宽度范围内形成呈离散分布状态的、喷点直径大于 $d/2$ 的墨点带的最大宽度值称为墨点离散度。

3.23

喷绘边界误差　boundary error

喷绘机输出图像时,前后两次最大介质步进长度间在水平方向上的喷绘边界的位置误差。

3.24

套准　aligning

喷绘机采用多色、多喷头喷绘图像时,喷绘机在 X 和 Y 向上调整喷头定位使喷绘的墨点重合,和使不同色彩墨点重合,进而提高喷绘准确性的过程称为套准。

3.25

套准误差　aligning error

喷绘机在套准的过程中,套准图与套准基准图中第一颜色之间的误差。

3.26

拍斯 pass

喷绘机多采用多次同位喷绘方法，形成完整图像，每一次的喷绘过程称为拍斯(可用英文 pass 表示)。喷头的有效打印宽度(即 1 pass 的宽度)除以最大给进介质步进长度，称为拍斯(pass)数。而由于不同 pass 间所形成的色差等现象，称为拍斯(pass)道。

4 型式及基本参数

4.1 型式

4.1.1 按介质被传送方式划分：

a) 刺辊卷材型宽幅面喷绘机；

b) 胶辊卷材型宽幅面喷绘机；

c) 传输带型宽幅面喷绘机；

d) 滚筒卷材型宽幅面喷绘机。

4.1.2 按喷绘墨水划分：

a) 溶剂卷材型宽幅面喷绘机；

b) 弱溶剂卷材型宽幅面喷绘机；

c) UV 卷材型宽幅面喷绘机；

d) 水基卷材型宽幅面喷绘机；

e) 油性卷材型宽幅面喷绘机。

4.1.3 按一次喷绘作业中喷绘的介质面数分：

a) 单面卷材型宽幅面喷绘机；

b) 双面卷材型宽幅面喷绘机。

4.1.4 按喷头喷绘面的方式划分：

a) 平面型宽幅面喷绘机；

b) 弧面型宽幅面喷绘机。

4.2 型号

喷绘机型号由主型号、辅助型号、设计序号和特殊功能三部分组成。见附录 A。

4.3 基本参数

喷绘机各类型号基本参数应符合表 1。

表 1 基本参数

喷头型号	按原厂家的表示方法
介质幅宽/m	≥1.8
喷绘幅宽/m	≥1.8
基本分辨率模式 ($x \times y$)	按生产厂家实际使用情况标示
分辨率模式 ($X \times Y$)	按生产厂家实际使用情况标示
适用墨水类型	A、ES、O、S、UV
墨水颜色及数量	按实际使用标示颜色及数量 如：C、K、M、L、W、Y、LC、LK、LM 3、4、5、6、7、8、12 等

表 1（续）

最大喷绘速度/(m^2/h)	≥25
环境温度/℃	20～30
相对湿度/%	40～80
特殊功能	B:自动保湿　G:自动高度控制 J:灰度级喷绘　Q:自动清洗 S:双面喷绘

5 要求

5.1 外观

5.1.1 外露表面不允许有明显的凹凸痕、划痕、裂纹、变形、污染，表面处理不允许有未处理的斑点等缺陷。

5.1.2 涂覆层应平整均匀，不允许有起泡、龟裂、脱落、磨损和其他机械损伤。

5.1.3 金属件不允许有锈蚀和机械损伤。

5.2 综合要求

5.2.1 安装和拆卸介质、墨水容器应简单方便。

5.2.2 润滑系统、气动系统应工作正常、管路畅通、无漏油、漏气现象。

5.2.3 墨路、气路管道、润滑油管应排列整齐、固定牢靠。

5.2.4 告警和安全指示应置于明显位置。

5.2.5 电气系统应工作正常、灵敏、可靠。

5.3 主要技术性能

5.3.1 喷绘机的喷绘幅宽误差不大于 0.2%。

5.3.2 基本分辨率模式及分辨率模式应符合表 1 及技术资料的规定。

5.3.3 介质幅宽不大于 2 000 mm，喷绘边界误差应不大于 0.1 mm；介质幅宽超过 2 000 mm，喷绘边界误差应不大于 0.12 mm。

5.3.4 断墨率不应大于 5%。

5.3.5 墨点离散度不应大于 $8d$。

5.3.6 介质跑偏量见表 2。

表 2　介质跑偏量

介质长度 L/mm	L<2 500	2 500≤L<5 000	L≥5 000
跑偏量/mm	≤3	≤5	≤10

5.3.7 喷绘速度的实际测量值与标定值的误差不应大于 5%。

5.3.8 多颜色套喷时，Y 向基本分辨率小于等于 90 dot/25.4 mm 时，各颜色的套准误差应不大于 0.1 mm；Y 向基本分辨率大于 90 dot/25.4 mm 时，各颜色的套准误差应不大于 0.05 mm。X 向的套准误差不大于 0.17 mm。

5.4 安全

5.4.1 机械安全

5.4.1.1 内旋咬入部件应有安全保护装置或保护措施，保护装置与旋转部件之间的间隙不应超过 6 mm，并横贯其整个工作宽度。

5.4.1.2 对人体有可能造成伤害的运动部件如齿轮传动、链传动、同步带轮等应设有保护装置，根据实际操作需要可采用固定式防护装置或活动式防护装置。

5.4.1.3 活动式防护装置应开启灵活可靠，并与机器驱动部分联锁，保证在防护装置开启状态下，机器保持静止或只能进行点动，喷头架点动速度不应超过 0.5 m/s；介质点动速度不应超过 0.1 m/s。

5.4.1.4 喷头架运动的极限位置应有防撞和限位保护功能装置。

5.4.1.5 急停装置应具有 0 类停止功能，且灵活、可靠，急停装置的复位不允许直接导致机器的运行，急停装置应配置在可能存在危险和操作者易于接近的位置。

5.4.2 电气质量

5.4.2.1 电气系统布线应整齐，排列有序，接头牢固，各种标识齐全、正确。

5.4.2.2 所有外露可导电部分都应按 GB 5226.1—2008 中 8.2.1 的要求连接到保护联结电路上。保护联结电路的连续性应符合 GB 5226.1—2008 中 8.2.3 的要求。

5.4.2.3 在动力电路导线和保护联结电路间施加 500 Vd.c.时，测得的绝缘电阻不应小于 1 MΩ。

5.4.2.4 在动力电路导线和保护联结电路之间施加 1 000 V 的电压近似 1 s 时间，不应出现击穿放电现象。

5.4.3 人身安全

5.4.3.1 对人体有可能造成伤害的运动部分，应设有保护装置。

5.4.3.2 可能导致操作失误或可能导致人身伤害的位置，应设有保护装置。

5.4.3.3 对于 UV 型喷绘机，应有紫外光(UV)辐射防护措施，防止紫外光(UV)对人体的伤害。

5.4.4 墨水与环境

5.4.4.1 应在说明书等资料中标示喷头型号、数量、兼容的墨水类型及操作方法。

5.4.4.2 说明书或随机附件中应有指定使用墨水厂家提供的毒性报告和危害成分。并警告在吸入、误食用、皮肤接触和眼睛接触的情况下对人体的危害。写明皮肤和眼睛的防护措施、减少意外方法、意外救助方法、意外处理方法和防火措施。

5.4.4.3 对于可能引起对环境影响的排除物，应采取处理或防护措施。

5.4.4.4 说明书中应警告勿让墨水产品接触地表水，水源及排水系统。产品及被污染的包装应根据当地法规处理，化学残留物当作特殊废品处理。

5.4.5 警告

在下列情况下应使用灯光、声音和加贴标识等形式发出警告信号：

a) 容易或可能导致人身伤害的位置；

b) 可能导致操作失误或可能导致人身伤害的位置；

c) 其他操作或环境可能导致失误和设备损坏的位置。

5.4.6 电磁兼容性

5.4.6.1 喷绘机的无线电骚扰限值应符合 GB 9254—2008 的规定中的 A 级要求。

5.4.6.2 喷绘机抗扰度限值应符合 GB/T 17618 规定的试验要求。

5.5 可靠性

5.5.1 喷绘机的墨路系统连续工作 7 h，累计工作 20 h，应没有漏墨现象。

5.5.2 喷绘机在额定速度空运转时，电子、机械等主要部件及其整机，2 次连续 24 h 无故障工作。

5.6 空运转性能

喷绘机在额定速度和最高速度下空运转时应平稳、传动正常，零部件动作应准确、协调，无异常声音和自发性移动。

5.7 噪声

UV 型宽幅面喷绘机噪声应不大于 80 dB(A)，其他类型宽幅面喷绘机噪声应不大于 78 dB(A)。

6 试验方法

6.1 测试条件

AC:(220±20)V/50 Hz,环境温度为(25±5)℃的室温,相对湿度为40%～80%。

6.2 外观和综合要求的检查

用目测和手感的方法进行外观和结构的检查,应符合5.1和5.2的要求。

6.3 主要技术性能

6.3.1 喷绘幅宽误差试验

按喷绘幅宽设定喷绘输出长度为200 mm的图像,并用精度为0.5 mm直尺测量,在长度方向上各测上、中、下3个点,取其算术平均值,计算与设定喷绘幅宽之差值,测量结果应符合5.3.1的要求。

6.3.2 分辨率模式的检验

6.3.2.1 试验方法一

用40倍以上的放大镜或20倍以上测量显微镜检测3个由X向25.4 mm和Y向25.4 mm组成的十字、T形、L形的基本分辨率测试图,再按dot/25.4 mm计算3次基本分辨率模式 $x \times y$ 平均算术结果,应符合5.3.2的要求。

6.3.2.2 试验方法二

用示波器等仪器检测X方向上喷墨点火脉冲次数检测基本分辨率 x,用单个喷头的分辨率类推基本分辨率 y,依此计算的基本分辨率模式 $x \times y$,应符合5.3.2的要求。

注:对于小于200 dot/25.4 mm的(基本)分辨率,宜用6.3.2.1方法一。对于不小于200 dot/25.4 mm的(基本)分辨率,宜用6.3.2.2方法二。

6.3.3 喷绘边界误差试验

用长度尺(分辨率为0.1 mm)检测喷绘输出图象前后两次最大给进介质步进长度(即1 pass)之间的喷绘边界误差,测量结果应符合5.3.3的要求。

6.3.4 断墨率试验

6.3.4.1 试验方法一

将喷绘机的喷头喷孔数调通98%以上,使用100%墨量。在最大喷绘幅宽、X向最高运行速度、基本分辨率模式和最大给进介质步进长度(即1 pass)状态下,先喷绘一测试条,再(无维护一次性)连续喷绘5 m幅长的"喷绘幅宽"单色测试色块,用目测测试条的方法,依此计算出该色的断墨率,测量结果应符合5.3.4的要求。其他颜色的断墨率依此进行。

6.3.4.2 试验方法二

将喷绘机的喷头喷孔数调通98%以上,使用100%墨量。在最大喷绘幅宽、X向最高运行速度、基本分辨率模式和最大给进介质步进长度(即1 pass)状态下,分别(无维护一次性)连续喷绘5 m幅长、不小于90%"喷绘幅宽"的各颜色单色测试色块,并在色块旁(左侧或右侧)喷绘一不小于50 mm宽的色带。用目测等方法检测色带,依此计算出各色断墨率,测量结果应符合5.3.4的要求。

注:通常宜用6.3.4.1方法一,当在喷绘测试条过程中,无断墨现象,而在喷绘图像过程中出现断墨现象时,宜用6.3.4.2方法二测试。

6.3.5 墨点离散度试验

以最高运行速度、单次点火,在X方向单向喷绘的100%全喷数据,用40倍以上的放大镜或20倍以上测量显微镜检测呈离散分布的、喷点直径大于 $d/2$ 的喷墨点带的最大宽度,测量结果应符合5.3.5的要求。

6.3.6 介质跑偏量试验

连续给进介质长度分别达到2 000 mm、4 000 mm、5 500 mm时,用长度尺检测介质与机器原点之间距离的位移量，测量结果应符合5.3.6的要求。

6.3.7 最大喷绘速度检验

在最大喷绘幅宽、X向最高运行速度、基本分辨率模式（≥90×150或150×90）和最大给进介质步进长度（也即1 pass）情况下，从喷绘机喷绘输出操作确认开始计时，连续喷绘输出幅长1 m最大喷绘幅宽图像，用秒表（分辨率为1 s）测量时间t；用长度尺（分辨率为1 mm）检测图像的长度（a）和宽度（b）的尺寸。按公式（1）计算最大喷绘速度V。测量结果应符合5.3.7的要求。

$$V=\frac{a\times b}{t}\quad (\mathrm{m^2/h}) \qquad \cdots\cdots (1)$$

式中：

V——最大喷绘速度，单位为平方米每小时（$\mathrm{m^2/h}$）；

a——喷绘图像的长度，取1 m，单位为米（m）；

b——喷绘图像的宽度，取喷绘宽度，单位为米（m）；

t——喷绘时间，单位为小时（h）。

6.3.8 套准误差试验

喷绘一套准测试图，用40倍精度为0.01 mm放大镜测量喷绘套准误差，其最大值应符合5.3.8的规定。

注：本套准测试图由各企业自行制作。

6.4 安全要求与检查

6.4.1 机械安全试验

6.4.1.1 用目测检查安全保护装置或保护措施，使用长度尺检查，保护装置与内旋转部件之间的间隙符合5.4.1.1的要求。

6.4.1.2 用目测和手感的测试方法检查齿轮传动、链传动、同步带轮防护装置，应符合5.4.1.2的要求。

6.4.1.3 用秒表和长度尺实验检查活动式防护装置，应符合5.4.1.3的要求。

6.4.1.4 用运行的方法检查喷头架运动的保护装置，应符合5.4.1.4的要求。

6.4.1.5 用运行的方法检查急停保护装置，应符合5.4.1.5的要求。

6.4.2 电气安全试验

6.4.2.1 切断电源，目视检查电气布线应符合5.4.2.1的要求。

6.4.2.2 按GB 5226.1—2008中18.2.2试验方法，检验保护联结电路的连续性应符合5.4.2.2的规定。

6.4.2.3 按GB 5226.1—2008中18.3试验方法，检验动力装置的绝缘电阻，应符合5.4.2.3的规定。

6.4.2.4 按GB 5226.1—2008中18.4的试验方法进行耐压试验，应符合5.4.2.4的规定。

6.4.3 人身安全检查

采用目视和实际操作的方法进行试验，检查人身安全保护装置或措施，应符合5.4.3的要求。

6.4.4 墨水与环境安全检验

6.4.4.1 查看说明书，应符合5.4.4.1的要求。

6.4.4.2 查看说明书，应符合5.4.4.2的要求。

6.4.4.3 采用目视和实际操作的方法进行试验，检查危险排除物保护装置或措施，应符合5.4.4.3的要求。

6.4.4.4 查看说明书，应符合5.4.4.4的要求。

6.4.5 安全警告的检查

采用目测和实际操作的方法进行试验，检查安全告警信号应符合5.4.5的要求。

6.4.6 电磁兼容性试验

6.4.6.1 按 GB 9254 规定的方法进行。无线电骚扰限值的试验过程中运行自检程序，产品应能正常工作。

6.4.6.2 按 GB/T 17618 规定的方法进行。抗扰度限制试验过程中运行自检程序，产品应能正常工作。

6.5 可靠性试验

6.5.1 连续工作 7 h，累计工作 20 h，用目测和手感方法，检验墨路系统，应符合 5.5 的要求。

6.5.2 不少于 2 次连续工作 24 h，检验整机设备，测量结果应符合 5.5.2 的要求。

6.6 空运转性能试验

喷绘机在不喷墨、不输送介质的状态空载运转 3 h，其中最高速度试验时间不少于 30 min，以常规速度（或最高速度的 80%）运转试验时间不少于 90 min，目测检查机器状态，应符合 5.6 的要求。

6.7 噪声试验

6.7.1 测量条件：

a) 本部分采用 3 级精度的 GB/T 3768 包络法测试，在测试条件不满足 GB/T 3768 条件的情况下（如本底噪声和测试空间），则可采用 2 级精度的 GB/T 3767 工程法测试；

b) 环境的本底噪声应至少比喷绘机空运转时的噪声低 3 dB(A)；

c) 被测设备应放置在平整的混凝土地面上，周围墙体须距离被测设备 2 m 以上；

d) 噪声源不包括用于吸墨的吸尘器等非随机安装的装置。

6.7.2 测量方法：

a) 以最高喷绘速度（基本分辨率模式）下空运转，使用精度 ±1 dB(A) 的声级计测量机器的噪声；

b) 测量点位置按附录 B；

c) 各测量点与本底噪声之差在 3.0 dB(A)～10.0 dB(A) 之间，则按表 3 进行修正；

d) 计算各测量点噪声值的算术平均值，其结果应符合 5.7 的规定。

表 3 背景噪声修正值

产品运转工作时的声压级与背景本底噪声声压级之差/dB(A)	3.0	4.0	5.0	6.0	7.0	8.0	9.0	10.0	>10.0
应从运转时的声压级测量值中减去噪声修正值 K	3.0	2.0	2.0	1.0	1.0	1.0	0.5	0.5	0

7 检验规则

7.1 检验分类

产品应通过下列检验：

a) 型式试验；

b) 交收检验；

c) 例行检验。

各类的检验项目按表 4 规定。

表 4 检验项目

序号	检验项目	要求	试验方法	型式试验	交收检验	例行检验
1	外观和结构	5.1	6.2	√	√	√
2	综合要求	5.2	6.2	√	√	√

表 4（续）

序号	检验项目		要求	试验方法	型式试验	交收检验	例行检验
3	主要技术性能	喷绘幅宽	5.3.1	6.3.1	√	—	√
4		基本分辨率模式	5.3.2	6.3.2	√	—	—
5		分辨率模式	5.3.2	6.3.2	√	—	—
6		喷绘边界误差	5.3.3	6.3.3	√	—	√
7		断墨率	5.3.4	6.3.4	√	—	√
8		墨点离散度	5.3.5	6.3.5	√	—	√
9		介质跑偏量	5.3.6	6.3.6	√	—	—
10		最大喷绘速度	5.3.7	6.3.7	√	—	√
11		套准误差	5.3.8	6.3.8	√	—	—
12	安全	机械安全	5.4.1	6.4.1	√	—	√
13		电气安全	5.4.2	6.4.2	√	—	√
14		人身安全	5.4.3	6.4.3	√	—	√
15		墨水与环境	5.4.4	6.4.4	√	—	√
16		警告	5.4.5	6.4.5	√	√	√
17		电磁兼容	5.4.6	6.4.6	√	—	—
18	可靠性		5.5	6.5	√	—	—
19	空运转性能		5.6	6.6	√	√	√
20	噪声		5.7	6.7	√	—	—
注：表中“—”表示不需要进行的检验项目。							

7.2 型式试验

7.2.1 凡有下列情况之一，产品必须进行型式检验：

a) 新产品研制；

b) 产品有重大改进；

c) 产品转产、停产 1 年，恢复生产时。

7.2.2 型式试验的抽样数量

应在首台或首批的入库产品中随机抽取 1 台进行型式检验。

7.2.3 型式试验的判别规则

所有型式试验项目都合格时，则判此次型式检验合格；若有检验项目不符合本部分，应加倍抽样，对不符合标准的项目进行复检，如仍有 1 台不合格，则判定此次型式试验不合格。

7.2.4 型式试验应提交定型检验报告。

7.3 交收检验

7.3.1 批量生产或连续生产的产品，应进行全数交收检验，若有 1 项不合格，该产品为不合格。

7.3.2 每台产品需经产品制造单位的质量检验部门检验合格，并签发产品合格证后，方可出厂。

7.4 例行检验

7.4.1 连续生产的产品，每年应进行 1 次例行检验。

7.4.2 例行检验由产品制造单位质量检验部门或上级主管部门指定或委托质量检验机构负责进行。

7.4.3 例行检验的抽样数量

例行检验的样品应在交收检验合格的产品中随即抽取 1 台样品进行检验。

7.4.4 例行检验的判定规则

所有例行检验项目都合格时，则判此次例行检验合格；若有检验项目不符合本部分，应加倍抽样，对不符合标准的项目进行复检，如仍有1台不符合标准的项目出现，则判此次例行检验不合格。

例行检验后，应提交例行检验报告。

8 标志、包装、运输、贮存

8.1 标志

8.1.1 每台产品在明显的部位上设置符合GB/T 13306规定的产品标牌，产品标牌应标明下列内容：

a) 产品名称；

b) 产品型号，规格及主要参数；

c) 生产日期；

d) 出厂编号；

e) 制造厂名、厂址；

f) 执行国家标准号。

8.1.2 包装运输标志应符合GB/T 191的规定。

8.1.3 运输包装收发货标志应符合GB/T 6388的规定。

8.2 包装

8.2.1 对于非随机而单独包装的喷头，应采用具有防震的原软包装和外包装，并有型号、批次等标示。

8.2.2 产品装机前，机件、工具备件、附件应清洁干净，外露加工面应涂防锈剂。

8.2.3 喷绘机的包装应采用木质包装，包装应符合GB/T 13384的规定。

8.2.4 包装箱外应有“小心轻放”、“怕湿”、“向上”等运输标志和收发货标志。

8.2.5 包装箱内应铺设防水材料，产品应可靠地固定在包装箱内。附件箱应固定在主机箱内的空隙处，并牢固卡紧。

8.2.6 包装箱内应装有制造厂随同产品发给用户的以下技术文件资料：

a) 装箱单；

b) 产品出厂合格证，合格证的编写应符合GB/T 14436的规定；

c) 产品使用说明书，使用说明书的编写应符合GB/T 9969的规定。应在说明书中说明喷头型号、数量、兼容的墨水类型；

d) 产品保证文件；

e) 附件清单。

8.3 运输

8.3.1 产品运输，应使用合适的交通工具。

8.3.2 产品在运输起吊时，要按包装箱外壁箱面的标志稳起、轻放，防止碰撞。

8.3.3 在长途运输时，不得装在敞开的船舱和车厢中；中途转运不得存放在露天的场地；不允许和易燃、易爆、易腐蚀的物品混装，并且不允许经受雨、雪或液体物质的淋袭和机械损伤。

8.4 贮存

8.4.1 产品应包装贮存在场地平整的库房内，环境温度为0 ℃～50 ℃，相对湿度为10%～80%；库房内不允许有各种有害的气体，易燃、易爆、易腐蚀的化学物品，并且无强烈的机械振动、冲击和强磁场的作用。

8.4.2 包装箱在库房内应离地至少5 cm，距离墙体、热源、冷源及窗气口至少50 cm。

8.4.3 若无特别规定时，贮存期一般应为12个月。若在制造厂存放期超过12个月，则应在出厂前重新进行出厂检验。

附　录　A
（规范性附录）
产 品 型 号

A.1　组成

喷绘机型号由主型号、辅助型号、设计序号和特殊功能三部分组成。

主型号	辅助型号	—	设计序号、特殊功能

A.2　主型号

主型号表示喷绘机代号、介质传送方式两个内容，用 2 位大写汉语拼音字母表示。

a)　喷绘机代号：

P——表示喷绘机。

b)　介质传送方式：

C——表示刺辊型；

J——表示胶辊型；

D——表示传送带型；

G——表示滚筒型。

A.3　辅助型号

辅助型号表示产品的喷绘幅宽、喷头数量和使用墨水型式，用阿拉伯数字或英文字母表示；

a)　喷绘幅宽：以 100 mm 为单位的两位数字表示，如 50，为喷绘幅宽 5 000 mm；

b)　喷头数量：用 2 位阿拉伯数字表示，如 06，为 6 个喷头；

c)　使用墨水型式：

A——表示水基型墨水；

ES——表示弱溶剂型墨水；

O——表示油性墨水；

S——表示溶剂型墨水；

UV——表示 UV 型墨水。

A.4　设计序号及特殊功能

设计序号及特殊功能的表示如下：

a)　设计序号：用阿拉伯数字表示设计的排序。首次开发的产品，型号不表示，当产品的主要结构型式或性能改变时，均以设计序号加以区别。

b)　特殊功能：用一位大写汉语拼音字母表示，两个以上的多种功能的之间用短横线"-"隔开表示，本部分未说明的特殊功能，企业可自行编制，但不允许与以下字母重复。

B——表示自动保湿；

G——表示自动高度控制；

J——表示灰度级喷绘；

Q——表示自动清洗；

S——表示双面喷绘。

A.5 示例

A.5.1 示例 1

具有灰度级喷绘功能、第一次改进，适用于 UV 墨水、6 只喷头和喷绘幅宽为 3.2 m 的 UV 刺辊型宽幅面喷绘机，型号为 PC3206UV-1J。

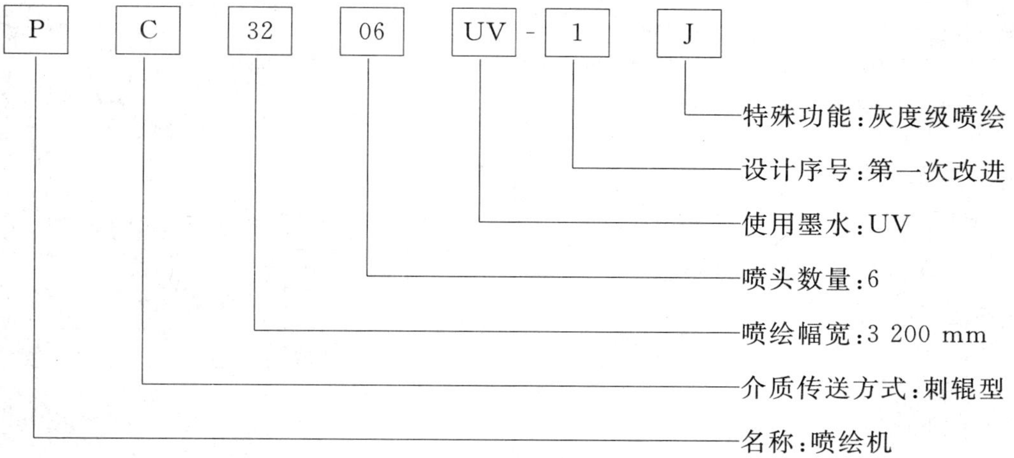

A.5.2 示例 2

具有自动清洗功能 Q、首次设计 0，适用于弱溶剂墨水 ES、12 只喷头、5 m 喷绘幅宽的传输带型 D 的弱溶剂传输带型宽幅面喷绘机，型号为 PD5012ES-Q。

附　录　B
（规范性附录）
噪声测量点的选定

B.1　声源位于一个反射面上，测量机器表面边长≤3 m 的测量点：

a）　按图 B.1 在机器的顶面和四个侧面中心距 1 m 各选 1 个测量点；

b）　测量点离地面高度为 1.5 m。

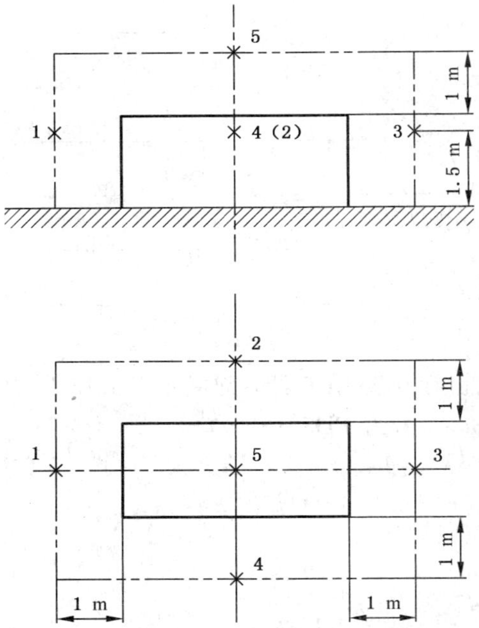

图 B.1

B.2　声源位于一个反射面上，测量机器表面边长>3 m 的测量点：

a）　按图 B.2 选取测量点，顶面测量点用测量表面角上的测量点位置代替；

b）　测量点离地面高度为 1.5 m；

c）　两测量点间距小于 2 m 时，可取消 3、5、9、11 测点。

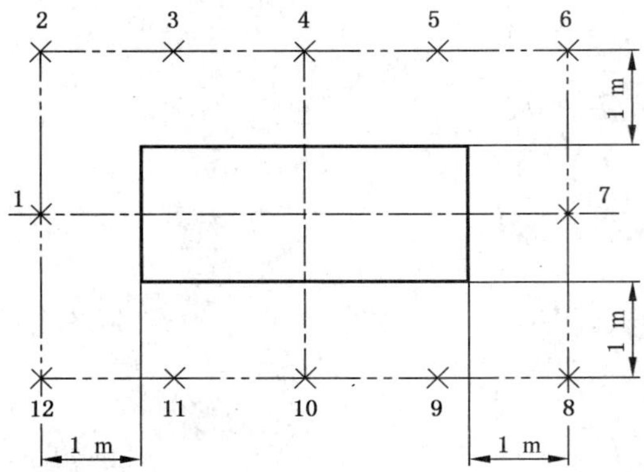

图 B.2

参 考 文 献

[1] GB/T 3264—2010 印刷机械 单张纸平板印刷机
[2] GB/T 9851.1—2008 印刷技术术语 第1部分:基本术语
[3] QB/T 2730.2—2005 喷墨喷绘墨水 第2部分:喷绘墨水

ICS 37.100.10
J 87

中华人民共和国国家标准

GB/T 25677—2010

印刷机械　卷筒纸平版印刷机

Printing machinery—Web offset

2010-12-23 发布　　2011-07-01 实施

中华人民共和国国家质量监督检验检疫总局
中国国家标准化管理委员会　发布

前　言

本标准附录 A 和附录 B 为规范性附录。

本标准由中国机械工业联合会提出。

本标准由全国印刷机械标准化技术委员会(SAC/TC 192)归口。

本标准负责起草单位:高斯图文印刷系统(中国)有限公司。

本标准参加起草单位:北人印刷机械股份有限公司、北京印刷机械研究所。

本标准主要起草人:陈培明、张耀宗、张素芬、韩晓良。

印刷机械　卷筒纸平版印刷机

1　范围

本标准规定了卷筒纸平版印刷机(不包括卷筒纸商业平版印刷机)的术语和定义、基本参数、要求、试验方法、检验规则及标志、包装、运输与贮存。

本标准适用于单色和多色(以单面印刷色数计算)卷筒纸平版印刷机。

本标准不适用于卷筒纸平版商业印刷机。

2　规范性引用文件

下列文件中的条款通过本标准的引用而成为本标准的条款。凡是注日期的引用文件,其随后所有的修改单(不包括勘误的内容)或修订版均不适用于本标准,然而,鼓励根据本标准达成协议的各方研究是否可使用这些文件的最新版本。凡是不注日期的引用文件,其最新版本适用于本标准。

GB/T 191　包装储运图示标志(GB/T 191—2008,ISO 780:1997,MOD)

GB 5226.1—2008　机械电气安全　机械电气设备　第1部分:通用技术条件(IEC 60204-1:2005,IDT)

GB/T 6388　运输包装收发货标志

GB/T 9969　工业产品使用说明书　总则

GB/T 13306　标牌

GB/T 14436　工业产品保证文件　总则

JB/T 6530　印刷机产品型号编制方法

3　术语和定义

下列术语和定义适于本标准。

3.1

套印准确度　register accuracy

任何两个色版的图像套印最大误差。

3.2

压印均匀性　impression uniformity

印刷机印刷时,纸张在最大印刷幅面内所受印刷压力的一致程度。

3.3

压印稳定性　impression stability

印刷机连续印刷时,不同纸张同部位所受印刷压力的一致程度。

3.4

折页准确度　folding accuracy

折痕与折标线的符合程度。

3.5

折页精密度　folding precision

同批次不同样张折痕彼此相符合的程度。

3.6

最高印刷速度　max printing speed

印刷机在本标准规定的试验条件下，以单纸路方式、单位时间内所达到的最多对开印刷张数。单位为张/h。

4　基本参数

4.1　卷筒纸平版印刷机由供纸、印刷、折页三个主要部分组成。

4.2　基本参数按表1规定。

4.3　产品型号及名称应符合 JB/T 6530 的规定。

5　要求

5.1　一般要求

卷筒纸平版印刷机应符合本标准的规定，并按经规定程序批准的图样和技术文件制造。

5.2　印刷质量

5.2.1　套印准确度：

a)　印书机套印准确度在 0.20 mm 内，合格率不应低于 98%；

b)　印报机套印准确度在 0.25 mm 内，合格率不应低于 98%。

5.2.2　压印均匀性与压印稳定性：

a)　印书机压印均匀性不应高于 20%，压印稳定性不应大于 0.06；

b)　印报机压印均匀性不应高于 25%，压印稳定性不应大于 0.08。

表1　基本参数

<table>
<tr><td colspan="2">卷筒纸幅面</td><td>单　幅</td><td>双　幅</td></tr>
<tr><td colspan="2">裁切纸张规格
mm</td><td colspan="2">508、533、546、550、560、578、598、620、625、630</td></tr>
<tr><td rowspan="3">最高印刷速度张/小时</td><td>印书机</td><td>≥30 000(16 开、32 开双联 25 000)</td><td>—</td></tr>
<tr><td rowspan="2">印报机</td><td>大滚筒　≥65 000</td><td rowspan="2">≥120 000</td></tr>
<tr><td>小滚筒　≥35 000</td></tr>
<tr><td rowspan="2">折页开本</td><td>印书机</td><td colspan="2">32 开双联　16 开　(8 开)</td></tr>
<tr><td>印报机</td><td colspan="2">8 开</td></tr>
<tr><td colspan="4">注：印刷速度以单纸路印刷张数计算。</td></tr>
</table>

5.2.3　网线印刷要求：

网线印刷要求网点清晰结实，无明显墨杠。

5.2.4　图文印刷要求：

图文印刷要求文字清晰、墨色均匀、图案阶调层次清晰。

5.3　折页质量

5.3.1　印书机折页准确度在±1.0 mm 内，合格率不应低于 98%。

5.3.2　印书机折页精密度不应大于 0.6 mm。

5.3.3　印报机折页准确度在±1.5 mm 内，合格率不应低于 98%。

5.3.4　印报机折页精密度不应大于 0.8 mm。

5.3.5　经三角板及裁切的纸边应没有强制撕坏的裂口。裁切纸张长度每前后相连两张的长度差不应大于 1.5 mm。

5.4 噪声

a) 印书机、小滚筒报纸机不大于 93 dB(A);

b) 大滚筒报纸机不大于 96 dB(A)。

5.5 主要部件的装配质量

a) 墨斗辊工作面的径向圆跳动不应大于 0.020 mm;

b) 串墨辊工作面的径向圆跳动不应大于 0.060 mm;

c) 印刷滚筒滚枕及工作面的径向圆跳动不应大于 0.020 mm;

d) 印刷滚筒的轴向窜动量不应大于 0.040 mm;

e) 每一印刷单元中相邻两滚筒的平行度(在全长内)单幅机不应大于 0.020 mm,双幅机不应大于0.035 mm。

5.6 外观质量

5.6.1 外露非加工表面不应有凸瘤、凹陷和气孔等有损美观的缺陷。外露加工表面不应有磕碰、划伤、锈蚀等现象。

5.6.2 油路、气路及电气线路应排列整齐。

5.6.3 涂漆层应光滑平整牢固,色泽均匀一致,无明显突出颗粒、粘附物和砂纸擦痕,不应有流挂、起泡、发白及失光现象。

5.7 电气质量

5.7.1 电气系统应布线整齐、排列有序、接头牢固;各种标记(如:元件代号、电气符号、接地标志等)应齐全、清晰和正确,符合电气简图图形符号。

5.7.2 电气系统工作应正常、灵敏、可靠。

5.7.3 所有外露可导电部分都应按 GB 5226.1—2008 中 8.2.1 的要求连接到保护联结电路上。保护联结电路的连续性应符合 GB 5226.1—2008 中 8.2.3 的规定。

5.7.4 在动力电路导线和保护联结电路间施加 500 Vd.c.时,测得的绝缘电阻不小于 1 MΩ。

5.7.5 在动力电路导线和保护联结电路之间施加 1 000 V 的电压、时间近似 1 s,不应出现击穿放电现象。

5.8 机器安全要求

5.8.1 机器外侧的运动部件应加装防护罩。

5.8.2 印刷滚筒之间应装有安全防护装置。

5.8.3 滚筒切线方向和防护装置间的夹角推荐为 90°,最小角度不能小于 60°,见图 1;安全杠与机器的相关部件之间的间隙不得超过 6 mm,见图 2。

单位为毫米

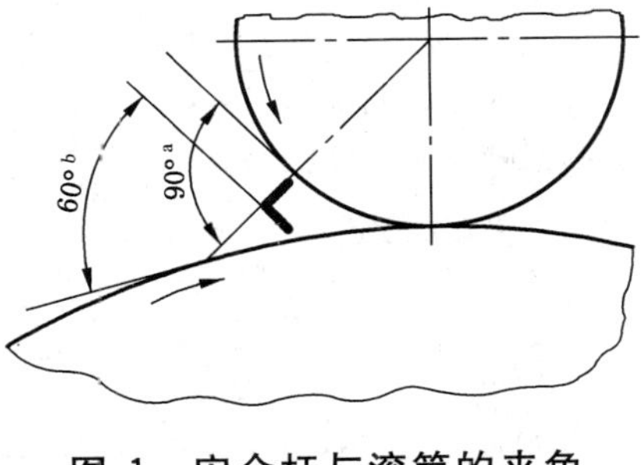

图 1 安全杠与滚筒的夹角

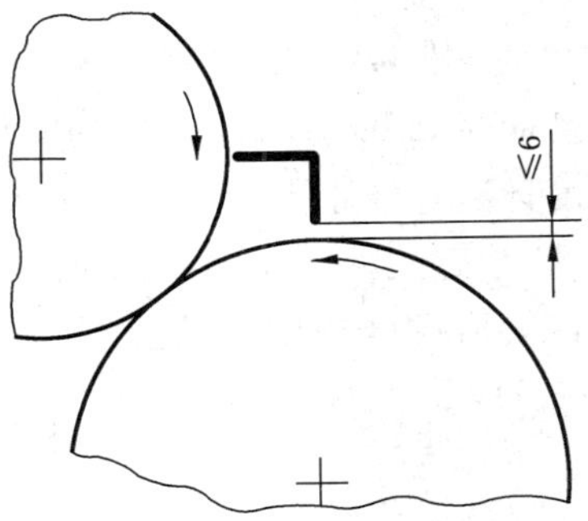

图 2 内旋卷入部位的防护

5.8.4 应有机械与电气的联锁装置。

5.8.5 控制装置应与安全防护装置联锁。

5.8.6 对于能多处操作的印刷机，其控制应有联锁装置。

5.9 空运转性能

5.9.1 机器应运转平稳、传动正常、无异常噪声。

5.9.2 操作机构应灵活可靠、无卡阻和自发性移动。

5.9.3 润滑、液压及气动系统应工作正常，管路畅通，无渗油、漏油、漏气现象。

5.9.4 安全停车装置应灵活可靠。

5.9.5 轴承温升不应大于 35 ℃。

6 试验方法

6.1 空运转试验

印刷机应进行不小于 6 h 的空运转试验，其中全速空运转不少于 1 h。检验结果应符合 5.9 的规定。

6.2 印刷试验

6.2.1 试验条件

试验条件如下：

a) 印刷环境温度(23±5)℃；相对湿度 50%～65%；

b) 印刷试验用纸为 49 g/m^2～60 g/m^2 的胶印新闻纸。印书机可用 70 g/m^2～75 g/m^2 的胶印书刊纸，纸卷尺寸应符合机器规定的卷筒纸宽度，纸卷应没有受潮、变形、松紧不一、拉力不均和接头过多等缺陷；

c) 印刷试验用版应符合印刷机额定最大印刷幅面并晒有附录 A 规定的试验版图。

6.2.2 印刷质量试验

6.2.2.1 多色印刷机的套准试验

6.2.2.1.1 检验印刷色数

本试验只适用于单面四色以上的印刷型式，检验一律按单面四色进行。

6.2.2.1.2 检验速度要求

按附录 A 规定的版式，以不低于 70%的机器最高印刷速度进行印刷，连续取样 100 张。

6.2.2.1.3 套准准确度的检验及计算

用分度值为 0.01 mm 的读数显微镜测量 6.2.2.1.2 规定样张中 a、b、c 三个位置的套准十字线的宽度值，其最大值和单色线宽值之差即为套准准确度，按样张计应符合 5.2.1 的规定。

6.2.2.2 压印均匀性与压印稳定性的试验

按附录 A 规定的版式，以不低于 70%的机器最高印刷速度进行印刷，对于每块印版，在连续印刷中，每隔 10 张样张取一张，每块印版取样 20 张。品红(M)和青(C)色的实地密度应达到 0.90，黄色(Y)的实地密度应达到 0.85，黑色(K)的实地密度应达到 1.05。

用密度计测量样张中每一样张上实地色块的密度值 D_{jin}。按公式(1)计算压印均匀性 μ_{in}；按公式(2)计算压印稳定性 R_{jin}，各样张数据中的异常值可运用附录 B 的原则予以剔除。机器的压印均匀性为样张中的最大值；机器的压印稳定性为样张中的最大值，应符合 5.2.2 的规定。

$$\mu_{in}(\%)=\frac{|D_{jin}-\overline{D}_{jin}|_{\max}}{\overline{D}_{jin}}\times 100\% \qquad \cdots\cdots(1)$$

$$R_{jin}=\sqrt{\frac{1}{19}\sum_{i=1}^{20}(D_{ijn}-\overline{D}_{ijn})^2} \qquad \cdots\cdots(2)$$

式中：

μ_{in}——压印均匀性，%；

D_{jin}——同一样张上 j 点实地色块密度值；

$\overline{D}_{jin}$——每张同一色组实地色块密度值的测量平均值，$\overline{D}_{jin}=\frac{1}{9}\sum_{j=1}^{9}D_{jin}$；

R_{jin}——压印稳定性；

D_{ijn}——20 个样张中同一 j 点位置 i 样张的实地色块密度值；

$\overline{D}_{ijn}$——20 个样张中同一 j 点位置实地色块密度值平均值，$\overline{D}_{ijn}=\frac{1}{20}\sum_{i=1}^{20}D_{ijn}$；

j——检验条（实地色块）顺序（$j=1,2,3,\cdots\cdots,9$）；

i——样张顺序（$i=1,2,3,\cdots\cdots,20$）；

n——色组序（$n=1,2,3,\cdots\cdots$）。

6.2.2.3　网点质量检查

用 5 倍放大镜检查 6.2.2 规定样张中大块网线区中网点质量，应符合 5.2.3 的规定。

6.2.2.4　图文印刷试验

6.2.2.4.1　用在最大印刷幅面的范围内布有插图及文字书报印版，以不低于 85%机器最高印刷速度进行双面印刷。

6.2.2.4.2　目视检查印样质量，应符合 5.2.4 的规定。

6.3　折页试验

6.3.1　检验和取样方法

用晒有折标线的印版，印书机以 85%的机器最高印刷速度，印报机以 90%的机器最高印刷速度进行折页试验，连续取样 100 张。

6.3.2　折页精密度的检验及计算

用分度值为 0.01 mm 的读数显微镜分别测量 6.3.1 规定检验样张中每一张上明面两处折标与折缝线之间的距离 I_i，按公式(3)计算折页偏差 σ，样本数据中的异常值可运用附录 B 的原则予以剔除。机器的折页精密度为样张折页偏差的最大值，应符合 5.3.2、5.3.4 的规定。

$$\sigma=\sqrt{\frac{1}{99}\sum_{i=1}^{100}(I_i-\overline{I})^2} \qquad \cdots\cdots(3)$$

6.3.3　折页准确度的检查及计算

用分度值为 0.01 mm 的读数显微镜分别测量 6.3.1 规定样张中每一张上明面两处折标线与折缝之间的距离 I_i，按公式(4)计算折页误差。机器的折页准确度 δ 为样张折页误差的最大值，应符合 5.3.1、5.3.3 的规定。

$$I=\frac{I_{max}-I_{min}}{2} \qquad \cdots\cdots(4)$$

6.3.4　裁切质量试验

测量 6.3.1 的规定样张中任意相连两张的裁切长度和目视检查裁切质量，应符合 5.3.5 的规定。

6.4　噪声测量

在进行 6.3 规定的折页试验时，用普通声级计测量卷筒纸平版印刷机的 A 声压级噪声，测量点水平位置（见图 3），噪声测量点距地面高度为 1.5 m，距卷筒纸平版印刷机四周外轮廓线 1 m 处，测量点之间的距离为 2 m 左右，图示测量点为参考点，可根据测量轨迹长短增加或减少测量点，其中第 i 点为巡回测量最大噪声点，卷筒纸平版印刷机的噪声以算术平均值计算，其计算结果应符合 5.4 的规定。

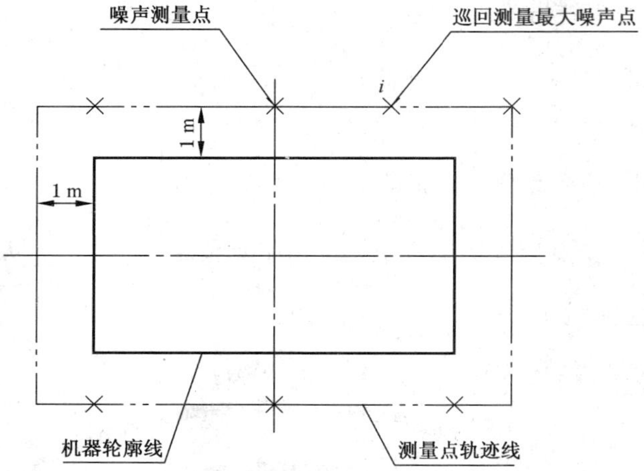

图 3　噪声测量点位置图

6.5　电气质量检查

6.5.1　切断电源，目视检查应符合 5.7.1 的规定。

6.5.2　反复启动、停止机器，检查其运转的准确性与平稳性，并多次调节升降速度检查升降的平稳性，应符合 5.7.2 的规定。

6.5.3　按 GB/T 5226.1—2008 中 18.2.2 的试验方法，检查保护联结电路的连续性，应符合 5.7.3 的规定。

6.5.4　按 GB/T 5226.1—2008 中 18.3 的试验方法，检查动力装置的绝缘电阻，应符合 5.7.4 规定。

6.5.5　按 GB/T 5226.1—2008 中 18.4 的试验方法进行耐压试验，应符合 5.7.5 的规定。

6.6　机器安全检查

6.6.1　目测检查机器外侧运动部件、印刷滚筒处，应符合 5.8.1、5.8.2 的规定。

6.6.2　滚筒和防护装置间的最小角度要求、安全杠与机器的的相关部件之间的间隙要求应符合 5.8.3 的要求。

6.6.3　开启机器，检查所有的安全防护联锁装置，应符合 5.8.4～5.8.6 的规定。

6.7　外观质量检查

目视检查外观质量，应符合 5.6 的规定。

6.8　主要部件的装配质量检验

按常规检测方法检查主要部件的装配质量，应符合 5.5 的规定。

7　检验规则

7.1　出厂检验

7.1.1　每台机器应按 6.1、6.2.2.1、6.3.3、6.3.4、6.5～6.9 的规定检验，若有一项不合格，该产品为不合格品。

7.1.2　每批产品抽 20％按 6.2.2.4 检验，每批不得少于一台。若不合格，应再抽一台对该项复检，若仍不合格应逐台对该项进行检验。

7.1.3　每台产品须经制造厂质量检验部门检验合格后方可出厂。

7.2　型式检验

有下列情况之一时，应对首台、首批中抽一台或生产批中抽一台产品按本标准规定的全部内容进行检验：

a)　新产品或老产品转厂生产的试制定型鉴定；

b)　正式生产后，如结构、材料、工艺有较大改变，可能影响产品性能时；

c) 产品停产一年以上又恢复生产时；

d) 每年一次的周期检验。

7.3 用户验收

凡合同中未指明验收条款的产品按7.1的规定进行验收。

8 标志

8.1 每台印刷机应在明显部位固定铭牌，其要求应符合GB/T 13306的规定，产品铭牌的主要内容包括：

a) 制造厂名称；

b) 产品型号及名称；

c) 主要技术参数；

d) 产品出厂编号；

e) 产品出厂年月。

8.2 产品的包装储运标志、收发货标志应符合GB/T 191、GB/T 6388的规定。

9 包装、运输和贮存

9.1 包装

9.1.1 产品包装前，机件和工具的外露加工面应涂以防锈剂，主要零件的加工面应包防锈纸。

9.1.2 产品包装箱内应铺防水材料，产品应牢固地固定在箱内，产品允许分箱包装，箱子应适于运输和装载的要求。

9.1.3 产品随带文件

a) 产品合格证

产品合格证的编写应符合GB/T 14436的规定；

b) 产品使用说明书

使用说明书的内容应符合GB/T 9969的规定；

c) 装箱单；

d) 随机备件清单；

e) 安装基础图；

f) 其他有关的技术资料。

9.2 运输

产品在运输起吊时，应按包装箱外壁的标记稳起轻放，防止碰撞。

9.3 贮存

产品贮存时应放在干燥通风处，避免受潮。如露天存放应有防雨措施。若存放期超过一年，出厂前应开箱检查，若发现产品包装已不符合有关规定，应重新进行包装。

附　录　A
（规范性附录）
实 验 版 图

A.1　试验版版面图案的布置

印版上测量用图案的布置如图 A.1。

A.2　试验版使用说明

使用说明如下：

a)　试验版图均用同一版式晒制；

b)　图 A.1 所示上套准十字线线条应平直光滑，长度不大于 20 mm，线宽约 0.1 mm，网线区为(34～50)线/cm[(86～127)线/英寸]五成点子网线；

c)　折标线可布置在检验印版上的相应位置。

A.3　网线及套准十字线印版可分开制作

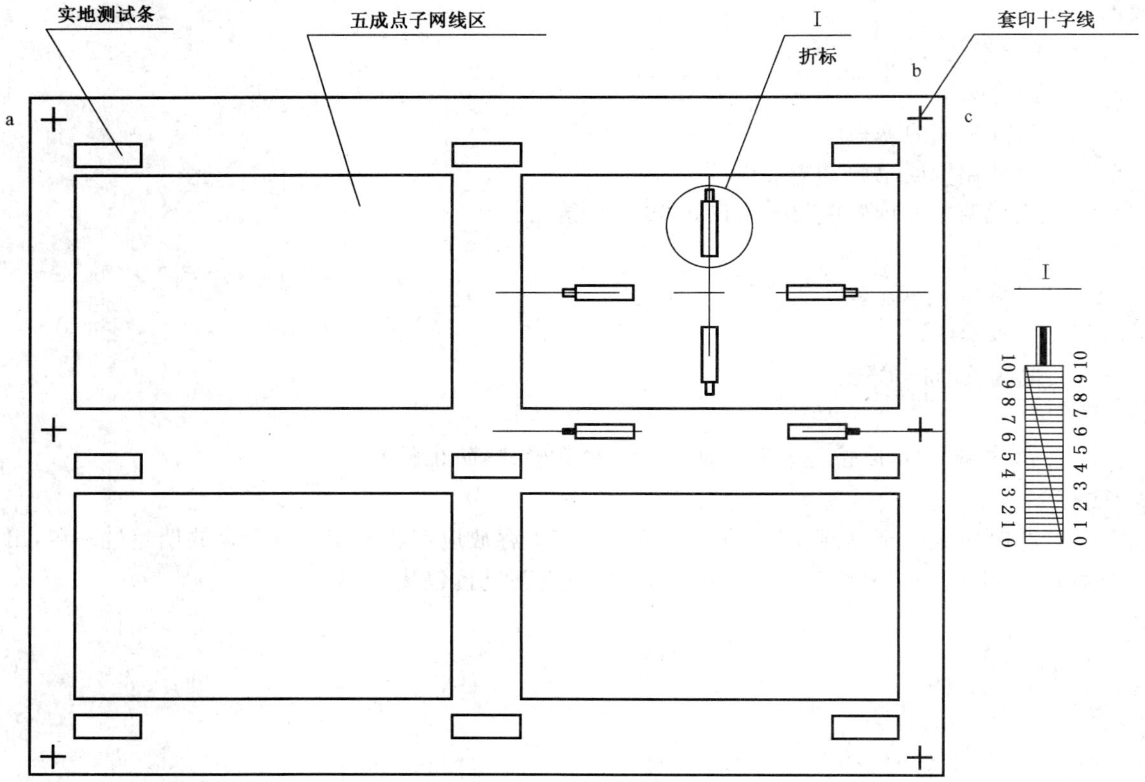

图 A.1　试验版版面图案的布置

附 录 B
（规范性附录）
数据处理剔除方法

B.1 概述

选用标准偏差(σ)处理数据时，对超出一定概率的值允许剔除。

B.2 剔除方法

当数据中出现的最大值大于 $\overline{X}+3\sigma$ 和最小值小于 $\overline{X}-3\sigma$ 时均给予剔除，剔除后重新计算标准偏差，直至不能剔除时为止。平均值 $\overline{X}$ 按各种指标代号代入。

ICS 37.100.10
J 87

中华人民共和国国家标准

GB/T 25678—2010

印刷机械　卷筒纸平版商业印刷机

Printing machinery—Commercial web offset press

2010-12-23 发布　　　　2011-07-01 实施

中华人民共和国国家质量监督检验检疫总局
中国国家标准化管理委员会　发布

前　言

本标准附录A和附录B为规范性附录。

本标准由中国机械工业联合会提出。

本标准由全国印刷机械标准化技术委员会归口。

本标准负责起草单位:北人印刷机械股份有限公司。

本标准参加起草单位:高斯图文印刷系统(中国)有限公司、北京印刷机械研究所。

本标准主要起草人:张素芬、张耀宗、韩晓良。

印刷机械　卷筒纸平版商业印刷机

1　范围

本标准规定了卷筒纸平版商业印刷机的术语和定义、基本参数、型号和名称、要求、试验方法、检验规则及标志、包装、运输和贮存。

本标准适用于多色(以单面印刷色数计算)卷筒纸平版商业印刷机。

2　规范性引用文件

下列文件中的条款通过本标准的引用而成为本标准的条款。凡是注日期的引用文件，其随后所有的修改单(不包括勘误的内容)或修订版均不适用于本标准，然而，鼓励根据本标准达成协议的各方研究是否可使用这些文件的最新版本。凡是不注日期的引用文件，其最新版本适用于本标准。

GB/T 191　包装储运图示标志(GB/T 191—2008,ISO 780:1997,MOD)

GB/T 4879—1999　防锈包装

GB 5226.1—2008　机械电气安全　机械电气设备　第1部分:通用技术条件(IEC 60204-1:2005,IDT)

GB/T 6388　运输包装收发货标志

GB/T 9969　工业产品使用说明书　总则

GB/T 10335(所有部分)　涂布纸和纸板

GB/T 13306　标牌

GB/T 13384　机电产品包装通用技术条件

GB/T 14436　工业产品保证文件　总则

JB/T 6530　印刷机产品型号编制方法

3　术语和定义

下列术语和定义适用于本标准。

3.1

卷筒纸平版商业印刷机　commercial web offset press

采用平版并能用涂布纸印刷彩色精细印品的卷筒纸印刷机。

3.2

套印准确度　register accuracy

任何两个色版的图像套印的符合程度。

3.3

压印均匀性　impression uniformity

印刷机印刷时，纸张在最大印刷幅面内所受印刷压力的一致程度。

3.4

压印稳定性　impression stability

印刷机连续印刷时，不同纸张同一部位所受印刷压力的一致程度。

3.5

折页准确度　folding accuracy

折痕与折标线的符合程度。

3.6

折页精密度　folding precision

同批次不同样张折痕彼此相符合的程度。

3.7

最高印刷速度　max printing speed

印刷机在本标准规定的试验条件下，以单纸路方式、单位时间内所达到的最多对开印刷张数。单位为张每小时(张/h)。

4　基本参数、型号和名称

4.1　卷筒纸平版商业印刷机由供纸机、印刷机组、折页机三个主要部分及二次张力系统、烘干箱、冷却机组、加硅装置等部分组成。

4.2　基本参数按表1的规定。

4.3　产品型号编制应符合JB/T 6530的规定。

表1　基本参数

卷筒纸幅面	单幅					
裁切尺寸/mm	546	578	598	620	625	630
最高印刷速度/(张/h)	≥40 000					
折页开本	16开、32开双联(8开)					
纸张重量范围/(g/m^2)	50～128					
纸张种类	不低于GB/T 10335中规定的一等品涂布纸					

5　要求

卷筒纸平版商业印刷机应符合本标准的规定，并应按经规定程序批准的图样和技术文件制造。

5.1　接纸质量

5.1.1　采用零速接纸机，在机器最高印刷速度下，接纸成功率应达到99.5%。

5.1.2　采用高速接纸机，在机器最高印刷速度下，接纸成功率应达到99%。

5.2　印刷质量

5.2.1　实地密度

实地密度值应符合表2的规定。

5.2.2　压印均匀性与压印稳定性

压印均匀性误差不应高于15%，压印稳定性偏差不大于0.04。

5.2.3　套印准确度

套印准确度误差在0.15 mm内，合格率不应低于98%。

5.2.4　网线印刷要求

网线印刷要求网点清晰结实，无墨杠及重影。

5.2.5　图文印刷要求

图文印刷要求文字清晰、墨色均匀、无重影，图案阶调层次清晰。

表2　印刷实地密度测量值

色别	涂布(印刷)纸
黄(Y)	0.85～1.10
品红(M)	1.25～1.50
青(C)	1.30～1.55
黑(K)	1.40～1.70

5.3 折页质量

5.3.1 折页准确度在±1 mm内，合格率不应低于98%。

5.3.2 折页精密度不大于0.5 mm。

5.3.3 经三角板及裁切辊裁切的纸边应无强制撕坏的裂口。裁切纸张长度每前后相连两张的长度差不应大于1 mm。

5.4 主要部件的装配质量

具体如下：

a) 墨斗辊、水斗辊工作面的径向圆跳动不应大于0.015 mm；

b) 串墨辊、串水辊工作面的径向圆跳动不应大于0.04 mm；

c) 印刷滚筒滚枕及工作面的径向圆跳动不应大于0.015 mm；

d) 印刷滚筒的轴向窜动量不应大于0.04 mm；

e) 每一印刷单元中相邻两滚筒的平行度(在全长内)不应大于0.02 mm。

5.5 附机技术要求

5.5.1 二次张力机构

5.5.1.1 张力范围：(200～400)N。

5.5.1.2 张力控制精度：±5 N。

5.5.2 烘干箱

5.5.2.1 烘干箱纸带温度调节范围：(100～180)℃，热空气温度调节范围(120～320)℃。

5.5.2.2 机器应设置废气二次燃烧装置和废气排放装置，废气排放要达到VOC<20 mg/m^3。

5.5.2.3 烘干箱应保证在最高印刷速度和最大油墨消耗下，其中溶剂浓度不应超过烘箱最低燃烧限度的25%。

5.5.2.4 当印刷机配有自动清洗装置时，应有预防在清洗过程中加热释放出的溶剂蒸汽和雾气被烘干装置加热时产生的任何点燃危险的措施。

5.5.3 冷却机组

5.5.3.1 冷却辊速度相对机器速度应超前，速差调节范围(0～10)‰。

5.5.3.2 冷却水系统要在印刷机最大热交换量的状态下；出水温度控制在(20～25)℃。

5.6 噪声

噪声不大于92 dB(A)。

5.7 外观质量

5.7.1 外露非加工表面不应有凸瘤、凹陷和气孔等有损美观的缺陷。外露加工表面不应有磕碰、划伤、锈蚀等现象。

5.7.2 油路、气路及电气线路应排列整齐。

5.7.3 涂漆层应光滑平整牢固、色泽均匀一致，无明显突出颗粒、粘附物和砂纸擦痕，不应有流挂、起泡、发白及失光现象。

5.8 电气质量

5.8.1 电气系统应布线整齐、排列有序、接头牢固；各种标记(如：元件代号、电气符号、接地标志等)应齐全、清晰和正确，符合电气简图图形符号的相关规定。

5.8.2 电气系统工作应正常、灵敏、可靠。

5.8.3 机器启动前声响报警装置应能发出使人听到的声响信号，并延时响应3 s后方可启动。

5.8.4 机器上应安装有红色故障显示灯。

5.8.5 正点动与反点动按钮应有明显区别，按急停按钮后，机器停止运转，印刷滚筒的惯性旋转应小于2/3圈，急停按钮松开后机器仍应停在静止状态。

5.8.6 对于能多处操作的印刷机，其控制应有联锁装置。

5.8.7 所有外露可导电部分都应按 GB 5226.1—2008 中 8.2.1 的要求连接到保护联结电路上。保护联结电路的连续性应符合 GB 5226.1—2008 中 8.2.3 的规定。

5.8.8 在动力电路导线和保护联结电路间施加 500 Vd.c.时，测得的绝缘电阻不小于 1 MΩ。

5.8.9 在动力电路导线和保护联结电路之间施加 1 000 V 的电压、时间近似 1 s，不应出现击穿放电现象。

5.9 机器安全要求

5.9.1 机器外侧的运动部件应加装防护罩。

5.9.2 印刷滚筒之间应装有安全防护装置。

5.9.3 滚筒切线方向和防护装置间的夹角推荐为 90°，最小角度不能小于 60°，见图 1；安全杠与机器的相关部件之间的间隙不应超过 6 mm，见图 2。

单位为毫米

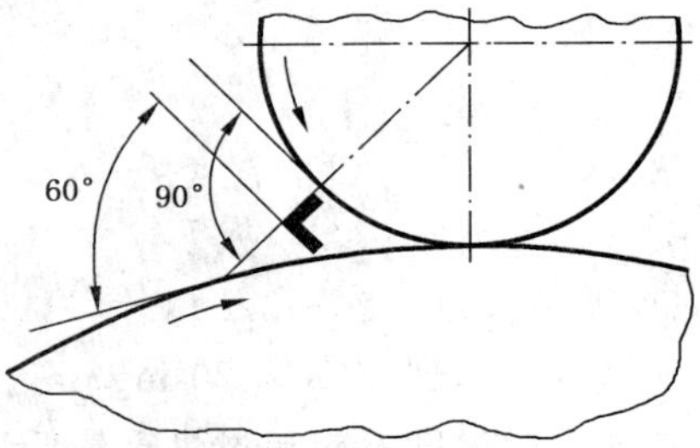

图 1 安全杠与滚筒的夹角

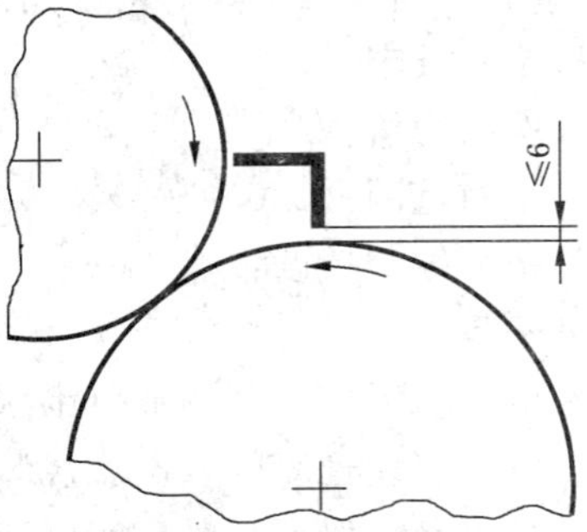

图 2 内旋卷入部位的防护

5.9.4 应有机械与电气的联锁装置。

5.9.5 控制装置应与安全防护装置联锁。

5.9.6 对于能多处操作的印刷机，其控制应有联锁装置。

5.10 空运转性能

5.10.1 机器运转应平稳、传动正常、无异常噪声。

5.10.2 操作机构应灵活可靠、无卡阻和自发性移动。

5.10.3 润滑、液压及气动系统应工作正常，管路畅通，无漏油漏气现象。

5.10.4 安全停车装置应灵活可靠。

5.10.5 轴承温升应不大于 35 ℃。

6 试验方法

6.1 空运转试验

印刷机应进行不小于 6 h 的空运转试验，其中全速空运转不小于 1 h。检验结果应符合 5.10 的规定。

6.2 印刷试验

6.2.1 试验条件

试验条件如下：

a) 印刷环境温度(23±5)℃；相对湿度(50～65)%；

b) 印刷试验用纸为(80～105)g/m^2 的涂布纸。纸卷尺寸应符合机器规定的卷筒纸宽度，纸卷应没有受潮、变形、松紧不一、拉力不均和接头过多等缺陷；

c) 印刷试验用版应符合印刷机额定最大印刷幅面并晒有附录 A 规定的试验版图。

6.2.2 印刷质量试验

6.2.2.1 套准试验

6.2.2.1.1 检验印刷色数

本试验适用于四色以上的印刷型式，检验一律按单面四色进行。

6.2.2.1.2 检验速度要求

附录 A 规定的版式，以不低于 70%的机器最高印刷速度进行印刷，连续取样 100 张。

6.2.2.1.3 套印准确度的检验及计算

用分度值为 0.01 mm 的读数显微镜测量 6.2.2.1.2 规定样张中 a、b、c 三个位置的套准十字线的宽度值，其最大值和单色线宽值之差即为套印准确度误差，按样张计应符合 5.2.3 的规定。

6.2.2.2 压印均匀性与压印稳定性的试验

按附录 A 规定的版式，以不低于 70%的机器最高印刷速度进行印刷，对于每块印版，在连续印刷中，每隔 10 张样张取一张，每块印版取样 20 张。

用密度计测量样张中每一样张上实地色块的密度值 D_{jin}，实地密度值应符合 5.2.1 的要求。按公式(1)计算压印均匀性 μ_{in}；按公式(2)计算压印稳定性 R_{jin}，各样张数据中的异常值可运用附录 B 规定的原则予以剔除。机器的压印均匀性为样张中的最大值；机器的压印稳定性为样张的最大值，应符合 5.2.2 的规定。

$$\mu_{in}(\%) = \frac{|D_{jin} - \overline{D}_{jin}|_{\max}}{\overline{D}_{jin}} \times 100\% \qquad \cdots\cdots(1)$$

$$R_{jin} = \sqrt{\frac{1}{19}\sum_{i=1}^{20}(D_{ijn} - \overline{D}_{ijn})^2} \qquad \cdots\cdots(2)$$

式中：

μ_{in}——压印均匀性，%；

D_{jin}——同一样张上 j 点实地色块密度值；

$\overline{D}_{jin}$——每张同一色组实地色块密度值的测量平均值，$\overline{D}_{jin} = \frac{1}{12}\sum_{j=1}^{12} D_{jin}$；

R_{jin}——压印稳定性；

D_{ijn}——20 个样张中同一 j 点位置 i 样张的实地色块密度值；

$\overline{D}_{ijn}$——20 个样张中同一 j 点位置实地色块密度值平均值，$\overline{D}_{ijn} = \frac{1}{20}\sum_{i=1}^{20} D_{ijn}$；

j——检验条(实地色块)顺序(j=1,2,3,……,12)；

i——样张顺序(i=1,2,3,……,20)；

n——色组序(n=1,2.3,……)。

6.2.2.3 网点质量检查

用 5 倍放大镜检查 6.2.2 规定样张中大块网线区中网点质量，应符合 5.2.4 的规定。

6.2.2.4 图文印刷试验

6.2.2.4.1 用在最大印刷幅面的范围内布有插图及文字的印版，以不低于 85%机器最高印刷速度进行双面印刷。

6.2.2.4.2 目视检查印样质量，应符合 5.2.5 的规定。

6.3 折页试验

6.3.1 检验和取样方法

用晒有折标线的印版，以 90%的机器最高速度进行折页试验，连续取样 100 张。

6.3.2 折页精密度的检验及计算

用分度值为 0.01 mm 的读数显微镜分别测量 6.3.1 规定检验样张中每一张上明面两处折标与折

缝线之间的距离 I_i，按公式(3)计算折页偏差 σ，样本数据中的异常值可运用附录 B 的原则予以剔除。机器的折页精密度为样张折页偏差的最大值，应符合 5.3.2 的规定。

$$\sigma=\sqrt{\frac{1}{99}\sum_{i=1}^{100}(I_i-\bar{I})^2} \quad \cdots\cdots(3)$$

6.3.3 折页准确度的检查及计算

用分度值为 0.01 mm 的读数显微镜分别测量 6.3.1 规定检验样张中每一张上明面两处折标与折缝线之间的距离 I_i，按公式(4)计算折页误差。机器的折页准确度为样张折页误差的最大值，应符合 5.3.1 的规定。

$$I=\frac{I_{max}-I_{min}}{2} \quad \cdots\cdots(4)$$

6.3.4 裁切质量试验

测量 6.3.1 规定样张中任意相连两张的裁切长度和目视检查裁切质量，应符合 5.3.3 的规定。

6.4 噪声测量

在进行 6.3 规定的折页试验时，用普通声级计测量卷筒纸平版商业印刷机的 A 声压级噪声，测量点水平位置(见图 3)，噪声测量点距地面高度为 1.5 m，距卷筒纸平版商业印刷机四周外轮廓线 1 m 处，测量点之间的距离为 2 m 左右，图示测量点为参考点，可根据测量轨迹长短增加或减少测量点，其中第 i 点为巡回测量最大噪声点，卷筒纸平版商业印刷机的噪声以算术平均值计算，其计算结果应符合 5.6 的规定。

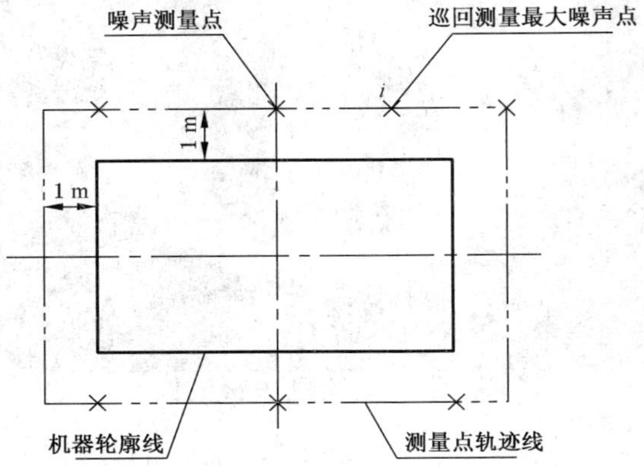

图 3 噪声测量点位置图

6.5 电气质量检查

6.5.1 切断电源，目视检查应符合 5.8.1 的规定。

6.5.2 反复启动、停止机器，检查其运行的准确性与平稳性，并多次调节升降速度，检查升降的平稳性：

——检查电气系统工作应正常、灵敏、可靠，应符合 5.8.2 的规定；

——检查机器启动的声响报警装置，应符合 5.8.3 的规定；

——检查印刷机故障显示灯安装，应符合 5.8.4 的规定；

——正、反点动按钮及急停按钮，应符合 5.8.5 的规定；

——同时按动多处操作按钮时，应符合 5.8.6 的规定。

6.5.3 按 GB/T 5226.1—2008 中 18.2.2 的试验方法，检查保护联结电路的连续性，应符合 5.8.7 的规定。

6.5.4 按 GB/T 5226.1—2008 中 18.3 的试验方法，检查动力装置的绝缘电阻，应符合 5.8.8 的规定。

6.5.5 按 GB/T 5226.1—2008 中 18.4 的试验方法进行耐压试验，应符合 5.8.9 的规定。

6.6 机器安全检查

6.6.1 目测检查机器外侧运动部件、印刷滚筒处，应符合 5.9.1、5.9.2 的规定。

6.6.2 滚筒和防护装置间的最小角度要求；安全杠与机器的相关部件之间的间隙要求应符合 5.9.3 的要求。

6.6.3 开启机器，检查所有的安全防护联锁装置，应符合 5.9.4～5.9.6 的规定。

6.7 外观质量检查

目视检查机器外观质量，应符合 5.7 的规定。

6.8 主要部件的装配质量检验

按表 3 检测方法检查主要部件的装配质量，应符合 5.4 的规定。

表 3 主要部件精度检测方法

序号	试验项目		试验方法	测量仪器
1	圆跳动	墨斗辊工作面的径向	在缓慢旋转中，分别检查辊/滚筒距两端距离 100 mm 处，取测量最大读数	千分表/百分表
2		串墨辊工作面的径向		
3		水斗辊工作面的径向		
4		串水辊工作面的径向		
5		印刷滚筒的径向， 包括胶皮/印版		
6	平行度	相邻两印刷滚筒： 印版滚筒/胶皮滚筒 胶皮滚筒/胶皮滚筒	a) 有滚枕的可不测量，结构保证； b) 没滚枕的测量距滚筒两端面 100 mm 处	专用量规
7	轴向窜动	胶皮滚筒 印版滚筒	在滚筒端头处测量垂直于轴中心线的平面轴向窜动，取测量最大读数	千分表/百分表

6.9 接纸试验

在机器最高印刷速度下，应进行不少于一次的接纸试验，除纸张因素外，做到接纸一次性成功。

6.10 附机技术要求检验

6.10.1 根据二次张力机构的数显表，观察二次张力值及精度控制，应符合 5.5.1 的规定。

6.10.2 烘干箱

具体如下：

a) 根据操控台的温度显示，观察烘干箱内纸带温度及空气温度，应符合 5.5.2.1 的规定；

b) 根据用户所在地环保部门检测，废气排放应符合 5.5.2.2 的规定；

c) 检查是否有安全控制系统，保证当处于有易燃溶剂蒸气被点燃的危险时，烘干箱不能启动。应符合 5.5.2.3 和 5.5.2.4 的规定。

6.10.3 冷却装置

具体如下：

a) 采用红外速度表，检测冷却滚筒的速度，应符合 5.5.3.1 的规定；

b) 根据冷却系统的检测装置，检测出水温度，应符合 5.5.3.2 的规定。

7 检验规则

7.1 出厂检验

7.1.1 每台机器应按本标准 6.1、6.2.2.1、6.3.3、6.3.4、6.5～6.9 的规定进行检验，若有一项不合格，该产品为不合格品。

7.1.2 每批产品抽20%按6.2.2.4检验，每批不得少于一台。若不合格，应再抽一台对该项复检，若仍不合格应逐台对该项目进行检验。

7.1.3 每台产品须经制造厂质量检验部门检验合格后方可出厂。

7.2 型式试验

有下列情况之一时，应对首台、首批中抽一台或生产批中抽一台产品按本标准规定的全部内容进行试验：

a) 新产品或老产品转厂生产的试验定型鉴定；

b) 正式生产后，如结构、材料、工艺有较大改变，可能影响产品性能时；

c) 产品停产一年后，恢复生产时；

d) 每年一次的周期检验。

7.3 用户验收

凡合同中未指明验收条款的产品按7.1的规定进行验收。

8 标志

每台印刷机应在明显部位固定铭牌，其要求应符合GB/T 13306的规定，产品铭牌的主要内容包括：

a) 制造厂名称；

b) 产品型号及名称；

c) 主要技术参数；

d) 产品出厂编号；

e) 产品出厂年月。

产品的包装储运图示标志、收发货标志应符合GB/T 191、GB/T 6388的规定。

9 包装、运输和贮存

9.1 包装

9.1.1 产品包装前，机件和工具的外露加工面应涂以防锈剂，主要零件的加工面应包防锈纸。防锈方法应符合GB/T 4879的有关规定。

9.1.2 产品包装箱内应铺防水材料，产品应牢固地固定在箱内。

产品包装箱的制造与装箱要求应符合GB/T 13384的规定。

9.1.3 产品随带文件

a) 产品合格证

产品合格证的编写应符合GB/T 14436的规定；

b) 产品使用说明书

产品使用说明书的内容应符合GB/T 9969的规定。

c) 装箱单

9.1.4 产品分多箱包装时，随机文件应放在主机箱内。

9.2 运输

产品在运输起吊时，应按包装箱外壁的标记稳起轻放，防止碰撞。

9.3 贮存

产品贮存时应放在干燥通风处，避免受潮。如露天存放应有防雨措施。若存放期超过一年，出厂前应开箱检查，若发现产品包装已不符合有关规定，应重新进行包装。

附　录　A
（规范性附录）
试 验 版 图

A.1　试验版版面图案的布置

印版上测量用图案由布鲁纳尔测试条、平网区、套印十字线折标线组成。布置如图 A.1。

A.2　试验用版图使用说明

使用说明如下：

a)　试验版图均用同一版式晒制；

b)　图 A.1 所示图案线条应平直光滑；套准十字线长度不大于 20 mm，线宽约 0.1 mm，网线区为 175 线/英寸，采用五成点子网线；

c)　折标线图（方式可自定）可布置在检验印版上的相应位置。

A.3　网线及套准十字线印版可分开制作

图 A.1　试验版版面图案的布置

附　录　B
（规范性附录）
数据处理剔除方法

B.1　概述

选用标准偏差(σ)处理数据时，对超出一定概率的值允许剔除。

B.2　剔除方法

当数据中出现的最大值大于 $\overline{X}+3\sigma$ 和最小值小于 $\overline{X}-3\sigma$ 时均给予剔除，剔除后重新计算标准偏差，直至不能剔除时为止。平均值 $\overline{X}$ 按各种指标代号代入。

ICS 37.100.10
J 87

中华人民共和国国家标准

GB/T 25679—2010

印刷机械　卷筒料机组式柔性版印刷机

Printing machinery—Web modular unit flexographic press

2010-12-23 发布　　2011-07-01 实施

中华人民共和国国家质量监督检验检疫总局
中国国家标准化管理委员会　发布

前　言

本标准的附录A和附录B为规范性附录。

本标准由中国机械工业联合会提出。

本标准由全国印刷机械标准化技术委员会(SAC/TC 192)归口。

本标准负责起草单位:北京印刷机械研究所、潍坊东航印刷科技股份有限公司。

本标准参加起草单位:北京北人富士印刷机械有限公司、上海紫光机械有限公司、陕西北人印刷机械有限责任公司。

本标准主要起草人:严珠、耿万民、李艳霞、施建屏、林捷、平瑶。

印刷机械　卷筒料机组式柔性版印刷机

1　范围

本标准规定了卷筒料机组式柔性版印刷机(以下简称柔性版印刷机)的术语和定义、型式及基本参数、要求、试验方法、检验规则及标志、包装、运输、贮存。

本标准适用于各类卷筒料包括纸张、塑料薄膜及其复合材料等机组式柔性版印刷机，其他型式的柔性版印刷机可参照执行。

2　规范性引用文件

下列文件中的条款通过本标准的引用而成为本标准的条款。凡是注日期的引用文件，其随后所有的修改单(不包括勘误的内容)或修订版均不适用于本标准，然而，鼓励根据本标准达成协议的各方研究是否可使用这些文件的最新版本。凡是不注日期的引用文件，其最新版本适用于本标准。

GB/T 191　包装储运图示标志(GB/T 191—2008,ISO 780:1997,MOD)

GB 2894　安全标志及其使用导则

GB/T 4879　防锈包装

GB 5226.1—2008　机械电气安全　机械电气设备　第1部分:通用技术条件(IEC 60204-1:2005,IDT)

GB/T 6388　运输包装收发货标志

GB/T 9969　工业产品使用说明书　总则

GB 12265.1　机械安全　防止上肢触及危险区的安全距离

GB 12265.3　机械安全　避免人体各部位挤压的最小间距

GB/T 13306　标牌

GB/T 13384　机电产品包装通用技术条件

GB/T 14436　工业产品保证文件　总则

3　术语和定义

下列术语和定义适用于本标准。

3.1

卷筒料机组式柔性版印刷机　web modular unit flexographic press

以感光树脂版或橡胶版为基材，用液体油墨、网纹辊传墨，通过单色机组或多色机组印刷方式对卷筒料承印物进行印刷和印后整饰加工的机器。

4　型式与基本参数

4.1　型式

柔性版印刷机一般由开卷、印刷、进料、复卷等主要部分组成，可增加模切、压痕、裁单张、上光、覆膜、烫金等加工机组，并可进行正反面印刷，各机组间可进行排列组合。

4.2　基本参数

基本参数按表1的规定。

5 一般要求

5.1 综合要求

5.1.1 柔性版印刷机应符合本标准的规定，并按经规定程序批准的图样和技术文件制造。

表 1 基本参数

项　目	基本参数		
	窄幅机	中幅机	宽幅机
最大卷料宽度 mm	＞184～660	＞660～1 270	＞1 270～1 650
最大印刷宽度 mm	＞178～650	＞650～1 250	＞1 250～1 630
最高机器速度 m/min	≥150		
印刷重复长度 mm	≥140～650	350～762	1 280 ～1 630
圆模切重复长度 mm	≥140～650	350～762	600～1 280
适应卷材定量 g/m^2	塑料薄膜 0.02 mm ～0.15 mm		
	纸张 30～300	纸张 80～450	
	复合材料≤450		
最大开卷和复卷直径 mm	760　1 000　1 270　1 500		

5.1.2 机器应运转正常，无异常声音。

5.1.3 操作联锁系统应灵敏可靠，执行机构动作协调、准确，无卡阻或自发性移动。

5.1.4 润滑及气动系统应工作正常，管路通畅、可靠，无漏油、漏气现象。

5.1.5 轴承温升不应大于 35 ℃。

5.1.6 在规定的速度范围内应能平稳调速。

5.2 主要零部件装配质量

主要零部件装配质量按表 2 的规定。

表 2 主要零部件装配质量

单位为毫米

项目内容		窄幅机	中幅机	宽幅机
开卷机组	定量送料辊工作面的径向圆跳动	≤0.025	≤0.030	≤0.035
印刷机组	墨斗胶辊工作面的径向圆跳动	≤0.025	≤0.030	≤0.035
	网纹辊工作面的径向圆跳动	≤0.015	≤0.020	≤0.025
	印版辊工作面的径向圆跳动	≤0.015	≤0.020	≤0.025
	压印辊工作面的径向圆跳动	≤0.025	≤0.030	≤0.035
	压印辊的轴向窜动量	≤0.030	≤0.040	≤0.045
	每两印刷单元之间辊筒的平行度公差在全长范围内	≤0.035	≤0.040	≤0.045

表 2（续）

单位为毫米

项　目　内　容		窄幅机	中幅机	宽幅机
圆模切机组	模切砧辊工作面径向圆跳动	≤0.025	≤0.030	≤0.035
	模切砧辊的轴向窜动量	≤0.030	≤0.040	≤0.045
	支承辊的辊枕工作面的径向圆跳动	≤0.030	≤0.040	≤0.045
	支承辊的轴向窜动量	≤0.030	≤0.040	≤0.045
裁单张机组	裁单张砧辊工作面径向圆跳动	≤0.025	≤0.030	≤0.035
	裁单张砧辊的轴向窜动量	≤0.030	≤0.040	≤0.045
	纵切砧辊工作面径向圆跳动	≤0.025	≤0.030	≤0.035
	纵切砧辊的轴向窜动量	≤0.030	≤0.040	≤0.045
	定量出纸辊的工作面径向圆跳动	≤0.025	≤0.030	≤0.035

5.3　张力控制

放卷、送料、牵引张力应能达到张力稳定可靠，在变速和定速过程张力控制平稳，张力波动范围应小于 5 N，料带自动调节纠偏，牵引张力调节灵敏，满足印刷和其他加工要求。

5.4　印刷

5.4.1　印刷套印准确度窄幅机应小于 0.20 mm，中幅机应小于 0.25 mm，宽幅机应小于 0.30 mm，连续样张合格率不应低于 98%。

5.4.2　实地印刷压印均匀性(μ_i)不应大于 20%。

5.4.3　单色实地印刷压印稳定性(e_j)不应大于 0.06 mm。

5.4.4　网线印刷要求网点清晰、结实，无明显墨杠及重影。

5.4.5　图文印刷要求文字清晰、墨色均匀，无明显重影，图案层次清晰。

5.4.6　印刷画面与模切套准误差应小于 0.45mm，连续样张合格率应高于 98%。

5.5　上光

上光层应均匀牢固、不粘连，印品表面达到干净、平整、光滑、完好、无花斑、无皱折、油化和化水等现象。

5.6　模切、压痕

5.6.1　一般模切品的切线应切穿，痕线应清晰饱满，符合制盒包装工艺要求。

5.6.2　不干胶压印品的切线面纸应切穿，但不能损伤衬纸。

5.7　裁单张

5.7.1　单张出页整齐，不应出现乱张或收页不齐等现象。

5.7.2　裁切后单张纸长度误差，窄幅机不应大于 0.50mm，中幅机不应大于 0.60 mm，宽幅机不应大于 0.70 mm。

5.8　复卷

5.8.1　复卷卷材应运转平稳、松紧度一致。

5.8.2　复卷卷材单侧纸边宽度错动量窄幅机应小于 1.5 mm，中幅机应小于 2 mm，宽幅机应小于2.5 mm。

5.9　噪声

机器工作噪声应小于 85 dB(A)。

5.10　安全

5.10.1　外露部件防护

人可能触及到的机器外壳或边角处都应是圆角或钝角，外露的传动零部件均应设有防护罩，并且安装完整。机器的印刷、模切等部分的合压点均应装有防护挡板。

5.10.2 **防护装置打开**

当需要防护装置打开时，可用双手操纵装置以不高于 10 m/min 速度启动机器，并且应满足下列规定：

——可观察到区域之外的其他联锁防护装置应是复位的；

——有一个选择开关用于这种操作；

——在操作手册中应提供警告（包括操作者责任的声明和对安全操作实践的描述）；

——止一动操作的速度应是生产条件允许的最低速度。

5.10.3 **幅面自动调整操作**

当有危险存在时，可在无附加安全措施条件下，以不大于 0.5 m/min 的速度进行幅面自动调整操作。但若有对人体严重伤害的危险，则只允许用止一动操作装置进行幅面调整。止一动操作装置的位置应使操作者能够清晰地看到危险部位。

示例：幅面自动调整装置包括翻转杠、补偿装置、分切装置等。

若在幅面设置装置区域内需要额外的安全措施，应采取下列防护措施之一进行防护，以避免人身受到机器运行造成的伤害：

a) 采用断开装置；

b) 独立的、不包括在印刷机急停电路中的停车装置；

c) 采用急停电路的分区控制器。

5.10.4 **卷筒料开卷、复卷和传送装置**

5.10.4.1 **卷筒料和传动皮带之间的危险部位**

卷筒料送纸辊的开卷装置和复卷装置中，皮带带动卷筒料外圆旋转（见图 1），如果卷筒料与皮带之间的压力大于 300 N 时，应对卷筒料与皮带之间的可接触危险部位进行安全防护。传动皮带导辊上的内旋卷入部位也应配备安全防护装置（见图 2）。

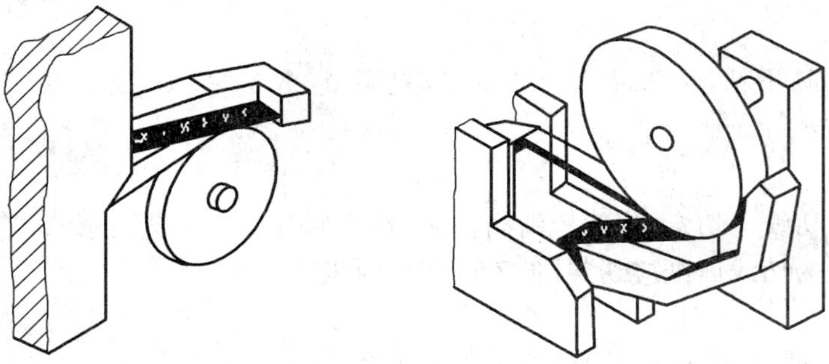

图 1 皮带传动装置

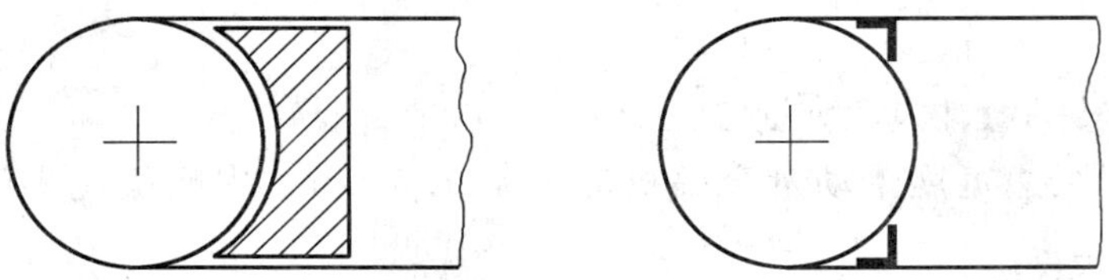

图 2 对皮带传动装置上的内旋卷入部位的安全防护

5.10.4.2 **内旋卷入部位**

开卷装置和复卷装置，应使用安全防护装置或配备联锁防护装置，当人可触及（安全杠、压敏垫、电敏装置）卷材处、压纸辊处或支辊处的内旋卷入部位应进行安全防护。所选择的安全防护装置对各种直径的卷筒料均应有效，而且保证人们不能够从侧面接触内旋卷入部位。

这种安全防护要求还包括对面向机器的内旋卷入部位的安全防护，只要卷筒料变小时（在收卷过程开始时）或压辊直径较小时，人体被拉入的危险就始终存在。

5.10.4.3 非自动控制圆锥夹具

采用非自动控制的开卷或复卷装置，应设计为止一动操作模式移动圆锥夹具，才可将圆锥夹具插装好。止一动操作的安装位置应保证在开卷装置和复卷装置处能观察到圆锥夹具间的危险部位。

5.10.4.4 圆锥夹具的分离

提升卷筒料后要采取措施防止圆锥夹具偶然分离。例如，采用仅能在止一动操作模式下以最高2 m/min 的速度或通过双手操纵装置才能将圆锥夹具分离的方法，来防止圆锥夹具非正常偶然分离。

开卷或复卷过程中，应防止圆锥夹具的分离。例如，在卷筒料移动的过程中，可使用联锁系统防止圆锥夹具的分离。

5.10.4.5 无轴式放卷装置和收卷装置

无轴式开卷装置和复卷装置应采取必要措施保证圆锥夹具完全插装好后才可启动。例如，对手动操作的机器，可用镜子或图像监视器使操作者能清晰地观察到圆锥夹具；对全自动的机器，可用压力传感监视器观察圆锥夹具。

对无轴式开卷装置和复卷装置，应防止因纸卷直径过小而被弹出的危险。例如，可以通过下列方法防止这种现象的发生：

——低速更换卷筒料；

——防止卷筒料直径降至卷材规定的最小直径限度以下；

——放卷装置配备合适的安全防护装置。

5.10.4.6 非圆锥体夹紧装置

对卷筒料一头提升起来时会损坏非锥体夹紧装置的机器（例如，当一个较重较长的卷筒料卡在夹紧装置上时），应提供能防止卷筒料一头提升量超过 50 mm 的安全防护装置。一般说来，该危险与卷筒料的宽度和重量的增加成正比。

注：本要求的目的是防止可能对夹紧装置的损坏以及因此而导致卷材意外脱落。

5.10.4.7 提升臂

如果不能采用内置设计的方法防止提升臂与机架之间的危险部位或对其进行安全防护，那么只有在止一动操作模式中才允许提升臂移动。控制装置的安装应保证能够在启动位置观察到机器的危险部位，采用止一动操作模式。

5.10.4.8 防止产生卷入的危险

对卷筒料开卷装置和复卷装置，如果旋转卷筒料端面与固定部件或提升臂之间的安全距离小于25 mm 时，应对能够将人卷入的危险部位进行安全防护。

5.10.4.9 防止出现挤压危险

配备移动部件的卷筒料架和接料器，因自动移动可能出现挤压危险的所有区域都应按 GB 12265.1 和 GB 12265.3 中规定的距离和间隙进行安全防护，诸如，提升臂、卷筒料及加速装置、裁切和上胶等移动部件之间或与机器墙板，拉轴或地面等均会出现挤压危险。

5.10.4.10 将卷筒料传送到卷材架

半自动卷筒料传送系统，将卷筒料传送到卷材架时，应采用止一动操作模式，以最高不超过20 m/min 速度，滑动距离不超过 200 mm。应保证能在止一动操作的操作位置清楚地观察到卷筒料的整个传送过程。

5.10.5 烘干装置

5.10.5.1 热风干燥系统，红外干燥系统、紫外固化装置均应有罩壳防护。

5.10.5.2 配置的油墨或上光油烘干和(或)固化过程的印刷和上光机组有易燃物质释放,烘干装置应采用通风设备防护。

5.11 电气质量

5.11.1 电气系统应布线整齐、排列有序、接头牢固;各种标记(如:元件代号、电符号、接地标志等)应齐全、清晰和正确,符合电气简图图形符号。

5.11.2 电气系统工作应正常、灵敏、可靠。

5.11.3 机器启动前声响报警装置应能发出使人听到的声响信号,并延时响应 3 s 后方可启动。

5.11.4 机器上应安装有故障显示装置。

5.11.5 正点动与反点动按钮颜色应有明显区别,按急停按钮后,机器运转的动力全部中断,印刷滚筒的惯性旋转应小于 2/3 圈,急停按钮松开后机器仍应停在静止状态。

5.11.6 对于能多处操作的印刷机,其控制应有联锁装置。

5.11.7 电气设备应能在海拔 1 000 m 以下正常工作,并符合 GB 5226.1—2008 中 4.4 的规定。

5.11.8 所有外露可导电部分都应按 GB 5226.1—2008 中 8.2.1 的要求连接到保护联结电路上。保护联结电路的连续性应符合 GB 5226.1—2008 中 8.2.3 的规定。

5.11.9 在动力电路导线和保护联结电路间施加 500 Vd.c.时,测得的绝缘电阻不应小于 1 MΩ。

5.11.10 在动力电路导线和保护联结电路之间施加 1 000 V 的电压、时间近似 1 s,不应出现击穿放电现象。

5.12 外观质量

5.12.1 外露加工表面不应有磕碰、划伤、锈蚀等缺陷。

5.12.2 外露非加工表面不应存在凸瘤、凹陷、气孔等缺陷。

5.12.3 镀层及涂漆层应牢固,表面色泽应均匀一致、光滑、平整,不应存在有损美观的缺陷。

5.12.4 外露件镀层应细致、均匀,应具有技术要求规定的光泽度,无剥落、起泡、针孔、麻点及局部无镀层等缺陷。

5.12.5 外露焊缝应牢固,呈光滑均匀的鳞片状波纹表面。焊缝不允许出现咬边、焊瘤、孤坑、烧穿、表面气孔和裂纹等缺陷。

5.12.6 金属手轮和手柄等操作件应有防锈保护层。

5.12.7 安全防护罩各面应平整、均匀,各棱边应规则,应不存在凸起、凹陷和翘曲。

5.12.8 门盖的周边与相关的结合面的缝隙应均匀,门盖缝隙一般不大于 2.5 mm(底边为 3.5 mm),且开闭灵活、不碰。

5.12.9 外露电气线路、液压、气动等管道布置应规整有序、固定牢靠,管道应不扭曲、折叠。

5.12.10 标牌应平整、光洁,配置合理、牢靠,不应存在铆裂、偏斜、卷边等现象。

5.12.11 主机与配套件的配置应合理、协调,颜色搭配应和谐、均衡统一。

6 试验方法

6.1 空运转试验

6.1.1 空运转试验时,应在离墨、不给料的状态下进行。

6.1.2 空运转试验时,以 40% 的机器最高速度运转不低于 1 h,以 70% 的机器最高速度运转不低于 2.5 h,以机器最高速度运转不低于 30 min。目视检查机器运转情况,应符合 5.1.2~5.1.4 的规定。

6.1.3 空运转试验后,用点温计测量轴承温度,并计算其工作温升,应符合 5.1.5 的规定。

6.1.4 每台印刷机在规定的范围内进行调速,由低速到高速变速运行不少于 5 次。目视检查机器运行情况,应符合 5.1.6 的规定。

6.2 主要零部件的装配质量

主要零部件装配质量,用常规测量仪器检查,应符合 5.2 的规定。

6.3 实物试验

6.3.1 试验条件

试验条件如下：

a) 印刷试验时，环境温度(23±5)℃；相对湿度 50%～65%；

b) 印刷试验用料根据机器功能的要求进行选择：60 g/m^2～100 g/m^2 铜版纸、80 g/m^2 不干胶纸、230 g/m^2～250 g/m^2 白卡纸、20 μm 厚度 BOPP 塑料薄膜(平均厚度偏差小于或等于12%的双向拉伸)；卷筒料尺寸应符合机器规定的最大卷筒料宽度和直径，纸卷应不存在受潮、卷边、厚薄不均、摔碰变形、松紧不一和接头过多等缺陷；

c) 印版尺寸宽度不小于机器最大印刷宽度的 85%，长度不小于 254 mm (10 in)，印刷用的试验版图按附录 A 的规定；

d) 上光印刷使用有图案或满版的印版，二者任选一种。

6.3.2 走纸、模切、压痕和裁单张试验(按照机器配置而定)

具体如下：

a) 以不低于 100 m/min 的机器速度进行走纸、模切、压痕、裁单张试验，连续取样 100 张；

b) 检查送纸及裁单张稳定性，应符合 5.3、5.7.1 的规定；

c) 目视检查模切压痕印品的质量，应符合 5.6 的规定；

d) 用直尺、读数放大镜测量样张上端裁切基准直线到裁切边的距离，并计算其最大值与最小值之差，其值应符合 5.7.2 的规定。

6.3.3 印刷试验

6.3.3.1 套印准确度的检验及计算

具体如下：

a) 以不低于 100 m/min 的机器速度进行一次输纸二色以上的多色套准印刷和正、反面印刷取样 100 张，检查套准误差；

b) 用 20 倍、分度值为 0.01mm 的读数显微镜测量样张左或右一个位置的套准十字线的宽度值，并计算其最大值与最小值之差即为套准准确度，按样张计，应符合 5.4.1 的规定。

6.3.3.2 压印均匀性与压印稳定性的检验与计算

具体如下：

a) 以不低于 100 m/min 的机器速度进行印刷，对于每块印版，在连续印刷中，每隔 10 张取 1 张，每块印版取样 20 张；

b) 用密度计测量样张中每一样张上代表各色组的实地色块的实地密度值 D_{jin}。

按公式(1)计算压印均匀性 μ_{in}；应符合 5.4.2 的规定；

按公式(2)计算压印稳定性 R_{jin}，应符合 5.4.3 的规定。

$$\mu_{in}(\%)=\frac{|D_{jin}-\overline{D}_{jin}|_{\max}}{\overline{D}_{jin}}\times 100\% \quad \cdots\cdots(1)$$

$$R_{jin}=\sqrt{\frac{1}{19}\sum_{i=1}^{20}(D_{ijn}-\overline{D}_{ijn})^2} \quad \cdots\cdots(2)$$

式中：

μ_{in}——压印均匀性(%)；

D_{jin}——同一样张上 j 点实地色块密度值；

$\overline{D}_{jin}$——每张同一色组实地色块密度值的测量平均值，$\overline{D}_{jin}=\frac{1}{6}\sum_{j=1}^{6}=D_{jin}$；

R_{jin}——压印稳定性；

D_{ijn}——20 个样张中同一 j 点位置 i 样张的实地色块密度值；

$\overline{D}_{ijn}$——20个样张中同一 j 点位置实地色块密度值平均值，$\overline{D}_{ijn}=\frac{1}{20}\sum_{i=1}^{20}=D_{jin}$；

j——检验条(实地色块)顺序(j=1,2,3,……,6)；

i——样张顺序(i=1,2,3,……,20)；

n——色组序(n=1,2,3,……)。

对于超出一定概率的异常数值，可运用附录B的原则予以剔除。

6.3.3.3 **网点质量检查**

目视检查样张6.3.3.2a)样张中大块网线区中的网点，应符合5.4.4的规定。

6.3.3.4 **图文印刷检验**

以不低于100 m/min的机器速度进行实用图文印版印刷。目视检查图文印刷质量，应符合5.4.5的规定。

6.3.3.5 **印刷与模切、裁单张合并试验(根据配置而定)**

印刷与模切、裁单张合并试验时，连续取样100张，用读数放大镜及其直尺测量样张上同一位置处印刷图案与模切线的距离，最大值与最小值之差即为套准误差，其值应符合5.4.6的规定。

6.3.3.6 **上光检验**

以不低于100 m/min的机器速度，使用水性上光油或紫外上光油，在纸的一面进行上光。用目测检验，根据上光前与上光后光油涂层成膜物，应符合5.5规定。

6.3.4 **复卷试验**

以不低于100 m/min的机器速度进行复卷试验，当卷筒料达到最大复卷直径的90%时，目视检查复卷质量及用直尺测量卷筒料单侧纸边宽度错动量，应符合5.8的规定。

6.4 **噪声测量**

用机器额定能承印的卷料进行噪声试验，在进行走纸、模切、压痕和裁单张试验时，以80%的机器最高速度用普通声级计测量柔性版印刷机的A声压级噪声，测量点水平位置(见图3)，测量点距机器四周外轮廓线1 m处，测量点距地面高度为1.5 m，对应每机组时是在每机组的中心1.5m高度处测1点，噪声为所有测量点噪声值的算术平均值，其计算结果应符合5.9的规定。

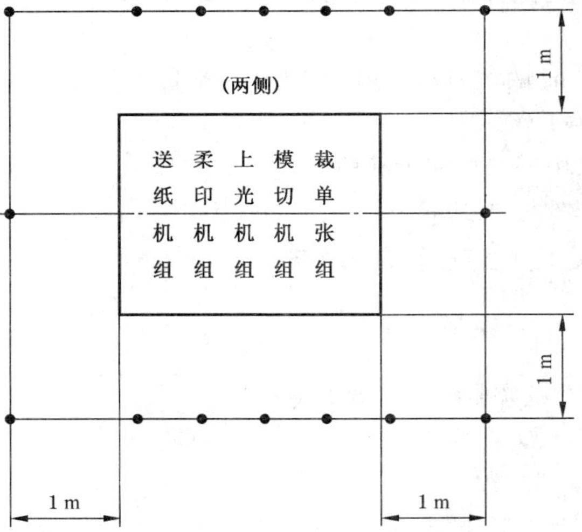

图3 噪声测量点位置图

6.5 **安全检查**

6.5.1 目视检查外露部件防护，应符合5.10.1的规定。

6.5.2 检查固定式防护装置的牢固性、检查活动式防护装置联锁状态，开启防护装置，检测点动运转速度和点运动距离等，应符合5.10.2的规定。

6.5.3 采用止—动操作,检查幅面自动调整的各部位安全措施功能,应符合5.10.3的规定。

6.5.4 检查开卷装置和复卷装置的内旋卷入部位的安全防护装置,测量安全杠与机器的相关部件之间的间隙,应符合5.10.4.1~5.10.4.2的规定。

6.5.5 采用止—动操作,检查圆锥夹具夹紧与分离的安全防护装置,应符合5.10.4.3~5.10.4.4的规定。

6.5.6 检查无轴式开卷装置和复卷装置,应符合5.10.4.5的规定。

6.5.7 检查非圆锥体夹紧装置提升量,应符合5.10.4.6的规定。

6.5.8 检查提升臂止—动操作,应符合5.10.4.7的规定。

6.5.9 检查开卷装置和复卷装置活动部件安全距离,应符合5.10.4.8~5.10.9的规定。

6.5.10 测量卷筒料到卷筒料架传送的止—动操作速度与滑动距离,应符合5.10.4.10的规定。

6.5.11 检查烘干装置防护,应符合5.10.5的规定。

6.6 电气检验

6.6.1 目测检查电气系统布线排列、接头、标记,应符合5.11.1的规定。

6.6.2 选用一个适当速度,反复进行启动、停止(包括制动、反转、点动)动作,再进行速度变换操作:

——检查电气系统工作应正常、灵敏、可靠,应符合5.11.2的规定;

——检查机器启动的声响报警装置,应符合5.11.3的规定;

——检查印刷机故障显示灯安装,应符合5.11.4的规定;

——正、反按钮点动及急停按钮,应符合5.11.5的规定;

——同时按动多处操作按钮时,应符合5.11.6的规定;

——在海拔高度1 000 m以下电气设备应工作正常,并符合5.11.7的规定。

6.6.3 按GB 5226.1—2008中18.2.2的试验方法,检验保护联结电路的连续性,应符合5.11.8的规定。

6.6.4 按GB 5226.1—2008中18.3的试验方法,检验动力装置的绝缘电阻,应符合5.11.9的规定。

6.6.5 按GB 5226.1—2008中18.4的试验方法进行耐压试验,应符合5.11.10的规定。

6.7 外观质量检验

目视检查机器外观质量,应符合5.12的规定。

7 检验规则

7.1 出厂检验

7.1.1 每台产品须经制造厂检验部门检验合格后方能出厂,出厂时应附有证明产品质量合格的文件。

7.1.2 每台产品出厂前须经质量检验部门按6.1、6.2、6.3.2、6.3.3.1、6.5、6.6、6.7规定进行检验。

7.1.3 每批产品抽一台,按6.4的规定进行检验,若有一项不合格,则应加倍对该项进行复检,若仍不合格,应对该批产品该项逐台进行检验。

7.2 型式试验

7.2.1 有下列情况之一时,应做型式检验:

a) 新产品和老产品转厂生产的试制定型鉴定;

b) 正式生产后,如结构、材料、工艺、设计有较大变更,可能影响产品性能时;

c) 停产一年以上又恢复生产时;

d) 连续生产时,每年不少于一次的例行检查;

e) 国家质量监督机构提出进行该项试验的要求。

7.2.2 型式试验时,每批产品任抽一台进行标准规定的项目全检。

8 标志、包装、运输、贮存

8.1 标志

8.1.1 产品标志

每台产品在明显部位应设置符合 GB/T 13306 规定的产品标牌，产品标牌的内容包括：

a) 产品名称；

b) 产品型号；

c) 产品的主要参数；

d) 生产日期(或编号)或生产批号；

e) 生产企业名称。

8.1.2 包装标志

8.1.2.1 收发货标志

运输包装的收发货标志按 GB/T 6388 的规定进行。

8.1.2.2 储运作业图示标志

储运作业图示标志应根据产品特点，按照 GB/T 191 的有关规定正确选用。凡需单件起吊的和重心明显偏离中心的包装件，应标注“由此起吊”和“重心”的标志。

8.1.2.3 包装箱号标志

产品分多箱包装时，箱号应采用分数表示，分子为箱号，分母为总箱数。

8.2 包装

8.2.1 防护包装要求

产品装箱前，各零、部件应擦拭干净，外露加工表面的防锈包装应符合 GB/T 4879—1999 中防锈包装等级中的 3 级包装。

8.2.2 装箱和制箱要求

产品包装箱的制造与装箱要求，应符合 GB/T 13384 的规定。

8.2.3 随机文件

产品包装箱内应放有随行文件，随行文件一般包括：

a) 产品合格证

产品合格证的编写应符合 GB/T 14436 的规定。

b) 产品使用说明书

产品使用说明书的编写应符合 GB/T 9969 的规定。

c) 装箱单(包括总装箱单和分装箱单)

产品分多箱包装时，随机文件、分类装箱单应放相应的包装箱内。

8.3 运输

产品在运输时，要按包装箱外壁箱面的标记稳起轻放，防止碰撞。

8.4 贮存

产品应贮存于干燥通风的地方，避免受潮，在室外贮存时，包装箱应有防雨措施。若存放期超过二年，出厂前则应开箱检查，若发现产品包装已不符合有关规定时，应重新进行包装。

附 录 A
（规范性附录）
试 验 版 图

A.1 试验版图使用说明

试验版均用同一版式晒制，各图案上标示的 C、M、Y、K 表示压印组序。

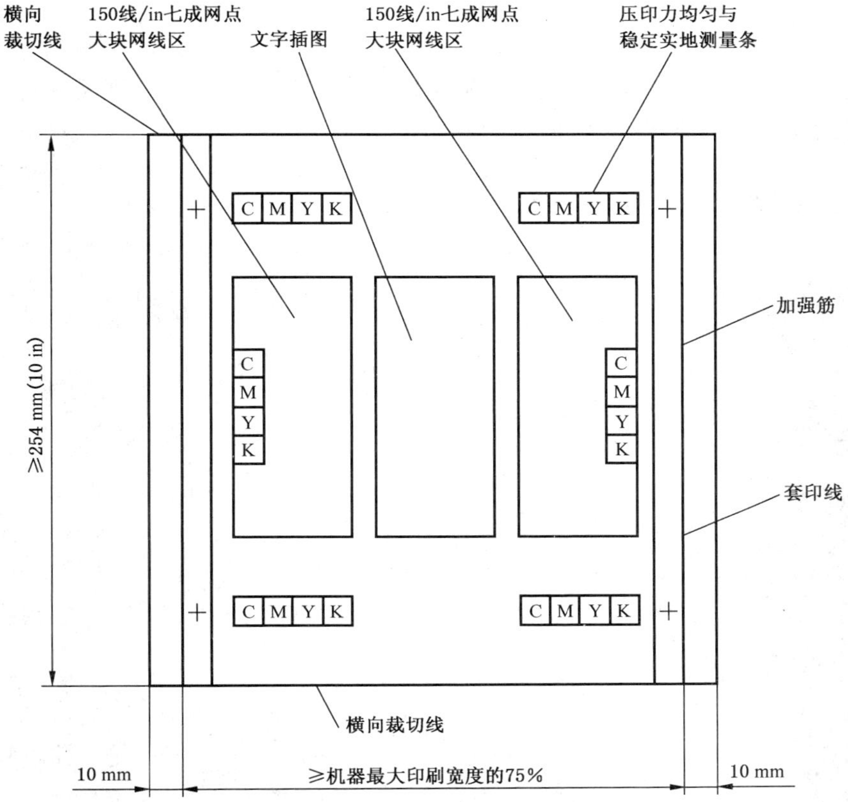

图 A.1 试验版图

附　录　B
（规范性附录）
数据处理方法

B.1　概述

选用标准偏差(σ)处理数据时，对超出一定概率的值允许剔除。

B.2　剔除方法

当数据中出现的最大值大于 $\overline{X}+3\sigma$、最小值小于 $\overline{X}+3\sigma$，均给予剔除。剔除后重新计算标准偏差，直至不能剔除时为止。平均值 $\overline{X}$ 按各种指标给出的代号代入。

ICS 37.100.10
J 87

中华人民共和国国家标准

GB/T 25680—2010

印刷机械　卧式平压模切机

Printing machinery—Bed-type platen-die cutting and creasing machine

2010-12-23 发布　　2011-07-01 实施

中华人民共和国国家质量监督检验检疫总局
中国国家标准化管理委员会　发布

前　言

本标准的附录A为资料性附录。

本标准由中国机械工业联合会提出。

本标准由全国印刷机械标准化技术委员会归口。

本标准起草单位：上海亚华印刷机械有限公司、青岛美光机械有限公司、天津长荣印刷包装设备有限公司、河北玉田兴业印刷机械有限公司、北京印刷机械研究所。

本标准主要起草人：陈国权、王家水、严珠、杨冬梅、王朝霞。

印刷机械　卧式平压模切机

1　范围

本标准规定了卧式平压模切机(以下简称模切机)的型式、基本参数、型号和名称、要求、试验方法、检验规则及标志、包装、运输和贮存。

本标准适用于卧式平压平的模切机。配有卧式平模切机功能或单元的设备可参照执行。

2　规范性引用文件

下列文件中的条款通过本标准的引用而成为本标准的条款。凡是注日期的引用文件,其随后所有的修改单(不包括勘误的内容)或修订版均不适用于本标准,然而,鼓励根据本标准达成协议的各方研究是否可使用这些文件的最新版本。凡是不注日期的引用文件,其最新版本适用于本标准。

GB/T 191　包装储运图示标志(GB/T 191—2008,ISO 780:1997,MOD)

GB/T 1184—1996　形状和位置公差　未注公差值(eqv ISO 2768-2:1989)

GB/T 4879—1999　防锈包装

GB 5226.1—2008　机械电气安全　机械电气设备　第1部分:通用技术条件(IEC 60204-1:2005,IDT)

GB/T 6388　运输包装收发货标志

GB/T 9969　工业产品使用说明书　总则

GB/T 13306　标牌

GB/T 13384　机电产品包装通用技术条件

GB/T 14436　工业产品保证文件　总则

GB/T 19876　机械安全　与人体部位接近速度相关防护设施的定位(GB/T 19876—2005,ISO 13855:2002,MOD)

GB 23821　机械安全　防止上下肢触及危险区的安全距离(GB 23821—2009,ISO 13857:2008,IDT)

JB/T 3090　印刷机械产品命名与型号编制方法

3　型式、基本参数、型号与名称

3.1　型式

3.1.1　按自动化程度分

3.1.1.1　自动模切机:

a)　由自动输纸、模切、收纸及电气控制等部分组成;

b)　由自动输纸、模切、清废、收纸及电气控制等部分组成。

3.1.1.2　半自动模切机:

a)　由半自动输纸、模切、收纸及电气控制等部分组成;

b)　由半自动输纸、模切、清废、收纸及电气控制等部分组成。

3.1.2　按使用性能分:

a)　模切机——用于模切压痕;

b) 烫印模切机——具有烫印、模切两用。

3.2 基本参数

模切机的基本参数应符合表 1 的规定。

表 1 基本参数

型式		最大纸张幅面 mm	最高模切速度 张/小时	最大模切压力 1×10^4 N
自动模切机	模切机	>1 220×1 600～1 300×1 800	≥4 000	≥300
		>900×1 280～1 220×1 600	≥4 500	≥250
		>710×1 020～900×1 280	≥6 000	≥200
		>510×710～710×1 020	≥6 500	≥150
		≥355×510～510×710	≥7 000	≥100
	烫印模切机	>900×1 280～1 220×1 600	≥3 500	≥200
		>710×1 020～900×1 280	≥5 000	≥150
		>510×710～710×1 020	≥5 500	≥120
		≥355×510～510×710	≥6 000	≥80
半自动模切机		>1 220×1 600～1 400×2 000	≥2 500	≥300
		>900×1 280～1 220×1 600	≥3 000	≥250
		≥710×1 020～900×1 280	≥3 500	≥200

3.3 型号和名称

模切机的型号和名称编制应符合 JB/T 3090 的规定。

4 要求

4.1 一般要求

模切机设计应符合本标准的规定，并应按经规定程序批准的图样和技术文件制造。

4.2 装配质量

上下两工作平板面在完全闭合位置时的平行度，不应低于 GB/T 1184—1996 规定的公差等级 7 级。

4.3 传动系统

传动系统应运转平稳，无异常杂音。

4.4 操作机构和执行机构

操作机构应灵敏可靠，执行机构动作协调、准确，无卡阻或自发性移动。自动模切机能够自动检测空张、歪张、双张和多张。

4.5 润滑和气动系统

润滑和气动系统应工作可靠，管路通畅，无渗漏现象。

4.6 轴承工作温升

轴承工作温升不应大于 35 ℃。

4.7 噪声

自动模切机整机噪声（声压级）不应大于 84 dB(A)，半自动模切机整机噪声（声压级）应不大于82 dB(A)。

4.8 模切质量

4.8.1 模切成品的切线应切穿，切口光整无毛刺，压痕平实，凹凸清晰，纸张纤维不断。

4.8.2 模切精度应符合表 2 的要求。

表 2 模切精度

单位为毫米

型　　式	最大纸张幅面	模切切线偏差	
		纸　　张	瓦楞纸板
自动模切机	>900×1 280	±0.30	±0.50
	≤900×1 280	±0.15	—
半自动模切机	>900×1 280	±0.70	
	≤900×1 280	±0.35	

4.9 清废质量

清废时，清废部位纸张与模切成品应完全分离。

4.10 安全防护

4.10.1 输纸台、收纸台承载能力安全设计

输纸台和收纸台升降链条的断裂强度至少应是模切机最大装载重量的 3 倍。

在正常工作条件下，输纸台和收纸台能承受 1.25 倍最大装载重量的静态测试和 1.1 倍最大装载重量的动态测试，模切机应无损坏现象。

4.10.2 输纸台、收纸台边缘和人员站立点之间的防护

输纸台和收纸台应提供以下的一种或其他方法保护：

a) 自动弹起的防护板(见图 1)，离纸台边缘至少 250 mm。

1——输纸台或收纸台；
2——自动弹起的防护板；
3——脚。

图 1 自动弹起的防护板

b) 防护栏(见图 2)水平突出 300 mm，高度不大于 1 500 mm(至少 120 mm)。

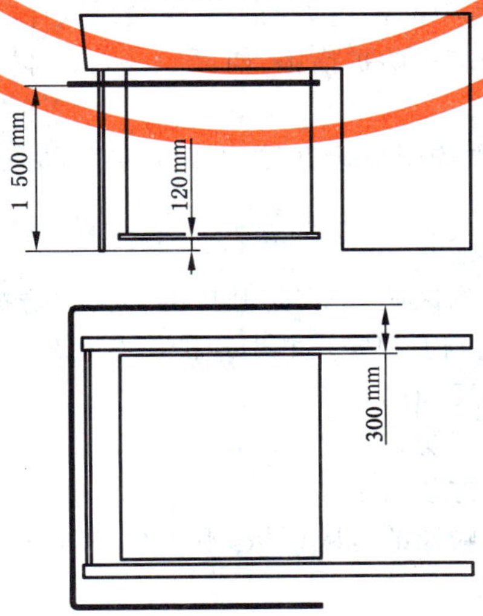

图 2 防护栏的安全距离

c) 在纸台边缘安装电子感应开关。从危险区域到感测点、线或面的最小距离应符合 GB/T 19876 的规定。

4.10.3 纸张分离器运动部件(见图 3)的防护

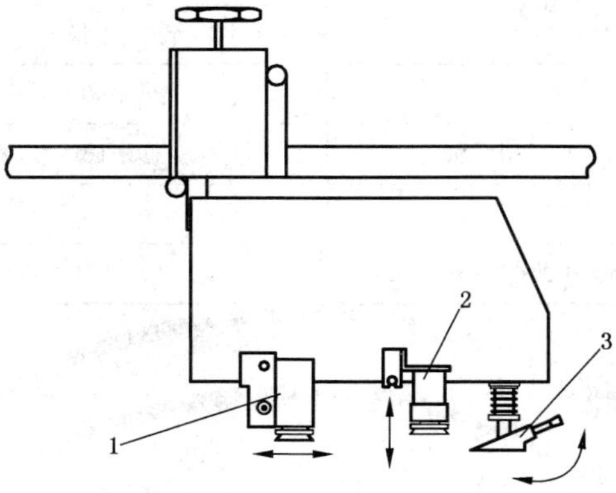

1——前吸;
2——后吸;
3——压脚。

图 3 纸张分离器运动部件

具体如下:

——运动部件(如前吸),工作中与其他部件之间至少留有 25 mm 的安全距离。

——由低压力弹簧带动运动部件(如压脚、后吸),将操纵运动部件的力限制到足够低值(这种限制不应妨碍运动部件的预定功能)。运动部件与其他部件接触后,至少还可以抬起 25 mm 的安全距离,避免挤压和剪切危险。

——剪切、挤压点被护罩有效封闭,防止指尖或指关节触及危险区域,输纸头只留底部开口。

4.10.4 纸张分离器传动轴的防护

在模切机最大和最小纸张幅面调节范围内,纸张分离器传动轴应全封闭。

4.10.5 模切部分与输纸板连接处的防护

4.10.5.1 可移动式防护罩

具体如下:

——护罩开启时仍然连接在机器上。如:在滑道上移动并夹持或利用铰链。防护罩不能够对人员造成其他额外的重大危险。如:因重力而掉落时会对人体造成伤害危险,因开启而形成新的剪切、挤压危险,都应采取相应的防护措施,如:警示标志。防护罩的附属装置应借助于工具才能拆卸。

——具有联锁功能,在没有正确关闭防护罩时,机器无法起动且始终保持在停机状态,关闭动作本身不能启动机器。

4.10.5.2 带开口的护栏式防护罩

可移动式防护罩无法完全防护的区域,采用带开口的护栏式防护罩。护罩开口(原料进口)与危险点之间应按 GB 23821 的规定,留出与开口宽度相对应的安全距离。

4.10.6 模切和清废部分模板上下窗口的防护

按 4.10.5.1 规定,采用可移动式防护罩。

4.10.7 输纸板下方和清废部分下方的防护

输纸板下方和清废部分下方可触及的危险区域,不能在启动控制位置观察到的,应采用以下的一种或其他方法予以保护:

a) 栅栏式封闭结构或防护门

——处于封闭结构或防护门内的人员(或多人)不可能自己关闭封闭结构或防护门。应在封闭结构或防护门外的某个位置上，配备不能够在封闭结构或防护门内启动的附加装置，此位置应能清楚观察到危险区域内的情况。只有在封闭结构或防护门关闭且附加控制装置启动之后，才允许执行机器的任何危险动作。附加控制装置的示例：复位按钮、收藏式钥匙、闭锁钥匙等。

——栅栏式封闭结构和防护门设计应保证下边缘与基层之间的最大距离为 200 mm。栅栏式封闭结构上边缘至基层的最小距离 1 400 mm。

b) 电敏防护装置

——对需要人体全部进入的危险区域，至少应在 400 mm 高度位置和 900 mm 高度位置各设置一条光束。

——从危险区域至感测点、线或面的最小距离应符合 GB/T 19876 的规定，并且不经电敏防护装置的感测不可能接近危险区域。

——应在危险区域外的某个位置上配备不能够在危险区域内启动的附加装置，此位置应能清楚观察到危险区域内的情况。附加控制装置启动之后才允许执行机器的任何危险动作。附加控制装置的示例：复位按钮、收藏式钥匙、闭锁钥匙等。

4.10.8 紧急停机装置

有可能存在危险动作的控制区域中的每个操作位置上，应配备紧急停机装置。紧急停机装置应标识清楚，便于迅速触及。

4.10.9 输纸台和收纸台下降功能

输纸幅面 1 m^2 以下的输纸台和收纸幅面 0.75 m^2 以下的收纸台，允许纸台连续下降至距离地面 120 mm 处，继续下降只具备止一动功能。

4.10.10 纸张分离器移动速度

纸张分离器移动如果由电动机带动，在纸张分离器操作位置应设置紧急停机装置。纸张分离器止一动移动速度不应超过 5 m/min，连续移动速度不应超过 0.5 m/min。

4.10.11 模版移动速度

如果由电动机带动模版移动，只具备止一动功能。模版移动速度不应超过 0.5 m/min。

4.10.12 声响警告信号

在操作人员观察其他人员的视野可能受阻时或者操作人员之间的通讯联系有困难时，在开机前应提供一个肯定的、清晰的、听觉上的启动警告信号。

启动声响警告信号持续时间不应少于 2 s，在整个警告时间内模切机不能够执行任何危险动作。

4.10.13 止一动运行最长时间

按下模切机止一动按钮不放，其最长作用时间不应大于 15 s(模切机连续运行时间不应超过 15 s)。

4.10.14 电源切断装置

配备电源切断装置。该装置还应带有能将电源开关锁定在“关闭”位置的锁定装置。

4.10.15 余电压

电源切断后，任何残余电压(或称剩余电压)高于 60 V 的外露可导电部分都应在 5 s 内放电至小于等于 60 V。否则应在容易看到的位置或在装有电容的外壳邻近处设置耐久性警告标志，并说明在打开门之前的必要延时时间。

4.11 电气质量

4.11.1 电气系统布线整齐，排列有序，接头牢固。标识齐全、清楚，且与模切机提供的技术文件一致。

4.11.2 电气系统应工作正常，与安全防护有关的联锁开关动作灵敏、可靠。

4.11.3 所有外露可导电部分都应按 GB 5226.1—2008 中 8.2.1 的要求连接到保护联结电路上。保护联结电路的连续性应符合 GB 5226.1—2008 中 8.2.3 的规定。

4.11.4 在动力电路导线和保护联结电路之间施加 500 Vd.c. 时，测得的绝缘电阻不应小于 1 MΩ。

4.11.5 在动力电路导线和保护联结电路之间施加 1 000 V 的电压、时间近似 1 s，不应出现击穿放电现象。

4.12 外观质量

4.12.1 外露加工表面不应有锈蚀、磕碰、划痕等有损质量的缺陷。

4.12.2 外露镀件的镀层应细致、均匀、无剥落、起泡、局部无镀层等缺陷。

4.12.3 外露氧化件氧化膜应均匀致密，色泽一致，不应有未氧化的斑点等缺陷。

4.12.4 外露非加工表面不应有气孔、凸瘤、凹陷等有损美观的缺陷。

4.12.5 涂漆件涂层应光滑、平整；颜色、光泽要均匀一致；漆膜丰满，无明显突出颗粒和粘附物，漆膜不允许有流挂、起泡等缺陷。

5 试验方法

5.1 空运转试验

模切机应通过空运转试验，时间不少于 120 min。其中，以模切机最高模切速度的 75%连续运转时间不少于 100 min，以模切机最高模切速度连续运转时间不少于 20 min。观察机器运转情况应符合 4.3、4.5 的规定。

5.2 轴承工作温升检验

空运转试验后，用温度测量仪测量轴承工作温度并计算温升，应符合 4.6 的规定。

5.3 装配质量检验

a) 用内径百分表测量

空运转试验后，在上下两工作平板面完全闭合位置，用内径百分表测量两工作平板面间的四角(距边缘 20 mm)处的距离，其中最大与最小读数的差为上下两工作平板面在完全闭合位置时的平行度误差，应符合 4.2 的规定。

b) 用等高块上放金属层测量

空运转试验后，在下工作平板面的四角(距边缘 20 mm 处)，各放一块等高块(等高块高度由模切机版距决定)，等高块上放延展性良好的、较软的金属层(如：直径 3 mm 左右的铅锡或铅锑合金熔丝水平绕成螺旋状)，上下两工作平板面完全闭合一次后，分别测量上述四角等高块和金属层的合成高度，其中最大与最小读数的差为上下两工作平板面在完全闭合位置时的平行度误差，应符合 4.2 的规定。

对平行度测量结果有异议时，以 b)方法为准。

5.4 安全防护检验

5.4.1 输纸台、收纸台承载能力安全设计检验

根据模切机最大幅面尺寸和最高堆垛高度，依材质密度 1 400 kg/m^3(印刷纸)和 200 kg/m^3(瓦楞纸板)，确定输纸台和收纸台的最大装载重量。校核所选用链条的断裂强度，应符合 4.10.1 的规定。

将相当于最大装载重量 1.25 倍的重物均衡、平稳地分别置于输纸台板和收纸台板上。视检，应符合 4.10.1 的规定。

将相当于最大装载重量 1.1 倍的重物均衡、平稳地分别置于输纸台板和收纸台板上。视检输纸台和收纸台上升、下降，应符合 4.10.1 的规定。

5.4.2 输纸台、收纸台边缘和人员站立点之间的防护检验

5.4.2.1 测量防护板边缘与纸台边缘的距离和防护板抬起高度，应符合 4.10.2a)的规定。

5.4.2.2 测量防护栏水平突出距离和高度，应符合 4.10.2b)的规定。

5.4.2.3 测量从危险区域到感测点、线或面的距离，应符合 4.10.2c)的规定。用物体代替人的肢体的一部分，检验电子感应开关的灵敏度，确保不经装置的感测不可能接近危险区域。

5.4.3 纸张分离器运动部件的防护检验

纸张分离器工作时，观察前吸运动的极限位置，测量与相关部件之间的距离，应符合4.10.3的规定。后吸、压脚与纸堆顶面接触时(正常工作状态)，停机测量后吸、压脚能人为再抬起的距离，应符合4.10.3的规定。

视检纸张分离器防护罩，应符合4.10.3的规定。

5.4.4 纸张分离器传动轴的防护检验

视检纸张分离器传动轴的防护，应符合4.10.4的规定。

5.4.5 模切部分与输纸板连接处的防护检验

5.4.5.1 反复打开、关闭可移动式防护罩，检验其操作性能、联锁功能和有无额外的重大危险，应符合4.10.5.1的规定。

5.4.5.2 测量护栏式防护罩开口(原料进口)与危险区域的安全距离，应符合4.10.5.2的规定。

5.4.6 模切和清废部分模板上下窗口的防护检验

反复打开、关闭可移动式防护罩，检验其操作性能、联锁功能和有无额外的重大危险，应符合4.10.6的规定。

5.4.7 输纸板下方和清废部分下方的防护检验

反复打开、关闭栅栏式封闭结构或防护门，检验操作性能和联锁功能。测量栅栏式封闭结构和防护门下边缘与基层之间的距离和栅栏式封闭结构上边缘至基层的距离，应符合4.10.7a)的规定。

选用测量电敏防护装置的安装位置和从危险区域至感测点、线或面的距离。检验操作性能和联锁功能，应符合4.10.7b)的规定。用物体代替人的肢体的一部分，检验电敏防护装置的灵敏度，确保不经装置的感测不可能接近危险区域。

5.4.8 反复启动、停止，检验所有紧急停机装置的操作性、可靠性，应符合4.10.8的规定。

5.4.9 检验输纸台和收纸台连续下降功能。测量输纸台和收纸台连续下降至自动停止时，纸台底部与地面的距离，应符合4.10.9的规定。

5.4.10 检查纸张分离器操作位置紧急停机装置，用秒表和直尺，分别测量、计算纸张分离器止—动移动速度、连续移动速度，应符合4.10.10的规定。

5.4.11 用秒表和直尺，测量、计算模版止—动移动速度，应符合4.10.11的规定。

5.4.12 用秒表检查声响警告信号作用时间及联锁功能，应符合4.10.12的规定。

5.4.13 按下止—动按钮不放，用秒表检验模切机连续运行的时间，应符合4.10.13的规定。

5.4.14 目测电源切断装置，应符合4.10.14的规定。

5.4.15 用秒表和万用电表检验残余电压，应符合4.10.15的规定。

设置警告标志应符合4.10.15的规定。

5.5 电气质量检验

5.5.1 目测检查布线、接线、电气标识，应符合4.11.1的规定。

5.5.2 反复启动、停止，检验模切机运行和与安全防护有关的机械—电气联锁开关，应符合4.11.2的规定。

5.5.3 按GB 5226.1—2008中18.2.2的试验方法，检验保护联结电路的连续性，应符合4.11.3的规定。

5.5.4 按GB 5226.1—2008中18.3的试验方法，检验动力装置的绝缘电阻，应符合4.11.4的规定。

5.5.5 按GB 5226.1—2008中18.4的试验方法进行耐压试验，应符合4.11.5的规定。

5.6 走纸试验

模切机应按表3所列项目进行走纸试验，检验操作机构和执行机构，应符合4.4的规定。

表3 试验项目

项目编号	纸张定量	纸张幅面	模切速度	连续走纸
试验项目1	250 g/m² ～350 g/m² 白版纸	≥75%模切机最大幅面	模切机最高模切速度	100张
试验项目2		模切机最大幅面	75%模切机最高模切速度	
试验项目3		模切机最小幅面		

5.7 模切质量检验

5.7.1 模切成品检验

按5.6中试验项目2所用纸张材质、纸张幅面和模切速度，用实用模版模切，连续取样50张。目测检查模切成品质量，应符合4.8.1的规定。

5.7.2 模切切线偏差检验

按5.6中试验项目2所用纸张材质、纸张幅面和模切速度，用专用模版模切，连续取样50张。用游标卡尺测量A、B、C值(见图4)。按公式(1)～公式(3)分别计算切线偏差，应符合4.8.2的规定。

$$\Delta A = A_i - \overline{A}_i \qquad (1)$$

$$\Delta B = B_i - \overline{B}_i \qquad (2)$$

$$\Delta C = C_i - \overline{C}_i \qquad (3)$$

式中：

ΔA、ΔB、ΔC——切线偏差，单位为毫米(mm)；

A_i、B_i、C_i——样张切线与定位纸边距离，单位为毫米(mm)；

$\overline{A}_i$、$\overline{B}_i$、$\overline{C}_i$——样张切线与定位纸边距离的平均值，单位为毫米(mm)；

i——样张序号(i = 1,2,3……50)。

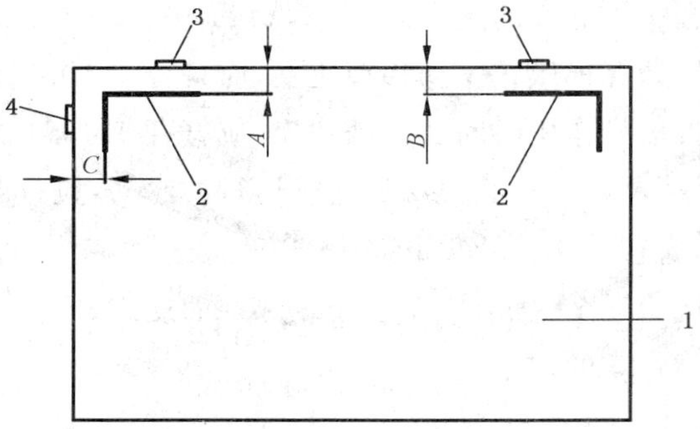

1——样张；

2——模切线；

3——纸边定位前规；

4——纸边定位侧规；

A、B、C——测量距离。

图4 模切切线测量示意

5.8 清废试验

按5.6中试验项目2所用纸张材质、纸张幅面和模切速度，用清废模板(见图5)清废，连续取样50张。目测检查清废效果，应符合4.9的规定。

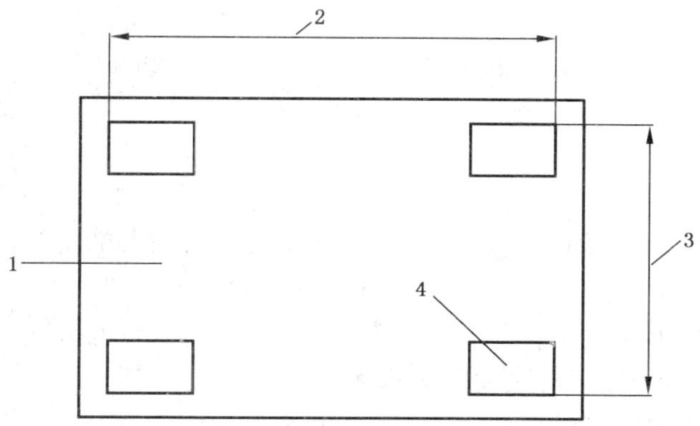

1——清废模板；
2——最大模切长度；
3——最大模切宽度；
4——清废部位(4 处)。

图 5　清废模板示意

5.9　噪声测量

在进行 5.7.1 模切成品检验时，用普通声级计测量模切机的 A 声压级噪声，模切机周围不应放置障碍物，并且与墙壁的距离应大于 2 m。噪声测量点水平位置(见图 6)，噪声测量点距地面高度为 1.5 m，距模切机四周外轮廓线 1 m 处(模切机突出的手轮、手柄、罩、盘等不计在测量距离内)，噪声测量点之间的距离为 2 m 左右，图示测量点为参考点，可根据测量轨迹长短增加或减少测量点，其中第 i 点为巡回测量最大噪声点，模切机噪声以算术平均值计算，其计算结果应符合 4.7 的规定。

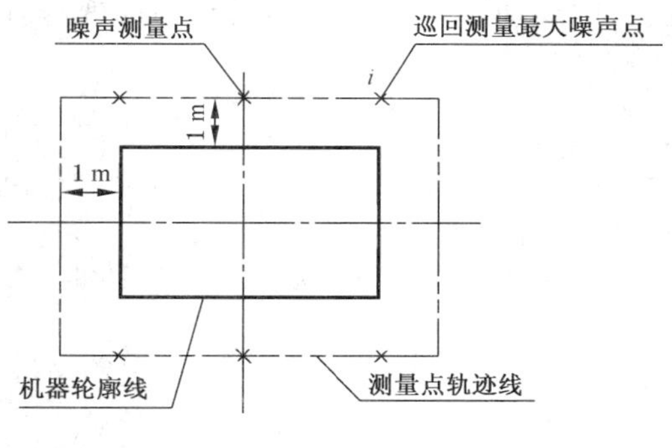

图 6　噪声测量点位置图

5.10　压力试验

以下两种压力试验方法可任选一种进行试验：

a)　用模切刀、压痕线测试。根据 1 m 模切刀和 1 m 压痕线上承受的总的模切压力为 4×10^4 N，计算出达到模切机最大模切压力需要的模切刀和压痕线的总长度。将这些模切刀、压痕线相间排列，均匀分布于试验模版，试验模版大小由模切机最大纸张幅面决定。模切刀高度 23.8 mm，压痕线高度 23.3 mm。用模切机最大纸张幅面，连续模切 350 g/m^2 双面白板纸 10 张，不得出现停车、停转或任何零部件损坏。最大模切压力应符合 3.2 的规定。

b)　用压力传感器和配套装置测试。将压力传感器置于上下两工作平板面之间进行压力试验。压力传感器和配套装置的综合测试精度不低于 1.5%。最大模切压力应符合 3.2 的规定。

对压力测试结果有异议时，以 b)方法为准。

5.11 外观质量检验

视检,模切机外观质量应符合 4.12 的规定。

6 检验规则

6.1 出厂检验

6.1.1 每台模切机出厂前须经质量检验部门按 5.1～5.3、5.4.2～5.4.15、5.5.1、5.5.2、5.6～5.8、5.11 的规定进行检验。若有一项不合格,该模切机为不合格品。

6.1.2 每批模切机中抽样 10%(不少于一台),按 5.5.3～5.5.5、5.9、5.10 的规定进行检验。若不合格,应再抽验两台。若仍不合格,应对整批模切机逐台检验。

6.1.3 每台模切机经质量检验部门检验合格后方可提供给用户。

6.2 型式试验

有下列情况之一时,应对首台、首批中抽一台或生产批中抽一台进行试验:

a) 新产品试制鉴定或老产品转厂生产的试制定型鉴定;

b) 正式生产后,若设计、结构、材料、工艺有较大改变,可能影响产品性能;

c) 停产一年以上又重新恢复生产;

d) 连续生产时,每年至少一次例行检验。

6.3 用户验收

凡供货合同中未指明验收条款的模切机按 6.1 的规定进行验收。

7 标志、包装、运输和贮存

7.1 标志

7.1.1 产品标志

每台产品在明显部位应设置符合 GB/T 13306 规定的产品标牌,模切机标牌的内容包括:

a) 制造厂名称、产品原产地;

b) 产品型号、名称;

c) 产品执行标准编号;

d) 产品的主要技术参数;

e) 出厂编号;

f) 出厂日期。

7.1.2 包装标志

7.1.2.1 收发货标志

收发货标志应符合 GB/T 6388 中的规定。

7.1.2.2 储运作业图示标志

储运作业图示标志应根据模切机特点,按照 GB/T 191 的有关规定正确选用。凡需单件起吊的和重心明显偏离中心的包装件,应标注“由此起吊”和“重心”的标志。

7.1.2.3 包装箱号标志

产品分多箱包装时,箱号应采用分数表示,分子为箱号,分母为总箱数,装模切部分的箱子应为 1 号箱。

7.2 包装

7.2.1 防护包装

产品装箱前,各零、部件应擦拭干净,外露加工表面的防锈包装应符合 GB/T 4879—1999 中防锈包装等级 3 的要求。

7.2.2 制箱和装箱

模切机包装箱的制造和装箱要求应符合 GB/T 13384 的规定。

7.2.3 **随机文件**

产品分多箱包装时，随机文件一般放在1号箱内，分装箱单应放在相应的包装箱内。随机文件一般包括：

a) 产品合格证

产品合格证的编制应符合GB/T 14436的规定。

b) 产品使用说明书

使用说明书编写应符合GB/T 9969的规定，同时建议按附录A列出的内容，并且提供其他相关信息。

c) 装箱单

装箱单包括总装箱单和分装箱单(如果有)，装箱单包括以下信息：

——模切机型号、规格、名称、编号、制造厂、装箱日期、装箱检验员(签字)、包装箱总数量、箱号；

——箱内零部件代号、名称、数量、备注，以及箱内附件和备件代号、名称、数量、备注(如果有)。

7.3 运输

模切机在运输时，按包装箱外壁箱面的标记提示，稳起、轻放，防止碰撞、跌落。

7.4 贮存

模切机应贮存于干燥通风的地方，避免受潮，在室外贮存时，包装箱应有防雨措施。对存放期超过一年，出厂前应开箱检查，若模切机包装已不符合7.2的规定时，必须重新进行包装。

附　录　A
（资料性附录）
使用说明书内容设置举例

A.1　概述

使用说明书按照 GB/T 9969 规定提供必要的信息资料，同时可参照本附录提供相关使用信息。

A.2　使用信息

A.2.1　与模切机相关的信息：

——制造厂家或供应商的名称和地址；

——产品序列号或型号的标识；

——性能数据、噪声数据；

——模切机用途的说明（目的用途）；

——模切机上各个工作位置的情况。

A.2.2　与安全相关的信息：

——模切机的示图或剖面图以显示安全防护装置和安全防护措施的情况；

——如果忽视安全防护措施会导致的危险；

——安全工作惯例；

——操作人员实行安全操作的安全信息；

——不得将模切机用于非原使用目的的用途。

A.2.3　与模切机的运输、搬运和存储相关的信息：

——安全防护措施；

——模切机的尺寸和重量。

A.2.4　与模切机的安装、试运行和拆卸相关的信息：

——组装和部件安装；

——充分试车运行；

——稳装和固定条件；

——操作、防护性维修和维护保养所需要的空间；

——允许的环境条件；

——连接模切机的电源方面的要求。

A.2.5　与模切机的使用相关的信息：

——手动控制装置的说明；

——模切机调整、调节、安全防护罩的处理方面的要求；

——模切机仍然存在的危险的说明；

——有关禁止使用和操作错误方面的信息；

——故障检测和修理方面的要求；

——与使用人身防护设备相关的要求。

A.2.6　与模切机的维护保养相关的信息：

——对模切机进行检查的目的和次数；

——安全防护措施(说明模切机部件和规定使用寿命、润滑);
——零备件;
——故障查找。

ICS 37.100.10
J 87

中华人民共和国国家标准

GB/T 25681—2010

印刷机械 胶粘装订联动机

Printing machinery—Perfect binding machine

2010-12-23 发布　　2011-07-01 实施

中华人民共和国国家质量监督检验检疫总局
中国国家标准化管理委员会　发布

前　言

本标准由中国机械工业联合会提出。

本标准由全国印刷机械标准化技术委员会(SAC/TC 192)归口。

本标准负责起草单位:北人集团公司、上海紫光机械有限公司、四川省宜宾市昌明机械有限公司、北京印刷机械研究所。

本标准参加起草单位:长春印刷机械有限责任公司、深圳市精密达机械有限公司、辽宁大族冠华印刷科技股份有限公司。

本标准主要起草人:李英敏、林捷、邓润华、严珠。

本标准参加起草人:金玉文、张爱云、杜玉梅。

印刷机械　胶粘装订联动机

1　范围

本标准规定了胶粘装订联动机(以下简称联动机)的基本参数、型号和名称、要求、试验方法、检验规则、标志、包装、运输与贮存。

本标准适用于由配页、胶订、分切、三面切书、计数堆积及输送装置组成的联动机。也适用于由配页、胶订、输送装置及其他单机组成的联动机。

2　规范性引用文件

下列文件中的条款通过本标准的引用而成为本标准的条款。凡是注日期的引用文件,其随后所有的修改单(不包括勘误的内容)或修订版均不适用于本标准,然而,鼓励根据本标准达成协议的各方研究是否可使用这些文件的最新版本。凡是不注日期的引用文件,其最新版本适用于本标准。

GB/T 191　包装储运图示标志(GB/T 191—2008,ISO 780:1997,MOD)

GB 5226.1—2008　机械电气安全　机械电气设备　第1部分:通用技术条件(IEC 60204-1:2005,IDT)

GB/T 6388　运输包装收发货标志

GB/T 9969　工业产品使用说明书　总则

GB/T 13306　标牌

GB/T 13384　机电产品包装通用技术条件

GB/T 14436　工业产品保证文件　总则

GB 18209.2　机械安全　指示、标志和操作　第2部分:标志要求(GB 18209.2—2000,idt IEC 61310-2:1995)

JB/T 3090　印刷机械产品命名与型号编制方法

3　基本参数、型号和名称

3.1　基本参数

联动机的基本参数按表1的规定。

表1　基本参数

项　目		基本参数
装订幅面长度 mm	最大	450
	最小	140
装订幅面宽度 mm	最大	300
	最小	100
胶订厚度 mm		3～50
最高装订速度 本/小时	低速机	≤5 000
	中速机	>5 000～10 000
	高速机	>10 000

3.2 型号和名称

联动机的命名与型号编制应符合 JB/T 3090 的规定。

4 要求

4.1 一般要求

4.1.1 联动机应符合本标准的规定，并应按经规定程序批准的图样和技术文件制造。

4.1.2 联动机应保证从配页、胶订（包括上封皮）、分切、三面切书、计数堆积或配页、胶订（包括上封皮）、输送到其他单机自动连续完成。

4.1.3 控制系统应能检查多帖、少帖，并予以剔除。

4.1.4 控制系统应保证在有书芯时自动上封皮，当出现书芯与封皮不匹配等故障时自动停车。

4.2 运转性能

4.2.1 联动机应运转平稳，传动系统工作正常，无异常声响。

4.2.2 操作机构应灵敏可靠，执行机构应动作协调正确，机械应无卡阻或自发性移动。

4.2.3 润滑系统、气路系统应管路畅通、工作正常；密封装置应可靠，无明显漏油、漏气现象。

4.3 轴承温升

轴承的工作温升不应大于 30 ℃。

4.4 噪声

联动机的工作噪声不应大于 85 dB(A)。

4.5 安全要求

4.5.1 联动机应配备排废气装置。

4.5.2 对可能造成人员伤害的运动部件，应进行安全防护，可采用固定式、可移动式防护装置或其他防护装置，可移动式防护装置应与电气控制系统联锁。

4.5.3 操作部位、经常维修和调整部位及其他必要的部位应配备急停装置。

4.5.4 制动装置、电气联锁装置应灵敏、准确、可靠。

4.5.5 联动机的启动应在所有可移动式防护装置关闭、急停装置和全机系统处于正常、安全状态下进行。当确实需要打开可移动式防护装置操作机器时，应使用双手操作装置（这种双手操作装置一般安装在可移动操作装置上）并确保不会引起其他危险。

4.5.6 联动机应配备声音警告和灯光警告。

4.5.7 使用说明书中应对胶锅的使用与维护和可能造成的危害及相应的防范措施进行说明。

4.5.8 安全警告标识和操作标识应醒目、易于识别并贴在与之相关或相近的位置，应符合 GB 18209.2 的规定。

4.6 电气质量

4.6.1 电气系统应布线整齐、排列有序、接头牢固；各种标记（如：元件代号、电气符号、接地标志等）应齐全、清晰和正确，符合电气简图图形符号。

4.6.2 电气控制系统应工作正常、灵敏、可靠。

4.6.3 所有外露可导电部分都应按 GB 5226.1—2008 中 8.2.1 的要求连接到保护联结电路上。保护联结电路的连续性应符合 GB 5226.1—2008 中 8.2.3 的规定。

4.6.4 在动力电路导线和保护联结电路间施加 500 Vd.c. 时，测得的绝缘电阻不应小于 1 MΩ。

4.6.5 在动力电路导线和保护联结电路之间施加 1 000 V 的电压、时间近似 1 s，不应出现击穿放电现象。

4.7 成品质量

4.7.1 封皮、书芯粘口大小符合要求，书背应平直、无空泡、无皱折、粘合牢固、棱角分明。

4.7.2 铣背歪斜误差不应大于 1.0 mm。

4.7.3 书背文字中心对书背中心线平移误差和书背文字歪斜误差按表2的规定。

4.7.4 书本厚度小于或等于8 mm的书，书背厚度与书本厚度的误差不应大于1.0 mm；书本厚度大于8 mm的书，书背厚度与书本厚度的误差不应大于1.5 mm。

4.7.5 封皮对书芯天头地脚方向窜动的误差不应大于1.5 mm。

表2 书背文字中心对书背中心线平移误差和书背文字歪斜误差 单位为毫米

书背厚度	书背文字中心对书背中心线平移误差	书背文字歪斜误差
≤10	0.5	≤0.3
>10～30	≤1.0	≤0.5
>30	≤1.5	≤1.0

4.7.6 裁切精度

具体如下：

a) 各裁切边尺寸偏差不应大于0.50 mm；

b) 相对裁切边的平行度公差为100:0.15；

c) 相邻裁切边的垂直度公差为100:0.10；

d) 各裁切边的直线度公差为100:0.10；

e) 各裁切边应平整、光滑、无刀花。

4.7.7 成品质量合格率不应低于98%。

4.8 外观质量

4.8.1 外露加工表面应无锈蚀、磕碰和明显划痕。

4.8.2 外露非加工表面不允许有凸瘤、凹陷和气孔等有损美观的缺陷。

4.8.3 外露镀层表面应均匀，不允许有气泡、脱层、麻点等缺陷。

4.8.4 漆层应牢固、平整、光滑，色泽一致，不允许有起层、起泡、流挂等现象。

4.8.5 气路管道、润滑油管应排列整齐、连接和固定牢固。

5 试验方法

5.1 试验条件

试验条件如下：

a) 书帖用52 g/m^2 凸版纸折成；

b) 书帖应平服整齐、厚度一致并经过捆扎或类似操作；

c) 书帖应无明显折角、长短边不齐等；

d) 封皮采用120 g/m^2～250 g/m^2 的胶版纸，每批封皮的尺寸一致，封皮定位边到书背中心的距离一致；

e) 采用热熔速干胶。

5.2 空运转试验

联动机应以60%的最高装订速度进行不少于20 min的空运转试验，以80%的最高装订速度进行不少于60 min的空运转试验，以最高装订速度进行不少于10 min的空运转试验，其结果应符合4.2的规定。

5.3 轴承温升检查

空运转试验后，测量联动机轴承的工作温升，应符合4.3的规定。

5.4 噪声测量

空运转试验时，开动所有噪声源，用普通声级计测量联动机的A声压级噪声，测量点水平位置(见图1)，噪声测量点距地面高度为1.5 m，距联动机四周外轮廓线1 m处，测量点之间的距离为2 m左右，图示测量点为参考点，可根据测量轨迹长短增加或减少测量点，其中第 i 点为巡回测量最大噪声点，联动机噪声以算术平均值计算，其计算结果应符合 4.4 的规定。

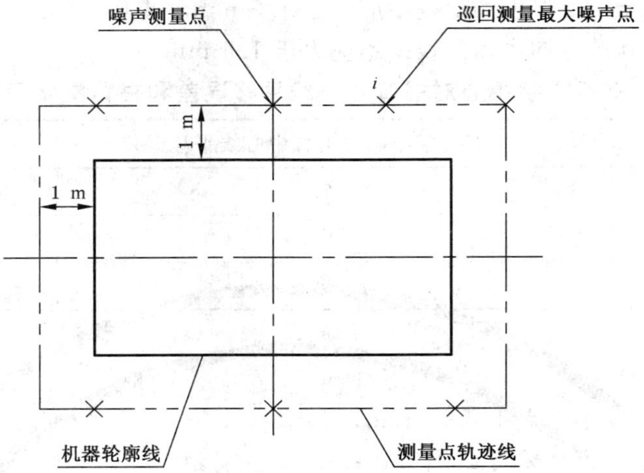

图 1　噪声测量点位置图

5.5　安全检查

目视检查联动机的安全及防护情况，应符合 4.5 的规定。

5.6　电气检查

5.6.1　切断电源，目视检查电气系统应符合 4.6.1 的规定。

5.6.2　启动、运行、调整速度、停机等，目视检查联动机的电气系统，应符合 4.6.2 的规定。

5.6.3　按 GB 5226.1—2008 中 18.2.2 的试验方法检查保护联结电路的连续性，其结果应符合 4.6.3 的规定。

5.6.4　按 GB 5226.1—2008 中 18.3 的试验方法检查动力装置绝缘电阻，其结果应符合 4.6.4 的规定。

5.6.5　按 GB 5226.1—2008 中 18.4 的试验方法进行耐压试验，其结果应符合 4.6.5 的规定。

5.7　常规装订试验

使用符合 5.1 的书帖，以 70% 的最高装订速度，装订 32 开或 16 开厚度为 10 mm～12 mm 书本，稳定工作后，连续装订书本数量为书夹子数量的 4 倍。

检查工作状态，应符合 4.1.2～4.1.4、4.2 的规定。

用游标卡尺、直尺、角尺和目测检查成品质量，应符合 4.7 的规定。

5.8　极限装订试验

5.8.1　装订最大、最小幅面书本试验

使用符合 5.1 的书帖，以 50% 的最高装订速度，装订最大、最小幅面书本，稳定工作后，连续装订书本数量不少于书夹子数量。检查工作状态，应符合 3.1、4.1.2～4.1.4、4.2 的规定。

用游标卡尺、直尺、角尺和目测检查成品质量，应符合 4.7.1～4.7.6 的规定。

5.8.2　装订最薄、最厚书本试验

使用符合 5.1 的书帖，以 50% 的最高装订速度，装订最薄、最厚书本，稳定工作后，连续装订书本数量不少于书夹子数量。检查工作状态，应符合 3.1、4.1.2～4.1.4、4.2 的规定。

用游标卡尺、直尺、角尺和目测检查成品质量，应符合 4.7.1～4.7.6 的规定。

5.8.3　最高装订速度试验

使用符合 5.1 的书帖，以最高装订速度，装订 32 开或 16 开厚度为 10 mm～12 mm 书本，稳定工作后，连续装订书本数量不少于书夹子数量。检查工作状态，应符合 3.1、4.1.2～4.1.4、4.2 的规定。

用游标卡尺、直尺、角尺和目测检查成品质量，应符合 4.7.1～4.7.6 的规定。

5.9　外观检查

目视检查联动机外观质量，应符合 4.8 的规定。

6 检验规则

6.1 出厂检验

6.1.1 每台产品须经制造厂质量检验部门检验合格后方能出厂。

6.1.2 每台产品均应按5.2、5.3、5.5、5.6、5.7、5.9的规定进行检验。若制造厂不具备书本数量的条件，经用户同意，可在用户单位进行试验。

6.1.3 每批产品抽1台，按5.4的规定进行检验，若有不合格，应加倍对该项进行复检，若仍不合格，应对该批产品、该项目逐台进行检验。

6.2 型式检验

6.2.1 有下列情况之一时，应做型式检验：

a) 新产品试制或老产品转厂生产定型的鉴定；

b) 正式生产中，如结构、材料、工艺、设计有较大变更，可能影响产品性能时；

c) 产品停产1年后恢复生产时；

d) 连续生产时，每年不少于1次的例行检查。

6.2.2 型式检验时，每批产品抽1台按本标准规定的项目全检。

7 标志、包装、运输与贮存

7.1 标志

7.1.1 每台产品应在明显部位固定标牌，标牌尺寸应符合GB/T 13306的规定。其内容应包括：

a) 制造厂名称、产品原产地；

b) 产品型号、名称；

c) 产品执行标准编号；

d) 产品的主要技术参数；

e) 出厂编号；

f) 出厂日期。

7.1.2 产品包装储运图示标志应按GB/T 191的规定正确选用。

7.1.3 运输包装的收发货标志应按GB/T 6388的规定。

7.1.4 包装。

7.1.5 产品装箱前，机架、工具备件、附件应擦拭干净，外露加工面应进行防锈处理。

7.1.6 包装箱内应铺设防水材料，产品应牢固地固定在箱内，包装箱应符合运输、装卸的要求。

7.1.7 产品包装箱的制造与包装应按GB/T 13384的规定。

7.1.8 每台产品应附有下列随机文件：

a) 产品合格证：

产品合格证的编写应符合GB/T 14436的规定。

b) 使用说明书：

使用说明书的编写应符合GB/T 9969的规定。

c) 装箱单。

7.2 运输

产品运输起吊时，应按包装外壁上的标记稳起轻放，防止碰撞。

7.3 贮存

产品贮存条件为干燥通风、避免潮湿。包装箱室外贮存时应有防雨措施。若存放期超过1年，出厂前需进行开箱检查，发现产品包装不符合有关规定时，应重新包装。

ICS 65.060.10
T 61

中华人民共和国国家标准

GB 25682.1—2010

皮带传动拖拉机 牵引效率限值及确定方法 第1部分:轮式拖拉机

Belt-drive tractors—Transmission efficience limitation and determination method—Part 1: Wheeled tractor

2010-12-23 发布　　2012-01-01 实施

中华人民共和国国家质量监督检验检疫总局
中国国家标准化管理委员会 发布

前　言

本标准为全文强制性。

GB 25682《皮带传动拖拉机　牵引效率限值及确定方法》分为两个部分：

——第1部分：轮式拖拉机；

——第2部分：手扶拖拉机。

本部分是GB 25682的第1部分。

本部分由中国机械工业联合会提出。

本部分由全国拖拉机标准化技术委员会归口。

本部分起草单位：洛阳拖拉机研究所。

本部分主要起草人：尚项绳、徐惠娟、柳玲文、陈嵩。

皮带传动拖拉机　牵引效率限值及确定方法　第1部分:轮式拖拉机

1　范围

GB 25682 的本部分规定了皮带传动轮式拖拉机牵引效率限值及确定方法。

本部分适用于皮带传动轮式拖拉机(以下简称拖拉机)。

2　规范性引用文件

下列文件中的条款通过 GB 25682 的本部分的引用而成为本部分的条款。凡是注日期的引用文件,其随后所有的修改单(不包括勘误的内容)或修订版均不适用于本部分,然而,鼓励根据本部分达成协议的各方研究是否可使用这些文件的最新版本。凡是不注日期的引用文件,其最新版本适用于本部分。

GB/T 3871.9—2006　农业拖拉机　试验规程　第9部分:牵引功率试验(ISO 789-9:1990,MOD)

JB/T 7282　拖拉机用油品种、规格的选用

3　拖拉机牵引效率限值

拖拉机牵引效率应不低于68%。

4　确定方法

4.1　测试前的准备

4.1.1　样机要求

被试验拖拉机应符合制造厂使用说明书中规定的技术规格,并按制造厂规定的方法进行试验。

拖拉机试验前应在发动机标定转速、油门全开的状态下进行预热。

如果驾驶员在常规操作口,按照使用说明书、不使用工具就能脱开的辅助装置(如液压油泵或空气压缩机)应置于脱开位置。否则,应使之在最小负荷下运转。

拖拉机配重需经制造厂确认用于农业用途。

每个轮胎承受的静载荷(包括轮胎内的液体配重和代替驾驶员的75 kg的重物)和轮胎气压均应在轮胎制造厂规定的限值内。测量气压时轮胎气门嘴应位于最低位置。

拖拉机试验时,发动机所用燃油应符合JB/T 7282的规定。

拖拉机所用润滑油应符合制造厂或JB/T 7282规定的润滑油的类型和黏度级别。如果使用其他品种的润滑油,应明确给出它们用在何处的详细信息(如使用在发动机、传动系等)。

在每种工况开始测量前,拖拉机都应达到稳定的运转状态。

4.1.2　测量单位和允许误差

确定牵引效率时使用的测量单位和允许测量误差应按GB/T 3871.9—2006的要求。

4.1.3　试验环境条件

功率的测值无需进行环境状态或其他因素方面的任何修正。大气压力应不低于96.6 kPa。如受海拔条件限制不能达到要求的大气压,允许调整燃油泵,详情应记入试验报告中。

4.1.4　燃油消耗

调整燃油测量装置,使在喷油泵处的油压相当于拖拉机油箱一半燃油时所具有的油压。燃油温度

应相当于拖拉机满负荷运转 2 h 后油箱出口的燃油温度，试验过程中应限制油温的变化。测量燃油消耗率时，拖拉机应直线持续行驶至少 20 m 的距离或维持 20 s 的距离(取两者中时间较长者)。

用容积法测量燃油耗时，应按某一燃油温度的密度计算单位功的油耗质量。通常按 15 ℃时的燃油密度计算容积值。

用质量法测量燃油耗时，用 15 ℃时的燃油密度计算容积值。

4.2 测试步骤

4.2.1 一般要求

拖拉机牵引效率测定应在下列路面之一的路面上进行：

a) 清洁、水平、干燥，接缝应尽可能少的混凝土路面或柏油碎石路面；

b) 移动路面(转鼓或转鼓试验台)上的试验结果应和上述路面上得到的结果具有可比性。

试验报告中应记录试验路面的类型。如果使用转鼓，则应记录转鼓直径。

拖拉机的前进速度超过试验设备的安全极限的挡次不进行试验。

牵引力应沿水平方向。牵引杆的高度相对于拖拉机应保持不变并应使拖拉机在整个试验期间不失去控制。使用公式(1)计算牵引力的高度：

$$H_{\max}=\frac{0.8\times W\times Z}{F} \qquad \cdots\cdots(1)$$

式中：

W——前轮作用于地面的静载荷，单位为牛顿(N)；

Z——轴距，单位为毫米(mm)；

F——牵引力，单位为牛顿(N)；

$H_{\max}$——牵引力距离地面的静态高度，单位为毫米(mm)。

牵引试验开始时，在轮胎的中心线处测得的轮胎的胎纹高度应至少为全新轮胎的 65%。应按 GB/T 3871.9—2006 中附录 B 规定的方法和设备测量胎纹高。

拖拉机牵引试验时的环境温度应为 20 ℃±15 ℃。

驱动轮滑转率由公式(2)确定：

$$\delta=\frac{100(N_1-N_0)}{N_1} \qquad \cdots\cdots(2)$$

式中：

δ——滑转率；

N_1——在给定距离内驱动轮转过的总圈数；

N_0——拖拉机无牵引负载、以约 3.5 km/h 的速度行驶，在给定距离内驱动轮转过的总圈数。

轮胎的滑转率不能超过 15%。

4.2.2 牵引功率测试

4.2.2.1 总则

最大牵引功率应至少在能发挥拖拉机最大牵引力、滑转率不超过 15%的各个挡位上进行测定，找出发挥最大功率、但车速不超过 16 km/h 的挡。测量结果包括牵引功率、牵引力、速度、滑转率、油耗和环境状况。任何明显的轮胎跳动及相应的滑转率均应记入试验报告中。

4.2.2.2 拖拉机不带配重

本试验测定不带配重的拖拉机在一定挡位范围内各挡在牵引杆上提供的有效功率。试验应至少在比拖拉机能发出最大牵引功率的挡位高一个挡位到比能发挥最大牵引力的挡位低一个挡位之间的各挡位进行。

4.2.2.3 **拖拉机带配重**

本试验测定带配重的拖拉机进行牵引功率试验，配重应与厂方提供的技术参数中的规定一致，试验挡位应覆盖从最低挡位到比能发挥出最大功率挡位还高一个挡位的所有前进挡。

4.3 **牵引效率**

测得的拖拉机的最大牵引功率与拖拉机配套的发动机标定功率的比值即为牵引效率。

ICS 25.120.30
J 61

中华人民共和国国家标准

GB 25683—2010

钢液浇包 安全要求

Molten steel ladle—Safety requirements

2010-12-23 发布 2012-01-01 实施

中华人民共和国国家质量监督检验检疫总局
中国国家标准化管理委员会 发布

前　言

本标准的全部技术内容为强制性。

本标准按照 GB/T 1.1—2009 给出的规则起草。

本标准由中国机械工业联合会提出。

本标准由全国铸造机械标准化技术委员会(SAC/TC 186)归口。

本标准起草单位:青岛青力环保设备有限公司、青岛炉力环保冲天炉设备厂、威海工友铸造机械有限公司、青岛双捷金属结构有限公司、青岛中智达环保熔炼设备有限公司、青岛汉唐机械有限公司。

本标准主要起草人:于仁先、秦玉岐、迟英杰、王强辉、段金挺、于国华。

钢液浇包　安全要求

1　范围

本标准规定了钢液浇包的设计、制造和使用安全要求。

本标准适用于炼钢及铸造生产用钢液浇包(以下简称浇包)。

2　规范性引用文件

下列文件对于本文件的应用是必不可少的。凡是注日期的引用文件,仅注日期的版本适用于本文件。凡是不注日期的引用文件,其最新版本(包括所有的修改单)适用于本文件。

GB/T 699　优质碳素结构钢

GB/T 700　碳素结构钢

GB/T 985.1　气焊、焊条电弧焊、气体保护焊和高能束焊的推荐坡口

GB/T 985.2　埋弧焊的推荐坡口

GB/T 3077　合金结构钢

GB 5226.1　机械电气安全　机械电气设备　第1部分:通用技术条件

GB/T 9439　灰铸铁件

GB/T 9445　无损检测　人员资格鉴定与认证

GB/T 9969　工业产品使用说明书　总则

GB/T 11352　一般工程用铸造碳钢件

GB 12265.3　机械安全　避免人体各部位挤压的最小间距

GB/T 14776　人类工效学　工作岗位尺寸　设计原则及其数值

GB/T 15706.2—2007　机械安全　基本概念与设计通则　第2部分:技术原则

GB/T 16251　工作系统设计的人类工效学原则

GB/T 16856.1　机械安全　风险评价　第1部分:原则

GB/T 23583.1　钢液浇包　第1部分:型式与基本参数

GB/T 23583.2　钢液浇包　第2部分:技术条件

JB/T 1644　铸造机械　通用技术条件

JB/T 5000.15　重型机械通用技术条件第15部分:锻钢件无损探伤

JB/T 7688.15　冶金起重机技术条件　铸造起重机

JB/T 9873　金属切削机床　焊接件通用技术条件

3　重要危险项目

3.1　总则

下列重要危险项目是按GB/T 16856.1的规定,对本标准适用范围内的设备进行风险评估的结果。这些危险项目可能发生在设备按使用说明书规定的使用条件下或在运输、安装、调整、维修、拆卸等各个环节中。

3.2 机械危险

3.2.1 由浇包机械强度、稳定性达不到要求可能产生断裂、破裂、倾覆和不可预测的移动危险。
3.2.2 由浇包零部件及物体坠落或抛出产生的冲击危险。
3.2.3 由浇包的表面、边缘或棱角产生的刺伤或割伤危险。
3.2.4 由高空作业或在设备周围产生的跌落、滑倒、绊倒危险。
3.2.5 由不当操作造成的耐火材料破裂、零部件损坏失效导致浇包脱落、倾覆危险。
3.2.6 由吊运设备配置不当造成的浇包升降失灵引起的浇包脱落倾覆危险。
3.2.7 清理包衬时，由于包衬粘挂的钢、渣造成的刺伤或割伤危险及其与包衬脱落产生的砸伤危险。
3.2.8 由浇包吊运过程中对人身产生的碰撞、挤压危险。
3.2.9 由于浇包操作环境狭窄产生的挤压伤害危险。
3.2.10 由浇包操作工具和材料不当放置和不当使用产生的碰伤、摔伤危险。

3.3 电气危险

3.3.1 由电气系统产生的触电危险。
3.3.2 由电气系统失灵产生的浇包意外运动引起的危险。
3.3.3 由电器故障引起的火灾危险。

3.4 热危险

3.4.1 由钢液泄漏、飞溅、火焰及热辐射所产生的灼伤、烫伤和烧伤危险。
3.4.2 由高温包体引起的烫伤危险。
3.4.3 由钢渣引起的烫伤、烧伤和火灾危险。

3.5 其他危险

3.5.1 由烟尘和有害气体引起的吸入和中毒危险及妨碍正常操作导致的其他危险。
3.5.2 由水蒸气引起的灼伤、烫伤危险。
3.5.3 由钢液表面光辐射引起的视觉损伤危险。
3.5.4 浇包设计时忽略人类工效学原则而产生的危险。
3.5.5 由于未采用个人防护措施而产生的危险。
3.5.6 由于向有积水或潮湿的地点倾倒钢液引起的爆炸危险。
3.5.7 由于向有积水或潮湿的浇包倾倒钢液或钢渣引起的爆炸危险。
3.5.8 由于钢液溅入包轴与轴承或吊钩间隙，导致操作故障产生的危险。

4 安全要求和措施

4.1 机械危险

4.1.1 浇包应符合 GB/T 23583.2 和 JB/T 1644 的规定，并按经规定程序批准的图样及技术文件制造。
4.1.2 浇包的桶体、吊攀、横梁、吊杆所用材料应符合 GB/T 700 的规定。
4.1.3 浇包包轴座所用材料应符合 GB/T 11352 的规定。
4.1.4 浇包中所用合金结构钢应符合 GB/T 3077 的规定。
4.1.5 包轴所用材料力学性能不应低于 35 号钢并应符合 GB/T 699 的规定。
4.1.6 齿轮箱所用铸铁件应符合 GB/T 9439 的规定，铸钢件应符合 GB/T 11352 的规定。

4.1.7 包轴加工后应进行探伤检查，探伤的要求应符合 JB/T 5000.15 的规定。检测人员应按 GB/T 9445 取得相关资质。

4.1.8 浇包所有焊接件的焊缝坡口均应符合 GB/T 985.1 和 GB/T 985.2 的要求，焊接质量应符合 JB/T 9873 的要求。

4.1.9 浇包应能自锁或锁定，锁定装置应安全可靠。

4.1.10 浇包吊攀凸肩与横梁下支承面应紧贴，当紧固螺栓不作用时应能承受 2 倍的额定负荷。

4.1.11 浇包主安全卡与吊杆两侧间隙之和不应大于 5 mm。

4.1.12 浇包的吊攀、吊杆的强度设计安全系数不应小于 10，横梁、包轴的强度设计安全系数不应小于 5。

4.1.13 浇包在 2 倍额定负载下操作不少于 5 次，不应出现异常现象。

4.1.14 滑动水口操作应灵活可靠，关闭后不应有钢液滴漏。

4.1.15 塞杆保护耐火材料应密封可靠，出钢口关闭后不应有钢液滴漏。

4.1.16 吊运浇包的设备应符合有关安全要求，吊运浇包行车应符合 JB/T 7688.15 的规定。

4.1.17 吊运浇包时，应与人员保持安全距离，并设置警示标识。

4.1.18 浇包构件应无锋利边角和毛刺。

4.1.19 修筑浇包时应设置安全平台和脚手架。

4.1.20 按规定工艺烘干浇包，包衬不应出现裂纹和缺损。

4.1.21 进入包内工作的人员应戴安全防护用品，现场应有两名以上工作人员。

4.1.22 浇包无吊挂放置时，应将横梁转至最低位置；横梁垂直放置时，应将吊杆用安全卡卡牢。

4.1.23 修包场地应有充足照明和通风设施；地面应有安全通道，工具和材料的放置不应阻碍安全通行。

4.1.24 吊运中的浇包与人员的最小距离应符合 GB 12265.3 的规定。

4.1.25 浇包操作人员的工作岗位尺寸应符合 GB/T 14776 的规定。

4.2 电气危险

4.2.1 电气系统应符合 GB 5226.1 的要求。

4.2.2 与浇包接触的电器和电缆应有可靠的隔热和防钢液溅落装置，避免电器受浇包的热影响和钢液烧烫。

4.2.3 电器、电缆与浇包钢结构之间应有可靠的绝缘，避免浇包钢结构带电。

4.2.4 与浇包连接的电缆应有可靠固定和防折装置，避免连接处产生拉折破坏。

4.2.5 电动浇包在吊运前应先断电、拔下插头，浇注时再插好插头并送电。

4.2.6 与浇包连接的电缆不应在地面拖带。

4.2.7 修包用照明灯应采用 36 V 安全电压；电动工具的电缆应悬吊使用。

4.3 热危险的安全要求和措施

4.3.1 操作人员在使用浇包时应佩戴安全防护用品。

4.3.2 落放浇包要平稳，避免停放在可导致钢包倾斜的地方。

4.3.3 液面与包体顶部应留有一定的余隙高度，余隙高度应符合 GB/T 23583.1 的规定。

4.3.4 不应在可能导致飞溅伤害、热辐射伤害的地方倾倒钢液和钢渣。

4.3.5 不应使用包衬有裂纹的浇包。

4.3.6 清理包衬时，包衬温度不应高于 50 ℃。

4.3.7 在浇包操作的环境中应设置通风除尘装置，随时排除烟尘。

4.3.8 不应用水冷却炽热的浇包。

4.3.9 处理钢液应佩戴深色护目镜或防护面罩。

4.3.10 在浇包工作区域设置防护栏和警示牌，以防止非工作人员进入浇包工作区。

4.4 其他危险

4.4.1 在吊运过程中，应将安全卡卡牢吊杆，以确保桶体平稳安全。

4.4.2 浇包减速机构和底注机构要定期加高温润滑脂。

4.4.3 浇包的设计、制造与使用应符合 GB/T 16251 的要求。

4.4.4 浇包操作人员的个人安全防护用品的材质、结构应与工作条件适应，能有效防止危险因素对人体的伤害。

4.4.5 在电动浇包的电器安装部位明显处应设置防触电警告牌。

4.4.6 在浇包盛接钢液、倾倒钢液、清除包衬的地点设置明显的安全警告牌。

4.4.7 浇包倾转机构、吊环的结构应使操作方便省力。

4.4.8 浇包的减速器和包轴应设置防止钢液溅入的安全防护装置。

5 安全要求和措施的判定

5.1 总则

浇包应符合本标准第 4 章的规定，用几种判定方法时其结果应一致。判定方法如下：

5.2 判定方法 1 功能试验

通过安全功能试验检查浇包的功能是否满足要求。如果由于技术原因功能试验无法进行或者只能使用破坏性试验进行验证，则按 5.3、5.4 和 5.5 给出的方法。

5.3 判定方法 2 检测

借助检测仪器、仪表，优先选择现有的和标准化的测定方法，检查浇包是否满足要求。如果由于仪器设备和测定方法不能满足浇包安全检验或者安全要求和措施是定性的，则按 5.4、5.5 给出的方法。

5.4 判定方法 3 计算或查看图样

利用计算或图样来分析和检查浇包是否满足要求，对某些特定要求（如稳定性、重心位置、机械强度等）适用这种方法。如果仅通过计算或图样不能得出明确的结论，则按 5.5 给出的方法。

5.5 判定方法 4 观察

通过对规定零部件的目测测定，检查浇包是否达到规定的要求和性能。

注：观察包括检查或审查浇包的使用信息。

6 使用信息

6.1 警示信息

浇包的视觉信号（如灯光）、听觉信号（如音响）装置应符合 GB/T 15706.2—2007 中 6.3 的规定。

6.2 标志

6.2.1 标志、符号（象形图）、文字警告应符合 GB/T 15706.2—2007 中 6.4 和有关标准的规定。

6.2.2　浇包应标明下列信息

a）制造厂和供应商（必要时）的名称和地址；

b）制造年份；

c）名称型号；

d）出厂编号；

e）各种信号和警告装置、标志、文字警告；

f）浇包额定装载量；

g）浇包的总重量。

6.3　使用说明书

6.3.1　使用说明书应符合 GB/T 15706.2—2007 中 6.5 和 GB/T 9969 的规定。

6.3.2　使用说明书还应包括以下内容：

a）对浇包防护和安全装置的详细说明。

b）对用户应采用的安全装置提出要求。

c）浇包安全操作步骤及安全规程的详细说明，至少应包括以下内容：

——推荐使用的包衬材料的技术参数；

——包衬的清理、修补、砌筑与烘干的要求；

——浇包的浇注口零件和耐火构件的安装与更换；

——浇包的吊运、停放、钢液的盛装及浇注；

——其他安全操作要求（如安全检查、定期维护、停放地点、废钢液倾倒、与钢液接触的工具预热、修包和浇注地点通风等）。

d）操作者可能需要的其他保护的详细资料，如防护用品等。

e）在安装调试、故障检验、维护或维修及使用之前，为消除或减小风险，将浇包置于零机械状态时应遵循的详细步骤，及验证是否处于零机械状态的方法。

f）对故障诊断、排除方法及调整维修后再启动的详细说明。

g）维修和维护程序和要求的详细说明。

h）吊运说明。

i）关于保护措施和工作方式方面的使用限制。

ICS 53.100
P 97

中华人民共和国国家标准

GB 25684.1—2010

土方机械　安全
第1部分:通用要求

Earth-moving machinery—Safety—Part 1:General requirements

(ISO 20474-1:2008,MOD)

2010-12-23 发布　　2012-01-01 实施

中华人民共和国国家质量监督检验检疫总局
中国国家标准化管理委员会　发布

前　言

GB 25684 的本部分的 4.3.1.1、4.3.1.3、4.3.1.5、4.3.1.6、4.3.1.7、4.3.2.2、4.3.2.3、4.3.2.4、4.3.2.9、4.3.3、4.3.4、4.3.5、4.4.1、4.5、4.6、4.7、4.9、4.13.2、4.14、4.17.2、4.17.3、4.17.4、4.17.6、4.18、4.19.1、4.19.3、4.20、4.23 和 6.1 为强制性条款，其余为推荐性条款。

GB 25684《土方机械　安全》分为 13 个部分：

——第 1 部分：通用要求；

——第 2 部分：推土机的要求；

——第 3 部分：装载机的要求；

——第 4 部分：挖掘装载机的要求；

——第 5 部分：液压挖掘机的要求；

——第 6 部分：自卸车的要求；

——第 7 部分：铲运机的要求；

——第 8 部分：平地机的要求；

——第 9 部分：吊管机的要求；

——第 10 部分：挖沟机的要求；

——第 11 部分：土方回填压实机的要求；

——第 12 部分：机械挖掘机的要求；

——第 13 部分：压路机的要求。

本部分为 GB 25684 的第 1 部分。

本部分修改采用 ISO 20474-1:2008《土方机械　安全　第 1 部分：通用要求》(英文版)。

本部分根据 ISO 20474-1:2008 重新起草。在附录 A 中列出了本部分章条编号与 ISO 20474-1:2008 章条编号的对照一览表。

考虑到我国国情，在采用 ISO 20474-1:2008 时，本部分作了一些修改。有关技术性差异已编入正文中并在它们所涉及的条款的外侧页边空白处用垂直单线标识。在附录 B 中给出了这些技术性差异及其原因的一览表以供参考。

为便于使用，本部分作了下列编辑性修改：

——用小数点“.”代替作为小数点的“,”；

——删除了非国际单位制 bar 及相应的脚注；

——删除了国际标准的前言，修改了国际标准的引言和第 1 章；

——对 ISO 20474-3:2008 中引用的国际标准，用已被采用为我国的标准代替对应的国际标准；

——在参考文献中增加了 GB 25684.3、GB 25684.4、GB 25684.5、ISO/TS 20474-14:2008 和 EN 474-1:2006。

本部分的附录 C、附录 D 和附录 E 为规范性附录，附录 A 和附录 B 为资料性附录。

本部分由中国机械工业联合会提出。

本部分由全国土方机械标准化技术委员会(SAC/TC 334)归口。

本部分负责起草单位：天津工程机械研究院、三一重机有限公司、国家工程机械质量监督检验中心、浙江军联机械电子控股有限公司、福田雷沃国际重工股份有限公司、厦门厦工机械股份有限公司、天津移山工程机械有限公司、合肥振宇工程机械有限公司、陕西同力重工股份有限公司。

本部分参加起草单位：山推工程机械股份有限公司、广西柳工机械股份有限公司、中环动力(北京)重型汽车有限公司、山东山工机械有限公司、内蒙古北方重型汽车股份有限公司、郑州宇通重工有限公司、湘潭电机股份有限公司、徐州徐挖约翰迪尔机械制造有限公司、山东临工工程机械有限公司、莱茵检测认证服务(中国)有限公司、秦皇岛天业通联重工股份有限公司、长沙中联重工科技发展股份有限公司、江苏添福产品服务有限公司(TÜV)。

本部分主要起草人：阎堃、戴晴华、邸鹏远、韩茵、刘政、李蔚苹、段会文、耿跃海、范翠玲、察春光、林建荣、阮丽辉、刘艳芳、李来平、刘金玉、朱广辉、史勇、张怀亭、肖玲、霍威、刘瑞宁、陈伟康。

引　　言

GB 25684 的本部分是 GB/T 15706 定义的 C 类标准。

本部分的范围说明了涉及的机械以及所包含的危险、危险状态或危险事件的范围。

由于机器的设计和制造都遵循 C 类标准的要求，因此当 C 类标准的要求与 A 类或 B 类标准要求不同时，C 类标准的要求优先于其他标准。

土方机械 安全
第1部分:通用要求

1 范围

GB 25684的本部分规定了土方机械的通用安全要求。本部分的安全要求为两个或更多的土方机械族所共用。

本部分与GB 25684的其他部分保持关联。GB 25684的其他部分对特定的机器族给出了具体的规定,其具体要求优先于本部分关于机器的要求。对于多功能机器,应使用涵盖机器特定功能和用途的GB 25684的所有部分。

示例:对于具有挖沟功能的小型装载机,应使用GB 25684.1、GB 25684.3和GB 25684.10的相关要求。

本部分适用于GB/T 8498所定义的土方机械,也适用于机器附属装置及主要设计为使用工作装置进行卸载、装载、移动、运输、撒布土壤或平整土壤和岩石等的派生机器。

本部分规定了本范围的土方机械在制造商指定用途和预知的误操作条件下应用时,与其相关的所有重大危险、危险状态或危险事件;并规定了在使用、操作和维护中消除或降低重大危险、危险状态或危险事件引起的风险的技术措施。当机器主要动力源是电能时,本部分不涉及有关机器主电路和驱动器的电气危险。

本部分不适用于在本部分实施前制造的机器。

2 规范性引用文件

下列文件中的条款通过GB 25684的本部分的引用而成为本部分的条款。凡是注日期的引用文件,其随后所有的修改单(不包括勘误的内容)或修订版均不适用于本部分,然而,鼓励根据本部分达成协议的各方研究是否可使用这些文件的最新版本。凡是不注日期的引用文件,其最新版本适用于本部分。

GB/T 2883 工程机械轮辋规格系列(GB/T 2883—2002,ISO 4250-3:1997,Earth-mover tyres and rims—Part 3:Rims,MOD)

GB/T 2893.1 图形符号 安全色和安全标志 第1部分:工作场所和公共领域中安全标志的设计原则(GB/T 2893.1—2004,ISO 3864-1:2002,MOD)

GB/T 2893.2 图标符号 安全色和安全标志 第2部分:产品安全标签的设计原则(GB/T 2893.2—2008,ISO 3864-2:2004,MOD)

GB/T 3766 液压系统通用技术条件(GB/T 3766—2001,eqv ISO 4413:1998)

GB 4208 外壳防护等级(IP代码)(GB 4208—2008,IEC 60529:2001,IDT)

GB/T 8419 土方机械 司机座椅振动的试验室评价(GB/T 8419—2007,ISO 7096:2000,IDT)

GB/T 8498 土方机械 基本类型 识别、术语和定义(GB/T 8498—2008,ISO 6165:2006,IDT)

GB/T 8593.1 土方机械 司机操纵装置和其他显示装置用符号 第1部分:通用符号(GB/T 8593.1—2010,ISO 6405-1:2004,IDT)

GB/T 8593.2 土方机械 司机操纵装置和其他显示装置用符号 第2部分:机器、工作装置和附件的特殊符号(GB/T 8593.2—2010,ISO 6405-2:1993,IDT)

GB/T 8595—2008 土方机械 司机的操纵装置(ISO 10968:2004,IDT)

GB/T 10913 土方机械 行驶速度测定(GB/T 10913—2005,ISO 6014:1986,MOD)

GB/T 14781　土方机械　轮式机械的转向能力(GB/T 14781—1993,eqv ISO 5010:1992)

GB/T 15706.1　机械安全　基本概念与设计通则　第1部分:基本术语和方法(GB/T 15706.1—2007,ISO 12100-1:2003,IDT)

GB/T 15706.2　机械安全　基本概念与设计通则　第2部分:技术原则(GB/T 15706.2—2007,ISO 12100-2:2003,IDT)

GB 16710　土方机械　噪声限值

GB/T 16855.1　机械安全　控制系统有关安全部件　第1部分:设计通则(GB/T 16855.1—2008,ISO 13849-1:2006,IDT)

GB/T 16937　土方机械　司机视野　试验方法和性能准则(GB/T 16937—2010,ISO 5006:2006,IDT)

GB/T 17299　土方机械　最小入口尺寸(GB/T 17299—1998,idt ISO 2860:1992)

GB/T 17300　土方机械　通道装置(GB/T 17300—2010,ISO 2867:2006,IDT)

GB/T 17301　土方机械　操作和维修空间　棱角倒钝(GB/T 17301—1998,idt ISO 12508:1994)

GB/T 17771　土方机械　落物保护结构　试验室试验和性能要求(GB/T 17771—2010,ISO 3449:2005,IDT)

GB/T 17772　土方机械　保护结构的实验室鉴定　挠曲极限量的规定(GB/T 17772—1999,idt ISO 3164:1995)

GB/T 17920　土方机械　提升臂支承装置(GB/T 17920—1999,idt ISO 10533:1993)

GB/T 17921　土方机械　座椅安全带及其固定器　性能要求和试验(GB/T 17921—2010,ISO 6683:2005,MOD)

GB/T 17922—1999　土方机械　翻车保护结构　试验室试验和性能要求(idt ISO 3471:1994)

GB/T 19929　土方机械　履带式机器　制动系统的性能要求和试验方法(GB/T 19929—2005,ISO 10265:1998,MOD)

GB/T 19933.2　土方机械　司机室环境　第2部分:空气滤清器的试验(GB/T 19933.2—2005,ISO 10263-2:1994,IDT)

GB/T 19933.3　土方机械　司机室环境　第3部分:司机室增压试验方法(GB/T 19933.3—2005,ISO 10263-3:1994,IDT)

GB/T 19933.4　土方机械　司机室环境　第4部分:司机室的空调、采暖和(或)换气试验方法(GB/T 19933.4—2005,ISO 10263-4:1994,MOD)

GB 20178　土方机械　安全标志和危险图示　通则(GB 20178—2006,ISO 9244:1995,MOD)

GB/T 20418　土方机械　照明、信号和标志灯以及反射器(GB/T 20418—2006,ISO 12509:1995,MOD)

GB/T 20953　农林拖拉机和机械　驾驶室内饰材料燃烧特性的测定(GB/T 20953—2007,ISO 3795:1989,Road vehicles,and tractors and machinery for agriculture and forestry—Determination of burning behaviour of interior materials,MOD)

GB/T 21152　土方机械　轮胎式机器　制动系统的性能要求和试验方法(GB/T 21152—2007,ISO 3450:1996,IDT)

GB/T 21154　土方机械　整机及其工作装置和部件的质量测量方法(GB/T 21154—2007,ISO 6016:1998,IDT)

GB/T 21155　土方机械　前进和倒退音响报警　声响试验方法(GB/T 21155—2007,ISO 9533:1989,IDT)

GB/T 21935　土方机械　操纵的舒适区域与可及范围(GB/T 21935—2008,ISO 6682:1986,IDT)

GB/T 21936　土方机械　安装在机器上的拖拽装置　性能要求(GB/T 21936—2008,ISO 10532:

1995,IDT)

GB/T 21938 土方机械 液压挖掘机和挖掘装载机动臂下降控制装置 要求和试验(GB/T 21938—2008,ISO 8643:1997,IDT)

GB/T 22355 土方机械 铰接机架锁紧装置 性能要求(GB/T 22355—2008,ISO 10570:2004,IDT)

GB/T 22356 土方机械 钥匙锁起动系统(GB/T 22356—2008,ISO 10264:1990,IDT)

GB/T 22359 土方机械 电磁兼容性(GB/T 22359—2008,ISO 13766:2006,IDT)

GB/T 25607—2010 土方机械 防护装置 定义和要求(ISO 3457:2003,IDT)

GB/T 25608 土方机械 非金属燃油箱的性能要求(GB/T 25608—2010,ISO 21507:2005,IDT)

GB/T 25609 土方机械 步行操纵式机器的制动系统 性能要求和试验方法(GB/T 25609—2010,ISO 17063:2003,IDT)

GB/T 25610 土方机械 自卸车车厢支承装置和司机室倾斜支承装置(GB/T 25610—2010,ISO 13333:1994,IDT)

GB/T 25614 土方机械 声功率级的测定 动态试验条件(GB/T 25614—2010,ISO 6395:2008,IDT)

GB/T 25615 土方机械 司机位置发射声压级的测定 动态试验条件(GB/T 25615—2010,ISO 6396:2008,IDT)

GB/T 25616 土方机械 辅助起动装置的电连接件(GB/T 25616—2010,ISO 11862:1993,IDT)

GB/T 25617 土方机械 机器操作的可视显示装置(GB/T 25617—2010,ISO 6011:2003,IDT)

GB/T 25622 土方机械 司机手册 内容和格式(GB/T 25622—2010,ISO 6750:2005,IDT)

GB/T 25624—2010 土方机械 司机座椅 尺寸和要求(ISO 11112:1995,IDT)

GB/T 25685.1 土方机械 监视镜和后视镜的视野 第1部分:试验方法(GB/T 25685.1—2010,ISO 14401-1:2009,IDT)

GB/T 25685.2 土方机械 监视镜和后视镜的视野 第2部分:性能准则(GB/T 25685.2—2010,ISO 14401-2:2009,IDT)

GB/T 25686 土方机械 司机遥控的安全要求(GB/T 25686—2010,ISO 15817:2005,IDT)

ISO 3411:2007 土方机械 司机的身材尺寸与司机的最小活动空间(Earth-moving machinery—Physical dimensions of operators and minimum operator space envelope)

ISO 12117-2:2008 土方机械 挖掘机保护结构的试验室试验和性能要求 第2部分:6 t以上挖掘机的滚翻保护结构(ROPS)[Earth-moving machinery—Laboratory tests and performance requirements for protective structures of excavators—Part 2:Roll over protective structures(ROPS) for excavators of over 6 t]

ISO/FDIS 15818:2009 土方机械 提升和捆系连接点 性能要求(Earth-moving machinery—Lifting and tying-down attachment points—Performance requirements)

ISO 15998:2008 土方机械 应用电子器件的机器控制系统(MCS) 功能性安全的性能准则和试验[Earth-moving machinery—Machine-control systems(MCS) using electronic components—Performance criteria and tests for functional safety]

3 术语和定义

GB/T 8498 和 GB/T 15706.1 确立的以及下列术语和定义适用于 GB 25684 的本部分。

3.1

土方机械 earth-moving machinery

使用轮胎、履带或步履的自行式或拖式机械,具有工作装置或附属装置(作业机具),或两者都有,主要用于土壤、岩石或其他物料的挖掘、装载、运输、钻孔、摊铺、压实或挖沟作业。

[GB/T 8498—2008,定义 3.1]

3.1.1

小型机器　compact machine

工作质量(按 GB/T 21154)等于或小于 6 000 kg 的小型挖掘机,或工作质量(按 GB/T 21154)等于或小于 4 500 kg 的其他土方机械。

3.1.2

派生机器　derivated machinery

安装改变其功能的工作装置和/或附属装置的土方机械。

3.2

附属装置　attachment

作业机具　working tool

为特定用途,安装在主机或工作装置上的部件或部件总成。

注:见 GB/T 18577.1、GB/T 18577.2 和 GB/T 21154。

3.3

附属装置联接支架　attachment bracket

使附属装置易于快速更换的装置。

3.4

物件吊运　object handling

需要借助人员或机器司机来完成挂吊钩、解吊钩或固定载荷,并通过使用起升附件进行起升、下降和运送载荷所组成的土方机械应用。

注 1:当为了吊装、解吊或稳定载荷时,如果不需要借助人而通过自动装置完成载荷卸载,那么该工作可视为通常的土方机械应用。

注 2:举例来说,如钢丝绳、链条或纺织带均是起升附件;如管子、容器等均是物件吊运中的载荷;如抓铲斗、蛤壳式抓铲斗、圆木钳、真空起升装置、磁性吸盘和货叉均是自动装置。

3.5

最大额定工作载荷[额定起重量]　maximum rated operating [lift] capacity

〈物件吊运〉处于最稳定的结构下(例如放下支腿),在制造商规定(例如:物件吊运额定能力表)的工作范围内的至少某一位置上所能起升的最大载荷。

注 1:术语"额定工作载荷"在 GB/T 10175.1 中定义,并用在 GB 25684.3 和 GB 25684.4 中。

注 2:术语"额定起重量"在 GB/T 13331 中定义,并用在 GB 25684.5 中。

4　安全要求和/或防护措施

4.1　一般要求

土方机械应符合本章中没有被 GB 25684 的其他部分的特定要求所修改的安全要求和/或防护措施。

另外,对于 GB 25684 的本部分未涉及的非重大的相关危险,机器应按 GB/T 15706(所有部分)的准则进行设计。

4.2　通道

4.2.1　一般要求

对司机位置和司机手册中描述的司机需进行日常维修的区域(见 GB/T 25607)应提供适当的通道装置。通道装置应符合 GB/T 17300 的规定。

通过适当的设计应使泥土对通道装置的影响尽可能小。

4.2.2 铰接式机器的通道

带铰接机架的机器处于完全铰接转向位置时，在通往司机位置的通道上，固定构件或部件与相关运动件之间应提供给下肢的最小间隙为 150 mm，如图 1 所示。

单位为毫米

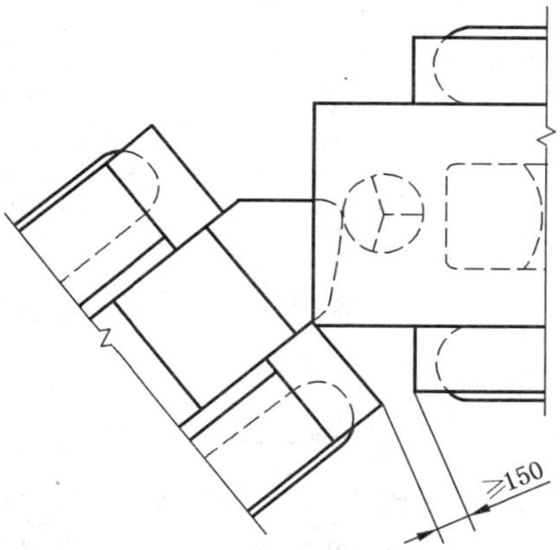

图 1 铰接转向机器通往司机位置处提供给下肢的最小间隙

4.3 司机操作位置

4.3.1 一般要求

4.3.1.1 机械设备

工作质量小于 1 500 kg 的机器可不配备司机室。

工作质量(见 GB/T 21154)大于或等于 1 500 kg 的机器应配备司机室，除非可预见的不利天气情况允许全年的操作，则可不配备司机室(制造商与用户协商)。

若机器用于有害健康的环境时，例如污染区(制造商与用户协商)，应安装司机室和防污系统，见4.14.1。

若存在如使用液压锤操作造成碎片飞溅的危险，宜安装例如耐冲击材料、网眼防护等防护装置或具有等效防护效果的防护装置。关于该工况下附加防护需要的说明应包括在司机手册中。

4.3.1.2 最小活动空间

司机的最小活动空间应符合 ISO 3411:2007 的规定。

司机位置的最小空间和操纵装置的位置应符合 GB/T 21935 的规定。

4.3.1.3 运动部件

应采取措施避免司机位置与运动部件(例如车轮、履带、工作装置和/或附属装置)的意外接触，并且该措施应符合 4.14 的相关条款。

4.3.1.4 发动机排气装置

发动机应从远离司机和司机室进气口的位置排出废气。

4.3.1.5 司机手册的贮存

应在司机位置旁设置一个安全存放司机手册或其他使用说明书的空间。如果司机室无法上锁或无司机室，则该空间应是可以锁住的。

4.3.1.6 锐边

司机位置处的司机工作空间，例如天花板、内壁、仪表面板及到司机位置的通道上不应出现任何外露的锐边或锐角。为避免锐角，圆角半径和锐边倒钝应符合 GB/T 17301 的规定(也见 4.14.6)。

4.3.1.7 硬管和软管

司机室内充满液体的硬管和软管由于压力(大于 5 MPa)、温度(大于 50 ℃)等因素的影响而引起的危险应加以防护，见 GB/T 25607—2010 中的第 9 章。

尽可能将硬管和软管放在司机室外。

在硬管或软管与司机之间提供的可改变如液体喷射方向的零件或部件视为有效的防护。

4.3.2 装有司机室的司机位置

4.3.2.1 气候条件

司机室应保护司机免受可预见的不利天气的影响。制造商应做好安装换气系统、可调式采暖系统及玻璃除霜系统的准备。具体要求见 4.3.2.5～4.3.2.7。

4.3.2.2 硬管和软管

见 4.3.1.7。

4.3.2.3 基本出入口

应提供一个基本出入口，其尺寸应符合 GB/T 17300 的规定。

4.3.2.4 备用出入口(紧急出口)。

应提供一个区别于主要出入口方向的备用出入口，其尺寸应符合 GB/T 17300 的规定。可以采用一个无需钥匙或工具即可开启或移动的窗户或另一个门。如果该出入口可以在无需钥匙或工具情况下从里面开启，可以使用插销。具有合适尺寸的可打碎的门窗玻璃面也可以视力适合的备用出入口。在此情况下，应在司机室内提供必要的逃生锤，该逃生锤应放在司机可及范围内。

当窗户用作紧急出口时应在上面做相应的标记(例如见 GB 18209.1—2000 中的图 8)。

4.3.2.5 采暖和换气系统

安装的采暖系统应符合以下规定之一：

a) GB/T 19933.4；

b) 通过计算确定采暖能力。

换气系统应能以不小于 43 m^3/h 的流量给司机室提供过滤的新鲜空气。滤清器应按 GB/T 19933.2进行试验。

注：依据预期的操作环境条件来选择滤清器元件。

4.3.2.6 除霜系统

装有司机室的机器应提供前后窗除霜装置，如通过采暖系统或专用除霜装置的方式。

注：GB/T 19933.5 给出了风窗玻璃除霜系统的试验方法。

4.3.2.7 增压系统

若提供带增压系统的司机室，该增压系统应按 GB/T 19933.3 中的规定进行试验，且提供的室内相对压力应不少于 50 Pa。

4.3.2.8 车门和车窗

车门、车窗和铰链板应安全地约束在其功能位置上，并采用措施防止其被意外打开。通过刚性约束装置使车门保持在其预期的工作位置。应将基本出入口保持安全敞开的位置设计为预期的工作位置，且从司机位置或司机入口平台处容易松开该约束位置。

车窗应装安全玻璃或其他具有相同安全性能的材料(例如见 GB 9656)。

天窗不需要额外的机械安全装置。

4.3.2.9 内部照明

司机室应安装一个固定的内部照明装置，并在发动机熄火后，该装置仍应起作用，以便能对司机位置进行照明和阅读司机手册。

4.3.3 滚翻保护结构(ROPS)

4.3.3.1 一般要求

对于具有坐姿司机位置的土方机械，当配备滚翻保护结构(ROPS)时，该 ROPS 应符合 GB/T 17922或 ISO 12117-2:2008 的规定。若 GB 25684 的其他部分声明对于顶篷式的特定机器族不需配备 ROPS，可允许预留 ROPS 固定点。

4.3.3.2 **派生机器的 ROPS**

对于派生机器，ROPS 的设计应考虑制造商规定最重配置下派生机器的工作质量(见 GB/T 21154)。

4.3.4 **落物保护结构(FOPS)**

预期在有落物危险场合使用的土方机械(除 GB/T 17771 中规定的例外)应做安装落物保护结构(FOPS)的设计。

当安装落物保护结构(FOPS)时，该 FOPS 应符合 GB/T 17771 的规定。

若 GB 25684 的其他部分规定需要提供 FOPS，制造商应按要求提供。

4.3.5 **举升司机位置**

见附录 C。

4.3.6 **司机保护结构的更换**

包括 ROPS、FOPS 及 TOPS(倾翻保护结构)等保护结构的任何部分若出现塑性变形或断裂(例如：受到因滚翻、落物冲击或倾翻)影响时，应按制造商司机手册的规定更换保护结构，也见 6.2。

4.4 **座椅**

4.4.1 **司机座椅**

4.4.1.1 **一般要求**

当机器需司机坐着操作时，应安装一个可调节的座椅，该座椅能在允许司机按预期工作条件下控制机器的位置上支撑司机。

4.4.1.2 **尺寸**

座椅的尺寸应符合 GB/T 25624 的规定。

4.4.1.3 **调节**

为适应司机身材而做的所有调节应符合 GB/T 25624 的规定，且在无需使用任何工具时，所有的调节操作应易于完成。

小型机器座椅调节应符合下列规定：

a) 座椅前后调节距离(见 GB/T 25624—2010 中表 1 的 l_2)不应少于 ±35 mm，或常用司机操纵装置可做相应的调节；

b) 不需要垂直调节(见 GB/T 25624—2010 中表 1 的 h_1)。

4.4.1.4 **振动**

司机座椅的减振能力应符合 GB/T 8419 的要求。

4.4.1.5 **约束系统**

装有 ROPS 或 TOPS(倾翻保护结构)的机器应配备满足 GB/T 17921 规定的司机约束系统。

4.4.2 **附加座椅**

4.4.2.1 **教练座椅**

如在司机位置旁安有教练用附加座椅，应给该座椅垫上衬垫并且该座椅应提供给教练足够大的空间，同时应为教练设置触手可及的扶手。

4.4.2.2 **副驾驶座椅**

对于特定的机器，如果需要安装副驾驶座椅，司机经常性和选择性的使用该座椅来完成机器的应用，则该座椅应满足 4.4 规定的座椅的要求及 4.3.3(ROPS)和 4.3.4(FOPS)中规定的安全结构的要求。

4.5 **司机的操纵装置和指示装置**

4.5.1 **一般要求**

机器和/或工作装置/附属装置的操纵装置(手动操纵杆、手柄、踏板、开关等)和指示装置的选择、设计、制造和布置应按 GB/T 8595 的规定，以使：

a) 它们便于接近,按 GB/T 21935 和 GB/T 8595 的规定;

b) 操纵装置中位应符合 GB/T 8595—2008 中 5.1.3 的要求;

c) 它们在司机位置易于识别(见 GB/T 8593.1 和 GB/T 8593.2),并在司机手册中(见 6.2)予以说明;

d) 触发功能的操纵装置的运动和显示器随时都应与预期的效果或通常做法一致;

e) 正常发动机熄火装置应在 GB/T 21935 规定的可及范围内;

f) 当按钮、手柄控制装置(见 GB/T 8595 给出的手柄要求)等操纵装置被设计和制造成具有执行机器多种功能时,应明确标识触发后的功能;

g) 对于非电器元件控制系统的有关安全功能,允许使用 GB/T 16855.1 中的准则或给出相似保护的方法。

4.5.2 起动系统

应提供带起动装置(如:钥匙)的土方机械起动系统,且该起动系统应符合 GB/T 22356 的规定或有类似的保护装置。

土方机械应设计为起动发动机不会给机器或其工作装置和/或附属装置带来危险运动。

4.5.3 意外操作

对因意外操作可能产生危险(特别是在司机进出司机位置时)的操纵装置,应按使风险降到最低的原则进行布置,或使其失效,或加以防护。使操纵失效的装置可以是自我激活也可由相关装置强行刺激激活。

4.5.4 踏板

踏板应有合适的尺寸、形状且它们之间留有足够的间距。踏板应有防滑表面并且易于清理。

若土方机械的踏板和汽车上的踏板有相同的功能(离合、制动和加速)时,为避免因混淆而导致的危险,踏板应以同样的方式进行布置。

4.5.5 附属装置紧急降落

如果发动机熄火,应能做到:

a) 工作装置/附属装置下降落到地面/机架上;

b) 从司机开动下降控制装置的位置可看到工作装置/附属装置下降;

c) 排除每一液压回路和气压回路中可能引起风险的残余压力。

降落附属装置的措施及排除残余压力的装置可位于司机操作位置外,且应在司机手册中进行说明。

4.5.6 失控运动

由于滑移或缓动(例如由泄漏引起)或当动力供给中断时,除司机控制操作外,机器和工作装置或附属装置从固定位置的移动应控制在不对暴露人群产生危险的范围内。

4.5.7 遥控装置

土方机械的司机遥控应符合 GB/T 25686 的规定。

4.5.8 控制仪表盘、指示器和符号

4.5.8.1 控制仪表盘

无论白天黑夜,司机应能从司机位置查看到必要的机器正常功能的指示,且应使炫光最小。

4.5.8.2 操纵仪表

机器的正常操作和安全用控制指示器应符合 GB/T 25617 中对安全色及有关事项的规定。

4.5.8.3 符号

土方机械用于操纵装置和其他显示装置的符号应符合 GB/T 8593.1 或 GB/T 8593.2 的规定。

4.5.9 接近地面的驾乘式机器的操纵

土方机械上操纵装置若接近地面,应提供使从地面操作操纵装置的可能性最小的措施。

示例:通过门、防护锁及联锁机构进行防护。

4.6 转向系统

4.6.1 一般要求

转向系统应确保转向操纵(按 GB/T 8595)与预期的转向方向一致。

4.6.2 橡胶轮胎式机器

前进/倒退行驶速度超过 20 km/h 的橡胶轮胎式机器的转向系统应符合 GB/T 14781 的规定。

4.6.3 履带式机器

前进/倒退行驶速度超过 20 km/h 的履带式机器的转向系统应是平缓的。

4.7 制动系统

机器应配置行车制动系统和停车制动系统,可安装辅助制动系统。按机器的预期使用,在所有行驶、装载、加速、越野和坡道条件下,各制动系统均应是有效的。

制动系统应符合以下要求:

a) 轮胎式机器应符合 GB/T 21152;

b) 履带式机器应符合 GB/T 19929;

c) 步行操纵式机器应符合 GB/T 25609。

4.8 可视性

4.8.1 司机视野

就机器预期使用中必要的行驶和作业区域而言,土方机械应设计为从司机位置上具有足够的可视性。性能准则应符合 GB/T 16937。

注 1:在所有的行驶和操作工况下试验可视性,符合 GB/T 16937 的行驶工况可视为具有代表性的。

土方机械应配备符合 GB/T 25685.1 和 GB/T 25685.2 规定的后视镜。

注 2:在预期使用的限制下,应测量安装最复杂标准附属装置的机器。

4.8.2 照明、信号和标志灯以及反射器

照明、信号和标志灯以及反射器应符合 GB/T 20418 的规定。

4.9 报警装置及安全标志(安全标签)

土方机械应安装:

a) 从司机位置控制的声讯报警装置(喇叭),试验程序和评定准则应符合 GB/T 21155 的规定;

b) 符合 GB 20178 的安全标志和危险图示。

4.10 轮胎及轮辋

橡胶轮胎式土方机械应采用符合其载荷性能和应用的轮胎及轮辋。

轮辋应有符合 GB/T 2883 的清晰标识。

4.11 稳定性

在司机手册中制造商规定的所有预期的作业条件下,设计和制造的带工作装置和/或附属装置和可选装置的土方机械应提供足够的稳定性。

用于增加土方机械在作业模式下稳定性的装置(如支腿、锁紧的摆动轴)应安装一个联锁装置,例如:如果发生软管失效或漏油的情况,也能保持其原有位置的单向阀。

4.12 物件吊运

4.12.1 物件吊运的起升装置

起升装置可以是固定式的,也可以是可移动式的。起升装置可以设置在铲斗上、动臂上或机器其他部分上,也可以作为独立装置,但应:

a) 按在常规土方作业中损坏风险最小化来设置和设计;

b) 设计防止载荷意外脱落的吊钩装置。

起升装置应符合附录 D 的要求。

4.12.2 下降控制装置

用于物件吊运工况的机器(见 GB 25684 的具体机器的其他部分)需安装符合 GB/T 21938 的动臂

下降控制装置。

4.13 噪声

4.13.1 降噪要求

4.13.1.1 设计阶段在声源处降噪

考虑技术进步，尤其在声源处降低噪声措施的有效性，机器在设计和制造时应将空中噪声的辐射引起的风险降低至最低等级。

在机器设计时，应考虑在声源处控制噪声的可行性信息及技术措施。推荐的低噪声机器设计方法参见 ISO/TR 11688-1:1995。

注 1：在机械噪声产生机构上，ISO/TR 11688-2:1998 给出了有用的信息。

注 2：对于土方机械，主要的噪声源是发动机、液压部件、冷却系统和履带式机器的底盘。在没有发射噪声要求时，发动机主要应符合排放标准的要求。土方机械的设计应考虑到发动机的发展，发动机的发展可保持一个相似等级的发射噪声，但是会产生更多的热量。

4.13.1.2 通过防护装置降噪

除 4.13.1.1 的规定外，建议通过配备防护措施/装置来降低噪声。

譬如，可应用以下措施：

a) 安装 4.3 中规定的司机室；

b) 封闭发动机和冷却系统；

c) 安装消音器。

4.13.2 发射噪声的测量

4.13.2.1 声功率级

不同种类土方机械的声功率级应按 GB/T 25614 进行测试，测得的声功率级应符合 GB 16710 的规定。

注：在设计阶段(见 4.13.1.1)，通过采取验证降噪措施的方法来获得测量的发射噪声值。

4.13.2.2 司机位置处的发射声压级

不同种类土方机械司机位置处的发射声压级应按 GB/T 25615 进行测试。

对于装有司机室的机器，司机位置处的 A 计权发射声压级应符合 GB 16710 的规定。

注：在设计阶段(见 4.13.1.1)，通过采取验证降噪措施的方法来获得测量的发射噪声值。

4.14 保护措施及装置

4.14.1 被污染的区域

如果在被污染的区域内使用土方机械，并存在危害，需采取特殊的预防措施保护司机以规避存在的危险(见 4.3.1.1)。

示例：空气滤清系统或司机给氧系统。

4.14.2 过热部件

按 GB/T 25607 的规定，为避免在接近基本出入口、操作位置及维修区域内与过热部件和/或表面接触，工作过程中可变热的部件应设计、制造、安装或配备热防护装置。

对于用于建立过热表面温度限值的人类工效学数据参见 ISO 13732-1:2006。

4.14.3 运动部件

为了使挤压、剪切和切削危险最小化，所有易造成危险的运动部件应设计、制造、安装或配备防护装置。

4.14.4 防护装置

设计的防护装置应安全地固定在其需要的位置上，并对通向危险的区域和危险存在的部件起到预防作用。

发动机罩板可视为防护装置。

防护装置应满足 GB/T 25607 的规定。

当打开可移动式防护装置时，它们都应同机器尽可能保持连接。

可移动式防护装置应安装支承装置(例如弹簧、气缸)以确保风速达到 8 m/s 时保持在敞开位置。

4.14.5 铰接机架锁紧装置

铰接式机器应安装符合 GB/T 22355 规定的铰接机架锁紧装置。

4.14.6 锐边和锐角

除附属装置区域外，在操作和日常维修期间所要接触的区域内的锐边与锐角应满足 GB/T 17301 规定的要求，也见 4.3.1.6。

4.14.7 挡泥板

设计速度(见 GB/T 10913)大于 25 km/h 的土方机械应配备符合 GB/T 25607 规定的挡泥板，以保护司机位置免受轮胎或履带弹出碎片的伤害。

4.15 救助、起吊、牵引和运输

4.15.1 普通用途

如机器结构允许，用以救助、捆系、起吊和牵引的装置可以是相同的。

注：见 ISO/FDIS 15818:2009。

4.15.2 救助

若安装救助点，则它们应满足 GB/T 21936 的要求。

4.15.3 捆系

捆系装置应符合 ISO/FDIS 15818:2009。

4.15.4 起吊

起吊装置应符合 ISO/FDIS 15818:2009。

4.15.5 牵引

若安装牵引装置或定位点，则它们应满足 GB/T 21936 的要求。

4.15.6 运输

在运输或行驶过程中可能产生危险的水平随动机构、支腿和其他可移动的装置应可靠锁定在其运输位置。

司机手册中应提供安全锁定装置的使用方法。

4.16 电磁兼容性(EMC)

土方机械应符合 GB/T 22359 规定的 EMC 要求。

4.17 电气和电子系统

4.17.1 一般要求

电气元件和导线应避免安装在使其损坏的环境中(应符合机器的使用)。电气元件所用绝缘材料应具有阻燃特性。导线穿过时，例如穿过机架和机罩，应避免磨损。

无过流保护装置的电线/导线不应直接与输送油料的硬管或软管接触。

使用电子部件的、与安全有关的机器控制系统应符合 ISO 15998:2008 及其他标准中同等安全保护的要求。

4.17.2 防护等级

根据电气和电子部件的位置/安装方式，下列防护等级是需要的：

a) 所有安装于机器外部或直接暴露于环境中的部件应至少有符合 IP55(按 GB 4208)的防护等级；

b) 司机室内安装的零部件或不暴露于外部环境的零部件，需要依据具体的条件来设计防护装置和执行正确功能的保护。

4.17.3 电路

为避免错误连接,用于在电气回路中连接部件的电线和导线应做有记号且明确标识。GB/T 22353可作为指导。

本要求不适用于防盗系统的电路。

4.17.4 过流保护装置

除起动电机、交流发电机及预热器外的电气设备均应加装过流保护装置(如:保险丝)或其他类似的保护装置。

4.17.5 蓄电池

蓄电池应可靠地固定在通风的空间,其位置应便于接近且电池应便于更换。蓄电池应装手柄和/或把手。

所设计和制造或加盖的蓄电池和/或蓄电池位置应能在机器翻车时,使蓄电池中的酸性物质或酸性蒸气对司机造成的危险最小。

带电零件(未连接机架)和/或连接器应用绝缘材料覆盖。

4.17.6 蓄电池断开

应能便于断开蓄电池,如:采用快速联结器或便于接近的切断开关。用于标识用的符号应使用ISO 7000:2004(见GB/T 8593.1)。

4.17.7 辅助起动设备的电连接件

如机器上装有辅助起动设备和动力供给用的电连接件,则连接件应符合GB/T 25616的规定。

4.17.8 照明用电源插座

为了连接维修用的照明装置,应在机器上安装电源插座,并便于接近。

插座的设计应防止错误的连接。

4.18 压力系统

4.18.1 一般要求

设计和制造压力设备时应使其能承受规定压力的负载,并按GB/T 3766的规定进行设计。

4.18.2 液压管路

硬管和软管应位于使其损坏最小的位置,并阻止与过热表面、锐边和其他危险源的接触。应能对软管和装置进行可视检查。本要求不包括位于机架里的硬管和软管。

4.18.3 液压软管

充满压力大于5 MPa液压油和/或温度超过50 ℃及布置在距离DLV(挠曲极限量,在GB/T 17772中定义)任何表面1.0 m范围内的液压软管应根据GB/T 25607的规定对其进行保护(也见4.3.2.2)。

任何可以改变液压油喷射方向的零件或部件视为有效的防护。

承受压力大于15 MPa的软管不应装有可再次使用的装置,除非它们需要使用专用工具(例如夹具)和土方机械制造商认可的配件。

4.19 燃油箱和液压油箱

4.19.1 一般要求

燃油箱和液压油箱应有液面指示器。当油箱内部的压力超过规定值时,相应的设备(通风口、安全阀等)应对其自动补偿。

4.19.2 加油口

油箱的加油口应:

a) 添加时便于接近;

b) 提供可上锁的加油口盖,位于可上锁的机罩(例如发动机罩)内部,或者仅能通过专用工具才能打开的加油口盖不需要可上锁的装置;

c) 布置在司机室外面,小型机器的液压油箱除外。

4.19.3 燃油箱

金属燃油箱应能承受 0.03 MPa 的内部压力，且无永久变形和渗漏。

非金属燃油箱应符合 GB/T 25608 的规定。

4.20 防火

4.20.1 阻燃

司机室内壁、内饰物和绝缘层以及使用绝缘材料的机器的其他部分应由阻燃材料制成。按 GB/T 20953进行试验，燃烧率不得超过 200 mm/min。

4.20.2 灭火器

工作质量大于 1 500 kg(见 GB/T 21154)的机器应具备一个用于存放灭火器的空间，且司机易于接近，或内置一个允许司机安全逃离机器的灭火系统。

4.21 附属装置及附属装置联接支架

附属装置及附属装置联接支架应符合附录 E 的要求。

4.22 维修

4.22.1 一般要求

机器的设计和制造应确保发动机熄火后能安全地进行日常润滑和维修操作。发动机运转时，若进行检查或维修，应在司机手册中描述其有关安全的程序。

用于维修的出入口应符合 GB/T 17299。

机器的设计应更适宜从地面进行润滑和油、水的加注。

4.22.2 日常维修

需要日常维修的部件(蓄电池、润滑装置、过滤器等)的检查与更换应便于接近。

机器上应配备用于盛放制造商建议的工具及备件的可上锁的工具箱。

4.22.3 支承装置

当工作装置处于起升位置才能对机器进行维修时，此类工作装置应按 GB/T 17920 采取机械的保护措施。

若是需要用于日常维修用的支承装置，则该支承装置应和机器永久连在一起或者贮存在机器上安全的地方。

应对发动机罩提供支承装置来保持其在打开的位置。

4.22.4 开启发动机罩

发动机罩应对未经许可的进入采用下列任一措施加以防护：

a) 锁定装置；

b) 需要使用工具或钥匙才能开启的装置；

c) 在可锁定的机罩(例如司机室)内设置防护闩操纵装置。

4.22.5 可倾斜式司机室支承装置

如果司机室含有用于维修或其他非运行用途的完整倾斜系统，则司机室或系统应安装有保持司机室在完全提升和倾斜状态下的支承装置。该系统应符合 GB/T 25610 的要求。

当司机室倾斜时，通过司机室内操纵装置触发的控制锁定系统可用于避免机器和工作装置/附属装置的意外移动。

4.23 后置绞盘

4.23.1 安装

使绞盘可靠地固定在机器结构上的装置应设计成能承受钢丝绳不发生永久变形时所施加的最大拉力的 2 倍。

LY 1289 可作为安装装置设计的指导。

4.23.2 **操纵装置**

绞盘的操纵装置应位于司机位置处，并符合 GB/T 8595 中的要求。

4.23.3 **保护**

若安装后置绞盘，应提供有关防护的措施。

安装后置绞盘的土方机械，在司机和绞盘之间应配备尺寸合适的防护网或钢丝最小直径 6 mm、网眼最大 45 mm×45 mm 的钢丝网，或采取等效防护措施。

LY/T 1667 可作为设计的指导。

防护屏的宽度和高度至少应覆盖：

——后车窗，适合于配备司机室的机器；

——ISO 3411:2007 中图 4 规定的最小活动空间的后部，适合不配备司机室的机器。

5 安全要求和/或防护措施的验证

有必要检验 GB 25684 的本部分的要求是否和土方机械设计和制造结合在一起。通过以下一条或几条的组合可完成上述检验：

a) 测量；

b) 目测；

c) 适当时，按引用标准所规定的方法对有特殊要求的项目进行试验；

d) 通过对制造商持有的必需的文件的内容进行评估，例如，按标准要求制造的（如风窗玻璃）外购件证明。

6 使用信息

6.1 安全标志（安全标签）

安全标志应满足 GB 20178 的要求。

6.2 司机手册

司机手册应符合 GB/T 25622。

若安装绞盘，制造商应提供下列信息：

——绞盘的操作和安全使用；

——绞盘的最大拉力的标识。

6.3 机器标识

每台机器给出的信息应清晰且不易去除，应至少包括以下信息：

a) 制造商的名称；

b) 系列或类型的名称；

c) 序列号，例如 GB/T 25606 规定的 PIN；

d) 制造年度；

e) 工作质量，按 GB/T 21154，单位为千克（kg）。

附　录　A
（资料性附录）
GB 25684 的本部分章条编号与 ISO 20474-1:2008 章条编号对照

表 A.1 给出了 GB 25684 的本部分章条编号与 ISO 20474-1:2008 章条编号对照一览表。

表 A.1　GB 25684 的本部分章条编号与 ISO 20474-1:2008 章条编号对照

本部分章条编号	对应的 ISO 20474-1:2008 章条编号
—	4.3.2.5
4.3.2.5	4.3.2.6
4.3.2.6	4.3.2.7
4.3.2.7	4.3.2.8
4.3.2.8	4.3.2.9
4.3.2.9	4.3.2.10
4.13.1.1	—
4.13.1.2	—
—	4.19.4
4.23	4.24
—	4.24.1
4.23.1	4.24.2
4.23.2	4.24.3
4.23.3	4.24.4
—	6.3b)
6.3b)	6.3c)
6.3c)	6.3d)
6.3d)	—
6.3e)	—
附录 A	—
附录 B	—
附录 C	—
附录 D	—
附录 E	—
注：表中章条以外的本部分其他章条编号与 ISO 20474-1:2008 其他章条编号均相同且内容相对应。	

附 录 B
（资料性附录）
GB 25684 的本部分与 ISO 20474-1:2008 技术性差异及其原因

表 B.1 给出了 GB 25684 的本部分与 ISO 20474-1:2008 的技术性差异及其原因的一览表。

表 B.1 GB 25684 的本部分与 ISO 20474-1:2008 技术性差异及其原因

本部分的章条编号	技术性差异	原　因
2	增加引用了“GB/T 2893.1 图形符号 安全色和安全标志 第1部分:工作场所和公共领域中安全标志的设计原则(GB/T 2893.1—2004,ISO 3864-1:2002,MOD)”和“GB/T 2893.2 图标符号 安全色和安全标志 第2部分:产品安全标签的设计原则(GB/T 2893.2—2008,ISO 3864-2:2004,MOD)”; 增加引用了“GB/T 8419 土方机械 司机座椅振动的试验室评价(GB/T 8419—2007,ISO 7096:2000,IDT)”; 增加引用了“GB/T 16710 土方机械 噪声限值”; 删除“ISO 16528-1 锅炉和压力容器 第1部分:性能要求”和“ISO 16528-2:1998 锅炉和压力容器 第2部分:ISO 16528-1 要求履行规程”	该两项标准在增加的附录C的C.4中予以引用; 该标准在4.4.1.4中予以引用; 该标准在4.13.2.2中予以引用; 为适合我国国情,整条删除4.19.4,并相应删除对该两项标准的引用
3.1.2	删除国际标准中此条的注“注:对于欧洲经济区(EEA),在机械指令意义上,可改变机器功能和由司机装配的工作装置或附属装置或一个工作装置(在ISO 6016中定义)称为“可互换的装置”。”	因为欧盟的区域性要求不适合我国
4.2.1	删除国际标准中此条的“特定国家和/或区域的强制性规定见ISO/TS 20474-14。”	ISO/TS 20474-14 的特定国家和/或区域的要求不适合我国,故删除该段文字
4.3.1.1	删除国际标准中此条的“特定国家和/或区域的强制性规定见ISO/TS 20474-14。”; 在第4段中删除“依据风险评估”	ISO/TS 20474-14 的特定国家和/或区域的要求不适合我国,故删除该段文字; 我国目前尚无风险评估,因此删除有关风险评估的内容,适应我国标准的规定
4.3.1.2	删除国际标准中此条的“特定国家和/或区域的强制性规定见ISO/TS 20474-14。”; 在第1段中删除“且被4.3.2.5的规定所修改”	ISO/TS 20474-14 的特定国家和/或区域的要求不适合我国,故删除该段文字; 由于本部分采用国际标准时删除了4.3.2.5,因此该处删除对该条的引用
4.3.1.5	将国际标准中此条的“特定国家和/或区域的强制性规定见ISO/TS 20474-14。”替换为EN 474-1:2006中5.3.1.5的内容	由于国际标准未对此项要求作出规定,且考虑到司机手册或其他说明书的重要性,应对其贮存进行相关规定,因此采用ISO/TS 20474-14中特定国家和/或区域的欧盟要求

表 B.1(续)

本部分的章条编号	技术性差异	原　因
—	删除国际标准中 4.3.2.5	由于国际标准中该条只是欧盟有特定要求，而欧盟的要求又被 ISO 3411:2007所涵盖，且该要求已在4.3.1.2中进行了规定，故删除该条内容
4.3.2.6	删除国际标准中此条的“特定国家和/或区域的强制性规定见 ISO/TS 20474-14。”	ISO/TS 20474-14 的特定国家和/或区域的要求不适合我国，故删除该段文字
4.3.2.9	删除国际标准中此条的“特定国家和/或区域的强制性规定见 ISO/TS 20474-14。”	ISO/TS 20474-14 的特定国家和/或区域的要求不适合我国，故删除该段文字
4.3.3	将条的标题由“司机保护结构”改为“滚翻保护结构(ROPS)”	该条描述的内容均是滚翻保护结构(ROPS)，而司机保护结构即包含滚翻保护结构(ROPS)又包含落物保护结构(FOPS)
4.3.3.1	“座姿司机位置的土方机械应配备滚翻保护结构(ROPS)。该 ROPS 应符合 GB/T 17922 或 ISO 12117-2 的规定，二者选其一。”改为“对于具有坐姿司机位置的土方机械，当配备滚翻保护结构(ROPS)时，该 ROPS 应符合 GB/T 17922 或 ISO 12117-2:2008 的规定。”	适合我国国情，考虑到我国对于具有坐姿司机位置的土方机械尚不能完全配置 ROPS
4.3.5	将国际标准中此条的“特定国家和/或区域的强制性规定见 ISO/TS 20474-14。”替换为 EN 474-1:2006 中 5.3.5 的内容，相应增加有关举升司机位置要求的附录 C(按 EN 474-1:2006 中的附录 D)	由于国际标准未对此项要求作出规定，因此采用 ISO/TS 20474-14 中特定国家和/或区域的欧盟要求
4.4.1.4	将国际标准中此条的“特定国家和/或区域的强制性规定 ISO/TS 20474-14。”替换为 EN 474-1:2006 中 5.4.1.4 的内容，并将其欧盟标准用已被采用为我国的标准代替	由于国际标准未对此项要求作出规定，且我国已有相应标准GB/T 8419对司机座椅振动进行了规定，因此采用欧盟的特定要求
4.4.1.5	删除国际标准中此条的“特定国家和/或区域的强制性规定见 ISO/TS 20474-14。”	ISO/TS 20474-14 的特定国家和/或区域的要求不适合我国，故删除该段文字
4.5.1	删除国际标准中此条的“特定国家和/或区域的强制性规定见 ISO/TS 20474-14。”	ISO/TS 20474-14 的特定国家和/或区域的要求不适合我国，故删除该段文字
4.5.2	删除国际标准中此条的“特定国家和/或区域的强制性规定见 ISO/TS 20474-14。”	ISO/TS 20474-14 的特定国家和/或区域的要求不适合我国，故删除该段文字
4.7	国际标准中对辅助制动系统的安装为“应安装”，本部分为“可安装”； 删除国际标准中此条的“特定国家和/或区域的强制性规定见 ISO/TS 20474-14。”	由于我国大部分轮胎式机器不安装辅助制动系统，因此考虑到我国现状，对辅助制动系统的安装改为“可安装”； ISO/TS 20474-14 的特定国家和/或区域的要求不适合我国，故删除该段文字
4.8.1	删除国际标准中此条的“特定国家和/或区域的强制性规定见 ISO/TS 20474-14。”	ISO/TS 20474-14 的特定国家和/或区域的要求不适合我国，故删除该段文字

表 B.1（续）

本部分的章条编号	技术性差异	原　因
4.8.2	删除国际标准中此条的“特定国家和/或区域的强制性规定见 ISO/TS 20474-14。”	ISO/TS 20474-14 的特定国家和/或区域的要求不适合我国，故删除该段文字
4.9	删除国际标准中此条的“特定国家和/或区域的强制性规定见 ISO/TS 20474-14。”	ISO/TS 20474-14 的特定国家和/或区域的要求不适合我国，故删除该段文字
4.10	删除国际标准中此条的“特定国家和/或区域的强制性规定见 ISO/TS 20474-14。”	ISO/TS 20474-14 的特定国家和/或区域的要求不适合我国，故删除该段文字
4.11	将国际标准中此条的“特定国家和/或区域的强制性规定见 ISO/TS 20474-14。”替换为 EN 474-1:2006 中 5.11 的内容	由于国际标准未对此项要求作出规定，因此采用 ISO/TS 20474-14 中特定国家和/或区域的欧盟要求
4.12.1	将国际标准中此条的“特定国家和/或区域的强制性规定见 ISO/TS 20474-14。”替换为 EN 474-1:2006 中 5.12.1 的起升装置应符合相应附录的要求，相应增加有关物件吊运用起升装置要求的附录 D(按 EN 474-1:2006中的附录 E)	因为起升装置对于确保土方机械起升工况的安全与稳定是必需的，且国际标准未对此项要求作出规定，因此采用 ISO/TS 20474-14 中特定国家和/或区域的欧盟要求
4.13.1	将国际标准中此条的“特定国家和/或区域的强制性规定见 ISO/TS 20474-14。”替换为 EN 474-1:2006 中 5.13.1 的内容	由于国际标准未对此项要求作出规定，且降噪措施对于指导厂家具有较重要的作用，因此采用 ISO/TS 20474-14 中特定国家和/或区域的欧盟要求
4.13.2.1	增加“测得的声功率级应符合 GB 16710 的规定”	由于我国对土方机械的噪声限值有强制性国家标准 GB 16710《土方机械　噪声限值》进行规定，因此本部分中测得的声功率级也应符合 GB 16710 的规定
4.13.2.2	将“对于装有司机室的机器，司机位置处的 A 计权发射声压级不应超过 85 dB。”替换为“对于装有司机室的机器，司机位置处的 A 计权发射声压级应符合 GB 16710 的规定。”	由于我国对土方机械的噪声限值有强制性国家标准 GB 16710《土方机械　噪声限值》进行规定，因此本部分中测得的司机位置处的 A 计权发射声压级也应符合 GB 16710 的规定
4.14.2	删除国际标准中此条的“特定国家和/或区域的强制性规定见 ISO/TS 20474-14。”	ISO/TS 20474-14 的特定国家和/或区域的要求不适合我国，故删除该段文字
4.14.4	将国际标准中此条的“特定国家和/或区域的强制性规定见 ISO/TS 20474-14。”替换为 EN 474-1:2006 中 5.14.4 的内容，并将其欧盟标准用已被采用为我国的标准代替	由于如发动机罩板或关于防护装置防风等要求对于防护装置具有较重要的意义，因此采用 ISO/TS 20474-14 中特定国家和/或区域的欧盟要求
4.14.7	删除国际标准中此条的“特定国家和/或区域的强制性规定见 ISO/TS 20474-14。”	ISO/TS 20474-14 的特定国家和/或区域的要求不适合我国，故删除该段文字
4.15.2～4.15.5	删除国际标准中此条的“特定国家和/或区域的强制性规定见 ISO/TS 20474-14。”	ISO/TS 20474-14 的特定国家和/或区域的要求不适合我国，故删除该段文字
4.16	删除国际标准中此条的“特定国家和/或区域的强制性规定见 ISO/TS 20474-14。”	ISO/TS 20474-14 的特定国家和/或区域的要求不适合我国，故删除该段文字

表 B.1（续）

本部分的章条编号	技术性差异	原　　因
4.17.2	删除国际标准中此条的“特定国家和/或区域的强制性规定见 ISO/TS 20474-14。”	ISO/TS 20474-14 的特定国家和/或区域的要求不适合我国，故删除该段文字
4.17.5	删除国际标准中此条的“特定国家和/或区域的强制性规定见 ISO/TS 20474-14。”	ISO/TS 20474-14 的特定国家和/或区域的要求不适合我国，故删除该段文字
4.18.1	删除国际标准中此条的“特定国家和/或区域的强制性规定见 ISO/TS 20474-14。”	ISO/TS 20474-14 的特定国家和/或区域的要求不适合我国，故删除该段文字
4.19.3	删除国际标准中此条的“特定国家和/或区域的强制性规定见 ISO/TS 20474-14。”	ISO/TS 20474-14 的特定国家和/或区域的要求不适合我国，故删除该段文字
—	删除国际标准有关压力容器的 4.19.4	由于我国的压力容器属于特种设备，有专门相应的法律法规和标准对其进行规定，本部分不再另行规定
4.21	将国际标准中此条的“特定国家和/或区域的强制性规定见 ISO/TS 20474-14。”替换为 EN 474-1:2006 中 5.21 的内容，相应增加有关附属装置及附属装置支架要求的附录 E(按 EN 474-1:2006 中的附录 B)	由于国际标准未对此项要求作出规定，且附属装置及附属装置联接支架属于整机的重要部件，应作出具体要求，因此采用 ISO/TS 20474-14 中特定国家和/或区域的欧盟要求
4.22.4	将国际标准中此条的“特定国家和/或区域的强制性规定见 ISO/TS 20474-14。”替换为 EN 474-1:2006 中 5.22.4 的内容	由于国际标准未对此项要求作出规定，且通过开启发动机罩进行维修是现阶段土方机械进行维修的主要方式之一，应作出具体要求，因此采用 ISO/TS 20474-14 中特定国家和/或区域的欧盟要求
4.22.5	删除国际标准中此条的“特定国家和/或区域的强制性规定见 ISO/TS 20474-14。”	ISO/TS 20474-14 的特定国家和/或区域的要求不适合我国，故删除该段文字
—	删除国际标准中关于土方机械在地下非爆炸环境中操作要求的 4.23	由于该项内容在我国标准化归口划分时不属于土方机械范畴
—	删除国际标准中有关绞盘一般要求的 4.24.1	ISO/TS 20474-14 的特定国家和/或区域的要求不适合我国，故删除该段文字
6.1	删除国际标准中此条的“特定国家和/或区域的强制性规定见 ISO/TS 20474-14。”	ISO/TS 20474-14 的特定国家和/或区域的要求不适合我国，故删除该段文字
6.2	删除国际标准中此条的“特定国家和/或区域的强制性规定见 ISO/TS 20474-14。”	ISO/TS 20474-14 的特定国家和/或区域的要求不适合我国，故删除该段文字
6.3	删除国际标准中此条的“特定国家和/或区域的强制性规定见 ISO/TS 20474-14。”； 删除关于强制性标识的要求； 增加制造年度和工作质量的要求	ISO/TS 20474-14 的特定国家和/或区域的要求不适合我国，故删除该段文字； 由于我国在土方机械方面无任何强制性标识，因此删除该内容； 由于制造年度和工作质量均是整机的主参数，因此将其增加到标识的内容中

附 录 C
（规范性附录）
举升司机位置的要求

C.1 一般要求

除举升高度外，带举升司机位置的机器应符合 4.3、4.4 和 4.5 的要求。司机位置处于最低位置时，其通道应符合 4.2 的要求。

在正常操作条件下，司机位置的举升和下降速度不应超过 0.6 m/s；在液压管路破裂时，不应超过 0.4 m/s。

如果只有在举升位置才能进行维修时，应提供机械支撑装置。该装置应能承受 2 倍于司机位置质量的力。

C.2 举升操纵装置

举升操纵装置应清晰地标记且防止无意的触发。

C.3 紧急降落

当动力源失效、发动机熄火或液压系统失效时，应能将司机降到最低位置（不管实际位置）或安全地离开该位置，例如台阶或阶梯。安全降低司机位置的操作可由司机室外的人员进行。

紧急降落操纵装置应作为安全装置，标记为红色。

C.4 挤压危险

机器主机架和举升位置的底部之间的危险区域应标记符合 GB/T 2893.1 的交错黄黑条和 GB/T 2893.2及 GB 20178 的警告标志示例。如果司机不能够直接看到举升位置和机架之间的危险区域时，应安装外视镜使司机在降低该位置时可看到该危险区域。

C.5 司机跌落的防护

如果机器在司机位置举升后及司机室门开着使用时，且存在跌落危险，则在该位置地板上方 700 mm的门入口处应提供安全带或保护装置（例如扶手、链条或皮带）。该装置可防止无意的打开。

C.6 举升位置的滚翻保护结构（ROPS）

当机器（例如挖沟机）上需安装 ROPS 时，GB/T 17922 及下列例外是适用的：

a) 司机位置的 ROPS 应视为是一个独立的 ROPS（ROPS 没有和机架连在一起）；
b) 仅 GB/T 17922—1999 中 6.3 的垂直加载试验适用于所有平面；
c) 就结构在一个或更多方向（前/后、左/右、上/下）上的对称设计而言，在该特定方向上仅需要一次试验；
d) GB/T 17922—1999 中的 8.8 不适用。

C.7 司机手册

司机手册中应包含举升位置的安全说明，例如：

a) 安全带的使用；
b) 行驶中的位置放置；
c) 紧急说明；
d) 用于维修的机械支撑装置的使用。

附　录　D
（规范性附录）
物件吊运用起升装置的要求

D.1　一般要求

本附录规定了用于物件吊运操作的土方机械上的起升装置有关强度、装配和操作的要求。

D.2　术语、定义和缩略语

D.2.1

起升装置　lifting device(s)

安装在土方机械附属装置(作业机具)或工作装置上的用于物件吊运的装置。

D.2.2

吊重装置　sling

例如链条、钢丝绳或纺织材料等起吊部件的总成，用于将载荷适当地连接到起升点的上端或下端。

D.2.3

额定起升载荷　rated lifting load(RLL)

起升装置设计的最大质量。

注：额定起升载荷不同于机器的额定起重量。

D.2.4

连接吊钩　attachable hook

通过焊接或螺栓连接用于固定到土方机械附属装置(作业机具)或工作装置上的部件。

D.3　安全要求

D.3.1　安装和固定

起升装置应位于可避免吊重装置无意识摘钩的土方机械的附属装置或其他零件上(试验见D.4.2)。

吊物与司机之间(吊重装置和起升装置相连的区域与司机之间)，应在附属装置和工作装置的位置处提供最佳的可视性。

起升装置的固定位置应避免其他机器零件使吊重装置偏离其垂直载荷，当吊重装置通过铲斗后壁(见图D.1)或直径足够大的圆形引导时除外。

起升装置的放置和形状应能防止吊重装置的意外脱出。

土方机械的其他零件不应对吊重装置产生危险，例如锐边。

起升装置应固定在可避免吊重装置所有危险的区域(例如挤压/剪切或旋转零件)内。

起升装置应位于易于连接吊钩和解开吊钩的位置上。

起升装置应位于土方机械正常操作时或物件吊运时无约束(例如束缚)的位置。

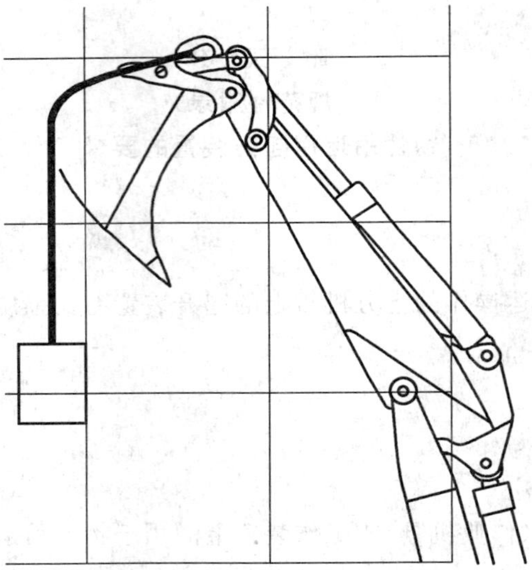

图 D.1　通过铲斗后壁引导的吊重装置

D.3.2　起升装置的设计和强度

D.3.2.1　机器制造商提供的起升装置

起升装置应设计可承受作用在附属装置任何位置或动臂部分的载荷。该载荷包括实际发生的侧向载荷或拉力。

D.3.2.2　附属装置(作业机具)制造商提供的起升装置

起升装置应具有下列能力：

a)　在垂直载荷方向[见图 D.2a)]施加 2.5 倍的 RLL,试验完成后无可见变形；

b)　在侧向载荷方向[见图 D.2b)]施加 1.5 倍的 RLL,试验完成后无可见变形。

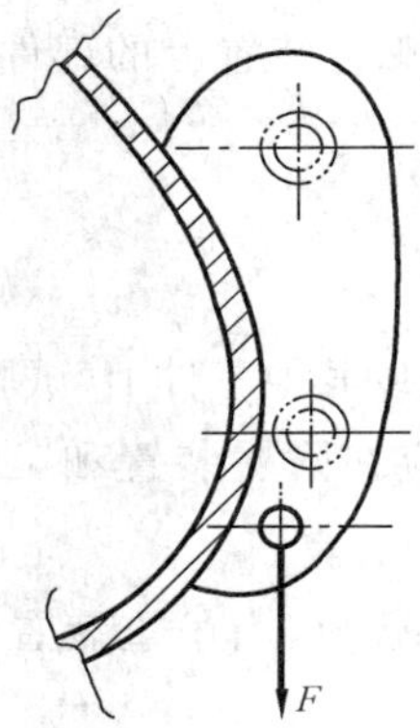

a) 垂直载荷方向

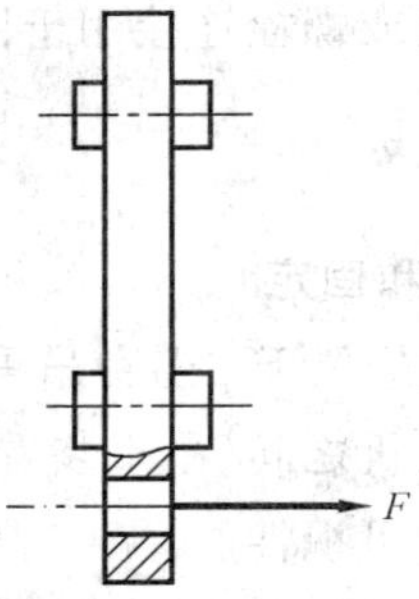

b) 侧向载荷方向

图 D.2　载荷方向

强度要求可通过试验或计算的方式进行验证。

D.4　制造商的试验

D.4.1　力学性能

起升装置的力学性能应按 D.3.2.1 或 D.3.2.2 规定的要求进行试验。

D.4.2　操作条件下的现场试验

若附属装置供应商提供了起升装置,则需要进行现场试验。

在现场试验中应检查下列与起升装置位置和功能有关的要求：

a) 在附属装置正常作业过程中不应引起危险或限制其性能；

b) 由外界影响引起的起升装置功能的限制（例如不能通过简单措施清洁的土地的极端污染）；

c) 由于最不利的铲斗/附属装置位置造成的吊重装置脱开。

D.5 作为起升装置使用的连接吊钩的附加要求

D.5.1 安全销

除非吊重装置或负载的意外脱落可通过其他结构措施进行预防（见图 D.3），否则应提供给连接吊钩一个安全销。应避免不利的吊钩位置造成安全销的损坏。

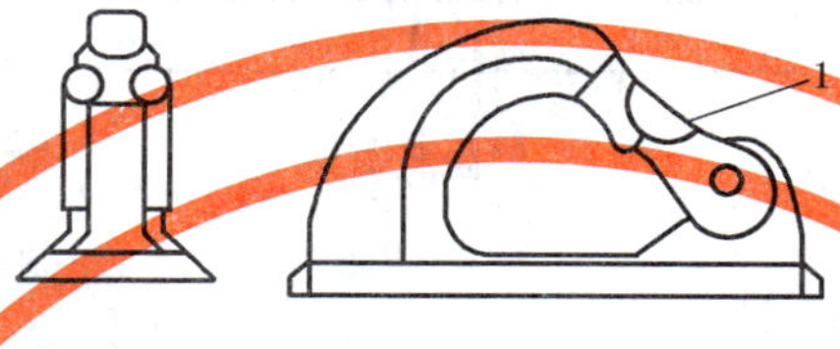

说明：

1——安全销。

图 D.3 安全销

D.5.2 设计和强度

D.5.2.1 连接吊钩

连接吊钩应设计或试验可承受在附属装置（作业机具）或工作装置上施加下述压力：

1) 在垂直载荷方向[见图 D.4a)]施加 4 倍的 RLL，可以接受变形，但载荷应保持住；

2) 在与垂直载荷方向垂直的方向[见图 D.4b)]施加 2.5 倍的 RLL，可以接受变形，但载荷应保持住；

3) 在侧向载荷方向[见图 D.4c)]施加 1.5 倍的 RLL，试验后无可见变形。

D.5.2.2 螺栓连接的吊钩

对于螺栓连接的吊钩，以下项目应按 D.5.2.1 的要求进行设计：

a) 螺栓尺寸；

b) 螺栓等级（例如 8.8 级）；

c) 中间板的通孔；

d) 内径孔距离。

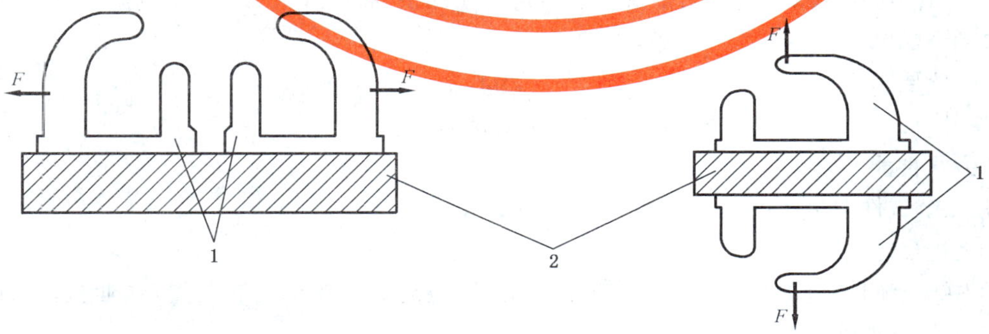

a) 垂直载荷方向试验　　b) 垂直于垂直载荷方向试验

图 D.4 载荷方向（试验台示例）

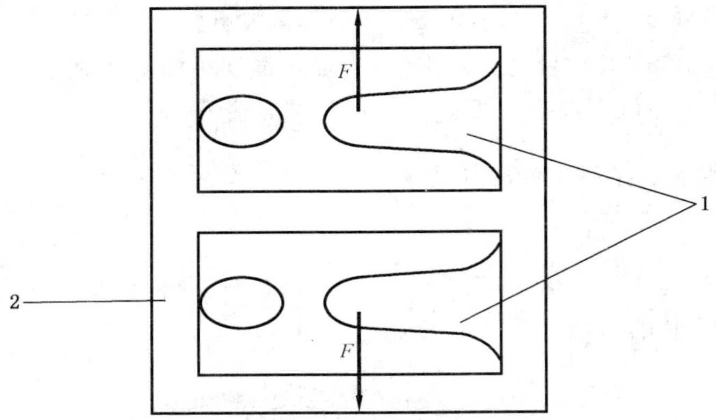

c）侧向载荷试验

说明：

1——焊接在试验基座上的牵引试验吊钩；

2——试验基座。

图 D.4（续）

D.5.3　连接吊钩的安装和固定

除 D.5.2 外，下列适用于连接吊钩：

对于每一个连接吊钩都应提供安装说明，对于焊接连接和螺栓连接方式，应包含下列信息：

a）　对于焊接式吊钩：

——允许的焊接法；

——焊接电极的类型；

——需要的焊接交叉区；

——最小的厚度、板材的质量及连接吊钩螺栓连接到板上的位置；

——预热和焊接位置的要求。

b）　对于螺栓式吊钩：

——螺栓必需的尺寸；

——螺栓必需的等级；

——必需的拧紧力矩；

——最小的厚度、板材的质量及连接吊钩螺栓连接到板上的位置。

D.5.4　力学性能试验

D.5.4.1　一般要求

除 D.4 外，还应做 D.5.4.2 和 D.5.4.3 规定的试验。

D.5.4.2　力学性能

应试验三个试件中最小的并且满足 D.5.2 的要求。

D.5.4.3　场地试验

D.4.2 中规定的场地试验适用于连接吊钩。此外，应对最不利的附属装置（作业机具）或工作装置位置造成安全销可能性的损坏进行检查。

D.5.4.4　验证

试验结果应在试验证书中注明，并包含发证日期和试验人员。

D.5.5　识别

起升装置应采用一种识别方式进行永久性标识，并按 D.2.3 定义的 RLL 标记。

D.6 操作手册

起升装置的制造商应提供操作手册，并且对于起升装置的使用，该手册应包括下列信息：

——起升装置预期的使用；

——载荷的安全挂钩；

——目测；

——起升装置周期性检查的建议。

此外，若起升装置的制造商不是机器的制造商，操作手册还应包括：

——有关用在各自机器范围及其工作装置和附属装置上起升装置正确尺寸的信息；

——安装和固定的使用说明(若必要，见 D.3.1 和 D.5.3)；

——用户进行场地试验(若必要，见 D.4.2 和 D.5.4.3)的使用说明。

附 录 E
（规范性附录）
附属装置及附属装置联接支架的要求

E.1 附属装置

E.1.1 一般要求

机器制造商应规定用于机器的附属装置的范围及建立附属装置安全装配和使用的基准。

用于物件吊运起升装置的要求在附录 D 中规定。

E.1.2 标识

在附属装置上应永久标记下列信息：

a) 制造商的名称和地址；

b) 类型命名(例如:零件号)；

c) 质量,单位为千克(kg)；

d) 工作回路压力(若相关时),单位为帕(Pa)；

e) 附属装置的能力(若相关时),例如,单位为立方米(m^3)。

E.1.3 使用说明

附属装置制造商应提供有关附属装置安装和使用的说明。

E.2 附属装置联接支架(快速联接)

E.2.1 锁定装置

附属装置联接支架应具有满足下列要求的锁定系统：

a) 锁定系统应通过刚性连接系统保持附属装置联接支架在锁定位置且在所有预期/正常操作条件下保持其是锁定的；

b) 应能从司机位置或者锁定操纵装置操作位置验证该锁定位置；

c) 误操作或连接力的丧失不应引起支架的脱开。

楔形锁定装置应提供连续的力(例如:开式回路的连续压力、液压蓄能器、压缩弹簧)来保持附属装置在其锁定位置。

E.2.2 操纵装置

对于附属装置联接支架液压操作的锁定和解锁装置的触发,最好提供单独的控制。

该操纵装置应安全的防护无意的触发(见 4.5.3)。

如果在一个操纵装置上触发是综合的,该操纵装置除附属装置联接支架锁定/解锁功能外还有其他功能,应满足下列要求：

a) 仅能通过两个独立操纵装置(保持至运行的所有类型)同时触发才能触发解锁功能;或

b) 对于解锁功能的触发次数,在连续操作中应有听觉信号。如果由于线路破裂造成的听觉信号功能失效时,附属装置联接支架应不能解锁。在每一次发动机起动时应检查听觉信号的正确功能。

应指出(具有选择性功能的)此类操纵装置的触发功能(见 4.5.3)。如果液压回路的机械开关(例如:球阀)过载时,从司机位置应能验证选择后的操作功能。应标记开关位置并在司机位置处清晰可见。

E.2.3 识别

如果附属装置联接支架没有和机器/工作装置刚性连接，则需要按E.1.2的规定进行标识。

E.2.4 使用说明

附属装置联接支架制造商应提供包括安装、锁定、检查程序的使用说明及在额定工作载荷下的影响。应详细描述锁定的检查程序及在需要工作循环检查程序下的安全预防措施。

参 考 文 献

[1] GB/T 8591—2000 土方机械 司机座椅标定点(eqv ISO 5353:1995).

[2] GB 9656—2003 汽车安全玻璃(ECE R43:2000,NEQ).

[3] GB/T 10175.1—2008 土方机械 装载机和挖掘装载机 第1部分:额定工作载荷的计算和验证倾翻载荷计算值的测试方法(ISO 14397-1:2007,IDT).

[4] GB/T 13331—2005 土方机械 液压挖掘机 起重量(ISO 10567:1992,IDT).

[5] GB/T 14574—2000 声学 机器和设备噪声发射值的标示和验证(eqv ISO 4871:1996).

[6] GB 15084—2006 机动车辆后视镜的性能和安装要求(ECE R46,MOD).

[7] GB 18209.1—2000 机械安全 指示、标志和操作 第1部分:关于视觉、听觉和触觉信号的要求(idt IEC 61310-1:1995).

[8] GB/T 18577.1—2008 土方机械 尺寸与符号的定义 第1部分:主机(ISO 6746-1:2003,IDT).

[9] GB/T 18577.2—2008 土方机械 尺寸与符号的定义 第2部分:工作装置和附属装置(ISO 6746-2:2003,IDT).

[10] GB/T 19886—2005 声学 隔声罩和隔声间噪声控制指南(ISO 15667:2000,IDT).

[11] GB/T 19933.5—2005 土方机械 司机室环境 第5部分:风窗玻璃除霜系统的试验方法(ISO 10263-5:1994,MOD).

[12] GB 20072—2006 乘用车后碰撞燃油系统安全要求(ECE R34,MOD).

[13] GB/T 21405—2008 往复式内燃机 发动机功率的确定和测量方法 排气污染物排放试验的附加要求(ISO 14396:2002,IDT).

[14] GB/T 22353—2008 土方机械 电线和电缆 识别和标记通则(ISO 9247:1990,IDT).

[15] GB/T 22358—2008 土方机械 防护与贮存(ISO 6749:1984,IDT).

[16] GB/T 24813—2009 8级链条用锻造环眼吊钩(ISO 7597:1987,Forged steel lifting hooks with point and eye for use with steel chains of grade T(8),IDT).

[17] GB/T 25606—2010 土方机械 产品识别代码系统(ISO 10261:2002,IDT).

[18] GB 25684.3—2010 土方机械 安全 第3部分:装载机的要求(ISO 20474-3:2008,MOD).

[19] GB 25684.4—2010 土方机械 安全 第4部分:挖掘装载机的要求(ISO 20474-4:2008,MOD).

[20] GB 25684.5—2010 土方机械 安全 第5部分:液压挖掘机的要求(ISO 20474-5:2008,MOD).

[21] LY 1289—2008 林业机械 车载式绞盘机 尺寸、性能和安全要求(ISO 19472:2006,IDT).

[22] LY/T 1667—2006 林业机械 驾驶员保护结构 实验室试验和性能要求(ISO 8084:2003,IDT).

[23] ISO 7000:2004 设备用图形符号 索引和一览表(Graphical symbols for use on equipment—Index and synopsis).

[24] ISO/TR 11688-1:1995 声学 低噪声机器和设备设计的推荐实用规程 第1部分:计划(Acoustics—Recommended practice for the design of low-noise machinery and equipment—Part 1:Planning).

[25] ISO/TR 11688-2:1998 声学 低噪声机器和设备设计的推荐实用规程 第2部分:低噪

声设计的物理工程说明(Acoustics—Recommended practice for the design of low-noise machinery and equipment—Part 2:Introduction to the physics of low-noise design).

[26] ISO 13732-1:2006 热环境的人类工效学 人对表面接触反应的评估方法 第1部分:热表面(Ergonomics of the thermal environment—Methods for the assessment of human responses to contact with surfaces—Part 1:Hot surfaces).

[27] ISO/TS 20474-14:2008 土方机械 安全 第14部分:国家和区域规定的信息(Earth-moving machinery—Safety—Part 14:Information on national and regional provisions).

[28] EN 474-1:2006 土方机械 安全 第1部分:通用要求(Earth-moving machinery—Safety—Part 1:General requirements).

[29] EN 791:1995 钻孔设备安全(Drill rigs—safety).

[30] FMVSS 205 玻璃材料(Glazing material).

[31] ANSI Z26.1 评价工作组(Review task force).

[32] JIS R3211 道路车辆用安全玻璃材料(Safety glazing materials for road vehicles).

[33] UNECE 关于汽车部件和零件认证采用统一条件进行认证和互认的协议(联合国欧洲经济委员会)[Agreement concerning the adoption of uniform conditions of approval and reciprocal recognition of approval for motor vehicle equipment and parts(United Nations Economic Commission for Europe)].

[34] ECE R43 附录5 关于安全玻璃和玻璃材料认证的统一规定(Uniform provisions concerning the approval of safety glazing and glazing material Uniformly-Toughened Glass Panes).

[35] ECE R43(修正2) 关于安全玻璃和玻璃材料及其在车辆上安装认证的统一规定(Uniform provisions concerning the approval of safety glazing and glazing materials and their installation on vehicles)(见 http://www.unece.org/trans/main/wp29/wp29regs/43rv2e.pdf).

ICS 53.100
P 97

中华人民共和国国家标准

GB 25684.2—2010

土方机械 安全
第2部分：推土机的要求

**Earth-moving machinery—Safety—
Part 2:Requirements for tractor-dozers**

(ISO 20474-2:2008,MOD)

2010-12-23 发布 2012-01-01 实施

中华人民共和国国家质量监督检验检疫总局
中国国家标准化管理委员会 发布

前　言

GB 25684 的本部分的 4.2、4.4 和 6.1 为强制性条款，其余为推荐性条款。

GB 25684《土方机械　安全》分为 13 个部分：

——第 1 部分：通用要求；

——第 2 部分：推土机的要求；

——第 3 部分：装载机的要求；

——第 4 部分：挖掘装载机的要求；

——第 5 部分：液压挖掘机的要求；

——第 6 部分：自卸车的要求；

——第 7 部分：铲运机的要求；

——第 8 部分：平地机的要求；

——第 9 部分：吊管机的要求；

——第 10 部分：挖沟机的要求；

——第 11 部分：土方回填压实机的要求；

——第 12 部分：机械挖掘机的要求；

——第 13 部分：压路机的要求。

本部分为 GB 25684 的第 2 部分，本部分应与第 1 部分配合使用。

本部分修改采用 ISO 20474-2:2008《土方机械　安全　第 2 部分：推土机的要求》(英文版)。

本部分根据 ISO 20474-2:2008 重新起草。

考虑到我国国情，在采用 ISO 20474-2:2008 时，本部分作了一些修改。有关技术性差异已编入正文中并在它们所涉及的条款的外侧页边空白处用垂直单线标识。在附录 B 中给出了这些技术性差异及其原因的一览表以供参考。

为便于使用，本部分作了下列编辑性修改：

——删除了国际标准的前言，修改了国际标准的引言和第 1 章；

——对 ISO 20474-2:2008 中引用的国际标准，用已被采用为我国的标准代替对应的国际标准；

——参考文献中增加了 ISO/TS 20474-14:2008 和 EN 474-2:2006。

本部分的附录 A 和附录 B 为资料性附录。

本部分由中国机械工业联合会提出。

本部分由全国土方机械标准化技术委员会(SAC/TC 334)归口。

本部分负责起草单位：天津工程机械研究院、厦门厦工机械股份有限公司、天津移山工程机械有限公司。

本部分参加起草单位：山推工程机械股份有限公司、河北宣化工程机械股份有限公司、郑州宇通重工有限公司、中国一拖集团有限公司、长沙中联重工科技发展股份有限公司。

本部分主要起草人：李广庆、李蔚苹、谢观福、察春光、刘建国、王新香、雷俊朝、崔惠。

引　言

GB 25684 的本部分是 GB/T 15706 定义的 C 类标准。

本部分的范围说明了涉及的机械以及所包含的危险、危险状态或危险事件的范围。

由于机器的设计和制造都遵循 C 类标准的要求，因此当 C 类标准的要求与 A 类或 B 类标准要求不同时，C 类标准的要求优先于其他标准。

土方机械　安全
第 2 部分：推土机的要求

1　范围

GB 25684 的本部分规定了轮胎式和履带式推土机及其后置绞盘的安全要求，并给出了推土机的图例(见附录 A)。

本部分与 GB 25684.1(规定了土方机械的通用安全要求)合并使用。本部分的特定要求优先于 GB 25684.1 的通用要求。

本部分适用于 GB/T 8498 定义的轮胎式和履带式推土机。

本部分规定了本范围的二方机械在制造商指定用途和预知的误操作条件下应用时，与其相关的所有重大危险、危险状态或危险事件；并规定了在使用、操作和维护中消除或降低重大危险、危险状态或危险事件引起的风险的技术措施。

本部分不适用于在本部分实施前制造的机器。

2　规范性引用文件

下列文件中的条款通过 GB 25684 的本部分的引用而成为本部分的条款。凡是注日期的引用文件，其随后所有的修改单(不包括勘误的内容)或修订版均不适用于本部分，然而，鼓励根据本部分达成协议的各方研究是否可使用这些文件的最新版本。凡是不注日期的引用文件，其最新版本适用于本部分。

GB/T 8419　土方机械　司机座椅振动的试验室评价(GB/T 8419—2007，ISO 7096:2000，IDT)

GB/T 8498　土方机械　基本类型　识别、术语和定义(GB/T 8498—2008，ISO 6165:2006，IDT)

GB/T 8590　推土机　术语(GB/T 8590—2001，eqv ISO 6747:1998)

GB/T 8593.2　土方机械　司机操纵装置和其他显示装置用符号　第 2 部分：机器、工作装置和附件的特殊符号(GB/T 8593.2—2010，ISO 6405-2:1993，IDT)

GB/T 8595　土方机械　司机的操纵装置(GB/T 8595—2008，ISO 10968:2004，IDT)

GB 20178　土方机械　安全标志和危险图示　通则(GB 20178—2006，ISO 9244:1995，MOD)

GB/T 21154　土方机械　整机及其工作装置和部件的质量测量方法(GB/T 21154—2007，ISO 6016:1998，IDT)

GB 25684.1—2010　土方机械　安全　第 1 部分：通用要求(ISO 20474-1:2008，MOD)

LY 1289　林业机械　车载式绞盘机　尺寸、性能和安全要求(LY 1289—2008，ISO 19472:2006，IDT)

ISO 3411:2007　土方机械　司机的身材尺寸与司机的最小活动空间(Earth-moving machinery—Physical dimensions of operators and minimum operator space envelope)

3　术语和定义

GB 25684.1 和 GB/T 8590 确立的以及下列术语和定义适用于 GB 25684 的本部分。

3.1

推土机　tractor-dozer

自行的履带式或轮胎式机械，其工作装置可安装推土装置，通过机器的前进运动进行铲土、推移和平整物料，也可安装用来产生推力或牵引力的附属装置。

[GB/T 8498—2008，定义 4.1]

4 安全要求和/或防护措施

4.1 一般要求

推土机应符合 GB 25684.1 中没有被本章特定要求所修改的安全要求和/或防护措施。

不要求安装悬挂式座椅。

4.2 司机座椅

GB 25684.1—2010 的 4.4.1 以及下述规定适用于 GB 25684 的本部分。

座椅应符合 GB/T 8419 规定的以下输入谱类：

——EM6 级：适用于按 GB/T 21154 规定的工作质量小于 50 000 kg 的履带式推土机；

——EM5 级：轮胎式推土机；

——对于工作质量大于或等于 50 000 kg 的履带式推土机，见 GB/T 8419。

4.3 后车窗

GB 25684.1—2010 的 4.3.2.6 和 4.3.2.8 以及下述规定适用于本部分：

——后车窗应做除霜的布置；

——后车窗应配备自动刮水器和洗涤器。

4.4 后置绞盘

4.4.1 安装

使绞盘可靠地固定在机器结构上的装置，应设计成能承受钢丝绳不发生永久变形时所施加的最大拉力的两倍。

LY 1289 可作为安装装置设计的指导。

4.4.2 操纵装置

绞盘的操纵装置应位于司机位置处，并符合 GB/T 8595 的规定。

4.4.3 保护

若安装后置绞盘，应提供符合 LY 1289 规定的司机防护措施。

安装后置绞盘的推土机，在司机和绞盘之间应配备尺寸合适的防护网或钢丝最小直径 6 mm、网眼最大 45 mm×45 mm 的钢丝网，或采取等效防护措施。

LY/T 1667 可作为设计的指导。

防护网的宽度和高度至少应覆盖：

——后车窗，适合于配备司机室的机器；

——ISO 3411:2007 中图 4 规定的最小活动空间的后部，适合不配备司机室的机器。

5 安全要求和/或防护措施的验证

GB 25684.1—2010 的第 5 章适用于 GB 25684 的本部分。

6 使用信息

6.1 安全标志(安全标签)

GB 25684.1—2010 的 6.1 适用于 GB 25684 的本部分，若安装绞盘则应使用符合 GB/T 8593.2 规定的符号，使用特定安全标志应符合 GB 20178 的规定。

6.2 司机手册

GB 25684.1—2010 的 6.2 适用于本部分，若安装绞盘则制造商应提供绞盘的操作和安全使用说明。

6.3 机器标识

GB 25684.1—2010 的 6.3 适用于本部分，若安装绞盘应对绞盘的最大拉力做出标识。

附 录 A
（资料性附录）
图 例

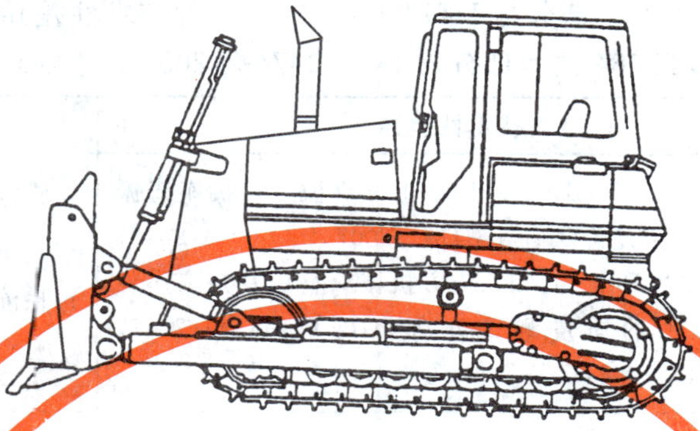

图 A.1 履带式推土机

图 A.2 轮胎式推土机

图 A.3 带松土器的履带式推土机

附 录 B
（资料性附录）
GB 25684 的本部分与 ISO 20474-2:2008 技术性差异及其原因

表 B.1 给出了 GB 25684 的本部分与 ISO 20474-2:2008 的技术性差异及其原因的一览表。

表 B.1 GB 25684 的本部分与 ISO 20474-2:2008 技术性差异及其原因

本部分的章条编号	技术性差异	原　因
2	增加引用了“GB/T 8419　土方机械　司机座椅振动的试验室评价(GB/T 8419—2007,ISO 7096:2000,IDT)”和“GB/T 21154　土方机械　整机及其工作装置和部件的质量测量方法(GB/T 21154—2007,ISO 6016:1998,IDT)”	由于规范性条文引用,故增加该两项标准
4.1	删除国际标准中此条的“如果选择安装悬挂式座椅,则特定国家和/或区域的强制性规定见 ISO/TS 20474-14。”	ISO/TS 20474-14 中未对安装悬挂式座椅进行规定
4.2	将国际标准中此条的“特定国家和/或区域的强制性规定见 ISO/TS 20474-14。”替换为 EN 474-8:2006 中 5.2 的内容	因司机座椅对于推土机具有较重要的意义,因此采用欧盟的特定要求增加此内容
4.3	将国际标准中此条的“特定国家和/或区域的强制性规定见 ISO/TS 20474-14。”替换为 EN 474-8:2006 中 5.3 的内容	因后车窗对于推土机具有较重要的意义,因此采用欧盟的特定要求增加此内容

参 考 文 献

[1] GB/T 15706.1—2007 机械安全 基本概念与设计通则 第1部分:基本术语和方法(ISO 12100-1:2003,IDT).

[2] GB/T 15706.2—2007 机械安全 基本概念与设计通则 第2部分:技术原则(ISO 12100-2:2003,IDT).

[3] GB/T 18577.1—2008 土方机械 尺寸与符号的定义 第1部分:主机(ISO 6746-1:2003,IDT).

[4] GB/T 18577.2—2008 土方机械 尺寸与符号的定义 第2部分:工作装置和附属装置(ISO 6746-2:2003,IDT).

[5] LY/T 1667—2006 林业机械 驾驶员保护结构 实验室试验和性能要求(ISO 8084:2003,IDT).

[6] ISO/TS 20474-14:2008 土方机械 安全 第14部分:国家和区域规定的信息(Earth-moving machinery—Safety—Part 14:Information on national and regional provisions).

[7] EN 474-2:2006 土方机械 安全 第2部分:推土机的要求(Earth-moving machinery—Safety—Part 2:Requirements for tractor-dozers).

ICS 53.100
P 97

中华人民共和国国家标准

GB 25684.3—2010

土方机械　安全
第3部分:装载机的要求

Earth-moving machinery—Safety—
Part 3: Requirements for loaders

(ISO 20474-3:2008, MOD)

2010-12-23 发布　　2012-01-01 实施

中华人民共和国国家质量监督检验检疫总局
中国国家标准化管理委员会　发布

前　言

GB 25684 的本部分的 4.3、4.5 和 4.6 为强制性条款，其余为推荐性条款。

GB 25684《土方机械　安全》分为 13 个部分：

——第 1 部分：通用要求；

——第 2 部分：推土机的要求；

——第 3 部分：装载机的要求；

——第 4 部分：挖掘装载机的要求；

——第 5 部分：液压挖掘机的要求；

——第 6 部分：自卸车的要求；

——第 7 部分：铲运机的要求；

——第 8 部分：平地机的要求；

——第 9 部分：吊管机的要求；

——第 10 部分：挖沟机的要求；

——第 11 部分：土方回填压实机的要求；

——第 12 部分：机械挖掘机的要求；

——第 13 部分：压路机的要求。

本部分是 GB 25684 的第 3 部分，本部分应与第 1 部分配合使用。

本部分修改采用 ISO 20474-3:2008《土方机械　安全　第 3 部分：装载机的要求》(英文版)。

本部分根据 ISO 20474-3:2008 重新起草。在附录 B 中列出了本部分章条编号与 ISO 20474-3:2008 章条编号的对照一览表。

考虑到我国国情，在采用 ISO 20474-3:2008 时，本部分作了一些修改。有关技术性差异已编入正文中并在它们所涉及的条款的外侧页边空白处用垂直单线标识。在附录 C 中给出了这些技术性差异及其原因的一览表以供参考。

为便于使用，本部分作了下列编辑性修改：

——删除了国际标准的前言，修改了国际标准的引言和第 1 章；

——对 ISO 20474-3:2008 中引用的国际标准，用已被采用为我国的标准代替对应的国际标准；

——参考文献中增加了 ISO/TS 20474-14:2008 和 EN 474-3:2006。

本部分的附录 A、附录 B 和附录 C 为资料性附录。

本部分由中国机械工业联合会提出。

本部分由全国土方机械标准化技术委员会(SAC/TC 334)归口。

本部分负责起草单位：天津工程机械研究院、厦门厦工机械股份有限公司、广西柳工机械股份有限公司、中国龙工控股有限公司。

本部分参加起草单位：福建晋工机械有限公司、山东山工机械有限公司、郑州宇通重工有限公司、徐工集团工程机械股份有限公司、山东临工工程机械有限公司、福田雷沃国际重工股份有限公司。

本部分主要起草人：吴润才、李蔚莘、李开亮、刘月英、黎士刚、刘艳芳、王新香、王新梅、马兴龙、王军伟、张泓。

引　言

GB 25684 的本部分是 GB/T 15706 定义的 C 类标准。

本部分的范围说明了涉及的机械以及所包含的危险、危险状态或危险事件的范围。

由于机器的设计和制造都遵循 C 类标准的要求，因此当 C 类标准的要求与 A 类或 B 类标准要求不同时，C 类标准的要求优先于其他标准。

土方机械 安全
第3部分:装载机的要求

1 范围

GB 25684的本部分规定了装载机的安全要求,并给出了装载机的图例(见附录A)。

本部分与GB 25684.1(规定了土方机械的通用安全要求)合并使用。本部分的特定要求优先于GB 25684.1的通用要求。

本部分适用于GB/T 8498定义的装载机。

本部分规定了本范围的土方机械在制造商指定用途和预知的误操作条件下应用时,与其相关的所有重大危险、危险状态或危险事件;并规定了在使用、操作和维护中消除或降低重大危险、危险状态或危险事件引起的风险的技术措施。

本部分不适用于在本部分实施前制造的机器。

2 规范性引用文件

下列文件中的条款通过GB 25684的本部分的引用而成为本部分的条款。凡是注日期的引用文件,其随后所有的修改单(不包括勘误的内容)或修订版均不适用于本部分,然而,鼓励根据本部分达成协议的各方研究是否可使用这些文件的最新版本。凡是不注日期的引用文件,其最新版本适用于本部分。

GB/T 5182 叉车 货叉 技术要求和试验方法(GB/T 5182—2008,ISO 2330:2002,IDT)

GB/T 8498 土方机械 基本类型 识别、术语和定义(GB/T 8498—2008,ISO 6165:2006,IDT)

GB/T 10175.1—2008 土方机械 装载机和挖掘装载机 第1部分:额定工作载荷的计算和验证倾翻载荷计算值的测试方法(ISO 14397-1:2007,IDT)

GB/T 10175.2 土方机械 装载机和挖掘装载机 第2部分:掘起力和最大提升高度提升能力的测试方法(GB/T 10175.2—2008,ISO 14397-2:2007,IDT)

GB/T 17300 土方机械 通道装置(GB/T 17300—2010,ISO 2867:2006,IDT)

GB/T 17771 土方机械 落物保护结构 试验室试验和性能要求(GB/T 17771—2010,ISO 3449:2005,IDT)

GB/T 17772 土方机械 保护结构的实验室鉴定 挠曲极限量的规定(GB/T 17772—1999,idt ISO 3164:1995)

GB/T 21154 土方机械 整机及其工作装置和部件的质量测量方法(GB/T 21154—2007,ISO 6016:1998,IDT)

GB/T 21935 土方机械 操纵的舒适区域与可及范围(GB/T 21935—2008,ISO 6682:1986,IDT)

GB/T 21942 土方机械 装载机和正铲挖掘机的铲斗 容量标定(GB/T 21942—2008,ISO 7546:1983,MOD)

GB/T 25604 土方机械 装载机 术语和商业规格(GB/T 25604—2010,ISO/DIS 7131:2007,MOD)

GB/T 25607 土方机械 防护装置 定义和要求(GB/T 25607—2010,ISO 3457:2003,IDT)

GB 25684.1—2010 土方机械 安全 第1部分:通用要求(ISO 20474-1:2008,MOD)

3 术语和定义

GB 25684.1 和 GB/T 25604 确立的以及下列术语和定义适用于 GB 25684 的本部分。

3.1

装载机 loader

自行的履带式或轮胎式机械，前端装有主要用于装载作业(用铲斗)的工作装置，通过机器向前运动进行装载或挖掘。

注 1：装载机的工作循环通常包括物料的装载、提升、运输和卸载。

注 2：派生机器，装载机也能用于派生工况(见 GB 25684.1—2010 中的 3.1.2)。

3.2

小型装载机 compact loader

工作质量(按 GB/T 21154)小于或等于 4 500 kg 的装载机，有较好的灵活性，适用于在狭小空间工作。

3.3

滑移转向装载机 skid steer loader

装载机的司机室通常位于工作装置与支承结构之间，装载机通过牵引驱动机器两侧对应的用固定轴连接的轮胎或履带，使两侧轮胎或履带产生速度差和/或不同的旋转方向来实现转向。

3.4

回转装载机 swing loader

装有回转式提升臂的装载机，该提升臂相对于中线位置可向左或向右回转一定的角度。

注：回转装载机的工作循环与装载机相似，但其可以偏离机器轨迹来完成附加的作业。

3.5

液压提升能力 hydraulic lift capacity

由 GB/T 10175.2 定义的液压回路工作压力限定，提升臂在任何位置上所能提升的最大质量。

4 安全要求和/或防护措施

4.1 一般要求

装载机应符合 GB 25684.1 中没有被本章特定要求所修改的安全要求和/或防护措施。

4.2 带前通道的装载机

带前通道的装载机的通道系统应符合 GB/T 17300 的规定。

4.3 司机座椅

GB 25684.1—2010 的 4.4.1 适用于 GB 25684 的本部分。

4.4 后车窗

GB 25684.1—2010 的 4.3.2.6 和 4.3.2.8 的后车窗要求适用于本部分。对于司机室在 SIP(司机座椅标定点)高度处的外侧宽度不大于 750 mm 的装载机，不要求安装电动刮水器和洗涤器。

4.5 保护

4.5.1 滚翻保护结构(ROPS)

GB 25684.1—2010 的 4.3.3 适用于本部分。

小型装载机还有以下附加条款：

当符合最小能量要求时，在定位轴 LA(SIP)(按 GB/T 17772)上部的挠曲极限量(DLV)部分允许侧向偏离或倾斜 15°(见图 1)，在 LA(SIP)下部的 DLV 部分可忽略不计。

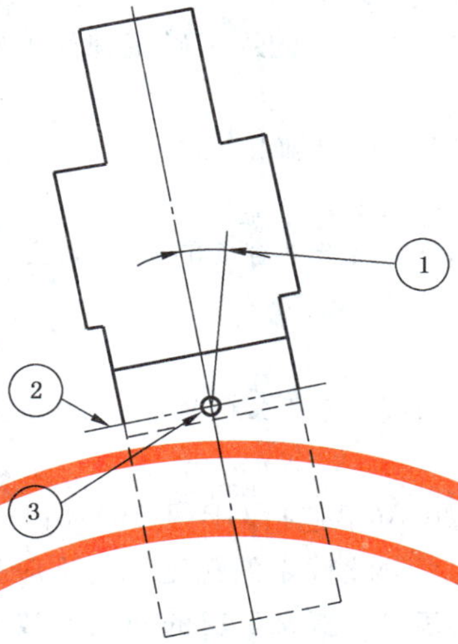

说明：
1——最大 15°；
2——定位轴 LA；
3——座椅标定点(SIP)。

图 1 挠曲极限量(DLV) 前视图

4.5.2 落物保护结构(FOPS)

GB 25684.1—2010 的 4.3.4 适用于本部分。

小型装载机还有以下附加条款：

工作质量不大于 700 kg(见 GB/T 21154)的机器，应做安装落物保护结构(FOPS)的设计。如安装 FOPS，则应符合 GB/T 17771 验收基准 I 的性能要求。

4.5.3 挡泥板

GB 25684.1—2010 的 4.14.7 不适用于带前通道的小型装载机。

4.5.4 司机的操纵装置和指示器

GB 25684.1—2010 的 4.5 适用于本部分。

带前通道的小型装载机还有以下附加条款：

对于装载机连杆系的提升与下降、机器行走和液压操纵的附属装置(例如：多用途铲斗)等操纵装置，当司机离开/进入司机操作间时，上述操纵装置应带有锁止机构(如用一个安全杆自动机械锁止或自动不起作用)。

4.5.5 带前通道的装载机的防护装置

带前通道的装载机应装备侧面保护装置，以防止司机坐在操作位置上接触到身体侧臂与机器固定部件之间的挤夹部位。防护装置的开口应符合 GB/T 25607 的规定。对于下肢，在 GB/T 21935 规定的可及区域内应具有相应的防护装置，防护装置距地板的最小高度为 200 mm。

4.5.6 带前通道机器的约束系统

GB 25684.1—2010 的 4.4.1.5 适用于本部分。

4.6 稳定性

4.6.1 一般要求

GB 25684.1—2010 的 4.11 以及下述 4.6.2～4.6.7 适用于本部分。

此后定义的所有额定提升能力都是基于机器置于水平硬实的支承地面上测量和计算的。

在确定额定工作载荷和附属装置尺寸(容量)时，应考虑载荷质量、密度、质心位置和附属装置及附属工作装置托架的质量(如安装时)。

液压胶管的爆破压力应为最大工作压力的4倍。

为确保足够的稳定性，应按4.6.2～4.6.7的规定确定预计工作条件下的额定工作载荷。

4.6.2 铲斗工况

额定工作载荷应按GB/T 10175.1—2008确定。

铲斗额定斗容量应按GB/T 21942确定。

注：对于特定工况选择铲斗时，要考虑质量、额定斗容量和物料的密度。

4.6.3 货叉工况

4.6.3.1 一般要求

额定工作载荷取决于货叉的使用情况，应按4.6.3.2～4.6.3.4确定。

4.6.3.2 额定载荷

倾翻载荷应按GB/T 10175.1—2008(不包括GB/T 10175.1—2008中5.1规定的稳定性)确定，并使货叉处于水平位置。按倾翻载荷的百分比确定的额定载荷不应超出表1规定的数值。

表1 货叉工况的稳定系数

地面条件	稳定系数			
	轮胎式装载机	轮胎式滑移转向装载机	履带式装载机	履带式滑移转向装载机
不平地面	60%	50%	35%	35%
水平硬实的地面	80%			
注：稳定系数为额定载荷占倾翻载荷的百分数。				

4.6.3.3 液压提升能力

与液压提升能力相关的液压回路，应能满足制造商已预见的所有工作位置下的额定载荷。

注：液压提升能力是货叉处于水平位置时，提升臂在任何位置上所能提升的最大质量。

4.6.3.4 额定工作载荷

额定工作载荷应为下列两者中的较小者：

——4.6.3.2规定的额定载荷；

——4.6.3.3规定的液压提升能力。

4.6.3.5 货叉尺寸

货叉臂尺寸根据表2给出的载荷质心距离D(见图2)选取。

货叉应符合GB/T 5182的要求。

表2 载荷质心距离

载荷 F/N	距离 D/mm
$F \leqslant 10\ 000$	400
$10\ 000 < F \leqslant 50\ 000$	500
$50\ 000 < F \leqslant 100\ 000$	600
$100\ 000 < F \leqslant 200\ 000$	900
$F > 200\ 000$	1 200

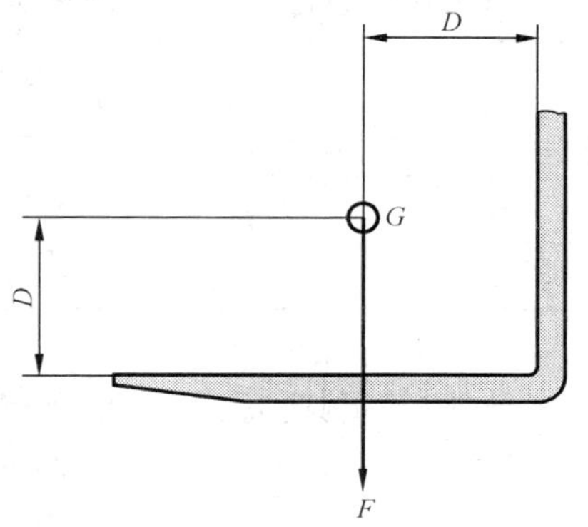

说明：

D——距离，单位为毫米(mm)；

F——载荷，单位为牛顿(N)；

G——质心。

图 2 货叉载荷质心距离

4.6.4 圆木装运工况

4.6.4.1 一般要求

圆木装运工况的额定工作载荷应按 4.6.4.2 和 4.6.4.4 确定。

4.6.4.2 额定载荷

配备圆木抓具装置的倾翻载荷应按 GB/T 10175.1—2008(不包括 GB/T 10175.1—2008 中 5.1 规定的稳定性)确定。按倾翻载荷的百分比确定的额定载荷不应超出表 3 规定的数值。

表 3 圆木装运工况的稳定系数

地面条件	稳定系数	
	轮胎式装载机	履带式装载机
不平地面	75%	50%
水平硬实的地面	85%	60%
注：稳定系数为额定载荷占倾翻载荷的百分数。		

4.6.4.3 液压提升能力

与液压提升能力相关的液压回路，应能满足制造商已预见的所有工作位置下的额定载荷。

4.6.4.4 额定工作载荷

额定工作载荷应为下列两者中的较小者：

——4.6.4.2 规定的额定载荷；

——4.6.4.3 规定的液压提升能力。

4.6.5 单件重物(非抓盘的单件重物)工况

4.6.5.1 一般要求

额定工作载荷取决于使用的单件重物操作装置(非抓盘的载荷)，并应按 4.6.5.2～4.6.5.4 确定。

4.6.5.2 额定载荷——运输方式

大块搬运附件(如石块叉)处于完全后倾和运载位置时，倾翻载荷应按 GB/T 10175.1 (GB/T 10175.1—2008 中 5.1 规定的稳定系数除外)确定：

——表 1 中的额定载荷能力仅适用于速度不大于 10 km/h；

——在水平硬实的地面上运行时，按这种方式确定的额定载荷(为倾翻载荷的百分比)，不应超过表 4 规定的数值。

表 4　运输方式中单件重物搬运的稳定系数

地面条件	稳定系数	
	轮胎式装载机	履带式装载机
水平硬实的地面	80%	60%
注：稳定系数为额定载荷占倾翻载荷的百分数。		

4.6.5.3　液压提升能力

与液压提升能力相关的液压回路，应能满足制造商已预见的所有工作位置下的额定载荷。

注：液压提升能力是石块叉处于水平位置时，提升臂在任何位置上所能提升的最大质量。

4.6.5.4　额定工作载荷

额定工作载荷应为下列两者中的较小者：

——4.6.5.2 规定的额定载荷；

——4.6.5.3 规定的液压提升能力。

4.6.5.5　搬运附属装置

附属装置的质心距离 D 按图 2 所示。

对于单件重物搬运附属装置标示的额定工作载荷，宜考虑采用载荷的交叉矩形图表形式，建议优选表 5 的规定。

表 5　载荷质心距离

载荷 F/N	距离 D/mm
$F \leqslant 100\,000$	600
$100\,000 < F \leqslant 200\,000$	900
$F > 200\,000$	1 200

4.6.6　物件吊运工况

4.6.6.1　一般要求

额定工作载荷取决于提升载荷的装置和附属装置的使用情况，并应按 4.6.6.2～4.6.6.4 确定。

4.6.6.2　额定载荷

载荷挂系在由制造商规定的吊钩装置实际承载点上，倾翻载荷应按 GB/T 10175.1—2008 确定。额定载荷(按倾翻载荷的百分比确定)应按 GB/T 10175.1—2008 中的 5.1 确定。

4.6.6.3　液压提升能力

与液压提升能力相关的液压回路，应能满足制造商已预见的所有工作位置下的额定载荷。

4.6.6.4　额定工作载荷

额定工作载荷应为下列两者中的较小者：

——4.6.6.2 规定的额定载荷；

——4.6.6.3 规定的液压提升能力。

4.6.7　其他工况

派生机器的额定载荷应由制造商按 4.6.2～4.6.6 给出的载荷规范确定，并应考虑类似的危险。

5　安全要求和/或防护措施的验证

GB 25684.1—2010 的第 5 章适用于 GB 25684 的本部分。

6　使用信息

GB 25684.1—2010 的第 6 章及下列对司机手册(GB 25684.1—2010 中的 6.2)的附加条款适用于

GB 25684 的本部分。

制造商应提供在以下工况，额定工作载荷或斗容量以及相应工作条件的信息：

——4.6.2 规定的铲斗工况；

——4.6.3 规定的货叉工况(如配备时)；

——4.6.4 规定的圆木装运工况(如配备时)；

——4.6.5 规定的单件重物工况(如配备时)；

——4.6.6 规定的物件吊运工况(如配备时)；

——4.6.7 规定的其他工况(如配备时)。

附　录　A
（资料性附录）
图　　例

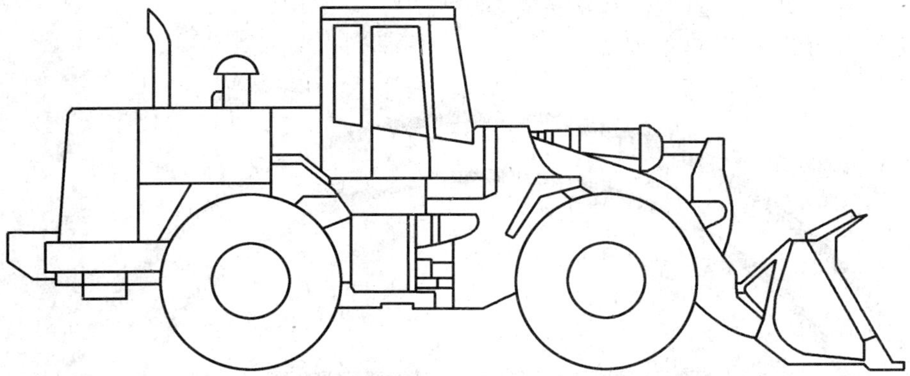

注：工作质量大于 4 500 kg 的轮胎式装载机。

图 A.1　轮胎式装载机

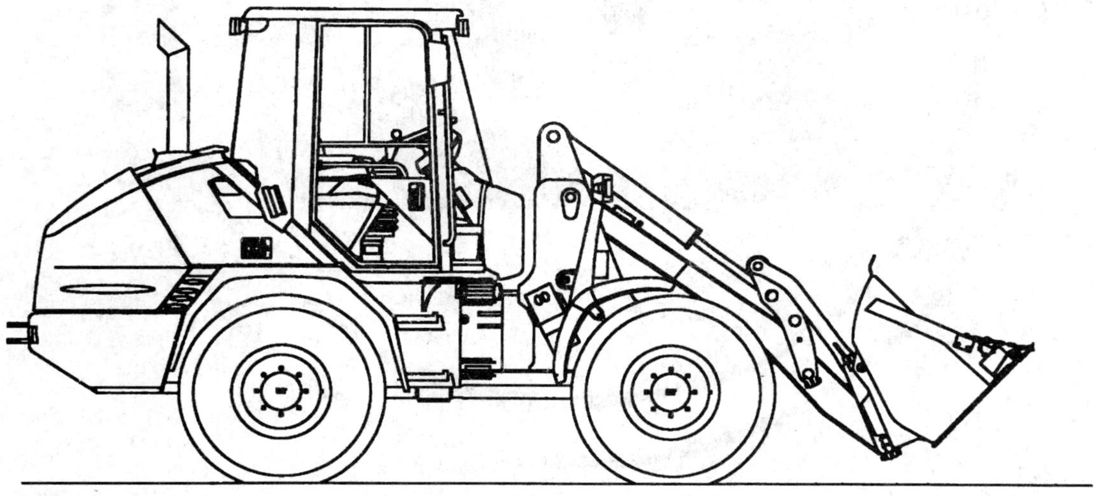

注：工作质量小于或等于 4 500 kg 的轮胎式装载机，有较好的灵活性，适用于在狭小空间工作。

图 A.2　小型轮胎式装载机

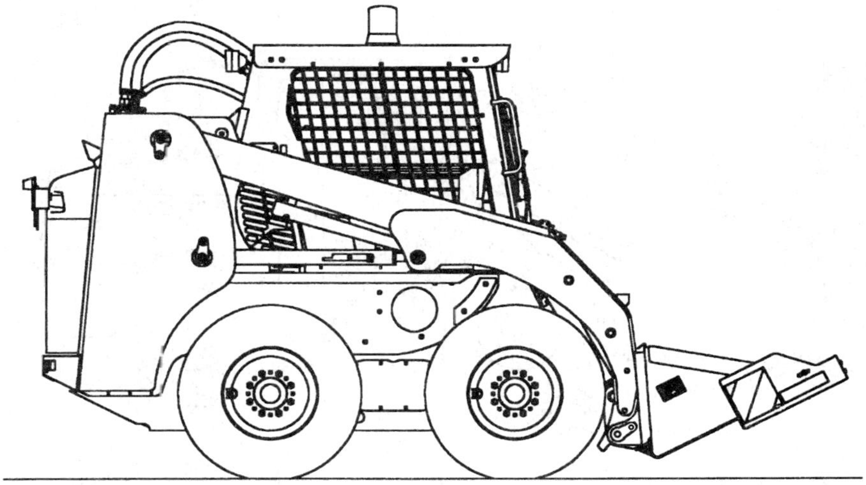

图 A.3　滑移转向装载机

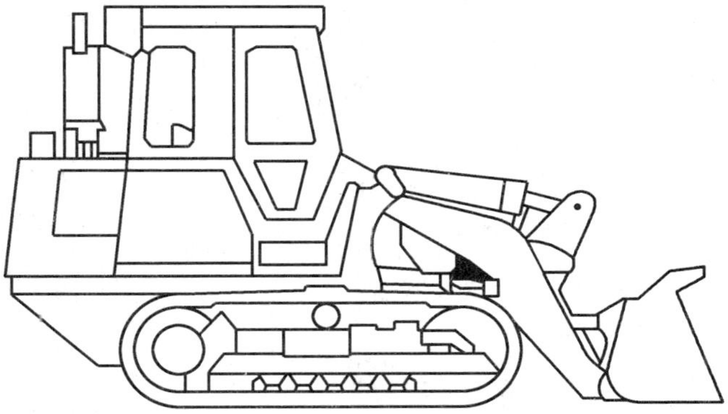

图 A.4　履带式装载机

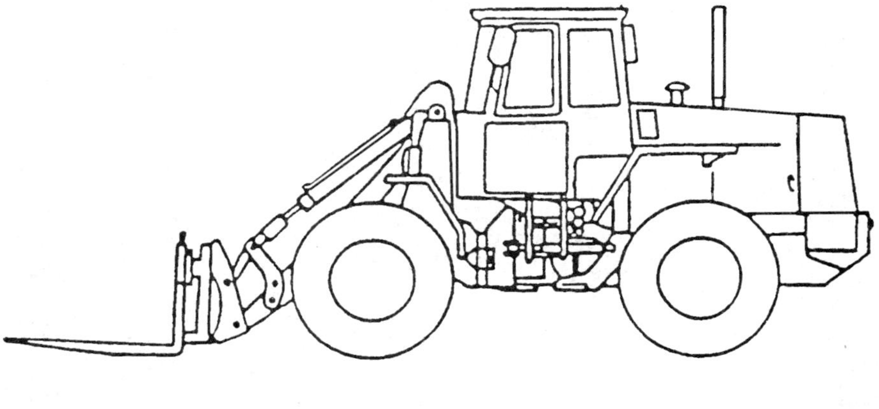

注：带可选附属装置的履带式或轮胎式装载机，不改变主机的安全要求，但可更改使用工况。

图 A.5　带货叉的轮胎式装载机

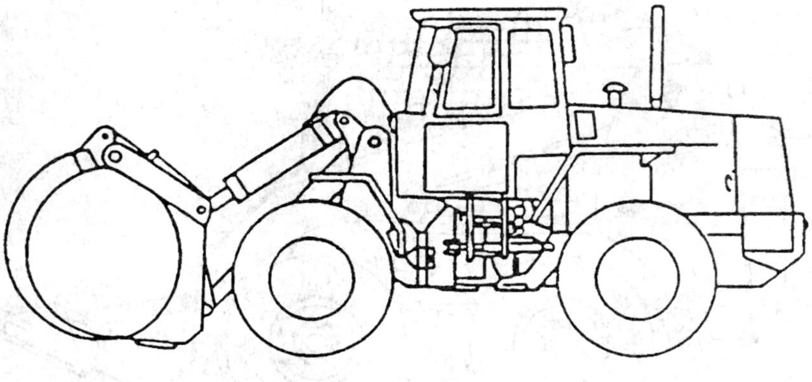

注：带可选附属装置的履带式或轮胎式装载机，不改变主机的安全要求，但可更改使用工况。

图 A.6　带抓具的轮胎式装载机

附 录 B
（资料性附录）
GB 25684 的本部分章条编号与 ISO 20474-3:2008 章条编号对照

表 B.1 给出了 GB 25684 的本部分章条编号与 ISO 20474-3:2008 章条编号对照一览表。

表 B.1 GB 25684 的本部分章条编号与 ISO 20474-3:2008 章条编号对照

本部分章条编号	对应 ISO 20474-3:2008 的章条编号
4.6.3.1	—
4.6.3.2	—
4.6.3.3	—
4.6.3.4	—
4.6.3.5	—
4.6.4.1	—
4.6.4.2	—
4.6.4.3	—
4.6.4.4	—
4.6.6.1	—
4.6.6.2	—
4.6.6.3	—
4.6.6.4	—
附录 B	—
附录 C	—
注：表中章条以外的本部分其他章条编号与 ISO 20474-3:2008 其他章条编号均相同且内容相对应。	

附 录 C
（资料性附录）
GB 25684 的本部分与 ISO 20474-3:2008 技术性差异及其原因

表 C.1 给出了 GB 25684 的本部分与 ISO 20474-3:2008 的技术性差异及其原因的一览表。

表 C.1 GB 25684 的本部分与 ISO 20474-3:2008 技术性差异及其原因

本部分的章条编号	技术性差异	原因
2	增加引用了“GB/T 5182 叉车 货叉 技术要求和试验方法(GB/T 5182—2008,ISO 2330:2002,IDT)”、“GB/T 17771 土方机械 落物保护结构 试验室试验和性能要求(GB/T 17771—2010,ISO 3449:2005,IDT)”、“GB/T 17772 土方机械 保护结构的实验室鉴定 挠曲极限量的规定(GB/T 17772—1999,idt ISO 3164:1995)”和“GB/T 21942 土方机械 装载机和正铲挖掘机的铲斗 容量标定(GB/T 21942—2008,ISO 7546:1983,MOD)”	由于规范性条文引用,故将该四项标准从参考文献中移至第 2 章
4.3	删除“特定国家和/或区域的强制性规定见 ISO/TS 20474-14。”改为“GB 25684.1—2010 的 4.4.1 适用于 GB 25684 的本部分。”	ISO/TS 20474-14 中无特定国家和/或区域的要求,故删除该段文字
4.4	删除原国际标准中此条的“特定国家和/或区域的强制性规定见 ISO/TS 20474-14。”	ISO/TS 20474-14 中的特定国家和/或区域的要求不适合我国,故删除该段文字
4.5.1	将国际标准中此条的“特定国家和/或区域的强制性规定见 ISO/TS 20474-14。”替换为 EN 474-3:2006 中 5.5.1 的内容	国际标准未对此项要求作出规定,而有必要增加对小型装载机的滚翻保护结构的要求
4.5.2	将国际标准中此条的“特定国家和/或区域的强制性规定见 ISO/TS 20474-14。”替换为 EN 474-3:2006 中 5.5.2 的内容	国际标准未对此项要求作出规定,而有必要增加对小型装载机的落物保护结构的要求
4.5.6	将国际标准中此条的“特定国家和/或区域的强制性规定见 ISO/TS 20474-14。”替换为 EN 474-3:2006 中 5.5.6 的内容	国际标准未对此项要求作出规定,而有必要增加前通道式机器的约束系统的要求
4.6.1～4.6.4	将国际标准这四条中的“特定国家和/或区域的强制性规定见 ISO/TS 20474-14。”分别替换为 EN 474-3:2006 中5.6.1～5.6.4 的内容	国际标准未对这些内容作出规定,而机器的稳定性是安全的重要要求,故增加这些稳定性的要求
4.6.6	将国际标准中此条的“特定国家和/或区域的强制性规定见 ISO/TS 20474-14。”替换为 EN 474-3:2006 中 5.6.6 的内容	国际标准未对此项要求作出规定,而有必要增加对物件吊运工况的要求
6	将国际标准中此条的“特定国家和/或区域的强制性规定见 ISO/TS 20474-14。”替换为 EN 474-3:2006 中 5.6.6 的部分内容	机器的使用信息中,有必要增加圆木装运工况、单件重物工况、物件吊运工况和其他工况的信息内容

参 考 文 献

[1] GB/T 8419—2007 土方机械 司机座椅振动的试验室评价(ISO 7096:2000,IDT).

[2] GB/T 15706.1—2007 机械安全 基本概念与设计通则 第1部分:基本术语和方法(ISO 12100-1:2003,IDT).

[3] GB/T 15706.2—2007 机械安全 基本概念与设计通则 第2部分:技术原则(ISO 12100-2:2003,IDT).

[4] GB/T 21938—2008 土方机械 液压挖掘机和挖掘装载机动臂下降控制装置 要求和试验(ISO 8643:1997,IDT).

[5] ISO/TS 20474-14:2008 土方机械 安全 第14部分:国家和区域规定的信息(Earth-moving machinery—Safety—Part 14:Information on national and regional provisions).

[6] EN 474-3:2006 土方机械 安全 第3部分:装载机的要求(Earth-moving machinery—Safety—Part 3:Requirements for loaders).

ICS 53.100
P 97

中华人民共和国国家标准

GB 25684.4—2010

土方机械　安全
第4部分：挖掘装载机的要求

Earth-moving machinery—Safety—
Part 4: Requirements for backhoe-loaders

(ISO 20474-4:2008, MOD)

2010-12-23 发布　　　　2012-01-01 实施

中华人民共和国国家质量监督检验检疫总局
中国国家标准化管理委员会　发布

前　言

GB 25684的本部分的4.2、4.3.2、4.3.3、4.4、4.5和4.6为强制性条款,其余为推荐性条款。

GB 25684《土方机械　安全》分为13个部分:

——第1部分:通用要求;

——第2部分:推土机的要求;

——第3部分:装载机的要求;

——第4部分:挖掘装载机的要求;

——第5部分:液压挖掘机的要求;

——第6部分:自卸车的要求;

——第7部分:铲运机的要求;

——第8部分:平地机的要求;

——第9部分:吊管机的要求;

——第10部分:挖沟机的要求;

——第11部分:土方回填压实机的要求;

——第12部分:机械挖掘机的要求;

——第13部分:压路机的要求。

本部分为GB 25684的第4部分,本部分应与第1部分配合使用。

本部分修改采用ISO 20474-4:2008《土方机械　安全　第4部分:挖掘装载机的要求》(英文版)。

本部分根据ISO 20474-4:2008重新起草。在附录C中列出了本部分章条编号与ISO 20474-4:2008章条编号的对照一览表。

考虑到我国国情,在采用ISO 20474-4:2008时,本部分作了一些修改。有关技术性差异已编入正文中并在它们所涉及的条款的外侧页边空白处用垂直单线标识。在附录D中给出了这些技术性差异及其原因的一览表以供参考。

为便于使用,本部分作了下列编辑性修改:

——删除了国际标准的前言,修改了国际标准的引言和第1章;

——对ISO 20474-4:2008中引用的国际标准,用已被采用为我国的标准代替对应的国际标准;

——删除了A.2.4"液压提升能力"的定义,因其已在3.3定义,后续章条号顺延;

——参考文献中增加了ISO/TS 20474-14:2008和EN 474-4:2006。

本部分的附录A、附录B、附录C和附录D为资料性附录。

本部分由中国机械工业联合会提出。

本部分由全国土方机械标准化技术委员会(SAC/TC 334)归口。

本部分负责起草单位:天津工程机械研究院、三一重机有限公司、福田雷沃国际重工股份有限公司、山东临工工程机械有限公司。

本部分参加起草单位:厦门厦工机械股份有限公司、山推工程机械股份有限公司、山东山工机械有限公司。

本部分主要起草人:段琳、戴晴华、王军伟、张怀亭、胡乾坤、李蔚苹、刘培海、刘艳芳。

引　言

GB 25684 的本部分是 GB/T 15706 定义的 C 类标准。

本部分的范围说明了涉及的机械以及所包含的危险、危险状态或危险事件的范围。

由于机器的设计和制造都遵循 C 类标准的要求，因此当 C 类标准的要求与 A 类或 B 类标准要求不同时，C 类标准的要求优先于其他标准。

土方机械　安全
第 4 部分：挖掘装载机的要求

1　范围

GB 25684 的本部分规定了轮胎式和履带式挖掘装载机的安全要求。

本部分与 GB 25684.1（规定了土方机械的通用安全要求）合并使用。本部分的特定要求优先于 GB 25684.1 的通用要求。

本部分适用于 GB/T 8498 定义的轮胎式和履带式挖掘装载机。

本部分规定了本范围的土方机械在制造商指定用途和预知的误操作条件下应用时，与其相关的所有重大危险、危险状态或危险事件；并规定了在使用、操作和维护中消除或降低重大危险、危险状态或危险事件引起的风险的技术措施。

本部分不适用于在本部分实施前制造的机器。

2　规范性引用文件

下列文件中的条款通过 GB 25684 的本部分的引用而成为本部分的条款。凡是注日期的引用文件，其随后所有的修改单（不包括勘误的内容）或修订版均不适用于本部分，然而，鼓励根据本部分达成协议的各方研究是否可使用这些文件的最新版本。凡是不注日期的引用文件，其最新版本适用于本部分。

GB/T 5182　叉车　货叉　技术要求和试验方法（GB/T 5182—2008，ISO 2330：2002，IDT）

GB/T 8419　土方机械　司机座椅振动的试验室评价（GB/T 8419—2007，ISO 7096：2000，IDT）

GB/T 8498　土方机械　基本类型　识别、术语和定义（GB/T 8498—2008，ISO 6165：2006，IDT）

GB/T 10175.1　土方机械　装载机和挖掘装载机　第 1 部分：额定工作载荷的计算和验证倾翻载荷计算值的测试方法（GB/T 10175.1—2008，ISO 14397-1：2007，IDT）

GB/T 10175.2　土方机械　装载机和挖掘装载机　第 2 部分：掘起力和最大提升高度提升能力的测试方法（GB/T 10175.2—2008，ISO 14397-2：2007，IDT）

GB/T 17771　土方机械　落物保护结构　试验室试验和性能要求（GB/T 17771—2010，ISO 3449：2005，IDT）

GB/T 17772　土方机械　保护结构的实验室鉴定　挠曲极限量的规定（GB/T 17772—1999，idt ISO 3164：1995）

GB/T 21154　土方机械　整机及其工作装置和部件的质量测量方法（GB/T 21154—2007，ISO 6016：1998，IDT）

GB/T 21935　土方机械　操纵的舒适区域与可及范围（GB/T 21935—2008，ISO 6682：1986，IDT）

GB/T 21938　土方机械　液压挖掘机和挖掘装载机动臂下降控制装置　要求和试验（GB/T 21938—2008，ISO 8643：1997，IDT）

GB/T 21941　土方机械　液压挖掘机和挖掘装载机的反铲斗和抓铲斗　容量标定（GB/T 21941—2008，ISO 7451：2007，IDT）

GB/T 21942　土方机械　装载机和正铲挖掘机的铲斗　容量标定（GB/T 21942—2008，ISO 7546：1983，MOD）

GB 25684.1—2010　土方机械　安全　第 1 部分：通用要求（ISO 20474-1：2008，MOD）

3 术语和定义

GB 25684.1 确立的以及下列术语和定义适用于 GB 25684 的本部分。

3.1

挖掘装载机 backhoe loader

自行的履带式或轮胎式机器，其主车架用来支承前置的工作装置及后置的挖掘装置(通常带有外伸支腿或稳定器)。

注 1：当用作挖掘作业时，机器固定不动，一般是对地面以下进行挖掘。

注 2：当用作装载作业时(使用铲斗)，机器向前移动进行装载。

注 3：挖掘工作循环通常包括物料的挖掘、提升、回转和卸载；装载工作循环通常包括物料的装载、提升、运输和卸载。

[GB/T 8498—2008，定义 4.3]

3.2

小型挖掘装载机 compact backhoe loader

工作质量(见 GB/T 21154)不大于 4 500 kg 的挖掘装载机，有较好的灵活性，适用于在狭小空间工作。

3.3

液压提升能力 hydraulic lift capacity

由 GB/T 10175.2 定义的液压回路工作压力限定，提升臂在任意位置上所能提升的最大质量。

4 安全要求和/或防护措施

4.1 一般要求

挖掘装载机应符合 GB 25684.1 中没有被本章特定要求所修改的安全要求和/或防护措施。

4.2 保护

4.2.1 滚翻保护结构(ROPS)

4.2.1.1 GB 25684.1—2010 的 4.3.3 适用于 GB 25684 的本部分。

4.2.1.2 配备滚翻保护结构的小型挖掘装载机还有以下规定：

当符合最小能量要求时，在定位轴 LA(SIP)(按 GB/T 17772)上部的挠曲极限量(DLV)部分允许侧向偏离或倾斜 15°(见图 1)，在 LA(SIP)下部的 DLV 部分可忽略不计。

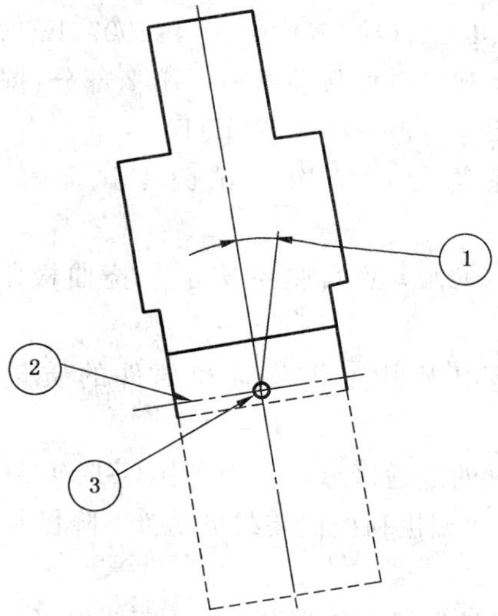

说明：

1——最大 15°；

2——定位轴 LA；

3——座椅标定点 SIP。

图 1 挠曲极限量(DLV)前视图

4.2.2 落物保护结构(FOPS)

4.2.2.1 GB 25684.1—2010 的 4.3.4 适用于本部分。

4.2.2.2 工作质量不大于 700 kg(见 GB/T 21154)的小型挖掘装载机,应做安装落物保护结构(FOPS)的设计。如安装 FOPS,则应符合 GB/T 17771 验收基准Ⅰ的性能要求。

4.3 司机操作位置

4.3.1 最小活动空间

在配备伸缩式后车窗的挖掘装载机上,当后车窗缩进司机室内测量时,在 SIP(座椅标定点)以上司机室的高度不应小于 920 mm。

4.3.2 司机的操纵装置

4.3.2.1 GB 25684.1—2010 的 4.5 适用于本部分。

4.3.2.2 在装有支腿的挖掘装载机上应安装音响或视觉报警装置,以警示司机行驶前应收起支腿。

注:最好安装联锁装置,使机器在收起支腿后才能行驶。

4.3.2.3 若挖掘装载机具有可选行驶操纵装置的司机位置,则在此位置也应具有满足基本行驶功能要求的制动和转向操纵装置。

4.3.3 司机座椅

GB 25684.1—2010 的 4.4.1 适用于本部分。

座椅还应符合 GB/T 8419 规定的 EM5 输入谱类。

小型挖掘装载机座椅还应符合 GB/T 8419 规定的 EM8 输入谱类。

4.4 报警装置

GB 25684.1—2010 的 4.9a)适用于本部分。

4.5 稳定性

4.5.1 一般要求

GB 25684.1—2010 的 4.11 以及下述 4.5.2 和 4.5.3 适用于本部分。

注:此后定义的所有额定提升能力都是基于机器置于水平硬实的支承地面上测量和计算的。

在确定额定工作载荷和附属装置尺寸(容量)时,应考虑载荷质量、密度、质心位置和附属装置及托架的质量(如安装)。

液压胶管的爆破压力应为最大工作压力的 4 倍。

为确保足够的稳定性,应按 4.5.2 和 4.5.3 的规定确定预计工作条件下的额定工作载荷。

4.5.2 装载部分

4.5.2.1 一般要求

挖掘装载机用于装载工况的额定提升能力应按制造商规定的挖掘装置处于运输位置时来确定。

4.5.2.2 铲斗工况

倾翻载荷和额定工作载荷按 GB/T 10175.1 确定。

铲斗额定容量按 GB/T 21942 确定。

注:对于特定工况选择铲斗时要考虑质量、铲斗额定容量和物料的密度。

4.5.2.3 货叉工况

4.5.2.3.1 一般要求

额定工作载荷取决于货叉的使用情况,应按 4.5.2.3.2～4.5.2.3.5 确定。

4.5.2.3.2 稳定性评定

倾翻载荷应按 GB/T 10175.1 和 GB/T 10175.2 确定,并使货叉处于水平位置。按倾翻载荷的百分比确定的额定载荷不应超出表 1 规定的数值。

表 1　货叉工况的稳定系数

地面条件	稳定系数	
	轮胎式挖掘装载机	履带式挖掘装载机
不平地面	60%	35%
水平硬实地面	80%	
注：稳定系数为额定载荷占倾翻载荷的百分数。		

4.5.2.3.3　**液压提升能力**

与液压提升能力相关的液压回路，应能满足制造商已预见的所有工作位置下的额定载荷。

注：液压提升能力是货叉处于水平位置时，提升臂在任何位置上所能提升的最大质量。

4.5.2.3.4　**额定工作载荷**

额定工作载荷应为下列两者中的较小者：

——4.5.2.3.2 规定的额定载荷；

——4.5.2.3.3 规定的液压提升能力。

4.5.2.3.5　**货叉尺寸**

货叉臂尺寸根据表 2 给出的载荷质心距离 D(见图 2)选取。

货叉应符合 GB/T 5182 的要求。

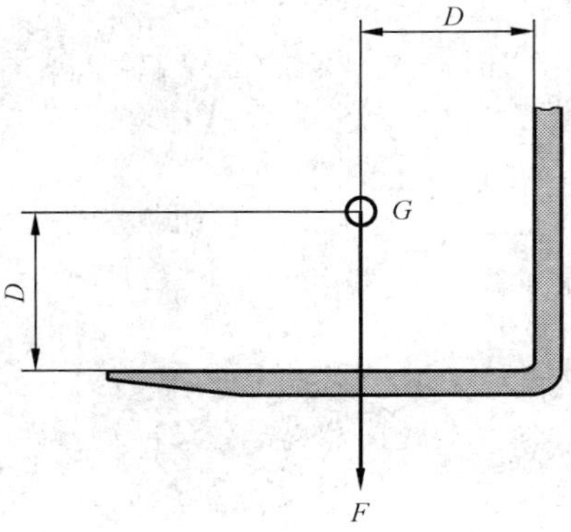

说明：

D——距离，单位为毫米(mm)(见表 2)；

F——载荷，单位为牛顿(N)；

G——质心。

图 2　货叉载荷质心距离

表 2　载荷质心距离

载荷 F/N	距离 D/mm
$F \leqslant 10\,000$	400
$10\,000 < F \leqslant 50\,000$	500
$50\,000 < F \leqslant 100\,000$	600

4.5.2.4　**圆木装运工况**

4.5.2.4.1　**一般要求**

挖掘装载机在圆木装运工况的额定工作载荷应按 4.5.2.4.2 和 4.5.2.4.3 确定。

4.5.2.4.2　**稳定性评定**

配备圆木抓具装置的倾翻载荷应符合 GB/T 10175.1 的规定。按倾翻载荷百分比确定的额定载荷不应超出表 3 规定的数值。

表 3　圆木装运工况的稳定系数

地面条件	稳定系数	
	轮胎式挖掘装载机	履带式挖掘装载机
不平地面	75%	50%
水平硬实的地面	85%	60%
注：稳定系数为额定载荷占倾翻载荷的百分数。		

4.5.2.4.3　**液压提升能力**

与液压提升能力相关的液压回路，应能满足制造商已预见的所有工作位置下的额定载荷。

4.5.2.4.4　**额定工作载荷**

额定工作载荷应为下列两者中的较小者：

——4.5.2.4.2 规定的额定载荷；

——4.5.2.4.3 规定的液压提升能力。

4.5.2.5　**物件吊运工况**

4.5.2.5.1　**一般要求**

挖掘装载机在物件吊运工况的额定工作载荷取决于提升附件和附属装置的使用情况，并应符合 4.5.2.5.2～4.5.2.5.4 的规定。

4.5.2.5.2　**稳定性评定**

载荷挂系在制造商规定的吊钩装置实际承载点上，倾翻载荷及按倾翻载荷百分比确定的额定载荷应符合 GB/T 10175.1 的规定。

4.5.2.5.3　**液压提升能力**

与液压提升能力相关的液压回路，应能满足制造商已预见的所有工作位置下的额定载荷。

4.5.2.5.4　**额定工作载荷**

额定工作载荷应为下列两者中的较小者：

——4.5.2.5.2 规定的额定载荷；

——4.5.2.5.3 规定的液压提升能力。

4.5.2.6　**其他工况**

派生机器的额定载荷应由制造商按 4.5.2.2～4.5.2.5 规定的载荷确定，因此对特定工况应考虑类似的危险情况。

4.5.3　**挖掘部分**

4.5.3.1　**一般要求**

GB 25684.1—2010 的 4.11 以及下述例外适用于本部分：

——如果装载铲斗规定用于增加机器稳定性，则装载部分的液压回路不需要锁定装置。

——用于挖掘工况的挖掘装载机额定提升能力应由装载斗和置于地面上的支腿来确定(参见附录 A)。装载部分的液压回路不需要锁定装置。

4.5.3.2　**反铲和正铲工况**

用于挖掘工况的带反铲或正铲的挖掘装载机的额定工作载荷应为下列两者中的较小者：

——倾翻载荷的 75%；

——液压提升能力。

铲斗的额定容量应按 GB/T 21941 和 GB/T 21942 确定。

注：在特定工况选择铲斗时应考虑质量、铲斗额定容量和物料的密度。

4.5.3.3 物件吊运工况

4.5.3.3.1 一般要求

用于物件吊运工况的挖掘部分的起重量应按4.5.3.3.2～4.5.3.3.4确定。

4.5.3.3.2 物件吊运工况的额定起重量

挖掘部分物件吊运工况的额定起重量参照A.7确定。

4.5.3.3.3 物件吊运工况额定起重量表

应提供由制造商规定的物件吊运工况的额定起重量表。

物件吊运工况的额定起重量表应给出不同的提升点半径下除去附属装置质量(参见A.8)的物件吊运工况下的额定起重量。至少应有5种不同的提升点半径,一般应包括最大和最小提升点半径。

在司机位置应能得到司机手册规定的不同物件吊运配置的额定起重量表。

4.5.3.3.4 载荷安全装置

当测量的额定起重量不小于10 000 N(参见附录A)或倾翻力矩不小于40 000 N·m时,用于物件吊运工况的挖掘部分应装有:

a) 当额定起重量或相应的载荷力矩达到并超出规定值时,提示司机的音响或视觉报警装置。当挖掘工作装置进行物件吊运外的其他作业时,此装置应解除工作。此装置起作用时应能够明确显示。按GB/T 21935的规定,报警装置的启动/复位操纵装置应在司机的舒适区域内。警告标志应置于操纵装置附近,以提醒(司机)在物件吊运时启动报警装置。

b) 在动臂提升液压缸上应安装符合GB/T 21938要求的动臂下降控制装置。

4.5.3.4 其他工况

派生机器的额定起重量应由制造商按4.5.3.2和4.5.3.3给出的载荷规范确定,因此对特定工况应考虑类似的危险。

4.6 行驶和运输

在运输时应安装能牢固锁紧挖掘部分的装置。

5 安全要求和/或防护措施的验证

GB 25684.1—2010的第5章适用于GB 25684的本部分。

6 使用信息

GB 25684.1—2010的第6章及下列对司机手册(GB 25684.1—2010中的6.2)的附加条款适用于GB 25684的本部分。

制造商应提供在下列工况额定工作载荷或铲斗容量的信息:

——4.5.2.2规定的铲斗工况;

——4.5.2.3规定的货叉工况;

——4.5.2.4规定的圆木装运工况;

——4.5.2.5和4.5.3.3规定的物件吊运工况;

——4.5.2.6和4.5.3.4规定的其他工况;

——4.5.3.2规定的反铲和正铲工况;

——运输时如何牢固锁紧挖掘部分的说明。

附 录 A
（资料性附录）
挖掘装载机挖掘部分提升能力的测试方法

A.1 一般要求

本附录规定了当用于挖掘工况时，确定挖掘装载机提升能力的测试方法。

注1：挖掘装载机的特定术语见 GB/T 10168，最通用的挖掘装载机见附录 B 的图例。

注2：GB 25684 的本部分正文所引用的标准的术语和定义也适用于本附录。

A.2 术语和定义

下列术语和定义适用于本附录。

A.2.1

锚定点 anchorage point

载荷力作用或转换到提升装置下方的垂直点。

A.2.2

液压过载回路压力载荷 hydraulic holding circuit pressure load

在流量不大于额定流量 10%的特定回路中，受溢流阀限制的最大静载压力。

A.2.3

倾翻载荷 tipping load

平衡点的静态载荷。

A.2.4

提升点半径 lift point radius

铲斗销轴和回转中心的最大水平距离。

A.2.5

平衡点 balance point

由指定载荷和提升点半径组成的机器倾翻力矩与机器的抗倾翻力矩平衡的点。

A.2.6

倾翻力矩 overturning moment

达到平衡点时的力矩。

A.2.7

测试力 test force

由测试质量或通过液压方法作用在载荷测定元件上的力。

A.3 仪器

A.3.1 适于测量载荷的载荷测定元件或力传感器。

A.3.2 钢丝绳、钩环、滑轮、安全链以及可调的锚定点（例如：滑轨）。

A.3.3 压力表。

A.3.4 测量线性尺寸的仪器，准确度应符合 GB/T 21153 的规定。

A.4 试验场地

试验场地应为足够大的水平（±2%的倾斜度）坚硬地面，最好是带有锚定点的水泥地面，并有足够空间安装载荷传感器。

A.5 试验准备

A.5.1 一般要求

机器应清洁,并按制造商的规定配置。

如适用,机器应配备附属装置托架,但不配备附属装置。轮胎气压和轮胎填充物应符合制造商的规定。燃油箱加注到油箱容积的50%。

试验之前,发动机和液压系统应达到正常工作温度。应检测液压系统压力,与制造商规定的液压系统设定压力保持一致。

A.5.2 定位

机器在试验场地应按如下定位:

a) 按最不稳定位置(例:完全侧移和/或完全铰接);

b) 铰接转向点的摆动(如有)应锁死;

c) 如果提升臂是水平铰接的,应转到竖直位置;

d) 所有稳定装置应按制造商的规定设置。

支腿和装载斗应处于使轮胎刚刚离地的位置。

A.6 提升能力测试

A.6.1 载荷测定元件

载荷测定元件(A.3.1)应安装在挖掘铲斗铰接销轴和锚定点之间,并垂直固定于销轴下面。

A.6.2 动臂/提升臂的位置

施加作用力时,动臂/提升臂应位于使动臂销轴和铲斗销轴的连线呈水平的位置。

A.6.3 试验程序

A.6.3.1 步骤一

试验载荷应逐渐加大直至:

a) 达到倾翻载荷;或

b) 达到液压回路过载压力。

A.6.3.2 步骤二

完成第一步试验后,应测试3.3定义的液压提升能力。

A.6.4 验证

测量并记录下列数值:

a) 提升点半径;

b) 倾翻载荷;

c) 液压回路过载压力;

d) 液压提升能力。

A.7 铲斗或正铲工况额定提升能力

挖掘装载机用于铲斗或正铲工况的提升能力为下列两者中的较小者:

——按A.6.3.1a)确定的最大载荷的75%;

——按A.6.3.2确定的液压提升能力。

A.8 额定物件吊运能力

额定物件吊运能力为下列两者中的较小者:

——按 A.6.3.1a)确定的倾翻载荷的 75%；
——按 A.6.3.2 确定的液压提升能力的 87%。

A.9 带附属装置的额定提升能力

额定提升能力应按挖掘装置在中间位置及最大提升点半径处确定，并减去附属装置的质量。侧移挖掘装载机在挖掘装置处于中间位置和完全侧移位置处都要测量。

附 录 B
（资料性附录）
图 例

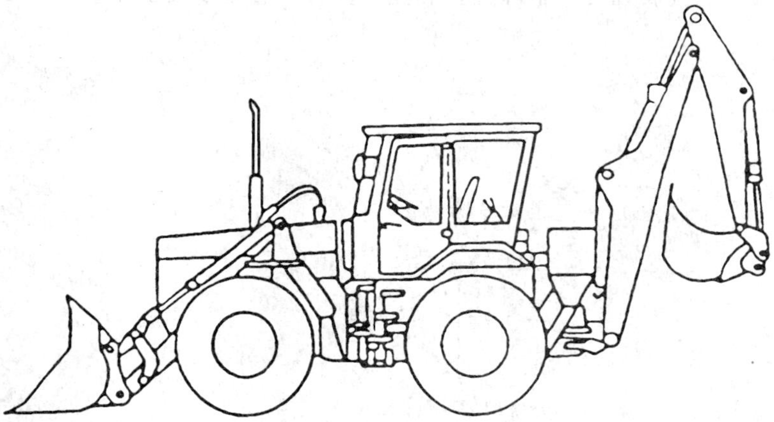

图 B.1 轮胎式挖掘装载机

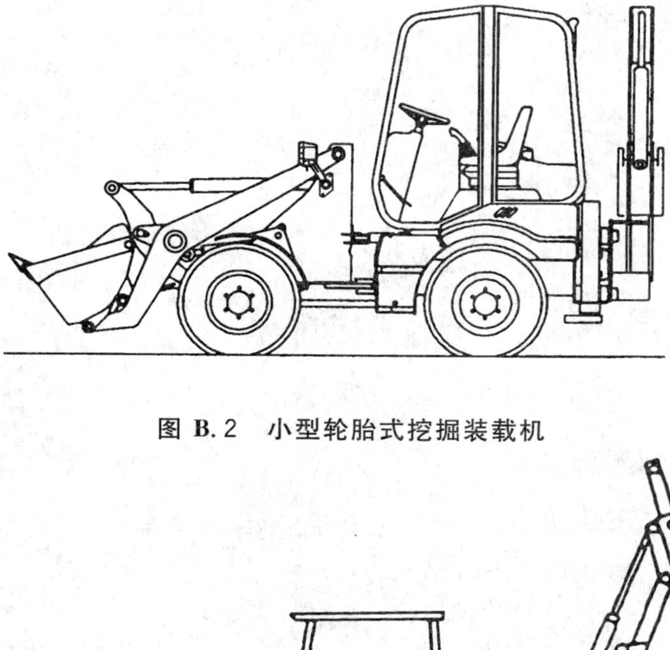

图 B.2 小型轮胎式挖掘装载机

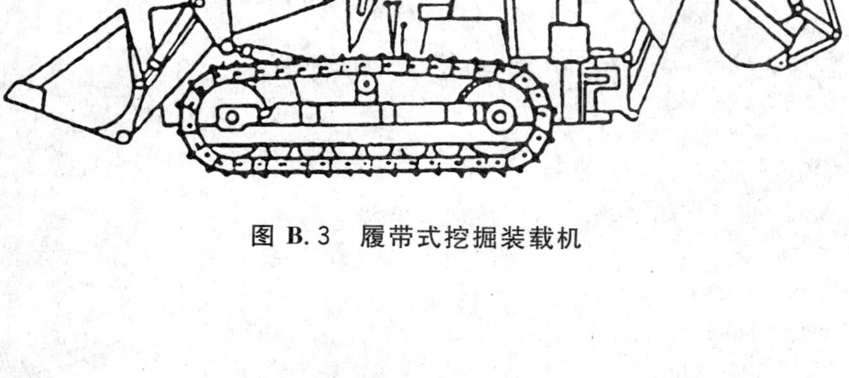

图 B.3 履带式挖掘装载机

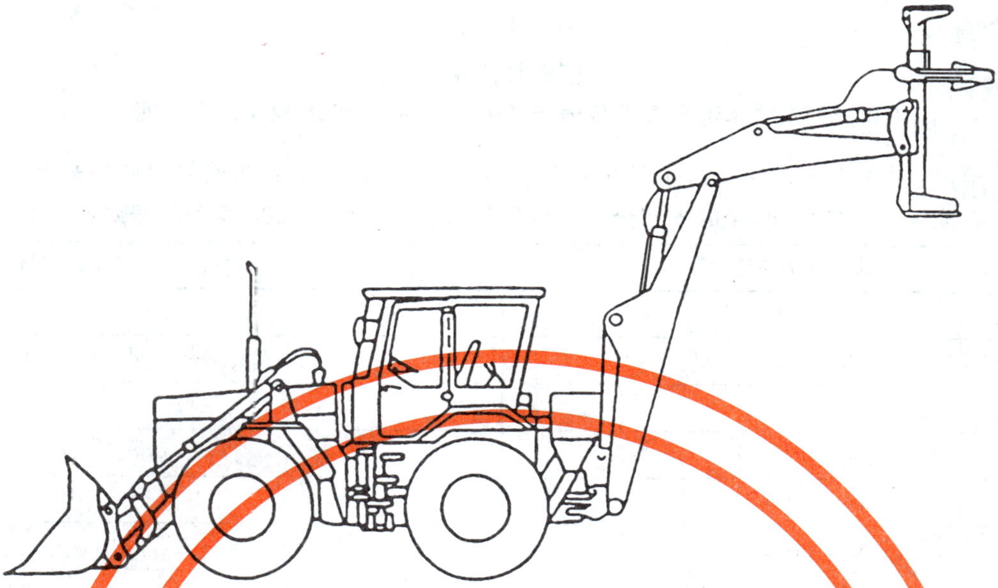

图 B.4　配备拔桩器附属装置的挖掘装载机

图 B.5　配备钻机附属装置的挖掘装载机

附　录　C
（资料性附录）
GB 25684 的本部分章条编号与 ISO 20474-4:2008 章条编号对照

表 C.1 给出了 GB 25684 的本部分章条编号与 ISO 20474-4:2008 章条编号对照一览表。

表 C.1　GB 25684 的本部分章条编号与 ISO 20474-4:2008 章条编号对照

本部分章条编号	对应 ISO 20474-4:2008 的章条编号
4.2.1.1	—
4.2.1.2	—
4.2.2.1	—
4.2.2.2	—
4.5.3.3.1	—
4.5.3.3.2	—
4.5.3.3.3	—
4.5.3.3.4	—
A.2.4	A.2.5
A.2.5	A.2.6
A.2.6	A.2.7
A.2.7	A.2.8
附录 C	—
附录 D	—
注：表中章条以外的本部分其他章条编号与 ISO 20474-4:2008 其他章条编号均相同且内容相对应。	

附　录　D
（资料性附录）
GB 25684 的本部分与 ISO 20474-4:2008 技术性差异及其原因

表 D.1 给出了 GB 25684 的本部分与 ISO 20474-4:2008 的技术性差异及其原因的一览表。

表 D.1　GB 25684 的本部分与 ISO 20474-4:2008 技术性差异及其原因

本部分的章条编号	技术性差异	原　因
2	增加引用了“GB/T 17771　土方机械　落物保护结构　试验室试验和性能要求（GB/T 17771—2010，ISO 3449:2005，IDT）”； 增加引用了“GB/T 21938　土方机械　液压挖掘机和挖掘装载机动臂下降控制装置　要求和试验（GB/T 21938—2008，ISO 8643:1997，IDT）”； 增加引用了“GB/T 21941　土方机械　液压挖掘机和挖掘装载机的反铲斗和抓铲斗　容量标定（GB/T 21941—2008，ISO 7451:2007，IDT）”和“GB/T 21942　土方机械　装载机和正铲挖掘机的铲斗　容量标定（GB/T 21942—2008，ISO 7546:1983，MOD）”； 增加引用了“GB/T 17772　土方机械　保护结构的实验室鉴定　挠曲极限量的规定（GB/T 17772—1999，idt ISO 3164:1995）”； 增加引用了“GB/T 21935　土方机械　操纵的舒适区域与可及范围（GB/T 21935—2008，ISO 6682:1986，IDT）”	该标准在 4.2.2.2 中予以引用； 该标准在 4.5.3.3.4 中予以引用； 该两项标准在 4.5.3.2 中予以引用； 该标准在 4.2.1.2 中予以引用； 该标准在 4.5.3.3.4 中予以引用
4.2.1	将国际标准中此条的“特定国家和/或区域的强制性规定见 ISO/TS 20474-14。”替换为 EN 474-4:2006 中 5.2.1 的部分内容	由于 GB/T 17922 及原国际标准未对小型挖掘装载机进行规定，考虑到技术进步及滚翻保护装置的重要性，采用欧盟的特定要求增加此内容
4.2.2	将国际标准中此条的“特定国家和/或区域的强制性规定见 ISO/TS 20474-14。”替换为 EN 474-4:2006 中 5.2.2 的部分内容	由于 GB/T 17771 不适用于额定功率小于 15 kW 的机械，原国际标准未对小型挖掘装载机进行规定，考虑到技术进步及落物保护装置的重要性，采用欧盟的特定要求增加此内容
4.3.2	将国际标准中此条的“特定国家和/或区域的强制性规定见 ISO/TS 20474-14。”替换为 EN 474-4:2006 中 5.2.2 的部分内容	GB 25684.1 操纵装置没规定带支腿机器，考虑到挖掘装载机的特殊性，应对其进行相关规定，因此采用欧盟的特定要求增加此内容
4.3.3	将国际标准中此条的“特定国家和/或区域的强制性规定见 ISO/TS 20474-14。”部分替换为 EN 474-4:2006 中 5.3.3 的部分内容	GB/T 8419 及原国际标准未对小型挖掘装载机振动进行明确规定，考虑到技术进步及司机座椅的重要性，修改采用欧盟的特定要求增加此内容

表 D.1（续）

本部分的章条编号	技术性差异	原　因
4.4	删除原国际标准中此条的"特定国家和/或区域的强制性规定见 ISO/TS 20474-14。"	ISO/TS 20474-14 特定国家和/或区域的要求不适合我国；报警装置只要符合 GB 25684.1—2010 中的 4.9a)即 GB/T 21155 即可满足要求
4.5.2.5.2	删除原国际标准中此条的"特定国家和/或区域的强制性规定见 ISO/TS 20474-14。"	该内容是澳大利亚的特定要求，我国要求符合 GB/T 10175.1，因此与国际标准保持一致
4.5.3.2	将国际标准中此条的"特定国家和/或区域的强制性规定见 ISO/TS 20474-14。"替换为 EN 474-4:2006 中 5.5.3.2 的部分内容	由于在第 6 章要求说明此类工况的信息，且反铲和正铲工况要求对于挖掘装载机稳定性具有较重要的意义，因此采用欧盟的特定要求增加此内容
4.5.3.3	将国际标准中此条的"特定国家和/或区域的强制性规定见 ISO/TS 20474-14。"替换为 EN 474-4:2006 中 5.5.3.3 的部分内容	因该部分稳定性对于挖掘装载机具有较重要的意义，因此采用欧盟的特定要求增加此内容
4.5.3.4	将国际标准中此条的"特定国家和/或区域的强制性规定见 ISO/TS 20474-14。"替换为 EN 474-4:2006 中 5.5.3.4 的部分内容	因该部分稳定性对于挖掘装载机具有较重要的意义，因此采用欧盟的特定要求增加此内容
6	删除原国际标准中此条的"特定国家和/或区域的强制性规定见 ISO/TS 20474-14。"	ISO/TS 20474-14 特定国家和/或区域的要求不适合我国，故删除该段文字
A.1	删除原国际标准中此条的"特定国家和/或区域的强制性规定见 ISO/TS 20474-14。"	ISO/TS 20474-14 特定国家和/或区域的要求不适合我国，故删除该段文字
参考文献	删除 GB/T 17771、GB/T 17772、GB/T 21935 和 GB/T 21941	由于规范性条文引用，故将该四项标准从参考文献中移至第 2 章

参 考 文 献

[1] GB/T 10168—2008 土方机械 挖掘装载机 术语和商业规格(ISO 8812:1999,IDT).

[2] GB/T 15706.1—2007 机械安全 基本概念与设计通则 第1部分:基本术语和方法(ISO 12100-1:2003,IDT).

[3] GB/T 15706.2—2007 机械安全 基本概念与设计通则 第2部分:技术原则(ISO 12100-2:2003,IDT).

[4] GB/T 21153—2007 土方机械 尺寸、性能和参数的单位与测量准确度(ISO 9248:1992,MOD).

[5] ISO/TS 20474-14:2008 土方机械 安全 第14部分:国家和区域规定的信息(Earth-moving machinery—Safety—Part 14:Information on national and regional provisions).

[6] EN 474-4:2006 土方机械 安全 第4部分:挖掘装载机的要求(Earth-moving machinery—Safety—Part4:Requirements for backhoe loaders).

ICS 53.100
P 97

中华人民共和国国家标准

GB 25684.5—2010

土方机械　安全
第5部分：液压挖掘机的要求

Earth-moving machinery—Safety—
Part 5: Requirements for hydraulic excavators

(ISO 20474-5:2008, MOD)

2010-12-23 发布　　　　2012-01-01 实施

中华人民共和国国家质量监督检验检疫总局
中国国家标准化管理委员会　发布

前　言

GB 25684 的本部分的 4.3.2、4.3.3、4.4、4.6、4.7 和 4.8 为强制性条款，其余为推荐性条款。

GB 25684《土方机械　安全》分为 13 个部分：

——第 1 部分：通用要求；

——第 2 部分：推土机的要求；

——第 3 部分：装载机的要求；

——第 4 部分：挖掘装载机的要求；

——第 5 部分：液压挖掘机的要求；

——第 6 部分：自卸车的要求；

——第 7 部分：铲运机的要求；

——第 8 部分：平地机的要求；

——第 9 部分：吊管机的要求；

——第 10 部分：挖沟机的要求；

——第 11 部分：土方回填压实机的要求；

——第 12 部分：机械挖掘机的要求；

——第 13 部分：压路机的要求。

本部分为 GB 25684 的第 5 部分，本部分应与第 1 部分配合使用。

本部分修改采用 ISO 20474-5:2008《土方机械　安全　第 5 部分：液压挖掘机的要求》(英文版)。

本部分根据 ISO 20474-5:2008 重新起草。

考虑到我国国情，在采用 ISO 20474-5:2008 时，本部分作了一些修改。有关技术性差异已编入正文中并在它们所涉及的条款的外侧页边空白处用垂直单线标识。在附录 C 中给出了这些技术性差异及其原因的一览表以供参考。

为便于使用，本部分作了下列编辑性修改：

——删除了国际标准的前言，修改了国际标准的引言和第 1 章；

——对 ISO 20474-5:2008 中引用的国际标准，用已被采用为我国的标准代替对应的国际标准；

——本部分删除了 ISO 20474-5:2008 中的 4.8.4.3；

——本部分增加了附录 B 和附录 C；

——参考文献中增加了 ISO/TS 20474-14:2008 和 EN 474-5:2006。

本部分的附录 B 为规范性附录，附录 A 和附录 C 为资料性附录。

本部分由中国机械工业联合会提出。

本部分由全国土方机械标准化技术委员会(SAC/TC 334)归口。

本部分负责起草单位：天津工程机械研究院、广西柳工机械股份有限公司、三一重机有限公司、天津移山工程机械有限公司、合肥振宇工程机械有限公司。

本部分参加起草单位：厦门厦工机械股份有限公司、徐州徐挖约翰迪尔机械制造有限公司、河北宣化工程机械股份有限公司、中国一拖集团有限公司、山东临工工程机械有限公司、长沙中联重工科技发展股份有限公司、日立建机(中国)有限公司。

本部分主要起草人：阎堃、韦海峰、戴晴华、李月丽、陈国俊、李蔚苹、黄萍、刘建国、栾新立、王欢利、朱玉仙、叶海路、李宏宝。

引　言

GB 25684 的本部分是 GB/T 15706 定义的 C 类标准。

本部分的范围说明了涉及的机械以及所包含的危险、危险状态或危险事件的范围。

由于机器的设计和制造都遵循 C 类标准的要求，因此当 C 类标准的要求与 A 类或 B 类标准要求不同时，C 类标准的要求优先于其他标准。

土方机械　安全
第5部分：液压挖掘机的要求

1　范围

GB 25684的本部分规定了液压挖掘机的安全要求，并给出了液压挖掘机的图例(见附录A)。

本部分与GB 25684.1(规定了土方机械的通用安全要求)合并使用。本部分的特定要求优先于GB 25684.1的通用要求。

本部分适用于GB/T 8498定义的液压挖掘机。

本部分规定了本范围的土方机械在制造商指定用途和预知的误操作条件下应用时，与其相关的所有重大危险、危险状态或危险事件；并规定了在使用、操作和维护中消除或降低重大危险、危险状态或危险事件引起的风险的技术措施。

本部分不适用于在本部分实施前制造的机器。

2　规范性引用文件

下列文件中的条款通过GB 25684的本部分的引用而成为本部分的条款。凡是注日期的引用文件，其随后所有的修改单(不包括勘误的内容)或修订版均不适用于本部分，然而，鼓励根据本部分达成协议的各方研究是否可使用这些文件的最新版本。凡是不注日期的引用文件，其最新版本适用于本部分。

GB/T 6572.1　液压挖掘机　术语(GB/T 6572.1—1997，eqv ISO 7135:1993)

GB/T 8419—2007　土方机械　司机座椅振动的试验室评价(ISO 7096:2000，IDT)

GB/T 8498　土方机械　基本类型　识别、术语和定义(GB/T 8498—2008，ISO 6165:2006，IDT)

GB/T 13331—2005　土方机械　液压挖掘机　起重量(ISO 10567:1992，IDT)

GB/T 17771　土方机械　落物保护结构　试验室试验和性能要求(GB/T 17771—2010，ISO 3449:2005，IDT)

GB/T 17921　土方机械　座椅安全带及其固定器　性能要求和试验(GB/T 17921—2010，ISO 6683:2005，MOD)

GB/T 19930　土方机械　小型挖掘机　倾翻保护结构的试验室试验和性能要求(GB/T 19930—2005，ISO 12117:1997，MOD)

GB/T 19932　土方机械　液压挖掘机　司机防护装置的试验室试验和性能要求(GB/T 19932—2005，ISO 10262:1998，MOD)

GB/T 21154　土方机械　整机及其工作装置和部件的质量测量方法(GB/T 21154—2007，ISO 6016:1998，IDT)

GB/T 21935　土方机械　操纵的舒适区域与可及范围(GB/T 21935—2008，ISO 6682:1986，IDT)

GB/T 21938　土方机械　液压挖掘机和挖掘装载机动臂下降控制装置　要求和试验(GB/T 21938—2008，ISO 8643:1997，IDT)

GB/T 21941　土方机械　液压挖掘机和挖掘装载机的反铲斗和抓铲斗　容量标定(GB/T 21941—2008，ISO 7451:2007，IDT)

GB/T 21942　土方机械　装载机和正铲挖掘机的铲斗　容量标定(GB/T 21942—2008，ISO 7546:1983，MOD)

GB 25684.1—2010 土方机械 安全 第1部分:通用要求(ISO 20474-1:2008,MOD)

LY/T 1667 林业机械 驾驶员保护结构 实验室试验和性能要求(LY/T 1667—2006,ISO 8084:2003,IDT)

ISO 3471:2008 土方机械 滚翻保护结构 试验室试验和性能要求(Earth-moving machinery—Roll-over protective structures—Laboratory tests and performance requirements)

3 术语和定义

GB 25684.1 和 GB/T 6572.1 确立的以及下列术语和定义适用于 GB 25684 的本部分。

3.1

液压挖掘机 hydraulic excavator

自行的履带式、轮胎式或步履式机械,具有可带着工作装置做360°回转的上部结构,主要用铲斗进行挖掘作业,在其工作循环中底盘不移动。

注1:挖掘机的工作循环通常包括物料的挖掘、提升、回转和卸载(见 GB/T 8498)。

注2:液压挖掘机也可用于物品或物料的吊运/运输。

3.1.1

小回转半径挖掘机 minimal swing radius excavator

MSRX

在狭窄空间内作业的挖掘机,其具有一个小回转半径的上部结构(上部结构可带着工作装置和附属装置在底盘宽度的120%范围内回转)。

3.1.2

小型挖掘机 compact excavator

工作质量(见 GB/T 21154)小于或等于 6 000 kg 的挖掘机及小回转半径挖掘机(3.1.1)。

3.2

步履式挖掘机 walking excavator

具有三条或三条以上支腿的挖掘机,支腿可以是铰接的、伸缩的或两者兼有,并可安装车轮。

4 安全要求和/或防护措施

4.1 一般要求

液压挖掘机应符合 GB 25684.1 中没有被本章特定要求所修改的安全要求和/或防护措施。

4.2 通道

GB 25684.1—2010 的 4.2 适用于 GB 25684 的本部分。

4.3 司机操作位置

4.3.1 最小活动空间

GB 25684.1—2010 的 4.3.1.2 适用于本部分。

4.3.2 司机防护

4.3.2.1 司机防护装置

GB 25684.1—2010 的 4.3.4 被以下规定替代:

——挖掘机应设计成能够安装司机防护装置。制造商应根据机器的预期用途提供防护装置。提供的防护装置应满足 GB/T 19932 的规定。

——按 GB/T 19932 规定的防护装置要求不包含工作质量(见 GB/T 21154)小于或等于 1 500 kg 的小型挖掘机。

4.3.2.2 滚翻保护结构(ROPS)和倾翻保护结构(TOPS)

GB 25684.1—2010 的 4.3.3 仅适用于步履式挖掘机(见 4.8.3)。

工作质量大于 1 000 kg 的小型挖掘机应安装符合 GB/T 19930 规定的 TOPS。

4.3.2.3 圆木装运工况的防护

挖掘机应安装前防护装置，如果存在相关危险，还应按照 GB/T 19932 和 LY/T 1667(若适用)安装顶防护装置。

4.3.3 司机座椅

4.3.3.1 小型挖掘机的座椅调整

GB 25684.1—2010 的 4.4.1.3 仅适用于工作质量(按 GB/T 21154)小于 3 000 kg 的小型挖掘机。

4.3.3.2 振动

GB 25684.1—2010 的 4.4.1.4 适用于除小型挖掘机外的挖掘机。除小型挖掘机外，座椅应符合 GB/T 8419—2007 中的 EM6 谱类。

注：根据 GB/T 8419—2007 中 1.2.2 的规定，对挖掘机用座椅的悬挂装置不要求。

4.3.4 后车窗

除挖掘机后车窗不需要安装车窗刮水器、洗涤器和除霜装置外，GB 25684.1—2010 的 4.3.2.8 适用于本部分。

4.4 驾驶和转向控制装置

GB 25684.1—2010 的 4.5.1 d)和 4.6.1 以及下述附加条款适用于本部分：如果上部结构没有在其正常的行驶方向上，驾驶和转向控制装置的运动方向可不与其运动的预期方向一致。

4.5 回转制动系统

回转制动系统应满足附录 B 规定的要求。

4.6 稳定性

4.6.1 一般要求

GB 25684.1—2010 的 4.11 以及下述 4.6.2～4.6.4 适用于本部分。

注：此后定义的所有额定起重量都是基于机器置于水平硬实的支承地面上测量和计算的。

额定工作载荷和附属装置尺寸/容量确定时，应考虑载荷质量、密度及其质心位置，以及附属装置和附属装置支架(若配置)的质量。

为了确保足够的稳定性，应按 4.6.2～4.6.4 的规定确定预计工作条件下的额定工作载荷。

4.6.2 反铲和正铲工况

采用反铲或正铲工况的挖掘机的容量应为下列两者中的较小者：

a) 在最不利位置处的额定倾翻载荷(GB/T 13331)；

b) 液压起重量(GB/T 13331)。

反铲斗或正铲斗的额定容量应根据 GB/T 21941 和 GB/T 21942 确定。

注：对于特定工况选择铲斗时，应考虑铲斗的质量和铲斗额定容量及物料的密度。

4.6.3 圆木装运工况

4.6.3.1 稳定工况

在稳定圆木工况下的额定起重量应为下列两者中的较小者：

——圆木工况下最不利位置处的额定倾翻载荷(按 GB/T 13331 的规定)；

——液压起重量(GB/T 13331)。

4.6.3.2 运动工况

在圆木装运工况下行走(带载运输)的额定起重量应为下列两者中的较小者：

——圆木工况下最不利位置处的额定倾翻载荷(GB/T 13331)的 60%作为倾翻载荷；

——液压起重量(GB/T 13331—2005 中的 3.9)。

4.6.4 物件吊运工况

4.6.4.1 一般要求

挖掘机的起重量应按 4.6.4.2 和 4.6.4.3 确定。

4.6.4.2 物件吊运工况的额定起重量

按 GB/T 13331 的规定确定物件吊运的额定起重量。

4.6.4.3 物件吊运工况额定起重量表

按 GB/T 13331 的规定确定物件吊运工况额定起重量表。

4.6.4.4 载荷安全装置

用于物件吊运操作时，且在 GB/T 13331—2005 中 3.4 规定的最大提升点半径处的最大额定起重量(GB 25684.1—2010 中的 3.5 定义)大于或等于 1 000 kg 或倾翻力矩大于或等于 40 000 N·m 时的步履式挖掘机应配备：

a) 当额定起重量或相应的载荷力矩达到并持续超出规定值时，提示司机的音响或视觉报警装置。额定起重量在 4.6.4.2 进行了规定。当挖掘机工作装置进行物件吊运外的其他作业时，此装置可解除工作。此装置起作用时应能够明确显示。复位的控制装置应在 GB/T 21935 规定的司机舒适区域内。警告标识应置于操纵装置附近，以提醒(司机)在物件吊运时启动报警装置。
b) 按照 GB/T 21938 的规定在举升动臂液压缸上安装动臂下降控制装置。

4.6.4.5 其他工况

由于对特定工况应考虑类似的危险，派生机器的额定起重量应由制造商按 4.6.4.2 和 4.6.4.3 给出的载荷确定。

4.7 小型履带式挖掘机的停车制动

GB 25684.1—2010 的 4.7 以及下述附加条款适用于本部分：作业机具(例如铲斗)或特殊的附属装置(例如推土板)可作为用于固定机器的选择。固定小型履带式挖掘机的过程应在司机手册中说明。

4.8 步履式挖掘机的特殊要求

4.8.1 司机操作位置

4.8.1.1 转向系统

GB 25684.1—2010 的 4.6.1 不适用。

4.8.1.2 可视性

GB 25684.1—2010 的 4.8.1 不适用。

与地面接触的每条支腿所有可能的位置均应在司机位置处可见，以确保司机能够把支腿放到硬实的地面上。

4.8.1.3 出口

一旦动力源失效，或者发动机停机，司机应能够安全地离开机器。

示例：通过台阶、梯子或降低司机位置高度。

4.8.2 车轮的制动系统

GB 25684.1—2010 的 4.7 不适用于少于两个轮子的步履式挖掘机。

4.8.3 司机防护

4.8.3.1 滚翻保护结构(ROPS)

步履式挖掘机应安装符合 ISO 3471:2008 规定的具有相同质量挖掘装载机的滚翻保护结构(ROPS)。

4.8.3.2 约束装置

所有安装司机室的步履式挖掘机应安装满足 GB/T 17921 的司机约束装置。

4.8.3.3 落物保护结构(FOPS)

步履式挖掘机应设计成可安装符合 GB/T 17771 规定的验收基准Ⅱ的落物保护结构(FOPS)(见 GB 25684.1—2010 中的 4.3.4)。

4.8.3.4 液压支腿

为防止液压系统失效时机器失稳，应在所有支腿液压缸上安装锁止阀。

4.8.4 **稳定性**

4.8.4.1 **工况**

机器的稳定性应在下列条件下确定：

a) 水平硬实的试验地面；

b) 由制造商规定的支腿和伸开的车轮(在最大伸开位置)；

c) 下底盘较低侧的水平位置，大约在试验地面以上 350 mm 处；

d) 如图 1 所示的倾翻线；

e) 配置/不配置伸缩式动臂，如图 2 所示的前/后和如图 3 所示的侧面的最大伸出范围。

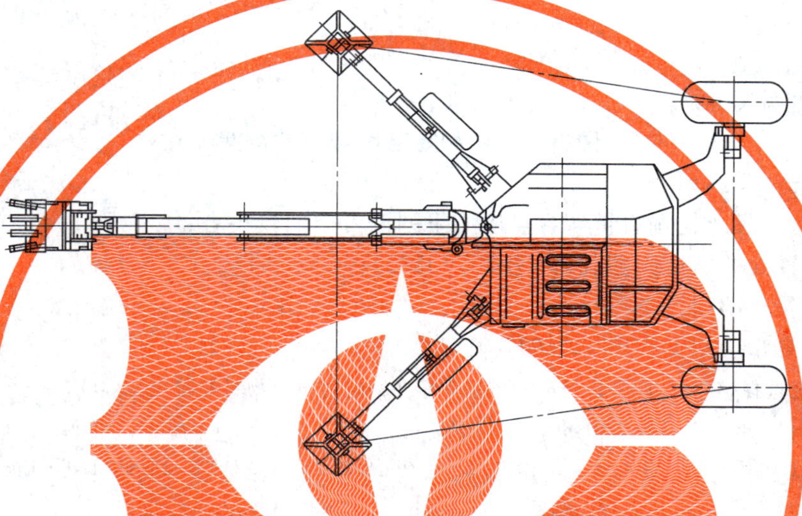

图 1 步履式挖掘机的倾翻线

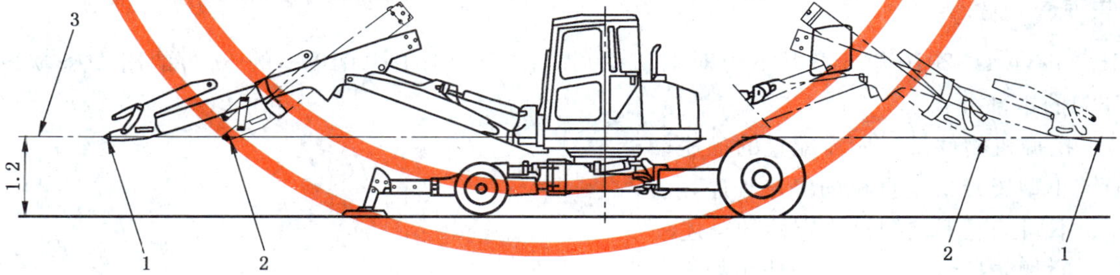

说明：

1——完全伸开；

2——完全收回；

3——测量线[单位为米(m)]。

图 2 前/后方额定倾翻载荷的测量

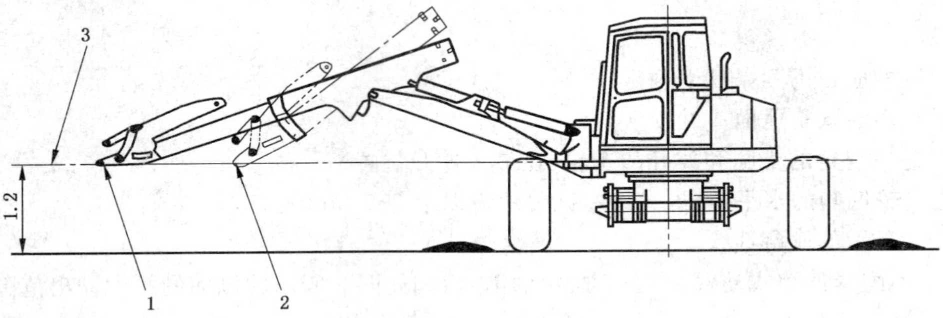

说明：

1——完全伸开；

2——完全收回；

3——测量线[单位为米(m)]。

图 3　侧向额定倾翻载荷的测量

4.8.4.2　反铲工况

在反铲工况下，步履式挖掘机铲斗容量应为下列两者中的较小者：

a)　最不利位置处的额定倾翻载荷(GB/T 13331)；

b)　液压起重量(GB/T 13331)。

铲斗的额定斗容量应根据 GB/T 21941 确定。

注：对于特定工况选择铲斗时，应考虑铲斗的质量和铲斗额定容量及物料的密度。

4.8.5　救助和牵引

除 GB 25684.1—2010 中的 4.15.2 和 4.15.5 外，GB 25684.1—2010 的 4.15 适用于本部分。

5　安全要求和/或防护措施的验证

GB 25684.1—2010 的第 5 章适用于 GB 25684 的本部分。

6　使用信息

GB 25684.1—2010 第 6 章及下列对司机手册(GB 25684.1—2010 中的 6.2)的附加条款适用于 GB 25684的本部分：

a)　挖掘机物件吊运所需配置的描述；

b)　小型履带式挖掘机的停车程序；

c)　不同工况下挖掘机稳定性的描述；

d)　附加防护装置的选择和使用的安全性说明，见 4.3.2；

e)　步履式挖掘机特殊防护的规定；

f)　在有落物危险的工况时，应给出不应使用未安装防护装置小型挖掘机(工作质量小于或等于 1 500 kg)的说明；

g)　对于圆木装运工况的特殊说明(降低行驶速度、避免突然制动或转向、主体中心固定、移动时的运输位置等)；

h)　圆木装运工况下前防护和顶防护装置必要性的说明；

i)　对于载荷安全装置(若安装)的机能、使用和复位的说明。

附 录 A
（资料性附录）
图 例

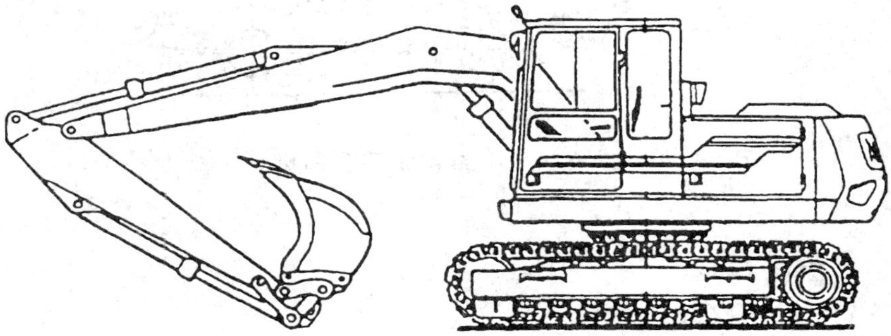

图 A.1 履带式挖掘机

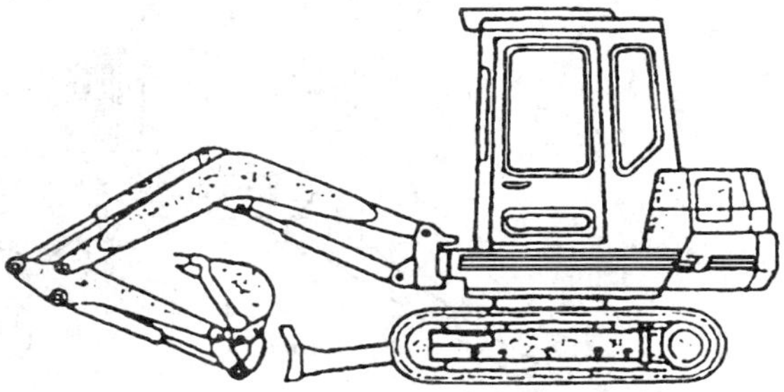

图 A.2 小型履带式挖掘机

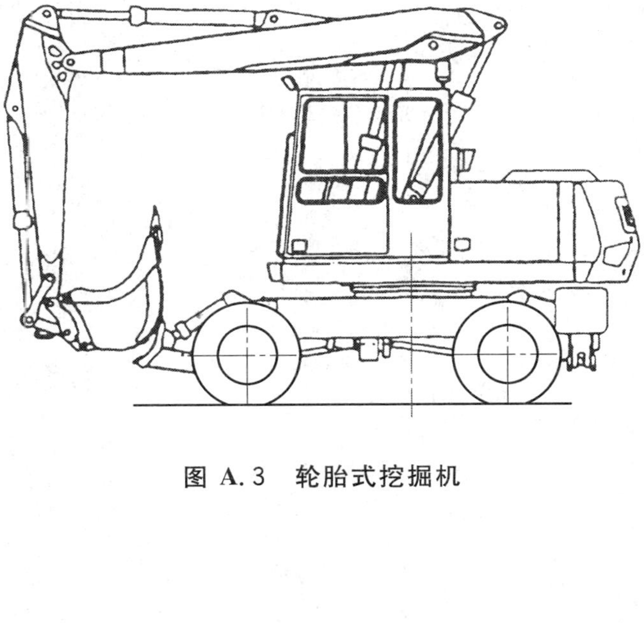

图 A.3 轮胎式挖掘机

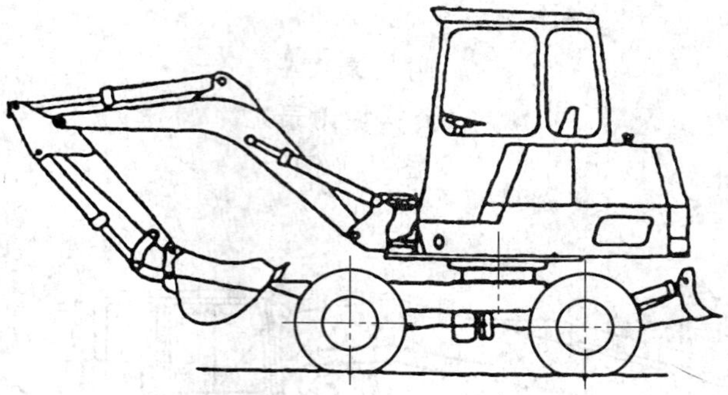

图 A.4 小型轮胎式挖掘机

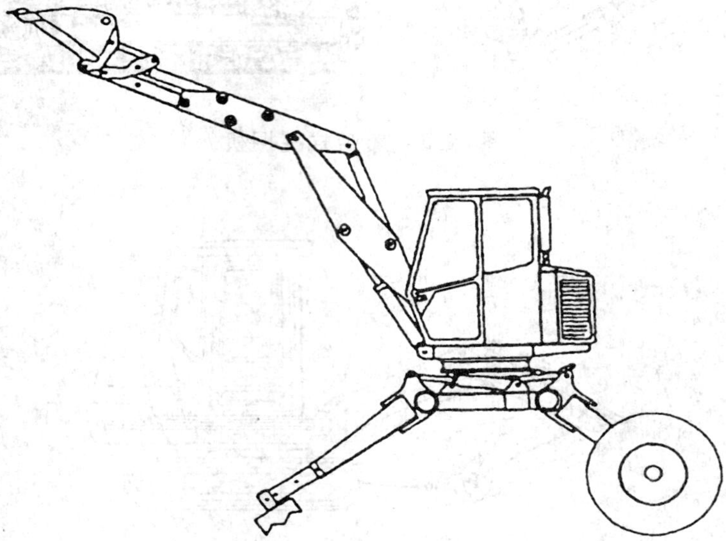

图 A.5 步履式挖掘机

附　录　B
（规范性附录）
挖掘机回转制动系统的要求

B.1　一般要求

本附录规定了 GB/T 8498 定义的挖掘机回转行车制动器、回转驻车制动器和回转锁定装置的最低性能准则和试验方法。

B.2　术语和定义

下列术语和定义适用于本附录。

B.2.1

回转　swing

挖掘机上部结构相对于地面上固定基准车架的旋转。

B.2.2

作业回转速度　working swing revolution speed

上部结构按输入的最大回转指令，从静止位置旋转到 180°时的回转平台回转速度，单位为转每分(r/min)。

B.2.3

回转减速角　deceleration swing angle

回转运动从作业回转速度减速到完全停止所转过的角度，单位为度(°)。

B.2.4

回转力矩　swing torque

驱动上部结构相对于底盘回转的力矩。回转力矩单位为牛米(N·m)。

B.2.5

回转行车制动器　swing service brake

使上部结构回转减速且可使其停在任意位置的装置或系统。

示例：摩擦式制动器、电动制动器、静液压或其他液压操作的制动器。

B.2.6

回转驻车制动器　swing parking brake

将停止的上部结构保持在其固定位置(例如运输位置)的装置或系统。

B.2.7

回转锁定装置　swing lock

将上部结构与下部总成锁定在某一固定位置的机械啮合装置。

B.3　最低性能

B.3.1　回转驱动装置

B.3.1.1　试验回转速度

试验回转速度应是 B.2.2 定义的作业回转速度。

B.3.1.2　回转减速角 β_B

回转减速角 β_B 应小于下列两个公式中的最大值：

$$\beta_B = 90° \qquad \cdots\cdots\cdots\cdots (B.1)$$

$$\beta_B = \frac{n^2 \cdot 360}{2 \cdot n'_B} + \beta_{B0} \quad \text{(B.2)}$$

式中：

β_B——回转减速角，单位为度（°）；

n——试验回转速度，单位为转每分（r/min）；

n'_B——250 min^{-2}；

β_{B0}——40°。

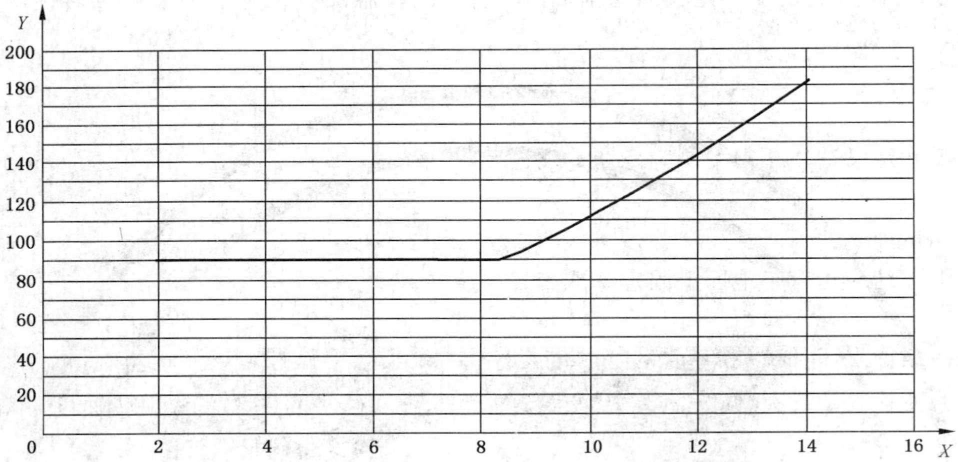

说明：

X——上部结构转速，单位为转每分（r/min）；

Y——回转减速角，单位为度（°）。

图 B.1 回转行车制动

B.3.2 回转行车制动器

回转行车制动应能使上部结构从 B.3.1.1 规定的回转试验的回转速度下减速到完全停止，并不应脱开该装置/系统。

10 次试验中的回转减速角不应大于 B.3.1.2 规定的回转减速角 β_B 的 120%。该 10 次试验的连续速率应为允许的回转加速度和减速度。

B.3.3 回转驻车制动器

回转驻车制动器应能使上部结构在制造商规定的最大坡度和上部结构最不利位置保持 30 min。工作装置应伸出至最大半径处且空铲斗在伸出位置。

若发动机熄火时，回转驻车制动应能自动起作用，或在发动机运转和不运转时，回转驻车制动应能通过手动起作用。

回转驻车制动在动力源失效时仍能保持有效状态。

对于工作质量大于或等于 6 000 kg 的挖掘机，其回转驻车制动应为全机械式的，例如弹簧摩擦制动器。对于工作质量小于 6 000 kg 的挖掘机，其回转驻车制动可以是直接作用到回转马达的液压闭锁阀，然而如果其回转驻车制动是独立的，应按 B.3.4 的规定提供回转锁定。

注 1：以上关于回转驻车制动全机械式的要求不能阻碍将来可提供等效安全性的其他技术方式发展。

注 2：若管路失效，回转驻车制动可作为紧急制动。

工作质量小于 1 000 kg 的挖掘机不需要回转驻车制动。

B.3.4 回转锁定装置

回转锁定装置可承受最大回转马达力矩且无永久变形。

若回转驻车制动器提供了 B.2.7 中规定的功能，则不需要回转锁定装置。

B.4 回转行车制动器的试验条件

试验应在制造商规定的标准工作装置下进行。

支腿和推土铲(如安装)按制造商的规定应放置在地面的工作位置上。

所有液体系统应按制造商规定加足液体。燃油箱至少为半箱。回转系统压力应按制造商规定调整和运行。

B.3.1.1 中规定的回转试验和 B.3.1.2 中规定的回转减速角的回转行车制动的试验应在工作装置伸出至最大半径处且空铲斗在伸出位置处进行。

在试验回转速度时起动制动并进行测量。

机器行车回转制动和回转锁定的试验应在最大坡度±1%的平整地面进行。

B.5 试验报告

试验报告应包含下列信息：

——机器制造商；

——型号和序列号；

——机器规格；

——试验结果。

附 录 C
（资料性附录）
GB 25684 的本部分与 ISO 20474-5:2008 技术性差异及其原因

表 C.1 给出了 GB 25684 的本部分与 ISO 20474-5:2008 的技术差异及其原因的一览表。

表 C.1 GB 25684 的本部分与 ISO 20474-5:2008 技术性差异及其原因

本部分的章条编号	技术性差异	原 因
2	增加引用了"GB/T 8419—2007 土方机械 司机座椅振动的试验室评价(ISO 7096:2000,IDT)"; 增加引用了"GB/T 21935 土方机械 操纵的舒适区域与可及范围(GB/T 21935—2008,ISO 6682:1986,IDT)"; 增加引用了"GB/T 21938 土方机械 液压挖掘机和挖掘装载机动臂下降控制装置 要求和试验(GB/T 21938—2008,ISO 8643:1997,IDT)"	该标准在 4.3.3.2 中予以引用; 该标准在 4.6.4.4 中予以引用; 该标准在 4.6.4.4 中予以引用
3.2	删除"注:区域性规定的信息见 ISO/TS 20474-14。"	ISO/TS 20474-14 的特定国家和/或区域的要求不适合我国,故删除该段文字
4.3.1	删除国际标准中此条的"特定国家和/或区域的强制性规定见 ISO/TS 20474-14。"	ISO/TS 20474-14 的特定国家和/或区域的要求不适合我国,故删除该段文字
4.3.2.1	将国际标准中此条的"特定国家和/或区域的强制性规定见 ISO/TS 20474-14。"替换为 EN 474-5:2006 中 5.3.2.1 的内容,并将其国际标准用已被采用为我国的标准代替	由于国际标准未对此项要求作出规定,且我国已有相应标准 GB/T 19932对液压挖掘机的司机防护装置进行了规定,因此采用 ISO/TS 20474-14 中特定国家和/或区域的欧盟要求
4.3.2.2	删除国际标准中此条的"特定国家和/或区域的强制性规定见 ISO/TS 20474-14。"	ISO/TS 20474-14 的特定国家和/或区域的要求不适合我国,故删除该段文字
4.3.3.2	将国际标准中此条的"特定国家和/或区域的强制性规定见 ISO/TS 20474-14。"替换为 EN 474-5:2006 中 5.3.3.2 的内容,并将其欧盟标准用已被采用为我国的标准代替	由于国际标准未对此项要求作出规定,且我国已有相应标准 GB/T 8419对司机座椅振动进行了规定,因此采用 ISO/TS 20474-14 中特定国家和/或区域的欧盟要求
4.4	删除国际标准中此条的"特定国家和/或区域的强制性规定见 ISO/TS 20474-14。"	ISO/TS 20474-14 的特定国家和/或区域的要求不适合我国,故删除该段文字
4.5	将国际标准中此条的"特定国家和/或区域的强制性规定见 ISO/TS 20474-14。"替换为 EN 474-5:2006 中 5.5 的回转制动应符合相应附录的要求,相应增加有关回转制动要求的附录 B(按 EN 474-5:2006 中的附录 C)	由于国际标准未对此项要求作出规定,且回转制动的性能对挖掘机的安全性具有重要指导意义,因此采用 ISO/TS 20474-14 中特定国家和/或区域的欧盟要求,增加 EN 474-5:2006 中附录 C 的内容

表 C.1（续）

本部分的章条编号	技术性差异	原　因
4.6.4.1	删除国际标准中此条的“特定国家和/或区域的强制性规定见 ISO/TS 20474-14。”	ISO/TS 20474-14 的特定国家和/或区域的要求不适合我国，故删除该段文字
4.6.4.3	将国际标准中此条的“特定国家和/或区域的强制性规定见 ISO/TS 20474-14。”替换为“按 GB/T 13331的规定确定物件吊运工况额定起重量表。”	由于国际标准未对此项要求作出规定，且我国已有相应标准 GB/T 13331对额定起重量表进行了规定，因此将其修改为按 GB/T 13331 的规定
4.6.4.4	将国际标准中此条的“特定国家和/或区域的强制性规定见 ISO/TS 20474-14。”替换为 EN 474-5:2006 中 5.6.4.4 的内容	由于国际标准未对此项要求作出规定，且我国对该项也未提出具体要求，因此采用 ISO/TS 20474-14 中特定国家和/或区域的欧盟要求
4.7	将国际标准中此条的“特定国家和/或区域的强制性规定见 ISO/TS 20474-14。”替换为 EN 474-5:2006 中 5.7 的内容	由于国际标准未对此项要求作出规定，且我国对该项也未提出具体要求，因此采用 ISO/TS 20474-14 中特定国家和/或区域的欧盟要求
—	删除国际标准中的 4.8.4.3	该条已在 4.6.4 中予以规定，不属于步履式挖掘机的特殊要求

参 考 文 献

[1] GB/T 10913—2005 土方机械 行驶速度测定(ISO 6014:1986,MOD).

[2] GB/T 15706.1—2007 机械安全 基本概念与设计通则 第1部分:基本术语和方法(ISO 12100-1:2003,IDT).

[3] GB/T 15706.2—2007 机械安全 基本概念与设计通则 第2部分:技术原则(ISO 12100-2:2003,IDT).

[4] GB/T 17300—2010 土方机械 通道装置(ISO 2867:2006,IDT).

[5] ISO 5010:2007 土方机械 轮胎式机器 转向要求(Earth-moving machinery—Rubber-tyred machines—Steering requirements).

[6] ISO/TS 20474-14:2008 土方机械 安全 第14部分:国家和区域规定的信息(Earth-moving machinery—Safety—Part 14:Information on national and regional provisions).

[7] EN 474-5:2006 土方机械 安全 第5部分:液压挖掘机的要求(Earth-moving machinery—Safety—Part 5:Requirements for hydraulic excavators).

ICS 53.100
P 97

中华人民共和国国家标准

GB 25684.6—2010

土方机械 安全
第6部分:自卸车的要求

Earth-moving machinery—Safety—Part 6: Requirements for dumpers

(ISO 20474-6:2008,MOD)

2010-12-23 发布 2012-01-01 实施

中华人民共和国国家质量监督检验检疫总局
中国国家标准化管理委员会 发布

前　言

GB 25684 的本部分的 4.2.1、4.2.3、4.2.4、4.2.5、4.3、4.4、4.5、4.6、4.7、4.8 和 4.9 为强制性条款，其余为推荐性条款。

GB 25684《土方机械　安全》分为 13 个部分：

——第 1 部分：通用要求；

——第 2 部分：推土机的要求；

——第 3 部分：装载机的要求；

——第 4 部分：挖掘装载机的要求；

——第 5 部分：液压挖掘机的要求；

——第 6 部分：自卸车的要求；

——第 7 部分：铲运机的要求；

——第 8 部分：平地机的要求；

——第 9 部分：吊管机的要求；

——第 10 部分：挖沟机的要求；

——第 11 部分：土方回填压实机的要求；

——第 12 部分：机械挖掘机的要求；

——第 13 部分：压路机的要求。

本部分为 GB 25684 的第 6 部分，本部分应与第 1 部分配合使用。

本部分修改采用 ISO 20474-6:2008《土方机械　安全　第 6 部分：自卸车的要求》(英文版)。

本部分根据 ISO 20474-6:2008 重新起草。

考虑到我国国情，在采用 ISO 20474-6:2008 时，本部分作了一些修改。有关技术性差异已编入正文中并在它们所涉及的条款的外侧页边空白处用垂直单线标识。在附录 B 中给出了这些技术性差异及其原因的一览表以供参考。

为便于使用，本部分作了下列编辑性修改：

——删除了国际标准的前言，修改了国际标准的引言和第 1 章；

——对 ISO 20474-6:2008 中引用的国际标准，用已被采用为我国的标准代替对应的国际标准；

——参考文献中增加了 ISO/TS 20474-14:2008 和 EN 474-6:2006。

本部分的附录 A 和附录 B 为资料性附录。

本部分由中国机械工业联合会提出。

本部分由全国土方机械标准化技术委员会(SAC/TC 334)归口。

本部分负责起草单位：天津工程机械研究院、内蒙古北方重型汽车股份有限公司、湘潭电机股份有限公司、天津移山工程机械有限公司、陕西同力重工股份有限公司。

本部分参加起草单位：中环动力(北京)重型汽车有限公司、秦皇岛天业通联重工股份有限公司、三一矿机有限公司。

本部分主要起草人：吴红丽、李来平、朱广辉、朱家涛、范翠玲、张其胜、霍威、满军城。

引　言

GB 25684 的本部分是 GB/T 15706 定义的 C 类标准。

本部分的范围说明了涉及的机械以及所包含的危险、危险状态或危险事件的范围。

由于机器的设计和制造都遵循 C 类标准的要求，因此当 C 类标准的要求与 A 类或 B 类标准要求不同时，C 类标准的要求优先于其他标准。

土方机械　安全
第6部分:自卸车的要求

1　范围

GB 25684的本部分规定了轮胎式和履带式自卸车(包括小型自卸车和站立操纵式小型自卸车)的安全要求。

本部分与GB 25684.1(规定了土方机械的通用安全要求)合并使用。本部分的特定要求优先于GB 25684.1的通用要求。

本部分适用于GB/T 8498定义的轮胎式和履带式自卸车,但不适用于公路自卸车。

本部分规定了本范围的土方机械在制造商指定用途和预知的误操作条件下应用时,与其相关的所有重大危险、危险状态或危险事件;并规定了在使用、操作和维护中消除或降低重大危险、危险状态或危险事件引起的风险的技术措施。

本部分不适用于在本部分实施前制造的机器。

2　规范性引用文件

下列文件中的条款通过GB 25684的本部分的引用而成为本部分的条款。凡是注日期的引用文件,其随后所有的修改单(不包括勘误的内容)或修订版均不适用于本部分,然而,鼓励根据本部分达成协议的各方研究是否可使用这些文件的最新版本。凡是不注日期的引用文件,其最新版本适用于本部分。

GB/T 8419　土方机械　司机座椅振动的试验室评价(GB/T 8419—2007,ISO 7096:2000,IDT)

GB/T 8498　土方机械　基本类型　识别、术语和定义(GB/T 8498—2008,ISO 6165:2006,IDT)

GB/T 17771　土方机械　落物保护结构　试验室试验和性能要求(GB/T 17771—2010,ISO 3449:2005,IDT)

GB/T 17921　土方机械　座椅安全带及其固定器　性能要求和试验(GB/T 17921—2010,ISO 6683:2005,MOD)

GB/T 17922　土方机械　翻车保护结构　试验室试验和性能要求(GB/T 17922—1999,idt ISO 3471:1994)

GB/T 21154　土方机械　整机及其工作装置和部件的质量测量方法(GB/T 21154—2007,ISO 6016:1998,IDT)

GB/T 22355　土方机械　铰接机架锁紧装置　性能要求(GB/T 22355—2008,ISO 10570:2004,IDT)

GB/T 25605　土方机械　自卸车　术语和商业规格(GB/T 25605—2010,ISO 7132:2003,MOD)

GB/T 25610　土方机械　自卸车车厢支承装置和司机室倾斜支承装置(GB/T 25610—2010,ISO 13333:1994,IDT)

GB 25684.1—2010　土方机械　安全　第1部分:通用要求(ISO 20474-1:2008,MOD)

GB/T 25692　土方机械　自卸车和自行式铲运机用限速器　性能试验(GB/T 25692—2010,ISO 10268:1993,IDT)

3　术语和定义

GB 25684.1和GB/T 25605确立的以及下列术语和定义适用于GB 25684的本部分。

3.1

自卸车 dumper

自行的履带式或轮胎式机械,有敞开的车厢,用来运输、卸载或撒布物料。

注1:见 GB/T 8498 及本部分的图 A.1、图 A.2 和图 A.3。

注2:自卸车由其他机械或设备进行装料,小型自卸车除外。

3.2

刚性车架自卸车 rigid frame dumper

具有刚性车架,用车轮或履带转向的自卸车。

注:见 GB/T 8498 及本部分的图 A.1 和图 A.3。

3.3

铰接车架自卸车 articulated frame dumper

具有铰接车架,并参与转向的自卸车。

注:见 GB/T 8498 及本部分的图 A.2。

3.4

回转自卸车 swing dumper

具有可 360°回转的上部结构的自卸车。

注1:见 GB/T 8498。

注2:该上部结构由刚性车架、敞开式车厢和司机室组成,底盘可由履带或轮胎系统组成。

3.5

小型自卸车 compact dumper

工作质量(见 GB/T 21154)小于或等于 4 500 kg 的铰接车架自卸车或刚性车架自卸车。

注1:见 GB/T 8498 及本部分的图 A.4、图 A.5 和图 A.6。

注2:小型自卸车可装有整体式自装载工作装置。

3.6

自装载工作装置 self-loading equipment

由铲斗支撑结构与连杆机构组成,整体安装在自卸车上的装置,用于自身向车厢中装填物料。

注:见图 A.6。

4 安全要求和/或防护措施

4.1 一般要求

自卸车应符合 GB 25684.1 中没有被本章特定要求所修改的安全要求和/或防护措施。

4.2 车厢

4.2.1 控制装置

如果卸料车厢可手动卸料,则应设计并安装能确保安全开启和关闭的控制装置。例如:从司机位置处或不同于卸料方向的适当位置。

4.2.2 降低车厢

动力不足时,不使用专用工具,车厢能以安全方式降低到运输位置,例如:通过手动控制阀。

4.2.3 车厢倾卸指示装置

自卸车应具有下列装置,小型自卸车和无密封司机室的履带式自卸车除外:

——当车厢没有完全降下时,应具有防止行驶高于二挡或速度大于 10 km/h 的指示装置(使用机械式手动换挡变速器的自卸车除外);

——车厢不在完全降落位置且变速器在工作挡位时,应使用的听觉和/或视觉报警装置。

4.2.4 车厢支撑装置

该装置应符合 GB/T 25610 中的要求。

4.2.5 黏性物料

若卸料时出现黏性物料(如:湿土或结冰物料)粘在车厢上,从而导致机体失去稳定性,应配备帮助卸载物料的装置。

例如:卸料车厢应提供加热系统。

小型自卸车不需符合本条款的要求。

4.3 限速器

自卸车应安装限速器且符合 GB/T 25692 的规定,小型自卸车和履带式自卸车除外。

4.4 铰接机架锁紧装置

铰接机架锁紧装置应符合 GB/T 22355 的要求。

4.5 滚翻保护结构(ROPS)

GB 25684.1—2010 的 4.3.3 适用于 GB 25684 的本部分。带座椅的小型自卸车的滚翻保护结构 ROPS 应符合 GB/T 17922 的规定。

注:在国内尚不具备对某些自卸车进行试验的条件时,此类自卸车可暂不实施本条款。

4.6 落物保护结构(FOPS)

4.6.1 一般要求

GB 25684.1—2010 的 4.3.4 以及下述附加/例外条款 4.6.2 和 4.6.3 适用于本部分。

注:在国内尚不具备对某些自卸车进行试验的条件时,此类自卸车可暂不实施本条款。

4.6.2 FOPS 验收基准(小型自卸车除外)

除小型自卸车外,安装落物保护结构(FOPS)的自卸车应符合 GB/T 17771 验收基准Ⅱ。

4.6.3 小型自卸车

4.6.3.1 配备司机室的小型自卸车

配备司机室的小型自卸车应设计并制造成能够安装落物保护结构(FOPS)。该落物保护结构(FOPS)应符合 GB/T 17771 验收基准Ⅰ。

4.6.3.2 带自装载工作装置的小型自卸车

为预防司机操作位置超载所产生的危险,带自装载工作装置的小型自卸车应安装落物保护结构(FOPS)。该落物保护结构(FOPS)应符合 GB/T 17771 验收基准Ⅱ。

4.7 司机操作位置

4.7.1 司机室

GB 25684.1—2010 的 4.3.2 适用于本部分。小型自卸车不需要司机室,但在对司机健康有害的危险作业工况下应安装司机室。

如果后车窗不用于观察视野,可不安装除霜装置。

4.7.2 司机座椅

GB 25684.1—2010 的 4.4.1 适用于本部分,座椅还应符合 GB/T 8419 规定的以下输入谱类:

——EM1 适用于轮胎式自卸车;

——EM7 适用于小型自卸车。

4.7.3 带站立司机位置的小型自卸车

4.7.3.1 一般要求

带站立司机操作位置的小型自卸车行驶速度不能大于 4 km/h。

4.7.3.2 操纵装置

行驶机器的运动应由运行操纵装置控制。

应提供一个使司机可以在机器行驶时保持和支撑自身的装置。如果安装驾乘式操作平台则该装置不应限制和阻碍司机通过平台。

行驶和转向控制应设计成允许司机有一只手支撑自身,以减轻意外触碰操纵装置产生的危险。

4.7.3.3　司机操作位置

机器的总体设计尺寸应包括司机正常驾驶的位置。

如果安装司机驾乘式操作平台，其应能安装在竖直位置。应提供当司机不在平台或平台在竖直位置时防止机器行进的装置。

平台表面面积应至少为 1 400 cm^2，且可容纳一个最小直径为 360 mm 的圆面。平台应为防滑表面且距地面最高 250 mm。

平台应设计成当机器后退时其边缘可承受 2.5 倍机器总质量的压力。平台应不产生任何永久变形或移位。

4.8　转向系统

4.8.1　一般要求

GB 25684.1—2010 的 4.6.1 以及下述 4.8.2 和 4.8.3 适用于本部分。

4.8.2　带旋转座椅机器的转向控制装置

带旋转座椅(180°)的自卸车，在座椅两个位置处，其转向系统控制装置的方向应与预期方向一致。

4.8.3　带上部回转机构机器的转向和行驶操纵装置

如果机器上部回转机构不在正常行驶方向，行驶和转向控制装置的运动方向不需要与预期运动方向一致。

4.9　座椅安全带

自卸车应配备符合 GB/T 17921 的座椅安全带。

5　安全要求和/或防护措施的验证

GB 25684.1—2010 的第 5 章适用于 GB 25684 的本部分。

6　使用信息

GB 25684.1—2010 的第 6 章及下列对司机手册(GB 25684.1—2010 中的 6.2)的附加条款适用于 GB 25684 的本部分：

a)　安全卸料的说明。

b)　应说明：当自卸车倾倒物料时，质心会不断改变，地面状况决定机器稳定性[轮式自卸车在松软路面上工作且物料(如：湿土、结冰物料)粘连在机体上时，都会产生特殊危险]。

c)　应说明：当带装载工作装置的小型自卸车进行装料时，为保持稳定性，机器应在坚实的水平路面，应避免在松软、不平坦的路面上装料。

d)　应说明：在冰面或光滑的工况下，下坡操作时获得最大制动性能的方法(例如：应用纵向差速锁)。

e)　应说明：下坡操作时限速器的使用，例如，在应用行车制动前完全使用限速器。

附　录　A
（资料性附录）
图　　例

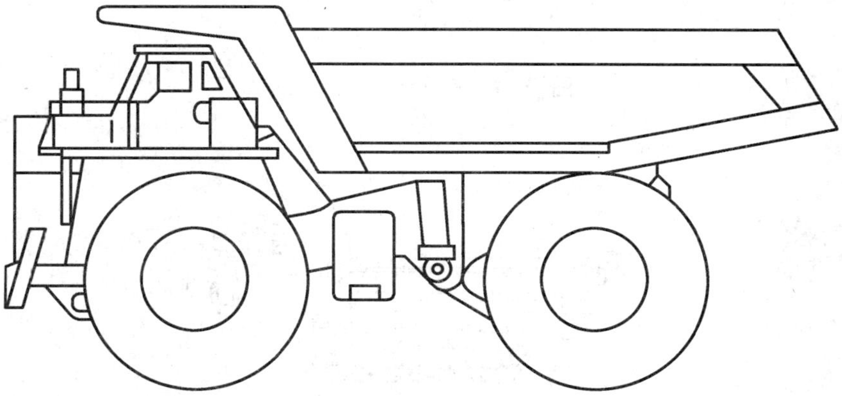

图 A.1　刚性车架自卸车

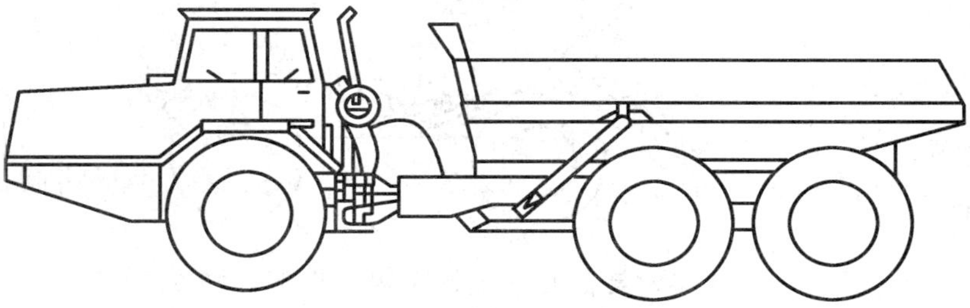

图 A.2　铰接车架自卸车

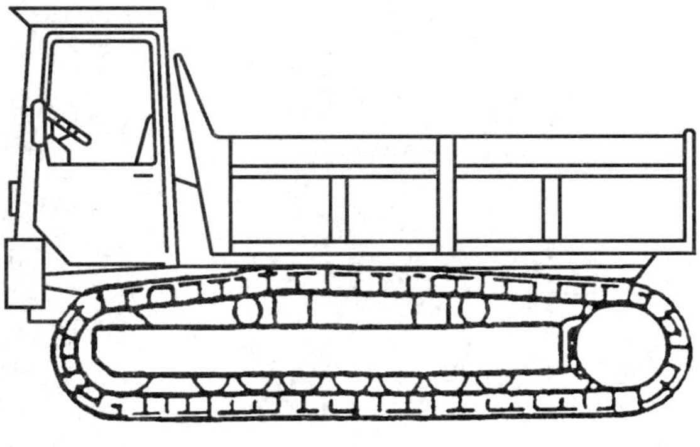

图 A.3　履带式自卸车

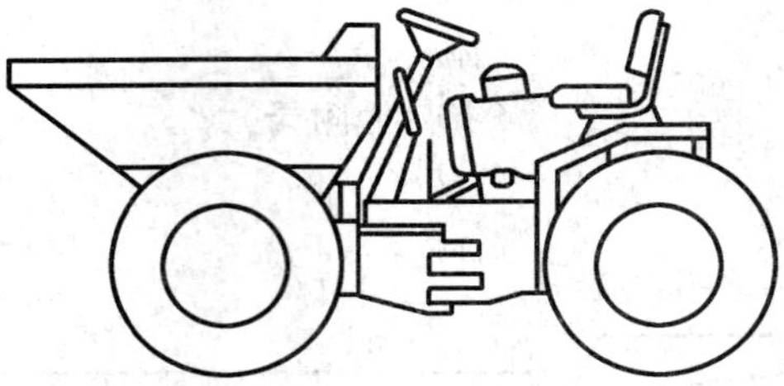

图 A.4　轮胎式小型自卸车

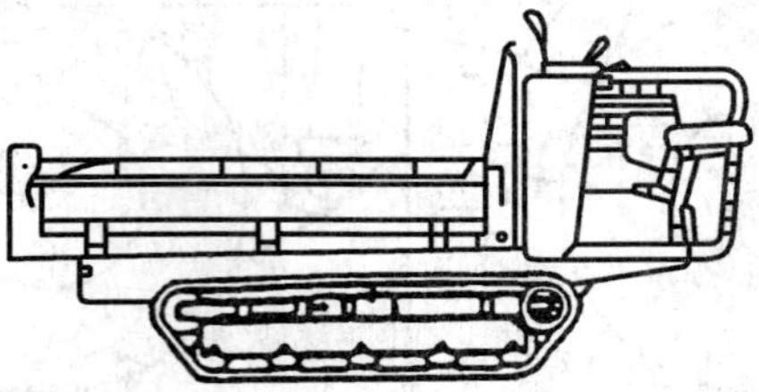

图 A.5　履带式小型自卸车

图 A.6　带自装载工作装置的小型自卸车

附　录　B
（资料性附录）
GB 25684 的本部分与 ISO 20474-6:2008 技术性差异及其原因

表 B.1 给出了 GB 25684 的本部分与 ISO 20474-6:2008 的技术性差异及其原因的一览表。

表 B.1　GB 25684 的本部分与 ISO 20474-6:2008 技术性差异及其原因

本部分的章条编号	技术性差异	原　　因
4.2.2	删除“特定国家和/或区域的强制性规定见 ISO/TS 20474-14。”改为“动力不足时，不使用专用工具，车厢能以安全方式降低到运输位置，例如：通过手动控制阀。”	国际标准未对此项要求作出规定，而有必要增加降低车厢的要求
4.2.3	在第 1 个列项后增加“（使用机械式手动换挡变速器的自卸车除外）”	根据我国国情，该要求对采用机械式手动换挡变速器的自卸车不适用
4.2.4	删除“特定国家和/或区域的强制性规定见 ISO/TS 20474-14。”	欧盟的规定与国际标准相同，因此删除该段文字
4.3	删除“特定国家和/或区域的强制性规定见 ISO/TS 20474-14。”	对限速器，我国和 ISO 均有具体标准规定，因此删除该段文字
4.4	删除“特定国家和/或区域的强制性规定见 ISO/TS 20474-14。”	对铰接机架锁紧装置，我国和 ISO 均有具体标准规定，因此删除该段文字
4.5	删除“特定国家和/或区域的强制性规定见 ISO/TS 20474-14。”	对滚翻保护结构，我国和 ISO 均有具体标准规定，因此删除该段文字
4.5	增加“注：在国内尚不具备对某些自卸车进行试验的条件时，此类自卸车可暂不实施本条款。”	我国暂不具备试验条件，无法对于大型的自卸车 ROPS 进行试验
4.6	增加“注：在国内尚不具备对某些自卸车进行试验的条件时，此类自卸车可暂不实施本条款。”	我国暂不具备试验条件，无法对于大型的自卸车 FOPS 进行试验
4.7.2	删除“如果悬架座椅在某些可选区域安装，他们也应符合以上要求。”	该句为国际标准对特定国家和区域的要求，不适合作为我国标准的要求
4.7.2	删除“特定国家和/或区域的强制性规定见 ISO/TS 20474-14。”	对司机座椅的振动，我国和 ISO 均有具体标准规定，因此删除该段文字
4.7.3.1	删除“特定国家和/或区域的强制性规定见 ISO/TS 20474-14。”	国际标准对该项的要求更为严格，更能保证操作人员的安全，因此删除该段文字
4.7.3.3	删除“特定国家和/或区域的强制性规定见 ISO/TS 20474-14。”，增加欧盟对司机操作位置的要求	国际标准未对此项要求作出规定，而有必要增加对司机操作位置的要求
4.8	删除“特定国家和/或区域的强制性规定见 ISO/TS 20474-14。”	ISO/TS 20474-14 中无特定国家和/或区域的要求，因此删除该段文字
4.9	删除“特定国家和/或区域的强制性规定见 ISO/TS 20474-14。”	对该项要求我国和 ISO 均有具体标准规定，因此删除该段文字
6	删除“特定国家和/或区域的强制性规定见 ISO/TS 20474-14。”	对于机器下坡时的要求操作，在本章的 e)已做要求，因此删除该段文字

参 考 文 献

[1] GB/T 15706.1—2007 机械安全 基本概念与设计通则 第1部分:基本术语和方法(1SO 12100-1:2003,IDT).

[2] GB/T 15706.2—2007 机械安全 基本概念与设计通则 第2部分:技术原则(1SO 12100-2:2003,IDT).

[3] GB/T 17772—1999 土方机械 保护结构的实验室鉴定 挠曲极限量的规定(idt ISO 3164:1995).

[4] ISO/TS 20474-14:2008 土方机械 安全 第14部分:国家和区域规定的信息(Earth-moving machinery—Safety—Part 14:Information on national and regional provisions).

[5] EN 474-6:2006 土方机械 安全 第6部分:自卸车的要求(Earth-moving machinery—Safety—Part 6:Requirements for dumpers).

ICS 53.100
P 97

中华人民共和国国家标准

GB 25684.7—2010

土方机械 安全
第7部分：铲运机的要求

**Earth-moving machinery—Safety—
Part 7: Requirements for scrapers**

(ISO 20474-7:2008,MOD)

2010-12-23 发布 2012-01-01 实施

中华人民共和国国家质量监督检验检疫总局
中国国家标准化管理委员会 发布

前言

GB 25684的本部分的4.2、4.3和4.4为强制性条款,其余为推荐性条款。

GB 25684《土方机械　安全》分为13个部分:

——第1部分:通用要求;

——第2部分:推土机的要求;

——第3部分:装载机的要求;

——第4部分:挖掘装载机的要求;

——第5部分:液压挖掘机的要求;

——第6部分:自卸车的要求;

——第7部分:铲运机的要求;

——第8部分:平地机的要求;

——第9部分:吊管机的要求;

——第10部分:挖沟机的要求;

——第11部分:土方回填压实机的要求;

——第12部分:机械挖掘机的要求;

——第13部分:压路机的要求。

本部分为GB 25684的第7部分,本部分应与第1部分配合使用。

本部分修改采用ISO 20474-7:2008《土方机械　安全　第7部分:铲运机的要求》(英文版)。

本部分根据ISO 20474-7:2008重新起草。

本部分与ISO 20474-7:2008存在的主要差异如下:

——引用标准GB 25684.1—2010修改采用ISO 20474-1:2008,其技术性差异使本部分与ISO 20474-7:2008也存在技术性差异;

——取消了对噪声的规定,噪声要求按我国噪声标准执行。

为便于使用,本部分作了下列编辑性修改:

——删除了国际标准的前言,修改了国际标准的引言和第1章;

——对ISO 20474-7:2008中引用的国际标准,用已被采用为我国的标准代替对应的国际标准;

——参考文献中增加了ISO/TS 20474-14:2008和EN 474-7:2006。

本部分的附录A为资料性附录。

本部分由中国机械工业联合会提出。

本标准由全国土方机械标准化技术委员会(SAC/TC 334)归口。

本部分起草单位:天津工程机械研究院、郑州宇通重工有限公司。

本部分主要起草人:李广庆、王长胜。

引　言

GB 25684 的本部分是 GB/T 15706 定义的 C 类标准。

本部分的范围说明了涉及的机械以及所包含的危险、危险状态或危险事件的范围。

由于机器的设计和制造都遵循 C 类标准的要求，因此当 C 类标准的要求与 A 类或 B 类标准要求不同时，C 类标准的要求优先于其他标准。

土方机械　安全
第7部分：铲运机的要求

1　范围

GB 25684的本部分规定了轮胎式和履带式铲运机的安全要求，并给出了铲运机的图例(见附录A)。

本部分与GB 25684.1(规定了土方机械的通用安全要求)合并使用。本部分的特定要求优先于GB 25684.1的通用要求。

本部分适用于GB/T 8498定义的轮胎式和履带式铲运机。

本部分规定了本范围的土方机械在制造商指定用途和预知的误操作条件下应用时，与其相关的所有重大危险、危险状态或危险事件；并规定了在使用、操作和维护中消除或降低重大危险、危险状态或危险事件引起的风险的技术措施。

本部分不适用于在本部分实施前制造的机器。

2　规范性引用文件

下列文件中的条款通过GB 25684的本部分的引用而成为本部分的条款。凡是注日期的引用文件，其随后所有的修改单(不包括勘误的内容)或修订版均不适用于本部分，然而，鼓励根据本部分达成协议的各方研究是否可使用这些文件的最新版本。凡是不注日期的引用文件，其最新版本适用于本部分。

GB/T 7920.8　土方机械　铲运机　术语和商业规格(GB/T 7920.8—2003，ISO 7133:1994，Earth-moving machinery—Tractor-scrapers—Terminology and commercial specifications，MOD)

GB/T 8419　土方机械　司机座椅振动的试验室评价(GB/T 8419—2007，ISO 7096:2000，IDT)

GB/T 8498　土方机械　基本类型　识别、术语和定义(GB/T 8498—2008，ISO 6165:2006，IDT)

GB 25684.1—2010　土方机械　安全　第1部分：通用要求(ISO 20474-1:2008，MOD)

GB/T 25692　土方机械　自卸车和自行式铲运机用限速器　性能试验(GB/T 25692—2010，ISO 10268:1993，IDT)

3　术语和定义

GB 25684.1和GB/T 7920.8确立的以及下列术语和定义适用于GB 25684的本部分。

3.1

铲运机　scraper

自行的或拖行的履带式或轮胎式机械，在位于两桥之间装有带切削刃的铲运斗，通过机器的向前运动进行铲削、装载、运输、卸载和摊铺物料。

注：通过向前运动进行的装载作业，可以由装在铲运斗上的一个动力机构(升运装置)来完成。

3.2

拖式铲运机　towed scraper

由一台装有司机室的牵引车拖行的非自行式铲运机。

4　安全要求和/或防护措施

4.1　一般要求

铲运机应符合GB 25684.1中没有被本章特定要求所修改的安全要求和/或防护措施。

4.2 司机座椅

GB 25684.1—2010 的 4.4.1 适用于 GB 25684 的本部分；对于不带轮轴或车架悬挂装置的铲运机，座椅应符合 GB/T 8419 规定的 EM2 级输入谱类。

4.3 限速器

如安装限速器系统，应符合 GB/T 25692 的要求。

4.4 铰接车架锁紧装置

GB 25684.1—2010 的 4.14.5 不适用于铲运机。

4.5 牵引装置

GB 25684.1—2010 的 4.15.5 以及下述例外适用于本部分。

如果铲运机上连接点（顶推板，挂钩等）的作用只是为了让两台铲运机在装载时彼此辅助，则不能作为 GB 25684.1—2010 中 4.15.5 规定的牵引装置。

5 安全要求和/或防护措施的验证

GB 25684.1—2010 的第 5 章适用于 GB 25684 的本部分。

6 使用信息

GB 25684.1—2010 的第 6 章及下列司机手册条款适用于 GB 25684 的本部分：

——铲刀的使用说明；

——升运装置和螺旋输送器的使用和维修说明。

附 录 A
（资料性附录）
图 例

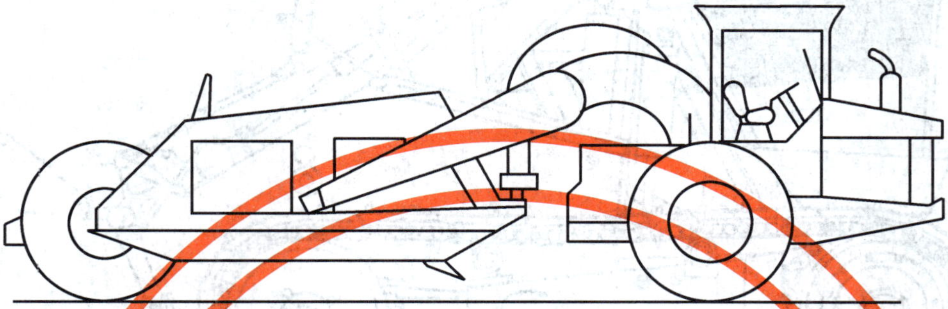

图 A.1 无升运装置轮胎式铲运机

图 A.2 带升运装置轮胎式铲运机

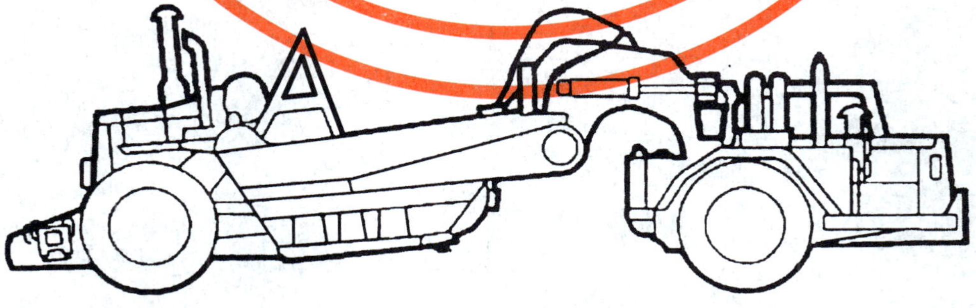

图 A.3 双发动机轮胎式铲运机

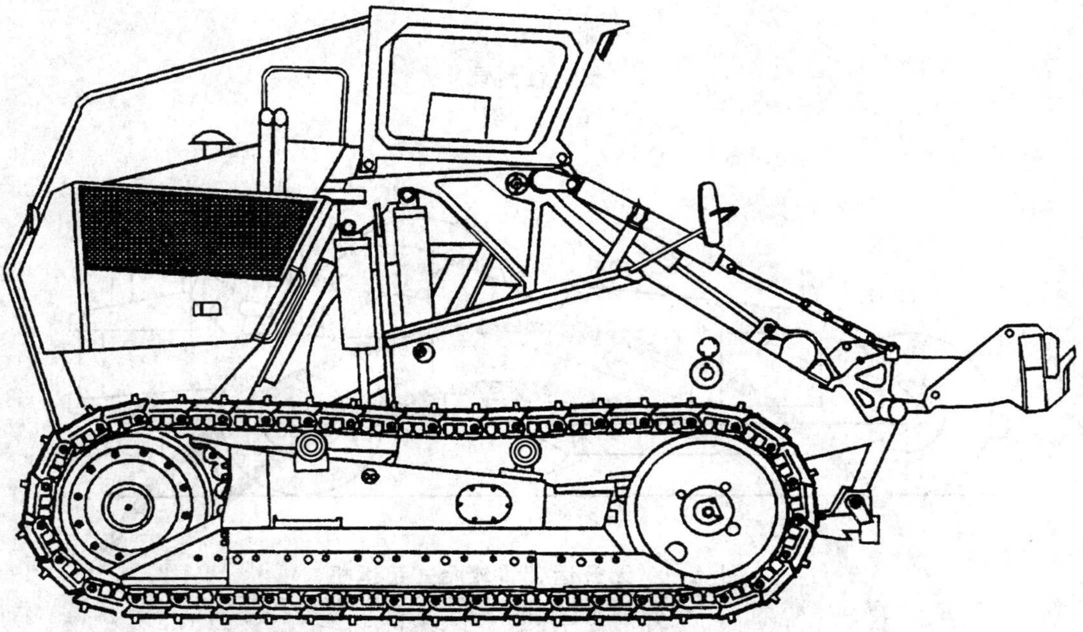

图 A.4 履带式铲运机

参 考 文 献

[1] GB/T 15706.1—2007 机械安全 基本概念与设计通则 第1部分:基本术语和方法(ISO 12100-1:2003,IDT).

[2] GB/T 15706.2—2007 机械安全 基本概念与设计通则 第2部分:技术原则(ISO 12100-2:2003,IDT).

[3] ISO/TS 20474-14:2008 土方机械 安全 第14部分:国家和区域规定的信息(Earth-moving machinery—Safety—Part 14: Information on national and regional provisions).

[4] EN 474-7:2006 土方机械 安全 第7部分:铲运机的要求(Earth-moving machinery—Safety—Part 7: Requirements for scrapers).

ICS 53.100
P 97

中华人民共和国国家标准

GB 25684.8—2010

土方机械　安全
第8部分：平地机的要求

Earth-moving machinery—Safety—
Part 8：Requirements for graders

（ISO 20474-8：2008，MOD）

2010-12-23 发布　　2012-01-01 实施

中华人民共和国国家质量监督检验检疫总局
中国国家标准化管理委员会　发布

前　　言

GB 25684 的本部分的 4.2.1、4.3 和 4.4 为强制性条款，其余为推荐性条款。

GB 25684《土方机械　安全》分为 13 个部分：

——第 1 部分：通用要求；

——第 2 部分：推土机的要求；

——第 3 部分：装载机的要求；

——第 4 部分：挖掘装载机的要求；

——第 5 部分：液压挖掘机的要求；

——第 6 部分：自卸车的要求；

——第 7 部分：铲运机的要求；

——第 8 部分：平地机的要求；

——第 9 部分：吊管机的要求；

——第 10 部分：挖沟机的要求；

——第 11 部分：土方回填压实机的要求；

——第 12 部分：机械挖掘机的要求；

——第 13 部分：压路机的要求。

本部分为 GB 25684 的第 8 部分，本部分应与第 1 部分配合使用。

本部分修改采用 ISO 20474-8:2008《土方机械　安全　第 8 部分：平地机的要求》(英文版)。

本部分根据 ISO 20474-8:2008 重新起草。

考虑到我国国情，在采用 ISO 20474-8:2008 时，本部分作了一些修改。有关技术性差异已编入正文中并在它们所涉及的条款的外侧页边空白处用垂直单线标识。在附录 B 中给出了这些技术性差异及其原因的一览表以供参考。

为便于使用，本部分作了下列编辑性修改：

——删除了国际标准的前言，修改了国际标准的引言和第 1 章；

——对 ISO 20474-8:2008 中引用的国际标准，用已被采用为我国的标准代替对应的国际标准；

——参考文献中增加了 ISO/TS 20474-14:2008 和 EN 474-8:2006；

——在图 A.2 中平地机的后部增加了松土耙的图示内容。

本部分的附录 A 和附录 B 为资料性附录。

本部分由中国机械工业联合会提出。

本部分由全国土方机械标准化技术委员会(SAC/TC 334)归口。

本部分负责起草单位：天津工程机械研究院、鼎盛天工工程机械股份有限公司、徐州徐工筑路机械有限公司、三一重工股份有限公司。

本部分参加起草单位：山推工程机械股份有限公司、广西柳工机械股份有限公司。

本部分主要起草人：陈树巧、钮红、吴继霞、易全旺、刘培海、林龙。

引　言

GB 25684 的本部分是 GB/T 15706 定义的 C 类标准。

本部分的范围说明了涉及的机械以及所包含的危险、危险状态或危险事件的范围。

由于机器的设计和制造都遵循 C 类标准的要求，因此当 C 类标准的要求与 A 类或 B 类标准要求不同时，C 类标准的要求优先于其他标准。

土方机械　安全
第8部分：平地机的要求

1　范围

GB 25684的本部分规定了平地机的安全要求，并给出了平地机的图例（见附录A）。

本部分与GB 25684.1（规定了土方机械的通用安全要求）合并使用。本部分的特定要求优先于GB 25684.1的通用要求。

本部分适用于GB/T 8498定义的平地机。

本部分规定了本范围的土方机械在制造商指定用途和预知的误操作条件下应用时，与其相关的所有重大危险、危险状态或危险事件；并规定了在使用、操作和维护中消除或降低重大危险、危险状态或危险事件引起的风险的技术措施。

本部分不适用于在本部分实施前制造的机器。

2　规范性引用文件

下列文件中的条款通过GB 25684的本部分的引用而成为本部分的条款。凡是注日期的引用文件，其随后所有的修改单（不包括勘误的内容）或修订版均不适用于本部分，然而，鼓励根据本部分达成协议的各方研究是否可使用这些文件的最新版本。凡是不注日期的引用文件，其最新版本适用于本部分。

GB/T 7920.9　土方机械　平地机　术语和商业规格（GB/T 7920.9—2003，ISO 7134:1993，MOD）

GB/T 8419　土方机械　司机座椅振动的试验室评价（GB/T 8419—2007，ISO 7096:2000，IDT）

GB/T 8498　土方机械　基本类型　识别、术语和定义（GB/T 8498—2008，ISO 6165:2006，IDT）

GB 25684.1—2010　土方机械　安全　第1部分：通用要求（ISO 20474-1: 2008，MOD）

3　术语和定义

GB 25684.1和GB/T 7920.9确立的以及下列术语和定义适用于GB 25684的本部分。

3.1

平地机　grader

自行的轮胎式机器，在前、后桥之间装有一个可调节的铲刀；机器可装有一个前置推土板或松土耙，松土耙也可装在两桥之间。

注：平地机的主要用途是通过机器的前进运动来进行平地、刮坡、挖沟或物料翻松作业。

[GB/T 8498—2008，定义4.8]

4　安全要求和/或防护措施

4.1　一般要求

平地机应符合GB 25684.1中没有被本章特定要求所修改的安全要求和/或防护措施。

4.2　司机操作位置

4.2.1　司机座椅

GB 25684.1—2010的4.4.1适用于GB 25684的本部分，座椅还应符合GB/T 8419规定的EM4输入谱类的要求。

4.2.2 后车窗

GB 25684.1—2010 的 4.3.2.6 和 4.3.2.8 以及下述对后车窗的规定适用于本部分：

——后车窗应做除霜的布置；

——后车窗应安装自动刮水器和洗涤器。

4.3 挡泥板

GB 25684.1—2010 的 4.14.7 适用于本部分，前轮不带挡泥板的除外。

4.4 转向系统

4.4.1 一般要求

GB 25684.1—2010 的 4.6.1 和 4.6.2 适用于本部分。

4.4.2 操纵装置

前轮转向、铰接转向和桥架转向应由各自的操纵装置独立驱动。

4.4.3 转向性能试验

GB 25684.1—2010 的 4.6.2 以及下述条款适用于本部分：

——转向性能试验应只用于前转向装置（阿克曼转向系统）；

——在试验期间，倾斜的前轮应处于垂直的位置，铰接转向或桥架转向装置应处于笔直朝前的位置。

4.4.4 行驶工况的安全要求

在公共道路上行驶或长距离在非道路上行驶时应符合下列要求：

——倾斜的前轮装置应处于垂直的位置，并且对应的结构应被机械的锁住；

——所有的铲刀和附属装置应处于运输位置，以便使它们在规定的运输宽度之内。

5 安全要求和/或防护措施的验证

GB 25684.1—2010 的第 5 章适用于 GB 25684 的本部分。

6 使用信息

GB 25684.1—2010 的第 6 章适用于 GB 25684 的本部分，并在司机手册（GB 25684.1—2010 中的 6.2）中增加如何在公共道路上进行平地机转向的说明。

附　录　A
（资料性附录）
图　　例

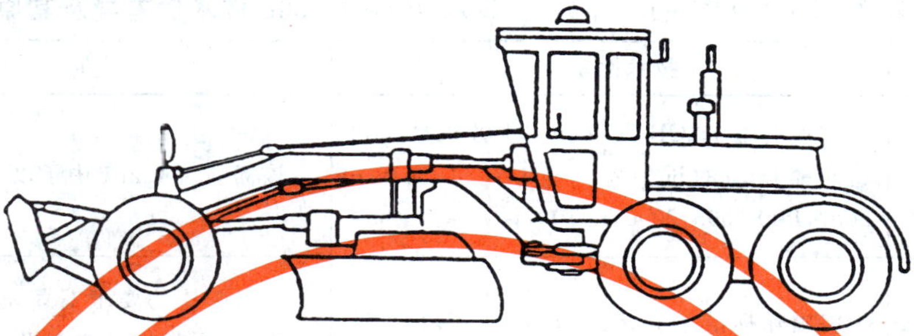

图 A.1　铰接转向平地机

图 A.2　前轮转向平地机

图 A.3　装有扫雪器的平地机

附　录　B
（资料性附录）
GB 25684 的本部分与 ISO 20474-8:2008 技术性差异及其原因

表 B.1 给出了 GB 25684 的本部分与 ISO 20474-8:2008 的技术性差异及其原因的一览表。

表 B.1　GB 25684 的本部分与 ISO 20474-8:2008 技术性差异及其原因

本部分的章条编号	技术性差异	原　　因
2	增加引用了“GB/T 8419　土方机械　司机座椅振动的试验室评价（GB/T 8419—2007，ISO 7096:2000，IDT）”	该标准在 4.2.1 中予以引用
4.2.1	将国际标准中此条的“特定国家和/或区域的强制性规定见 ISO/TS 20474-14。”替换为 EN 474-8:2006 中 5.2.1 的内容	司机座椅的要求对司机的安全具有重要的作用，而国际标准未对此项要求作出规定，因此采用 ISO/TS 20474-14 中特定国家和/或区域的欧盟要求
4.2.2	将国际标准中此条的“特定国家和/或区域的强制性规定见 ISO/TS 20474-14。”替换为 EN 474-8:2006 中 5.2.2 的内容	后车窗做除霜的布置并安装电动雨刷器和清洗器能消除或降低司机操作的危险，而国际标准未对此项要求作出规定，因此采用 ISO/TS 20474-14 中特定国家和/或区域的欧盟要求
4.4.2	将国际标准中此条的“特定国家和/或区域的强制性规定见 ISO/TS 20474-14。”替换为 EN 474-8:2006 中 5.4.2 的内容	转向系统操纵装置的要求对司机的安全具有重要的作用，而国际标准未对此项要求作出规定，因此采用 ISO/TS 20474-14 中特定国家和/或区域的欧盟要求
4.4.3	将国际标准中此条的“特定国家和/或区域的强制性规定见 ISO/TS 20474-14。”替换为 EN 474-8:2006 中 5.4.3 的内容	转向系统转向性能试验的要求对司机的安全具有重要的作用，而国际标准未对此项要求作出规定，因此采用 ISO/TS 20474-14 中特定国家和/或区域的欧盟要求
4.4.4	将国际标准中此条的“特定国家和/或区域的强制性规定见 ISO/TS 20474-14。”替换为 EN 474-8:2006 中 5.4.4 的内容	转向系统行驶工况的要求对司机的安全具有重要的作用，而国际标准未对此项要求作出规定，因此采用 ISO/TS 20474-14 中特定国家和/或区域的欧盟要求

参 考 文 献

[1] GB/T 15706.1—2007 机械安全 基本概念与设计通则 第1部分:基本术语和方法(ISO 12100-1:2003,IDT).

[2] GB/T 15706.2—2007 机械安全 基本概念与设计通则 第2部分:技术原则(ISO 12100-2:2003,IDT).

[3] ISO/TS 20474-14:2008 土方机械 安全 第14部分:国家和区域规定的信息(Earth-moving machinery—Safety—Part 14:information on national and regional provisions).

[4] EN 474-8:2006 土方机械 安全 第8部分:平地机的要求(Earth-moving machinery—Safety—Part 8:Requirements for graders).

ICS 53.100
P 97

中华人民共和国国家标准

GB 25684.9—2010

土方机械 安全
第9部分：吊管机的要求

Earth-moving machinery—Safety—Part 9: Requirements for pipelayers

(ISO 20474-9:2008, MOD)

2010-12-23 发布 2012-01-01 实施

中华人民共和国国家质量监督检验检疫总局
中国国家标准化管理委员会 发布

前　言

GB 25684 的本部分的 4.2.1、4.3.2、4.4 和 6.1 为强制性条款，其余为推荐性条款。

GB 25684《土方机械　安全》分为 13 个部分：

——第 1 部分：通用要求；

——第 2 部分：推土机的要求；

——第 3 部分：装载机的要求；

——第 4 部分：挖掘装载机的要求；

——第 5 部分：液压挖掘机的要求；

——第 6 部分：自卸车的要求；

——第 7 部分：铲运机的要求；

——第 8 部分：平地机的要求；

——第 9 部分：吊管机的要求；

——第 10 部分：挖沟机的要求；

——第 11 部分：土方回填压实机的要求；

——第 12 部分：机械挖掘机的要求；

——第 13 部分：压路机的要求。

本部分为 GB 25684 的第 9 部分，本部分应与第 1 部分配合使用。

本部分修改采用 ISO 20474-9:2008《土方机械　安全　第 9 部分：吊管机的要求》(英文版)。

本部分根据 ISO 20474-9:2008 重新起草。在附录 B 中列出了本部分章条编号与 ISO 20474-9:2008 章条编号的对照一览表。

考虑到我国国情，在采用 ISO 20474-9:2008 时，本部分作了一些修改。在附录 C 中给出了技术性差异及其原因的一览表以供参考。

为便于使用，本部分作了下列编辑性修改：

——用小数点“.”代替作为小数点的“,”；

——删除了国际标准的前言，修改了国际标准的引言和第 1 章；

——对 ISO 20474-9:2008 中引用的国际标准，用已被采用为我国的标准代替对应的国际标准；

——参考文献中增加了 ISO/TS 20474-14:2008 和 EN 474-9:2006。

本部分的附录 A、附录 B 和附录 C 为资料性附录。

本部分由中国机械工业联合会提出。

本部分由土方机械标准化技术委员会(SAC/TC 334)归口。

本部分负责起草单位：天津工程机械研究院、泰安泰山工程机械股份有限公司、天津移山工程机械有限公司。

本部分参加起草单位：山推工程机械股份有限公司。

本部分主要起草人：吴红丽、宋衍庆、宋艳平、刘培海。

引　言

GB 25684 的本部分是 GB/T 15706 定义的 C 类标准。

本部分的范围说明了涉及的机械以及所包含的危险、危险状态或危险事件的范围。

由于机器的设计和制造都遵循 C 类标准的要求，因此当 C 类标准的要求与 A 类或 B 类标准要求不同时，C 类标准的要求优先于其他标准。

土方机械　安全
第9部分：吊管机的要求

1　范围

GB 25684 的本部分规定了吊管机的安全要求，并给出了吊管机的图例（见附录 A）。

本部分与 GB 25684.1（规定了土方机械的通用安全要求）合并使用。本部分的特定要求优先于 GB 25684.1 的通用要求。

本部分适用于 GB/T 8498 定义的吊管机。

本部分规定了本范围的土方机械在制造商指定用途和预知的误操作条件下应用时，与其相关的所有重大危险、危险状态或危险事件；并规定了在使用、操作和维护中消除或降低重大危险、危险状态或危险事件引起的风险的技术措施。

本部分不适用于在本部分实施前制造的机器。

2　规范性引用文件

下列文件中的条款通过 GB 25684 的本部分的引用而成为本部分的条款。凡是注日期的引用文件，其随后所有的修改单（不包括勘误的内容）或修订版均不适用于本部分，然而，鼓励根据本部分达成协议的各方研究是否可使用这些文件的最新版本。凡是不注日期的引用文件，其最新版本适用于本部分。

GB/T 8420　土方机械　司机的身材尺寸与司机的最小活动空间（GB/T 8420—2000，eqv ISO 3411：1995）

GB/T 8498　土方机械　基本类型　识别、术语和定义（GB/T 8498—2008，ISO 6165：2006，IDT）

GB/T 8595　土方机械　司机的操纵装置（GB/T 8595—2008，ISO 10968：2004，IDT）

GB/T 19928　土方机械　吊管机和安装侧臂的轮胎式推土机或装载机的起重量（GB/T 19928—2005，ISO 8813：1992，MOD）

GB 20178　土方机械　安全标志和危险图示　通则（GB 20178—2006，ISO 9244：1995，MOD）

GB/T 22352　土方机械　吊管机　术语和商业规格（GB/T 22352—2008，ISO 7136：2006，IDT）

GB/T 24811.1　起重机和起重机械　钢丝绳选择　第 1 部分：总则（GB/T 24811.1—2009，ISO 4308-1：2003，IDT）

GB/T 24813　8 级链条用锻造环眼吊钩[GB/T 24813—2009，ISO 7597：1987，Forged steel lifting hooks with point and eye for use with steel chains of grade T(8)，IDT]

GB 25684.1—2010　土方机械　安全　第 1 部分：通用要求（ISO 20474-1：2008，MOD）

LY 1289　林业机械　车载式绞盘机　尺寸、性能和安全要求（LY 1289—2008，ISO 19472：2006，IDT）

3　术语和定义

GB 25684.1 和 GB/T 22352 确立的以及下列术语和定义适用于 GB 25684 的本部分。

3.1

吊管机　pipelayer

自行的履带式或轮胎式机器，装有铺管装置。铺管装置由主机架、起升机构、能上下摆动的侧置起重臂和平衡重组成，主要用于搬运和铺设管道。

[GB/T 8498—2008，定义 4.11]

4 安全要求和/或防护措施

4.1 一般要求

吊管机应符合 GB 25684.1 中没有被本章特定要求所修改的安全要求和/或防护措施。

4.2 司机操作位置

4.2.1 司机室

GB 25684.1—2010 的 4.3.1 适用于 GB 25684 的本部分，无需配备司机室的吊管机除外。

吊管机应设计并制造成可以安装司机室。制造商应根据需要提供司机室。

4.2.2 车窗

GB 25684.1—2010 的 4.3.2.6 和 4.3.2.8 适用于本部分，装有司机室的吊管机应在提升方向的车窗上安装电动刮水器和洗涤器。

4.2.3 采暖和换气系统

如果安装司机室，GB 25684.1—2010 的 4.3.2.5 适用于本部分。

4.2.4 司机的保护

GB 25684.1—2010 的 4.3.3 不适用于吊管机。

4.3 稳定性和提升装置

4.3.1 一般要求

GB 25684.1—2010 的 4.11 以及下述 4.3.2.1～4.3.2.5 适用于本部分。

4.3.2 提升装置

4.3.2.1 一般要求

提升装置(起升机构)应符合 GB/T 19928 的要求。

4.3.2.2 载荷下降速度

应安装控制吊臂和吊钩下降速度的装置，以便在正常工作条件下，司机可控制载荷的运动和停止。该装置不应阻碍载荷吊钩(仅限吊钩绞盘)有意释放的正常自由下降。

4.3.2.3 管路铺设制动器

管路铺设系统应安装制动器，该制动器可通过控制系统开启，并在司机停止驱动或动力源失灵时自动启动。制动力应设计成额定起重量(在制造商规定的条件下)的 1.5 倍。

4.3.2.4 吊钩

按照 GB/T 24813 的规定，吊钩应能承受的测试载荷为极限工作载荷(WLL)的 2 倍(不发生永久性变形)，破坏拉力(BF)为极限工作载荷的 4 倍。

吊钩也用于吊管以外的其他用途(如运输或吊装特殊工具设备)，应安装符合 GB/T 24813 规定的安全锁。

4.3.2.5 钢丝绳

应按照 GB/T 24811.1 选择钢丝绳。

4.4 后置绞盘

4.4.1 一般要求

如安装后置绞盘，则应符合 LY 1289 的设计要求。

4.4.2 安装

使绞盘可靠地固定在机器结构上的装置，应设计成能承受钢丝绳不发生永久变形时所施加的最大拉力的 2 倍。

4.4.3 操纵装置

绞盘操纵装置应位于司机位置处，并符合 GB/T 8595 的规定。

4.4.4 保护

当安装后置绞盘时，应提供有关防护的措施。

安装后置绞盘的机器，在司机和绞盘之间应配备尺寸合适的防护网(钢丝最小直径 6 mm，网眼最大为 45 mm×45 mm 的钢丝网)，或采取等效防护措施。

防护网的宽度和高度至少应覆盖 GB/T 8420 规定的最小活动空间的后部。

5 安全要求和/或防护措施的验证

GB 25684.1—2010 的第 5 章适用于 GB 25684 的本部分。

6 使用信息

6.1 安全标志

GB 25684.1—2010 的 6.1 及下列条款适用于 GB 25684 的本部分：

如果安装绞盘，附加的特定安全标志应符合 GB 20178 的相应图形符号(也见 GB/T 8593.2—2010 中第 18 章的符号)。

6.2 司机手册

GB 25684.1—2010 的 6.2 及下列条款适用于本部分：

——司机如何进行团队操作(如：联合作业、通信)的详细说明；

——侧臂的操作说明；

——绞盘的操作和安全使用说明，如安装；

——需要安装司机室的准则。

6.3 机器标识

GB 25684.1—2010 的 6.3 及下列条款适用于本部分：

如果安装绞盘，裸筒最大额定牵引力标识应符合 LY 1289 的规定。

附　录　A
（资料性附录）
图　　例

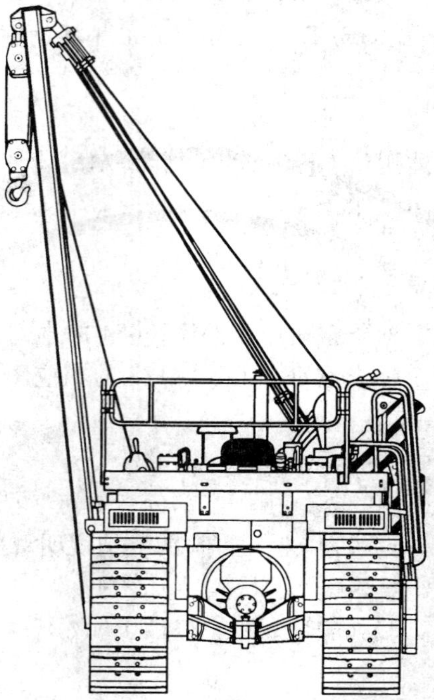

图 A.1　履带式吊管机

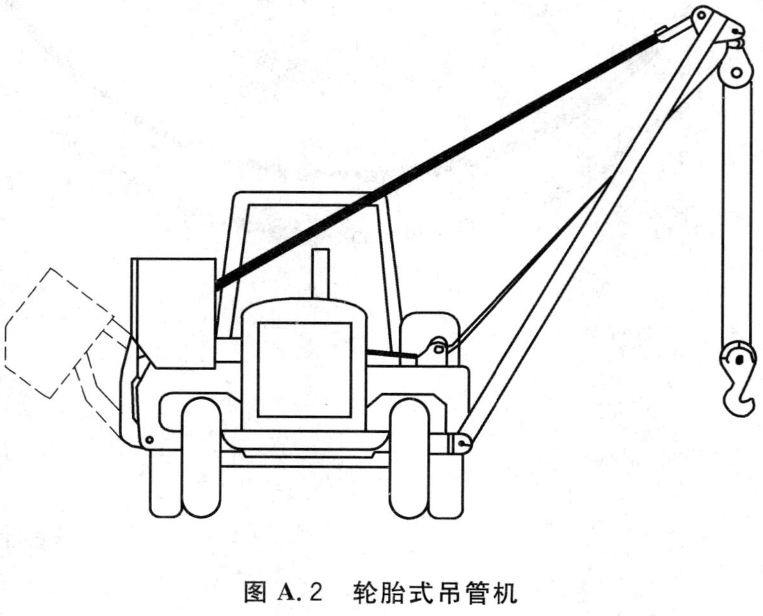

图 A.2　轮胎式吊管机

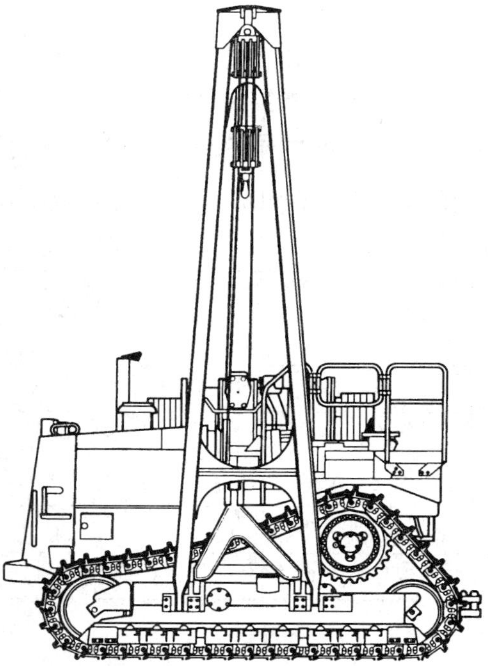

图 A.3 吊管机侧视图

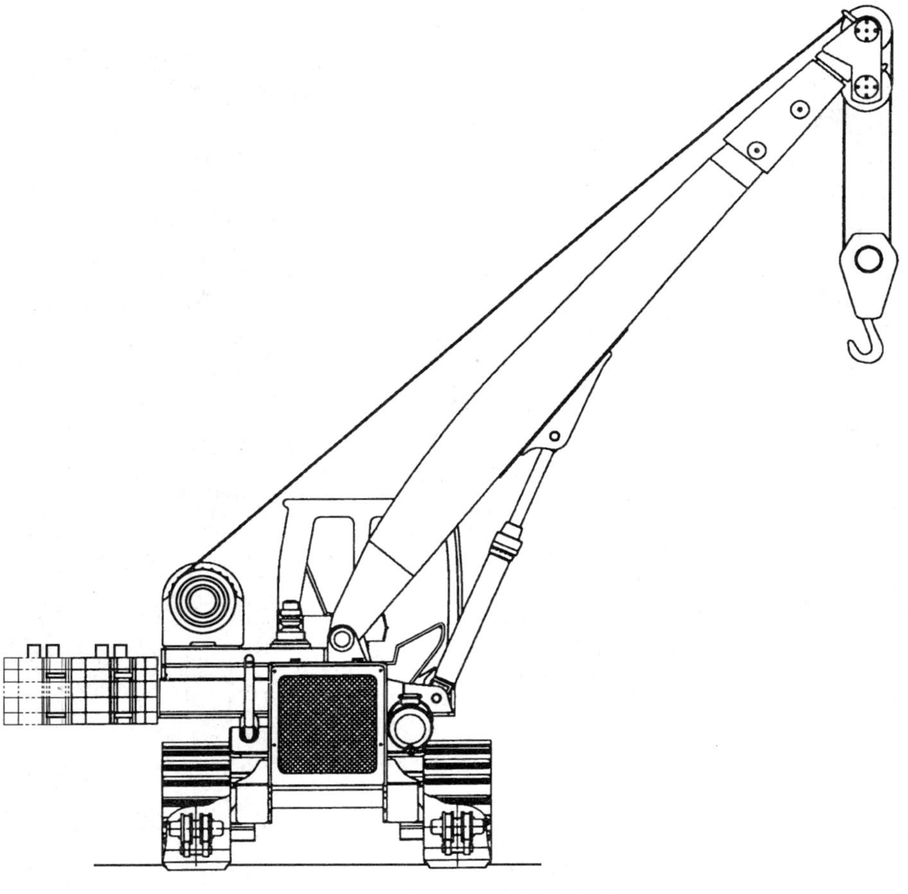

图 A.4 有上部回转机构的吊管机

附　录　B
（资料性附录）
GB 25684 的本部分章条编号与 ISO 20474-9:2008 章条编号对照

表 B.1 给出了 GB 25684 的本部分章条编号与 ISO 20474-9:2008 章条编号对照一览表。

表 B.1　GB 25684 的本部分章条编号与 ISO 20474-9:2008 章条编号对照

本部分章条编号	对应的 ISO 20474-9:2008 章条编号
—	4.2.4
4.2.4	4.2.5
—	4.5
附录 B	—
附录 C	—
注：表中章条以外的本部分其他章条编号与 ISO 20474-9:2008 其他章条编号均相同且内容相对应。	

附　录　C
（资料性附录）
GB 25684 的本部分与 ISO 20474-9:2008 技术性差异及其原因

表 C.1 给出了 GB 25684 的本部分与 ISO 20474-9:2008 的技术性差异及其原因的一览表。

表 C.1　GB 25684 的本部分与 ISO 20474-9:2008 技术性差异及其原因

本部分的章条编号	技术性差异	原　因
—	删除国际标准中的 “4.2.4　司机座椅 特定国家和/或区域的强制性规定见 ISO/TS 20474-14。”	由于吊管机的工况及其工作状态的特殊性，我国不采用欧盟关于司机座椅的特殊规定
4.3.2.4	删除国际标准中此条的“特定国家和/或区域的强制性规定见 ISO/TS 20474-14。”	国际标准已对该项作出规定，因此不再采用特定国家和/或区域的规定
—	删除国际标准中的 4.5 对噪声的规定	噪声要求按我国噪声标准执行，因此取消对噪声的规定

参 考 文 献

[1] GB/T 8419—2007 土方机械 司机座椅振动的试验室评价(ISO 7096:2000,IDT).

[2] GB/T 8593.2—2010 土方机械 司机操纵装置和其他显示装置用符号 第2部分:机器、工作装置和附件的特殊符号(ISO 6405-2:1993,IDT).

[3] GB/T 15706.1—2007 机械安全 基本概念与设计通则 第1部分:基本术语和方法(ISO 12100-1:2003,IDT).

[4] GB/T 15706.2—2007 机械安全 基本概念与设计通则 第2部分:技术原则(ISO 12100-2:2003,IDT).

[5] ISO/TS 20474-14:2008 土方机械 安全 第14部分:国家和区域规定的信息(Earth-moving machinery—Safety—Part 14:Information on national and regional provisions).

[6] EN 474-9:2006 土方机械 安全 第9部分:吊管机的要求(Earth-moving machinery—Safety—Part 9:Requirements for pipelayers).

ICS 53.100
P 97

中华人民共和国国家标准

GB 25684.10—2010

土方机械　安全
第10部分：挖沟机的要求

Earth-moving machinery—Safety—
Part 10: Requirements for trenchers

(ISO 20474-10:2008, MOD)

2010-12-23 发布　　2012-01-01 实施

中华人民共和国国家质量监督检验检疫总局
中国国家标准化管理委员会　发布

前　言

GB 25684 的本部分的 4.2、4.3.2、4.3.3、4.3.4、4.4.1、4.4.2、4.4.3 和 4.4.5 为强制性条款，其余为推荐性条款。

GB 25684《土方机械　安全》分为 13 个部分：

——第 1 部分：通用要求；

——第 2 部分：推土机的要求；

——第 3 部分：装载机的要求；

——第 4 部分：挖掘装载机的要求；

——第 5 部分：液压挖掘机的要求；

——第 6 部分：自卸车的要求；

——第 7 部分：铲运机的要求；

——第 8 部分：平地机的要求；

——第 9 部分：吊管机的要求；

——第 10 部分：挖沟机的要求；

——第 11 部分：土方回填压实机的要求；

——第 12 部分：机械挖掘机的要求；

——第 13 部分：压路机的要求。

本部分为 GB 25684 的第 10 部分，本部分应与第 1 部分配合使用。

本部分修改采用 ISO 20474-10:2008《土方机械　安全　第 10 部分：挖沟机的要求》(英文版)。

本部分根据 ISO 20474-10:2008 重新起草。

考虑到我国国情，在采用 ISO 20474-10:2008 时，本部分作了一些修改。有关技术性差异已编入正文中并在它们所涉及的条款的外侧页边空白处用垂直单线标识。在附录 B 中给出了这些技术性差异及其原因的一览表以供参考。

为便于使用，本部分作了下列编辑性修改：

——用小数点“.”代替作为小数点的“,”；

——删除了国际标准的前言，修改了国际标准的引言和第 1 章；

——对 ISO 20474-10:2008 中引用的国际标准，用已被采用为我国的标准代替对应的国际标准；

——参考文献中增加了 ISO/TS 20474-14:2008 和 EN 474-10:2006。

本部分的附录 A 和附录 B 为资料性附录。

本部分由中国机械工业联合会提出。

本部分由全国土方机械标准化技术委员会(SAC/TC 334)归口。

本部分起草单位：厦门市产品质量监督检验院[国家场(厂)内机动车辆质量监督检验中心]、天津工程机械研究院。

本部分主要起草人：田力军、陈树巧、王一峰。

引　　言

GB 25684 的本部分是 GB/T 15706 定义的 C 类标准。

本部分的范围说明了涉及的机械以及所包含的危险、危险状态或危险事件的范围。

由于机器的设计和制造都遵循 C 类标准的要求，因此当 C 类标准的要求与 A 类或 B 类标准要求不同时，C 类标准的要求优先于其他标准。

土方机械　安全
第10部分:挖沟机的要求

1　范围

GB 25684 的本部分给出了挖沟机的安全要求。

本部分与 GB 25684.1(规定了土方机械的通用安全要求)合并使用。本部分的特定要求优先于 GB 25684.1 的通用要求。

本部分适用于 GB/T 8498 定义的挖沟机。

本部分规定了本范围的土方机械在制造商指定用途和预知的误操作条件下应用时,与其相关的所有重大危险、危险状态或危险事件;并规定了在使用、操作和维护中消除或降低重大危险、危险状态或危险事件引起的风险的技术措施。

本部分不适用于在本部分实施前制造的机器。

2　规范性引用文件

下列文件中的条款通过 GB 25684 的本部分的引用而成为本部分的条款。凡是注日期的引用文件,其随后所有的修改单(不包括勘误的内容)或修订版均不适用于本部分,然而,鼓励根据本部分达成协议的各方研究是否可使用这些文件的最新版本。凡是不注日期的引用文件,其最新版本适用于本部分。

GB/T 8419　土方机械　司机座椅振动的试验室评价(GB/T 8419—2007,ISO 7096:2000,IDT)

GB/T 8420　土方机械　司机的身材尺寸与司机的最小活动空间(GB/T 8420—2000,eqv ISO 3411:1995)

GB/T 8498　土方机械　基本类型　识别、术语和定义(GB/T 8498—2008,ISO 6165:2006,IDT)

GB/T 17922　土方机械　翻车保护结构　试验室试验和性能要求(GB/T 17922—1999,idt ISO 3471:1994)

GB/T 19931—2005　土方机械　挖沟机　术语和商业规范(ISO 13539:1998,MOD)

GB/T 20418　土方机械　照明、信号和标志灯以及反射器(GB/T 20418—2006,ISO 12509:1995,MOD)

GB/T 21154　土方机械　整机及其工作装置和部件的质量测量方法(GB/T 21154—2007,ISO 6016:1998,IDT)

GB/T 21935　土方机械　操纵的舒适区域与可及范围(GB/T 21935—2008,ISO 6682:1986,IDT)

GB/T 25609　土方机械　步行操纵式机器的制动系统　性能要求和试验方法(GB/T 25609—2010,ISO 17063:2003,IDT)

GB 25684.1—2010　土方机械　安全　第1部分:通用要求(ISO 20474-1:2008,MOD)

3　术语和定义

GB 25684.1 和 GB/T 19931 确立的以及下列术语和定义适用于 GB 25684 的本部分。

3.1

挖沟机　trencher

自行的履带式或轮胎式机器,装有后置的和/或前置的工作装置或附属装置,主要是通过机器的移动，以连续作业方式挖出一条沟。

注：附属装置可以是挖掘链、轮盘、犁板或类似机具。

［GB/T 8498—2008，定义 4.5］

3.2

挡板　restraint bar

在挖掘链上方并与其平行，从某种程度上防止接触挖掘部件的防护装置。

注：见图 A.1～图 A.4。

3.3

挖沟　trench

水平方向上狭窄的挖掘作业，一般而言其深度大于宽度。

4　安全要求和/或防护措施

4.1　一般要求

挖沟机应符合 GB 25684.1 中没有被本章特定要求所修改的安全要求和/或防护措施。

4.2　挡板

GB 25684.1—2010 的 4.14.3 适用于 GB 25684 的本部分，应安装挡板并使其延伸直到超出挖沟链的长度。GB/T 19931—2005 中图 5 所示的挡板或清沟臂符合该要求。

4.3　驾乘操纵式挖沟机

4.3.1　司机操作位置

GB 25684.1—2010 的 4.3.1 适用于本部分。工作质量小于 2 000 kg(见 GB/T 21154)的挖沟机，按 GB/T 8420 的规定从 SIP(座椅标定点)至司机头部以上收回车窗的最小距离(920 mm)可以减小至 650 mm(从肘部高度测量)。

4.3.2　滚翻保护结构(ROPS)

若安装滚翻保护结构，应按 GB/T 17922 规定的力和能量公式计算。

带举升司机位置的挖沟机的司机操作位置应符合 GB 25684.1—2010 中附录 C 的要求。

4.3.3　司机座椅

4.3.3.1　一般要求

GB 25684.1—2010 的 4.4.1.2 以及下述 4.3.3.2 和 4.3.3.3 适用于本部分。

4.3.3.2　调节

4.3.3.2.1　纵向位置座椅

工作质量小于 3 500 kg(见 GB/T 21154)的小型机器，调节范围应符合 GB 25684.1—2010 的 4.4.1.3的要求。

4.3.3.2.2　横向位置座椅

座椅不需要前后调节。

4.3.3.2.3　振动

GB 25684.1—2010 的 4.4.1.4 适用于本部分，座椅还应符合 GB/T 8419 规定的 EM6 输入谱类。

4.3.3.3　附加/独立的司机操作位置

如果特殊附属装置的操纵需要独立的司机操作位置，则下列要求适用于这个独立的司机操作位置：

——不需要一个独立的司机室(GB 25684.1—2010 的 4.3.1 不适用)；

——不需要一个滚翻保护结构(GB 25684.1—2010 的 4.3.3 不适用)；

——不需要一个落物保护结构(GB 25684.1—2010 的 4.3.4 不适用)。

4.3.4　司机的操纵装置

4.3.4.1　一般要求

GB 25684.1—2010 的 4.5.1 以及下述 4.3.4.2 和 4.3.4.3 适用于本部分。

4.3.4.2 发动机熄火装置

如果提供了用于特殊附属装置(例如:反铲装置)的独立座椅,且正常的熄火装置不在此独立座椅的可及范围(见 GB/T 21935)之内,则应安装一个附加的发动机熄火装置。

4.3.4.3 操纵失效装置

GB 25684.1—2010 的 4.5.3 适用于本部分,当司机离开操作位置时,机器行驶和附属装置移动应停止。

4.3.5 稳定性

GB 25684.1—2010 的 4.11 适用于本部分,其中 4.11 的第 2 段不适用于反铲装置的挖沟机。

4.4 步行操纵式挖沟机

4.4.1 司机操作位置

GB 25684.1—2010 的 4.3.1.1、4.3.1.2 和 4.3.1.6 不适用于步行操纵式机器。

4.4.2 司机的操纵装置

4.4.2.1 一般要求

GB 25684.1—2010 的 4.5 以及下述 4.4.2.2 和 4.4.2.3 适用于本部分。

4.4.2.2 操纵失效装置

如果司机脱离了司机操纵装置,则步行操纵式挖沟机应安装一个使移动的机器和危险的运动部件停止的装置,该装置的设计应考虑意外运动的机器对司机产生的危险。

4.4.2.3 速度限制

步行操纵式机器前进的速度不应大于 6 km/h。朝着司机操作位置行驶的速度不应大于 2.5 km/h。

4.4.3 制动系统

制动系统应符合 GB/T 25609 的要求。

4.4.4 照明

GB 25684.1—2010 的 4.8.2 不适用于步行操纵式挖沟机,如果提供照明,机器的信号和标志灯应符合 GB/T 20418 中相应条款的规定。

4.4.5 报警装置和安全标志(安全标签)

GB 25684.1—2010 的 4.9a)不适用于步行操纵式挖沟机。

4.4.6 救助、运输、起吊和牵引

GB 25684.1—2010 的 4.15 适用于本部分,4.15.2 和 4.15.5 除外。

5 安全要求和/或防护措施的验证

GB 25684.1—2010 的第 5 章适用于 GB 25684 的本部分。

6 使用信息

GB 25684.1—2010 的第 6 章及下列对司机手册(GB 25684.1—2010 中的 6.2)的附加条款适用于 GB 25684 的本部分:

——如果 A 计权声压级超过 85 dB(A),则应有关于配戴听力保护装置的说明;

——关于使操纵失效装置的说明;

——关于使用挡板的安全规则;

——涉及步行操纵式挖沟机操作的说明和安全防护措施(如:自动熄火装置、速度限制和制动系统)。

附 录 A
（资料性附录）
图 例

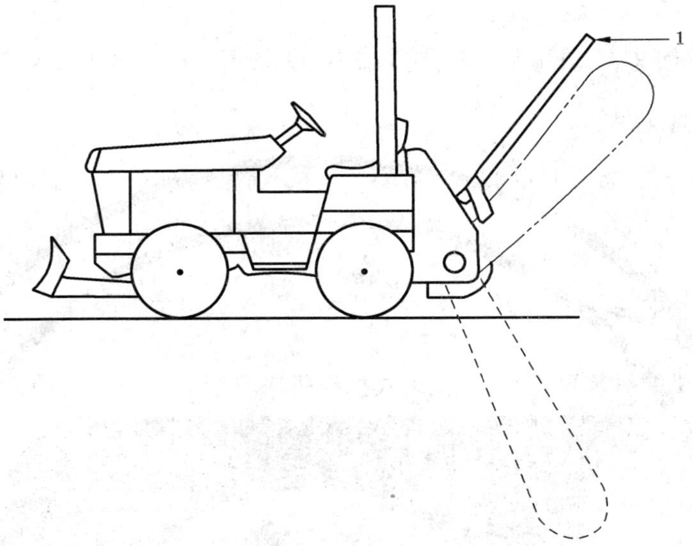

说明：
1——挡板。

图 A.1 轮胎式挖沟机（驾乘式）

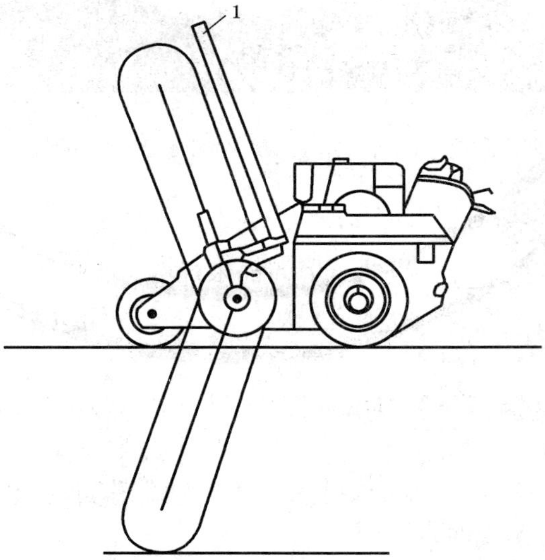

说明：
1——挡板。

图 A.2 轮胎式挖沟机（步行操纵式）

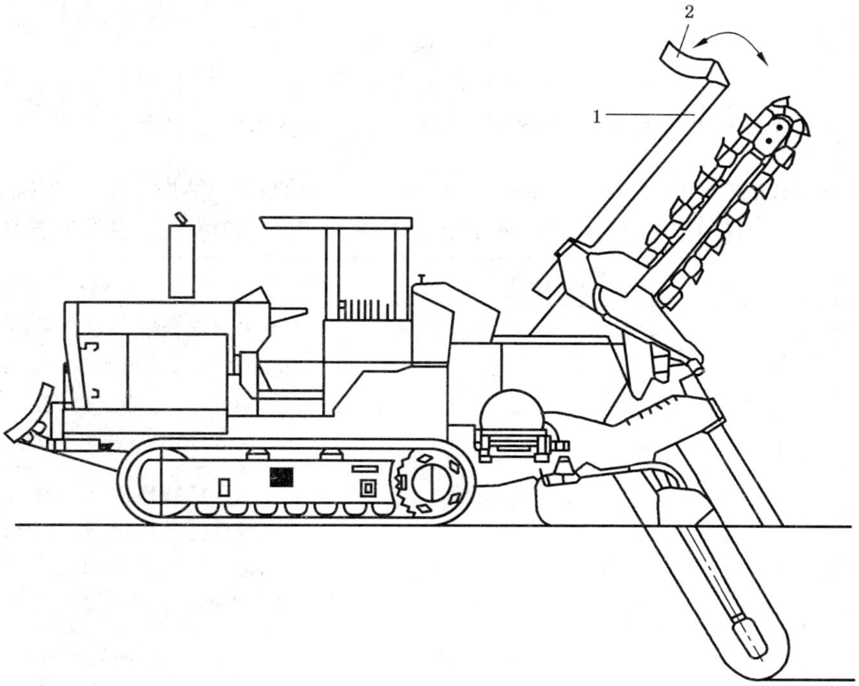

说明：
1——挡板；
2——清沟臂。

图 A.3 履带式挖沟机(驾乘式)

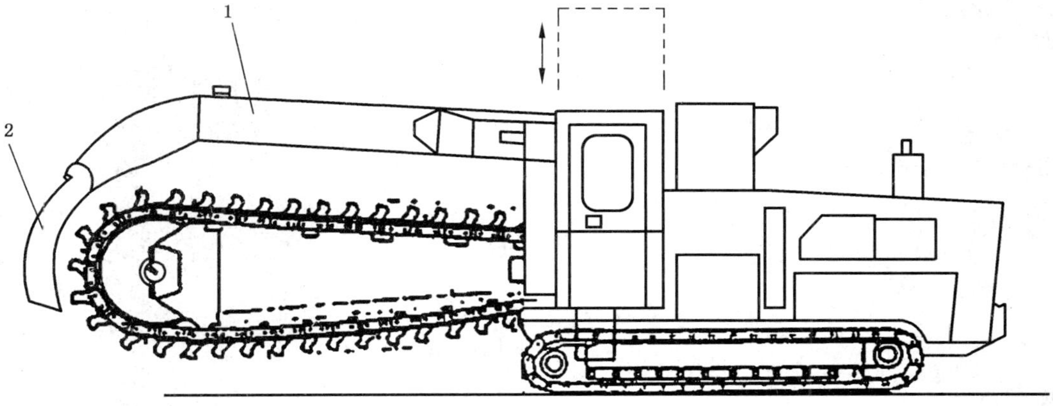

说明：
1——挡板；
2——清沟臂。

图 A.4 带举升司机位置的履带式挖沟机

附 录 B
（资料性附录）
GB 25684 的本部分与 ISO 20474-10:2008 技术性差异及其原因

表 B.1 给出了 GB 25684 的本部分与 ISO 20474-10:2008 的技术性差异及其原因的一览表。

表 B.1 GB 25684 的本部分与 ISO 20474-10:2008 技术性差异及其原因

本部分的章条编号	技术性差异	原 因
4.3.2	将国际标准中此条的“特定国家和/或区域的强制性规定见 ISO/TS 20474-14。”替换为 EN 474-10:2006 中 5.2.2 的部分内容(见本标准 4.3.2 的第 2 段内容)	由于国际标准未对带有举升司机位置的挖沟机的司机操作位置作出规定,因此采用 ISO/TS 20474-14 中特定国家和/或区域的欧盟部分要求,增加了举升司机位置的要求
4.3.3.3	将国际标准中此条的“特定国家和/或区域的强制性规定见 ISO/TS 20474-14。”替换为 EN 474-10:2006 中 5.2.3.3 的内容	当挖沟机特殊附属装置的操纵需要独立的司机操作位置时,由于国际标准和我国标准均未对此项要求作出规定,因此采用 ISO/TS 20474-14 中特定国家和/或区域的欧盟要求
4.3.5	将国际标准中此条的“特定国家和/或区域的强制性规定见 ISO/TS 20474-14。”替换为 EN 474-10:2006 中 5.2.5 的内容	稳定性对于挖沟机具有重要的要求,由于国际标准未对此项要求作出规定,因此采用 ISO/TS 20474-14 中特定国家和/或区域的欧盟要求
—	删除国际标准中 4.5“噪声”的内容	噪声按我国噪声标准的要求,故删除此条

参 考 文 献

[1] GB/T 15706.1—2007 机械安全 基本概念与设计通则 第1部分:基本术语和方法(ISO 12100-1:2003,IDT).

[2] GB/T 15706.2—2007 机械安全 基本概念与设计通则 第2部分:技术原则(ISO 12100-2:2003,IDT).

[3] ISO/TS 20474-14:2008 土方机械 安全 第14部分:国家和区域规定的信息(Earth-moving machinery—Safety—Part 14:information on national and regional provisions).

[4] EN 474-10:2006 土方机械 安全 第10部分:挖沟机的要求(Earth-moving machinery—Safety—Part 10:Requirements for trenchers).

ICS 53.100
P 97

中华人民共和国国家标准

GB 25684.11—2010

土方机械　安全
第11部分:土方回填压实机的要求

Earth-moving machinery—Safety—
Part 11: Requirements for earth and landfill compactors

(ISO 20474-11:2008,MOD)

2010-12-23 发布　　2012-01-01 实施

中华人民共和国国家质量监督检验检疫总局
中国国家标准化管理委员会　发布

前　言

GB 25684 的本部分的 4.3.2、4.3.3、4.3.4、4.3.5、4.3.6、4.4、4.5、4.6 和 4.7 为强制性条款，其余为推荐性条款。

GB 25684《土方机械　安全》分为 13 个部分：

——第 1 部分：通用要求；

——第 2 部分：推土机的要求；

——第 3 部分：装载机的要求；

——第 4 部分：挖掘装载机的要求；

——第 5 部分：液压挖掘机的要求；

——第 6 部分：自卸车的要求；

——第 7 部分：铲运机的要求；

——第 8 部分：平地机的要求；

——第 9 部分：吊管机的要求；

——第 10 部分：挖沟机的要求；

——第 11 部分：土方回填压实机的要求；

——第 12 部分：机械挖掘机的要求；

——第 13 部分：压路机的要求。

本部分为 GB 25684 的第 11 部分，本部分应与第 1 部分配合使用。

本部分修改采用 ISO 20474-11:2008《土方机械　安全　第 11 部分：土方回填压实机的要求》(英文版)。

本部分根据 ISO 20474-11:2008 重新起草。

考虑到我国国情，在采用 ISO 20474-11:2008 时，本部分作了一些修改。有关技术性差异已编入正文中并在它们所涉及的条款的外侧页边空白处用垂直单线标识。在附录 B 中给出了这些技术性差异及其原因的一览表以供参考。

为便于使用，本部分作了下列编辑性修改：

——删除了国际标准的前言，修改了国际标准的引言和第 1 章；

——对 ISO 20474-11:2008 中引用的国际标准，用已被采用为我国的标准代替对应的国际标准；

——参考文献中增加了 ISO/TS 20474-14:2008 和 EN 474-11:2006。

本部分的附录 A 和附录 B 为资料性附录。

本部分由中国机械工业联合会提出。

本部分由全国土方机械标准化技术委员会(SAC/TC 334)归口。

本部分起草单位：天津工程机械研究院、厦门市产品质量监督检验院[国家场(厂)内机动车辆质量监督检验中心]。

本部分主要起草人：段琳、田力军、王一峰。

引　　言

GB 25684 的本部分是 GB/T 15706 定义的 C 类标准。

本部分的范围说明了涉及的机械以及所包含的危险、危险状态或危险事件的范围。

由于机器的设计和制造都遵循 C 类标准的要求，因此当 C 类标准的要求与 A 类或 B 类标准要求不同时，C 类标准的要求优先于其他标准。

土方机械　安全
第 11 部分：土方回填压实机的要求

1　范围

GB 25684 的本部分规定了土方回填压实机的安全要求，并给出了土方回填压实机的图例(见附录 A)。

本部分与 GB 25684.1(规定了土方机械的通用安全要求)合并使用。本部分的特定要求优先于 GB 25684.1 的通用要求。

本部分适用于 GB/T 8498 定义的土方回填压实机。

本部分规定了本范围的土方机械在制造商指定用途和预知的误操作条件下应用时，与其相关的所有重大危险、危险状态或危险事件；并规定了在使用、操作和维护中消除或降低重大危险、危险状态或危险事件引起的风险的技术措施。

本部分不适用于在本部分实施前制造的机器。

2　规范性引用文件

下列文件中的条款通过 GB 25684 的本部分的引用而成为本部分的条款。凡是注日期的引用文件，其随后所有的修改单(不包括勘误的内容)或修订版均不适用于本部分，然而，鼓励根据本部分达成协议的各方研究是否可使用这些文件的最新版本。凡是不注日期的引用文件，其最新版本适用于本部分。

GB/T 7920.5　土方机械　压路机和回填压实机　术语和商业规格(GB/T 7920.5—2003，ISO 8811：2000，MOD)

GB/T 8419　土方机械　司机座椅振动的试验室评价(GB/T 8419—2007，ISO 7096：2000，IDT)

GB/T 8498　土方机械　基本类型　识别、术语和定义(GB/T 8498—2008，ISO 6165：2006，IDT)

GB/T 10175.1　土方机械　装载机和挖掘装载机　第 1 部分：额定工作载荷的计算和验证倾翻载荷计算值的测试方法(GB/T 10175.1—2008，ISO 14397-1：2007，IDT)

GB/T 19933.4　土方机械　司机室环境　第 4 部分：司机室的空调、采暖和(或)换气试验方法(GB/T 19933.4—2005，ISO 10263-4：1994，MOD)

GB/T 21942　土方机械　装载机和正铲挖掘机的铲斗　容量标定(GB/T 21942—2008，ISO 7546：1983，MOD)

GB 25684.1—2010　土方机械　安全　第 1 部分：通用要求(ISO 20474-1：2008，MOD)

3　术语和定义

GB 25684.1 和 GB/T 7920.5 确立的以及下列术语和定义适用于 GB 25684 的本部分。

3.1

回填压实机　landfill compactor

自行的轮式压实机械，装有前置的工作装置可安装推土铲或装载附件，还装有碾碎并压实垃圾的辊轮，通过机器的向前运动还可以推移、平整和装载土壤、回填物或废料(垃圾)。

[GB/T 8498—2008，定义 4.9]

3.2

推土工作装置　dozing equipment

通过机器的运动推移、平整垃圾的工作装置。

3.3

装载工作装置　loading equipment

用于装料、运输、分类、填埋及平整地面的工作装置。

3.4

压轮　drums

固定于桥上带压齿、凸块、羊足或格栅的钢轮。用于切碎、碾碎或压实垃圾。

4　安全要求和/或防护措施

4.1　一般要求

土方回填压实机应符合 GB 25684.1 中没有被本章特定要求所修改的安全要求和/或防护措施。

4.2　通道

GB 25684.1—2010 的 4.2 以及下述特例适用于 GB 25684 的本部分:土方回填压实机第一级踏板的高度应从压轮的水平参考面开始测量。

4.3　司机操作位置

4.3.1　一般要求

GB 25684.1—2010 的 4.3 以及下述 4.3.2～4.3.6 适用于本部分。

4.3.2　司机位置底部

司机位置底部应能保护司机避免被穿透物料伤害。

4.3.3　司机室门的防护装置

GB 25684.1—2010 的 4.3.2.3 以及下述条款适用于带司机室的机器:如果司机室门的下半部分装有玻璃,则应安装防护装置,以避免物体进入司机室,除非玻璃面(参见 GB 9656)可提供类似的保护装置。

4.3.4　除臭过滤器

GB 25684.1—2010 的 4.3.2.5 以及下述条款适用于带司机室的机器:应安装除臭过滤器。

4.3.5　空调

带司机室的机器应做安装空调系统的设计(见 GB/T 19933.4)。

4.3.6　司机座椅

GB 25684.1—2010 的 4.4.1.3 适用于带司机室的机器,并且座椅还应符合 GB/T 8419 规定的 EM3 输入谱类的要求。

注:GB/T 8419 对土方回填压实机座椅没有座椅振动阻尼的要求。

4.4　挡泥板

GB 25684.1—2010 的 4.14.7 不适用于土方回填压实机。

4.5　转向系统

GB 25684.1—2010 的 4.6.2 适用于本部分。

4.6　制动系统

GB 25684.1—2010 的 4.7 适用于本部分,制动系统的测试应在安装橡胶轮胎的情况下进行,但压实机的工作质量应包括钢轮并由制造商确定。

4.7　稳定性

GB 25684.1—2010 的 4.11 以及下述带装载装置机器的附加条款适用于本部分。

在确定额定工作载荷和附属装置尺寸(容量)时,应考虑载荷质量、密度、质心位置和附属装置及附属装置托架的质量(如安装)。为确保足够的稳定性,预计作业工况下的额定工作载荷应按如下确定:

——按照 GB/T 10175.1 确定的倾翻载荷和额定工作载荷;

——按照 GB/T 21942 确定的铲斗额定斗容量。

注 1：此后规定的额定提升能力都是基于机器置于水平硬实的支承地面上测量和计算的。

注 2：特殊工况下对稳定性的影响见 GB 25684.1。

5 安全要求和/或防护措施的验证

GB 25684.1—2010 的第 5 章适用于 GB 25684 的本部分。

6 使用信息

GB 25684.1—2010 的第 6 章适用于 GB 25684 的本部分，并在司机手册（GB 25684.1—2010 的 6.2）中增加特殊工况应安装司机室除臭过滤器的说明。

附 录 A
（资料性附录）
图 例

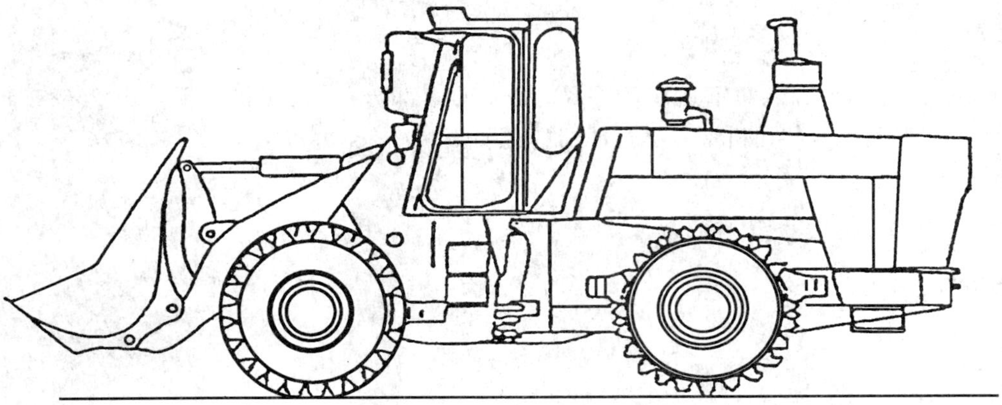

图 A.1 配备装载工作装置的土方回填压实机

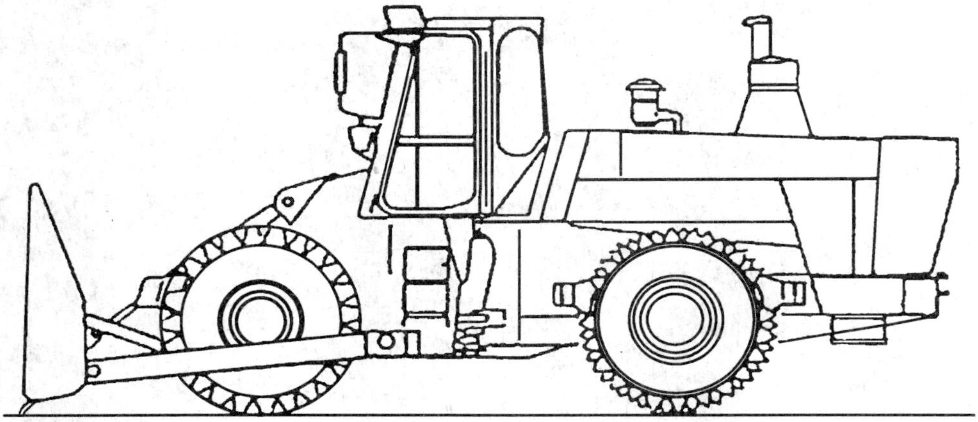

图 A.2 配备推土工作装置的土方回填压实机

附 录 B
（资料性附录）
GB 25684 的本部分与 ISO 20474-11:2008 技术性差异及其原因

表 B.1 给出了 GB 25684 的本部分与 ISO 20474-11:2008 的技术性差异及其原因的一览表。

表 B.1 GB 25684 的本部分与 ISO 20474-11:2008 技术性差异及其原因

本部分的章条编号	技术性差异	原 因
2	增加引用了“GB/T 10175.1 土方机械 装载机和挖掘装载机 第 1 部分：额定工作载荷的计算和验证倾翻载荷计算值的测试方法(GB/T 10175.1—2008,ISO 14397-1:2007,IDT)”和“GB/T 21942 土方机械 装载机和正铲挖掘机的铲斗 容量标定(GB/T 21942—2008,ISO 7546:1983,MOD)”； 增加引用了“GB/T 19933.4 土方机械 司机室环境 第 4 部分：司机室的空调、采暖和(或)换气试验方法(GB/T 19933.4—2005,ISO 10263-4:1994,MOD)”	该两项标准在 4.7 中予以引用； 该标准在 4.3.5 中予以引用
4.3.1	删除国际标准中此条的“特定国家和/或区域的强制性规定见 ISO/TS 20474-14。”	ISO/TS 20474-14 中的特定国家和/或区域的要求不适合我国，故删除该段文字
4.5	删除国际标准中此条的“特定国家和/或区域的强制性规定见 ISO/TS 20474-14。”	ISO/TS 20474-14 中的特定国家和/或区域的要求不适合我国，为保证与国际标准章条一致，此条改为“GB 25684.1—2010 的 4.6.2 适用于本部分。”
4.7	将国际标准中此条的“特定国家和/或区域的强制性规定见 ISO/TS 20474-14。”替换为 EN 474-11:2006 中 5.7 的内容	鉴于带装载装置的回填压实机在我国比较常见，机器稳定性要求比较重要，因此采用欧盟要求
—	删除国际标准中的 4.8“特定国家和/或区域的强制性规定见 ISO/TS 20474-14。”	ISO/TS 20474-14 中的特定国家和/或区域的要求不适合我国，故删除该条
参考文献	删除 GB/T 10175.1、GB/T 21942 和 GB/T 19933.4	由于规范性条文引用，故将该三项标准从参考文献移至第 2 章

参 考 文 献

[1] GB 9656—2003 汽车安全玻璃(ECE R43:2000,NEQ).

[2] GB/T 15706.1—2007 机械安全 基本概念与设计通则 第1部分:基本术语和方法(ISO 12100-1:2003,IDT).

[3] GB/T 15706.2—2007 机械安全 基本概念与设计通则 第2部分:技术原则(ISO 12100-2:2003,IDT).

[4] ISO 5010:2007 土方机械 橡胶轮胎式机械 转向要求(Earth-moving machinery—Rubber-tyred machines—Steering requirements).

[5] ISO/TS 20474-14:2008 土方机械 安全 第14部分:国家和区域规定的信息(Earth-moving machinery—Safety—Information on national and regional provisions).

[6] EN 474-11:2006 土方机械 安全 第11部分:土方回填压实机的要求(Earth-moving machinery—Safety—Part 11:Requirements for earth and landfill compactors).

[7] UNECE R43:2004 玻璃材料的安全及车辆安装[1)][Safety glazing materials and their installation on vehicles[1)]].

1) UNECE(联合国欧洲经济委员会)No.43条例。

ICS 53.100
P 97

中华人民共和国国家标准

GB 25684.12—2010

土方机械　安全
第12部分：机械挖掘机的要求

Earth-moving machinery—Safety—
Part 12: Requirements for cable excavators

(ISO 20474-12:2008, MOD)

2010-12-23 发布　　2012-01-01 实施

中华人民共和国国家质量监督检验检疫总局
中国国家标准化管理委员会　发布

ICS 53.100
P 97

中华人民共和国国家标准

GB 25684.12—2010

土方机械 安全 第12部分：机械挖掘机的要求

Earth-moving machinery—Safety—
Part 12: Requirements for cable excavators

(ISO 20474-12:2008, MOD)

2010-12-23 发布 2012-01-01 实施

中华人民共和国国家质量监督检验检疫总局
中国国家标准化管理委员会 发布

前　　言

GB 25684 的本部分的 4.3.2、4.3.3、4.3.4、4.4、4.5、4.7、4.8 和 4.11 为强制性条款，其余为推荐性条款。

GB 25684《土方机械　安全》分为 13 个部分：

——第 1 部分：通用要求；

——第 2 部分：推土机的要求；

——第 3 部分：装载机的要求；

——第 4 部分：挖掘装载机的要求；

——第 5 部分：液压挖掘机的要求；

——第 6 部分：自卸车的要求；

——第 7 部分：铲运机的要求；

——第 8 部分：平地机的要求；

——第 9 部分：吊管机的要求；

——第 10 部分：挖沟机的要求；

——第 11 部分：土方回填压实机的要求；

——第 12 部分：机械挖掘机的要求；

——第 13 部分：压路机的要求。

本部分为 GB 25684 的第 12 部分，本部分应与第 1 部分配合使用。

本部分修改采用 ISO 20474-12:2008《土方机械　安全　第 12 部分：机械挖掘机的要求》(英文版)。

本部分根据 ISO 20474-12:2008 重新起草。

考虑到我国国情，在采用 ISO 20474-12:2008 时，本部分作了一些修改。有关技术性差异已编入正文中并在它们所涉及的条款的外侧页边空白处用垂直单线标识。在附录 C 中给出了这些技术性差异及其原因的一览表以供参考。

为便于使用，本部分作了下列编辑性修改：

——用小数点“.”代替作为小数点的“，”；

——删除了国际标准的前言，修改了国际标准的引言和第 1 章；

——对 ISO 20474-12:2008 中引用的国际标准，用已被采用为我国的标准代替对应的国际标准；

——对标准中的公式进行了编号；

——参考文献中增加了 ISO/TS 20474-14:2008 和 EN 474-12:2006。

本部分的附录 A 为规范性附录，附录 B 和附录 C 为资料性附录。

本部分由中国机械工业联合会提出。

本部分由全国土方机械标准化技术委员会(SAC/TC 334)归口。

本部分起草单位：天津工程机械研究院。

本部分主要起草人：段琳。

引 言

GB 25684 的本部分是 GB/T 15706 定义的 C 类标准。

本部分的范围说明了涉及的机械以及所包含的危险、危险状态或危险事件的范围。

由于机器的设计和制造都遵循 C 类标准的要求，因此当 C 类标准的要求与 A 类或 B 类标准要求不同时，C 类标准的要求优先于其他标准。

土方机械　安全
第12部分：机械挖掘机的要求

1　范围

GB 25684的本部分规定了机械挖掘机的安全要求，并给出了机械挖掘机的图例（见附录B）。

本部分与GB 25684.1（规定了土方机械的通用安全要求）合并使用。本部分的特定要求优先于GB 25684.1的通用要求。

本部分适用于GB/T 8498定义的机械挖掘机。如果预计与其他工作装置或附属装置如钻机、打桩和拔桩设备与移动设备（如轨道、行走腿、浮码头和船舶）或固定的底盘等联合应用时，本部分也适用于该类型的机械挖掘机、底盘和上部结构，但本部分没有规定与上述附加设备或附属装置相关的具体危险。

本部分规定了本范围的土方机械在制造商指定用途和预知的误操作条件下应用时，与其相关的所有重大危险、危险状态或危险事件；并规定了在使用、操作和维护中消除或降低重大危险、危险状态或危险事件引起的风险的技术措施。

本部分不适用于在本部分实施前制造的机器。

2　规范性引用文件

下列文件中的条款通过GB 25684的本部分的引用而成为本部分的条款。凡是注日期的引用文件，其随后所有的修改单（不包括勘误的内容）或修订版均不适用于本部分，然而，鼓励根据本部分达成协议的各方研究是否可使用这些文件的最新版本。凡是不注日期的引用文件，其最新版本适用于本部分。

GB 5226.2　机械安全　机械电气设备　第32部分：起重机械技术条件（GB 5226.2—2002，idt IEC 60204-32:1998）

GB/T 5905　起重机试验规范和程序（GB/T 5905—1986，idt ISO 4310:1981）

GB/T 8419　土方机械　司机座椅振动的试验室评价（GB/T 8419—2007，ISO 7096:2000，IDT）

GB/T 8498　土方机械　基本类型　识别、术语和定义（GB/T 8498—2008，ISO 6165:2006，IDT）

GB/T 10913　土方机械　行驶速度测定（GB/T 10913—2005，ISO 6014:1986，MOD）

GB/T 14781　土方机械　轮式机械的转向能力（GB/T 14781—1993，eqv ISO 5010:1992）

GB/T 17300—2010　土方机械　通道装置（ISO 2867:2006，IDT）

GB/T 19932　土方机械　液压挖掘机　司机防护装置的试验室试验和性能要求（GB/T 19932—2005，ISO 10262:1998，MOD）

GB/T 21942　土方机械　装载机和正铲挖掘机铲斗　容量标定（GB/T 21942—2008，ISO 7546:1983，MOD）

GB/T 22357　土方机械　机械挖掘机　术语（GB/T 22357—2008，ISO 15219:2004，Earth-moving machinery—Cable excavators—Terminology and commercial specifications，IDT）

GB 25684.1—2010　土方机械　安全　第1部分：通用要求（ISO 20474-1:2008，MOD）

EN 791:1995　钻孔设备安全（Drill Rigs—Safety）

3　术语和定义

GB 25684.1和GB/T 22357确立的以及下列术语和定义适用于GB 25684的本部分。

3.1

机械挖掘机　cable excavator

由钢丝绳操纵上部结构的挖掘机，主要用拉铲、正铲或抓斗进行挖掘作业；用夯板夯实物料；用钩或球进行破碎作业；以及用专用的工作装置及附属装置进行物料的搬运。

[GB/T 8498，定义 4.4.3]

注：挖掘机的定义见 GB/T 8498。

3.2

动臂起重系统　boom hoist system

由动臂（下部、上部和头杆）、A 型支架系统和动臂起重绞盘系统组成。

3.3

提升系统　lift system

用于土方、破碎、压实和物料搬运（如用吊钩总成）作业的主绞盘系统。

4　安全要求和/或防护措施

4.1　一般要求

机械挖掘机应符合 GB 25684.1 中没有被本章特定要求所修改的安全要求和/或防护措施。

4.2　通道

GB 25684.1—2010 的 4.2 以及下述例外适用于 GB 25684 的本部分：

当门入口处装有扶手/抓手时，GB/T 17300—2010 的表 2 中规定的平行扶手之间的梯子最大宽度尺寸 G 可大于 600 mm。

4.3　司机操作位置

4.3.1　一般要求

GB 25684.1—2010 的 4.3 以及下述 4.3.2～4.3.4 适用于本部分。

4.3.2　滚翻保护结构（ROPS）

GB 25684.1—2010 的 4.3.3 不适用于机械挖掘机。

4.3.3　司机的保护挡板

GB 25684.1—2010 的 4.3.4 不适用于机械挖掘机。

机械挖掘机应做安装司机保护结构（顶部和前挡板）的设计。制造商应提供符合 GB/T 19932 要求的保护结构（顶部和前挡板），由用户根据使用工况的风险选择。

4.3.4　司机座椅振动

GB 25684.1—2010 的 4.4.1.4 适用于本部分，机械挖掘机座椅还应符合 GB/T 8419 规定的 EM6 输入谱类。

4.4　司机的操纵装置和指示器

4.4.1　驾驶及转向控制

GB 25684.1—2010 的 4.5.1 d）和 4.6.1 以及下述例外适用于本部分：

如果上部结构不在通常驾驶方向上，则驾驶和转向操纵装置的动作不需要对应于预期的动作方向。

4.4.2　报警指示器

GB 25684.1—2010 的 4.5.1 适用于本部分。在司机位置或其他相关位置应安装报警指示器，提醒司机已启动自由放落操作（见 4.7.2）和未启动拉铲铲斗、抓斗和正铲工况的载荷力矩限制器（见 4.8.1）。

4.5　转向系统

GB 25684.1—2010 的 4.6 以及下述例外适用于本部分：

GB 25684.1—2010 的 4.6.2 仅适用于按 GB/T 10913 测量的行走速度大于 30 km/h 的橡胶轮胎式机械挖掘机。

对于行走速度不大于 30 km/h 的橡胶轮胎式机器，除紧急转向要求外，应符合 GB/T 14781。

4.6 回转制动系统

机械挖掘机应配备回转作业和回转驻车制动器，它们应符合附录 A 规定的要求。

4.7 提升系统

4.7.1 操作力控制(提升/下降)

机械挖掘机的提升系统应安装制动器，在松开手柄或踏板后能立即动作。

制动系统应在动力丧失或操作力减弱的情况下自动动作，并且不应影响挖掘机作业稳定性。

制动系统应能够保持 4.9 规定的额定载荷。

4.7.2 自由放落操作

机械挖掘机的提升系统应安装制动器，并在下列情况下立即动作：

——脚踏板的相应操作；

——松开手动操纵杆。

制动器应设计成可对运动中的载荷进行连续制动。导索器的设计应防止钢丝绳上升或下降失控。

4.7.3 切换

在从“控制力提升/下降”操作切换到“自由放落”操作时，不应有载荷缺失的情况。

4.7.4 动臂

机械挖掘机的动臂在突然卸载的情况下，应受保护不致回弹。

动臂应配备限位开关以避免反向超载。

动臂各件的连接(螺栓)应设计成无需人员站在动臂下面就可以进行安装和拆卸。

4.7.5 钢丝绳

应根据表 1 确定机械挖掘机钢丝绳的安全系数：

表 1 钢丝绳的安全系数

附属装置	组 1[a]					
拉铲、抓斗、吊钩	提升或连接钢丝绳	挖掘用钢丝绳	牵引动臂钢丝绳			
			带载运行		无载提升	
			活动钢丝绳	静止钢丝绳	活动钢丝绳	静止钢丝绳
	3.55	3.0	3.55	3.0	3.05	3.0

[a] 该系数为机械挖掘机按预期用途作业时，钢丝绳的最小破坏力和最大静态负荷之比。

4.7.6 钢丝绳卷筒和钢丝绳滑轮

4.7.6.1 一般要求

钢丝绳卷筒和钢丝绳滑轮的设计和制造应避免钢丝绳损坏和钢丝绳导套滑离或脱开。

4.7.6.2 钢丝绳卷筒

钢丝绳卷筒直径与钢丝绳直径之比应至少为 20∶1。

4.7.6.3 钢丝绳滑轮

在绳槽处测量的钢丝绳滑轮直径与钢丝绳直径之比应至少为 22∶1。拉铲钢丝绳的导索器，导绳滑轮和辅助钢丝绳，如：抓斗引导钢丝绳、挖掘引导钢丝绳和导索器的平衡重引导钢丝绳除外。

4.7.6.4 卷边轮缘

绞盘卷筒的卷边应至少为钢丝绳直径的 1.5 倍。

4.8 限制装置

4.8.1 载荷力矩限制器

在物料搬运工况，提升系统和动臂起重系统应安装载荷力矩限制器，以避免过载。载荷力矩限制器应设定到 4.9 中规定的额定载荷，公差为＋10%。载荷力矩限制器起作用后，应能降低载荷力矩。

4.8.2 提升限位开关

在物料搬运工况中，机械挖掘机应配备提升运动的限位开关。在限位开关动作后，动臂应能放落。

4.8.3 动臂提升系统的限位开关

机械挖掘机的动臂提升系统应配备限位开关以避免动臂反向超载。在限位开关起作用后，动臂应能放落。

4.9 提升能力的计算

4.9.1 计算方法

机械挖掘机提升能力的计算应在下列基准上进行：

——平整地面；

——坚硬地面(贯入深度＝0)；

——根据 EN 791:1995 中 5.5 确定的倾翻线；

——根据 GB/T 5905 确定的载荷试验。

机械挖掘机倾翻载荷 P_{tip} 应按公式(1)计算：

$$P_{tip}=\frac{9.81mX}{R} \qquad \cdots\cdots(1)$$

式中：

P_{tip}——倾翻载荷，单位为牛(N)；

m——包括工作装置(例：动臂、副臂)的机械挖掘机质量，单位为千克(kg)；

X——根据 EN 791:1995 中 5.5 确定的质心 m 到最小倾翻线的水平距离，单位为米(m)；

R——根据 EN 791:1995 中 5.5 确定的施加点 P 到最小倾翻线的水平距离，单位为米(m)。

机械挖掘机额定载荷 P_r 应按公式(2)计算：

$$P_r=\frac{1}{1.25}\times(P_{tip}-0.1\times F_i) \qquad \cdots\cdots(2)$$

式中：

P_r——额定载荷，单位为牛(N)；

P_{tip}——倾翻载荷，单位为牛(N)；

F_i——根据 GB/T 5905，换算到副臂或飞臂顶端的副臂重力 G 或飞臂重力 g，单位为牛(N)。

4.9.2 物料搬运工况的额定载荷表

应提供制造商规定的额定载荷表，其中应考虑 4.9.1 中给定的条件和 GB/T 5905 规定的试验条件。

在司机位置应能得到额定载荷表。

4.10 操纵系统中与安全相关的零件

GB 25684.1—2010 的 4.17.1 适用于机器必备的所有与安全相关的零件和装置(见 4.7 和 4.8)。

4.11 稳定性

4.11.1 一般要求

GB 25684.1—2010 的 4.11 以及下述 4.11.2～4.11.5 适用于本部分。

在机器稳定性最坏的情况下，进行打桩/拔桩作业的机械挖掘机在平坦硬实的水平面上成 5°倾斜时，不应前后及侧向倾翻。

4.11.2 不同工况中的稳定性

此后规定的所有额定能力都是基于机器置于水平硬实的支承地面上测量和计算的。

在确定额定作业载荷和附属装置尺寸(容量)时，应考虑载荷质量、密度、质心位置和附属装置的质量。

为获得足够的稳定性，应按 4.11.3～4.11.5 确定预计工作条件下的额定工作载荷。

4.11.3 拉铲铲斗

拉铲工况的机械挖掘机的作业能力为下列二者中的较小者：

a) 按 4.9.1 计算的倾翻载荷 P_{tip} 的 75%；

b) 绞车最大提升能力。

拉铲铲斗的容量标定应由制造商确定。

4.11.4 抓斗和正铲

抓斗和正铲工况的机械挖掘机的作业能力应为下列二者中的较小者：

——按 4.9.1 计算的倾翻载荷 P_{tip} 的 66%；

——绞车最大提升能力。

正铲的容量标定应根据 GB/T 21942 确定。

抓斗的容量标定应由制造商确定。

注：对于特定工况选择拉铲铲斗、抓斗和正铲时，应考虑质量、铲斗额定容量和物料密度。

4.11.5 物料搬运工况

机械挖掘机的作业能力应按 4.9.1 确定的物料搬运工况的额定载荷 P_r 确定。

4.12 用电能作动力的机械挖掘机

用电能作动力的机械挖掘机在电能和电力驱动系统方面，应符合 GB 5226.2 的要求。

5 安全要求和/或防护措施的验证

验证应符合 GB 25684.1—2010 中第 5 章的要求。

应通过试验验证 4.7 规定的提升系统、4.8 规定的限制装置、4.9 规定的提升能力的计算、4.10 规定的操纵系统中与安全相关的零件和 4.11 规定的稳定性。

6 使用信息

GB 25684.1—2010 的第 6 章及下列对司机手册(GB 25684.1—2010 中的 6.2)的附加条款适用于 GB 25684 的本部分：

——关于所有额定载荷提升能力是基于机器置于水平硬实支承地面上的说明(关于安全工作载荷，用户应预先考虑特定的作业条件，如：松软或不平地面、非水平地面、侧向载荷、危险的状态及人员的经验等)；

——额定载荷提升能力和不同动臂配置关系的说明/资料；

——关于机器运行时需要有司机顶部和前方防护装置的安全指示；

——关于回转制动器的操作、调整和维修的说明/资料；

——操作力控制和自由放落操作的安全说明；

——装配和拆卸的说明；

——关于维修和检查钢丝绳的说明/资料；

——机器维修的安全指示。

附 录 A
(规范性附录)
机械挖掘机回转制动系统的要求

A.1 一般要求

本附录规定了 GB/T 8498 中定义的机械挖掘机回转行车制动器、回转驻车制动器和回转锁定装置的最低性能准则和试验方法。

A.2 术语和定义

下列术语和定义适用于本附录。

A.2.1

回转 swing

挖掘机上部结构相对于在地面上固定基准车架的旋转。

A.2.2

作业回转速度 working swing revolution speed

上部结构按输入的最大回转指令从静止位置旋转到 180°时的回转平台转速，单位为转每分(r/min)。

A.2.3

回转减速角 decelerating swing angle

回转运动从作业回转速度减速到完全停止时所转过的角度，单位为度(°)。

A.2.4

回转力矩 swing torque

驱动上部结构相对于底盘回转的力矩。

注：回转力矩单位为牛米(N·m)。

A.2.5

回转行车制动器 swing service brake

使上部结构回转减速且可使其停止在任意位置的装置或系统。

示例：摩擦式制动器，电动制动器，静液压或其他液压操作的制动器。

A.2.6

回转驻车制动器 swing parking brake

将停止的上部结构保持在其固定位置(例如运输位置)的装置或系统。

A.2.7

回转锁定装置 swing lock

将上部结构和下部总成保持在一固定位置的机械啮合装置。

A.3 最低性能

A.3.1 回转驱动装置

A.3.1.1 试验回转转速

试验回转转速应是 A.2.2 定义的作业回转速度。

A.3.1.2 回转减速角 β_B

回转减速角 β_B 应小于公式(A.1)和公式(A.2)中的最大值：

$$\beta_B = 90° \quad \cdots\cdots\cdots\cdots(A.1)$$

$$\beta_B = \frac{n^2 \cdot 360}{2 \cdot n'_B} + \beta_{B0} \quad \cdots\cdots\cdots\cdots(A.2)$$

式中：

β_B——回转减速角，单位为度(°)；

n——试验回转速度，单位为转每分(r/min)；

n'_B——250，单位为 min^{-2}；

β_{B0}——40°。

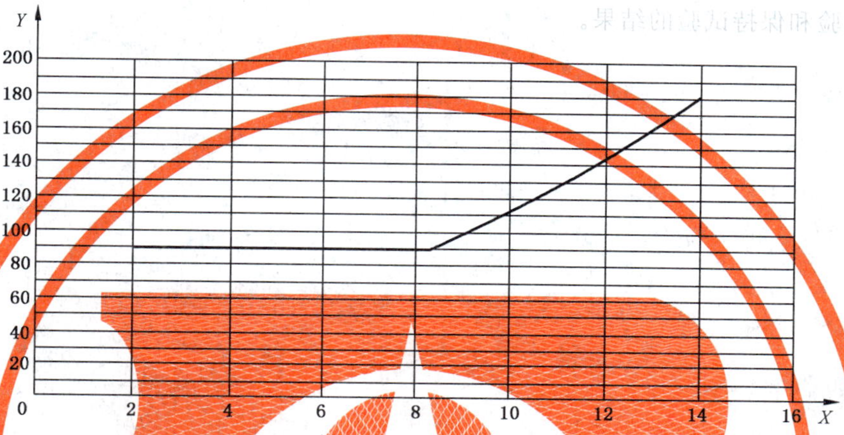

说明：

X——上部结构转速，单位为转每分(r/min)；

Y——回转减速角，单位为度(°)。

图 A.1 回转行车制动器

A.3.2 回转行车制动器

回转行车制动器应能使上部结构从 A.3.1.1 规定的试验回转转速减速至完全停止，并不应脱开该装置/系统。

10 次试验中的回转减速角不应大于 A.3.1.2 规定的回转减速角 β_B 的 120%。该 10 次试验的连续速率应为允许的回转加速度或减速度。

A.3.3 回转驻车制动器

回转驻车制动器应能使上部机构在制造商规定的最大坡度及上部结构的最不利位置保持 30 min，工作装置应伸出到最大半径位置。

不论发动机是否运转，当回转操作杆处于中位时，回转驻车制动器应自动或手动启动。

回转驻车制动器在动力源失效时仍应保持有效。

机械挖掘机上的回转驻车制动器应是全机械式的。

示例：弹簧摩擦制动器。

A.4 回转行车制动器的试验条件

试验应按制造商规定的标准工作装置进行。

支腿和推土铲(如安装)应按制造商的规定放置到地面工作位置。

所有液体系统应按制造商的规定加足液体。燃油箱应至少半满。回转系统压力应按制造商规定调整和运行。

机器应放在最大坡度 1% 的平整地面上。

按工作装置伸出到最大半径且空载作业工具在伸出位置进行试验，测试 A.3.1.1 规定的试验回转转速和 A.3.1.2 规定的回转减速角。

在回转试验速度下启动制动时开始测量。

A.5 试验报告

试验报告应包含以下资料：

——机器制造商；

——型号和序列号；

——机器规格；

——制动试验和保持试验的结果。

附 录 B
(资料性附录)
图 例

B.1 标准工况

见图B.1～B.3。

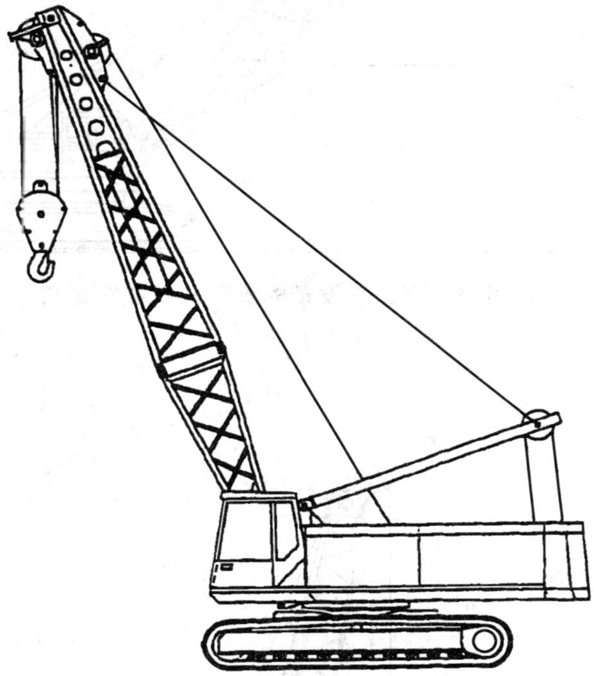

图 B.1 带起重设备的履带式机械挖掘机

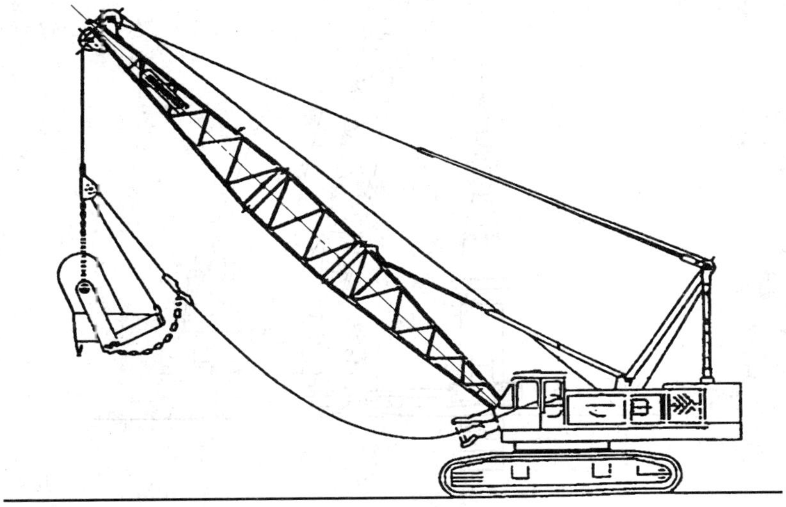

图 B.2 带拉铲设备的履带式机械挖掘机

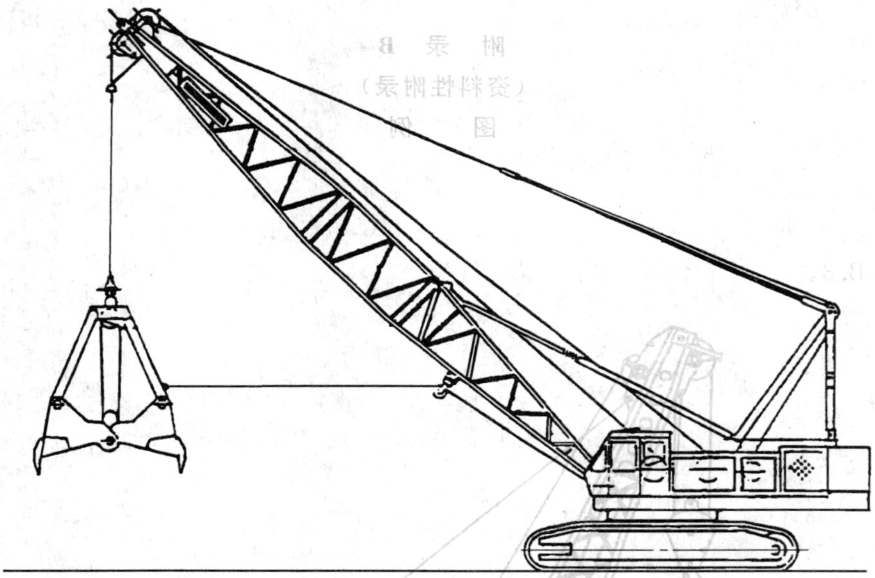

图 B.3 带抓斗设备的履带式机械挖掘机

B.2 特殊工况

见图 B.4～B.6。

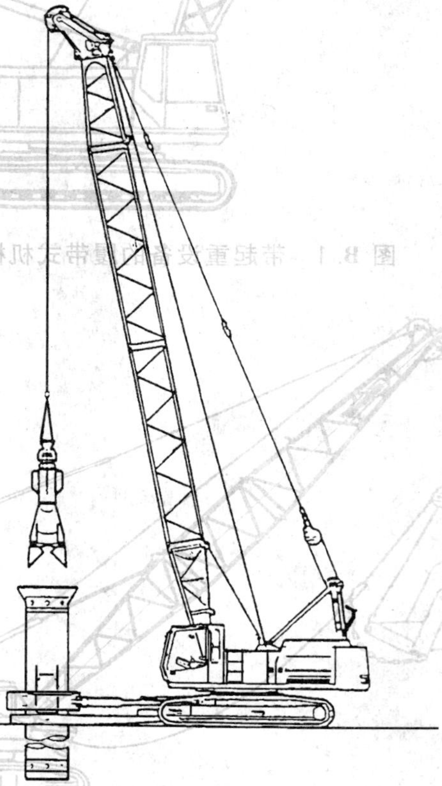

图 B.4 带钻孔设备的履带式机械挖掘机(套管振动器)

图 B.5　带打桩设备(液压或柴油锤)的履带式机械挖掘机

图 B.6　带成墙设备的履带式机械挖掘机(隔板墙抓斗)

B.3 道路行驶运输位置的轮胎式机械挖掘机

见图 B.7。

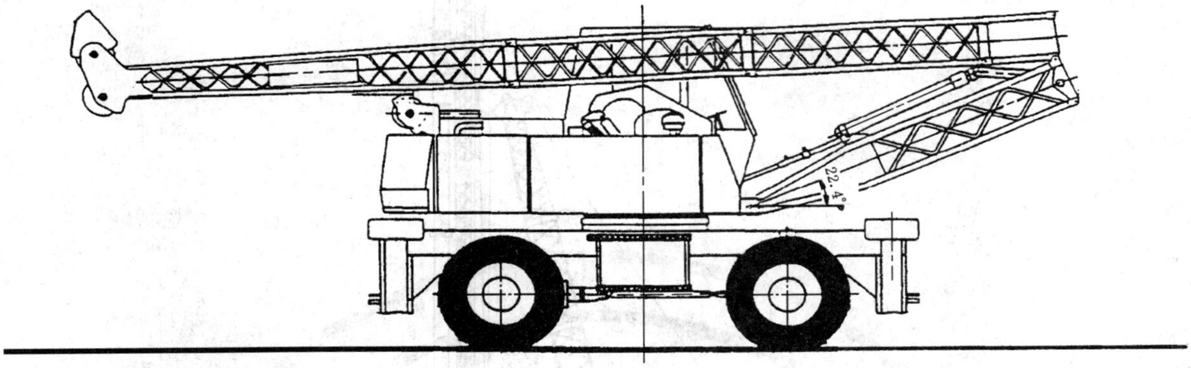

图 B.7 道路行驶运输位置的轮胎式机械挖掘机

附 录 C
（资料性附录）
GB 25684 的本部分与 ISO 20474-12:2008 技术性差异及其原因

表 C.1 给出了 GB 25684 的本部分与 ISO 20474-12:2008 的技术性差异及其原因的一览表。

表 C.1 GB 25684 的本部分与 ISO 20474-12:2008 技术性差异及其原因

本部分的章条编号	技术性差异	原 因
2	增加引用了"GB/T 19932 土方机械 液压挖掘机 司机防护装置的试验室试验和性能要求(GB/T 19932—2005,ISO 10262:1998,MOD)"; 增加引用了"GB/T 8419 土方机械 司机座椅振动的试验室评价(GB/T 8419—2007,ISO 7096:2000,IDT)"; 删除"EN 474-1:2006 土方机械 安全 第1部分:通用要求(Earth-moving machinery—Safety—Part 1:General requirements)"	该标准在4.3.3中予以引用; 该标准在4.3.4中予以引用; 标准正文中没有引用此标准
4.3.3	将国际标准中此条的"特定国家和/或区域的强制性规定见 ISO/TS 20474-14。"替换为 EN 474-12:2006 中 5.3.3 的内容	GB/T 17771 不适用机械挖掘机,因此采用欧盟的特定要求增加此内容
4.3.4	将国际标准中此条的"特定国家和/或区域的强制性规定见 ISO/TS 20474-14。"替换为 EN 474-12:2006 中 5.3.4 的内容	GB/T 8419 不适用于机械挖掘机,因此采用欧盟的特定要求增加此内容
4.7	删除国际标准中此条的"特定国家和/或区域的强制性规定见 ISO/TS 20474-14。"	ISO/TS 20474-14 特定国家和/或区域的要求不适合我国,故删除该段文字
4.11.1	将国际标准中此条的"特定国家和/或区域的强制性规定见 ISO/TS 20474-14。"替换为日本标准要求"在机器稳定性最坏的情况下,进行打桩/拔桩作业的机械挖掘机在平坦坚硬的水平面上成5°倾斜时,不应前后及侧向倾翻。"	打桩/拔桩作业属于机械挖掘机的特殊应用,鉴于其稳定性的重要性,应增加此项要求
6	删除国际标准中此条的"特定国家和/或区域的强制性规定见 ISO/TS 20474-14。"	ISO/TS 20474-14 特定国家和/或区域的要求不适合我国,故删除该段文字
B.2	删除国际标准中此条的"特定国家和/或区域的强制性规定见 ISO/TS 20474-14。"	ISO/TS 20474-14 特定国家和/或区域的要求不适合我国,故删除该段文字
参考文献	删除 GB/T 8419 和 GB/T 19932	由于规范性条文引用,故将该两项标准从参考文献移至第2章

参 考 文 献

[1] GB/T 15706.1—2007 机械安全 基本概念与设计通则 第1部分:基本术语和方法(ISO 12100-1:2003,IDT).

[2] GB/T 15706.2—2007 机械安全 基本概念与设计通则 第2部分:技术原则(ISO 12100-2:2003,IDT).

[3] ISO/TS 20474-14:2008 土方机械 安全 第14部分:国家和区域规定的信息(Earth-moving machinery—Safety—Part 14: Information on national and regional provisions).

[4] EN 474-12:2006 土方机械 安全 第12部分:机械挖掘机的要求(Earth-moving machinery—Safety—Part 12:Requirements for cable excavators).

ICS 53.100
P 97

中华人民共和国国家标准

GB 25684.13—2010

土方机械 安全
第13部分:压路机的要求

Earth-moving machinery—Safety—
Part 13:Requirements for rollers

(ISO 20474-13:2008,MOD)

2010-12-23 发布 2012-01-01 实施

中华人民共和国国家质量监督检验检疫总局
中国国家标准化管理委员会 发布

前　言

GB 25684 的本部分的 4.2.2、4.2.3、4.3.3、4.3.4、4.4、4.5.4、4.5.5、4.7 和 6.1 为强制性条款，其余为推荐性条款。

GB 25684《土方机械　安全》分为 13 个部分：

——第 1 部分：通用要求；

——第 2 部分：推土机的要求；

——第 3 部分：装载机的要求；

——第 4 部分：挖掘装载机的要求；

——第 5 部分：液压挖掘机的要求；

——第 6 部分：自卸车的要求；

——第 7 部分：铲运机的要求；

——第 8 部分：平地机的要求；

——第 9 部分：吊管机的要求；

——第 10 部分：挖沟机的要求；

——第 11 部分：土方回填压实机的要求；

——第 12 部分：机械挖掘机的要求；

——第 13 部分：压路机的要求。

本部分是 GB 25684 的第 13 部分，本部分应与第 1 部分配合使用。

本部分修改采用 ISO 20474-13:2008《土方机械　安全　第 13 部分：压路机的要求》(英文版)。

本部分根据 ISO 20474-13:2008 重新起草。

本部分与 ISO 20474-13:2008 存在的有关技术性差异已编入正文中并在它们所涉及的条款的外侧页边空白处用垂直单线标识，主要差异如下：

——第 2 章的引用标准增加了 GB/T 17772、GB/T 17921 和 GB/T 17922；

——4.5.1、4.8.1 和 4.8.4 中删除了“特定国家和/或区域的强制性规定见 ISO/TS 20474-14”；

——4.5.4 中“特定国家和/或区域的强制性规定见 ISO/TS 20474-14”改为采用欧盟(EU)的要求；

——4.5.5.1 中删除了“对于单轮压路机和组合式压路机的制动系统应对所有的车轮和滚筒施加制动”；

——4.7 中“特定国家和/或区域的强制性规定见 ISO/TS 20474-14”改为修改采用 EN 500-4:2006 中的 5.10；

——4.8.2 中“特定国家和/或区域的强制性规定见 ISO/TS 20474-14”改为“GB 25684.1—2010 的 4.13.1.1 适用于本部分”。

为便于使用，本部分作了下列编辑性修改：

——用小数点“.”代替作为小数点的“,”；

——删除了国际标准的前言，修改了国际标准引言和第 1 章；

——对 ISO 20474-13:2008 中引用的国际标准，用已被采用为我国的标准代替对应的国际标准；

——参考文献中增加了 ISO/TS 20474-14:2008、EN 500-4:2006 和 98/37/EC。

本部分的附录 A 和附录 B 为规范性附录。

本部分由中国机械工业联合会提出。

本部分由全国土方机械标准化技术委员会(SAC/TC 334)归口。

本部分负责起草单位:天津工程机械研究院、广西柳工机械股份有限公司、三一重工股份有限公司、徐工集团工程机械股份有限公司。

本部分参加起草单位:郑州宇通重工有限公司。

本部分主要起草人:吴润才、郭启华、易全旺、吴凌云、王新香。

引　　言

GB 25684 的本部分是 GB/T 15706 定义的 C 类标准。

本部分的范围说明了涉及的机械以及所包含的危险、危险状态或危险事件的范围。

由于机器的设计和制造都遵循 C 类标准的要求，因此当 C 类标准的要求与 A 类或 B 类标准要求不同时，C 类标准的要求优先于其他标准。

土方机械　安全
第13部分：压路机的要求

1　范围

GB 25684的本部分规定了压路机的安全要求。

本部分与GB 25684.1(规定了土方机械的通用安全要求)合并使用。本部分的特定要求优先于GB 25684.1的通用要求。

本部分适用于GB/T 8498定义的压路机。

本部分规定了本范围的土方机械在制造商指定用途和预知的误操作条件下应用时，与其相关的所有重大危险、危险状态或危险事件；并规定了在使用、操作和维护中消除或降低重大危险、危险状态或危险事件引起的风险的技术措施。

本部分不适用于在本部分实施前制造的机器。

2　规范性引用文件

下列文件中的条款通过GB 25684的本部分的引用而成为本部分的条款。凡是注日期的引用文件，其随后所有的修改单(不包括勘误的内容)或修订版均不适用于本部分，然而，鼓励根据本部分达成协议的各方研究是否可使用这些文件的最新版本。凡是不注日期的引用文件，其最新版本适用于本部分。

GB/T 3767—1996　声学　声压法测定噪声源声功率级　反射面上方近似自由场的工程法(eqv ISO 3744:1994)

GB/T 7920.5　土方机械　压路机和回填压实机　术语和商业规格(GB/T 7920.5—2003，ISO 8811:2000，MOD)

GB/T 8498　土方机械　基本类型　识别、术语和定义(GB/T 8498—2008，ISO 6165:2006，IDT)

GB 16754　机械安全　急停　设计原则(GB 16754—2008，ISO 13850:2006，IDT)

GB/T 17248.2　声学　机器和设备发射的噪声　工作位置和其他指定位置发射声压级的测量　一个反射面上方近似自由场的工程法(GB/T 17248.2—1999，eqv ISO 11201:1995)

GB/T 17772　土方机械　保护结构的实验室鉴定　挠曲极限量的规定(GB/T 17772—1999，idt ISO 3164:1995)

GB/T 17921　土方机械　座椅安全带及其固定器　性能要求和试验(GB/T 17921—2010，ISO 6683:2005，MOD)

GB/T 17922　土方机械　翻车保护结构　试验室试验和性能要求(GB/T 17922—1999，idt ISO 3471:1994)

GB/T 21152　土方机械　轮胎式机器　制动系统的性能要求和试验方法(GB/T 21152—2007，ISO 3450:1996，IDT)

GB/T 21935　土方机械　操纵的舒适区域与可及范围(GB/T 21935—2008，ISO 6682:1986，IDT)

GB/T 25609　土方机械　步行操纵式机器的制动系统　性能要求和试验方法(GB/T 25609—2010，ISO 17063:2003，IDT)

GB 25684.1—2010　土方机械　安全　第1部分：通用要求(ISO 20474-1:2008，MOD)

ISO 20643:2005　机械振动　手扶式和手柄式机械　振动传递评价准则(Mechanical vibration—

Hand-held and hand-guided machinery—Principles for evaluation of vibration emission)

3 术语和定义

GB 25684.1 和 GB/T 7920.5 确立的以及下列术语和定义适用于 GB 25684 的本部分。

3.1

压路机　roller

自行的或拖行的机械，装有由一个或多个金属圆柱体(滚筒)或橡胶轮胎组成的压实装置，通过压实装置的滚动和(或)振动来压实碎石、土壤、沥青混合料或砾石等物料。

[GB/T 8498—2008，定义 4.10]

注：金属圆柱体可能被涂胶或安装有凸块。

3.1.1

单轮压路机　single drum roller

带有一个振动金属圆柱体(滚筒)和两个橡胶轮胎或两条履带的自行式压实机械。

3.1.2

双轮压路机　tandem roller

前后都有一个金属圆柱体(滚筒)的自行式压实机械。

注：圆柱滚筒可能是静力作用的或振动的，它们可以是分离的。

3.1.3

组合式压路机　combined roller

带有一个或多个金属圆柱体(滚筒)和多于两个橡胶轮胎的自行式压实机械。

3.1.4

三轮压路机　three-wheel roller

前面(或后面)带有一个金属圆柱体(滚筒)且后面(或前面)有两个滚筒的自行式压实机械。

注：滚筒可以是分离的。

3.1.5

轮胎压路机　pneumatic tyre roller

前面和后面具有三个或三个以上轮胎的自行式压实机械。

3.2

直接控制型机器　direct-control machine

由与机器有身体直接接触的司机进行操纵的自行式土方机械。

[GB/T 8498—2008，定义 3.2]

3.2.1

驾乘式机器　ride-on machine

控制装置位于机器上，由一名坐姿或站姿司机进行操纵的自行式直接控制型机器(3.2)。

[GB/T 8498—2008，定义 3.2.1]

3.2.2

非驾乘式机器　non-riding machine

控制装置位于机器上，由一名步行的司机(不坐在，也不站在机器上)进行操纵的自行式直接控制型机器(3.2)。

[GB/T 8498—2008，定义 3.2.2]

3.3

遥控型机器　remote-control machine

通过信号的传输进行操纵的自行式土方机械，信号由不在机器上的控制装置（发射机）发射，并由位于机器上的接收装置（接收机）加以接收。

[GB/T 8498—2008，定义 3.3]

3.4

拖式压路机　towed roller

非自行式压路机（3.1），由牵引车拖动，司机位于牵引车上。

[改写 GB/T 8498—2008，定义 4.10.1]

4　安全要求和/或防护措施

4.1　一般要求

压路机应符合 GB 25684.1 中没有被本章特定要求所修改的安全要求和/或防护措施。

4.2　非驾乘式机器

4.2.1　一般要求

GB 25684.1—2010 的 4.15 以及下述 4.2.2 和 4.2.3 适用于 GB 25684 的本部分。

4.2.2　手柄

为避免单轮非驾乘式压路机的转向机构（手柄）发生垂直回转的危险，手柄的运动范围应在地面以上 0.2 m～1.4 m 之间（见图 1）。

单位为米

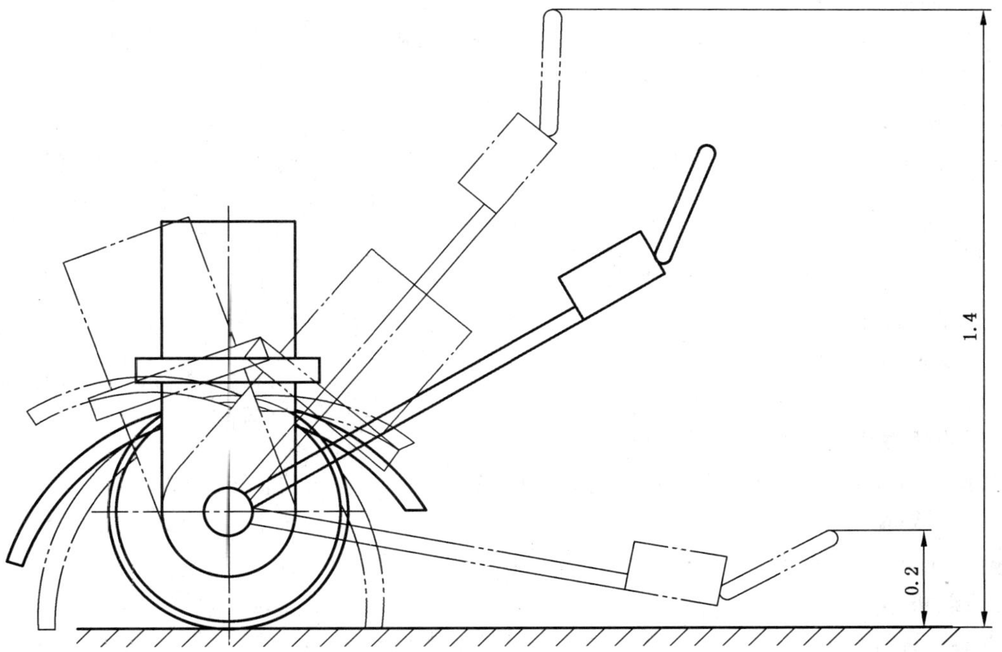

图 1　单轮非驾乘式压路机的垂直回转

4.2.3　防止挤伤的保护装置（见图 2）

非驾乘式和遥控型机器应装备防止挤伤的保护装置，以避免操作者被困在机器与障碍物之间。

该装置应设计成在小于装置总的操作范围时，能使机器在一定的距离内停下。

该装置的有效操纵力不大于 230 N。

单位为米

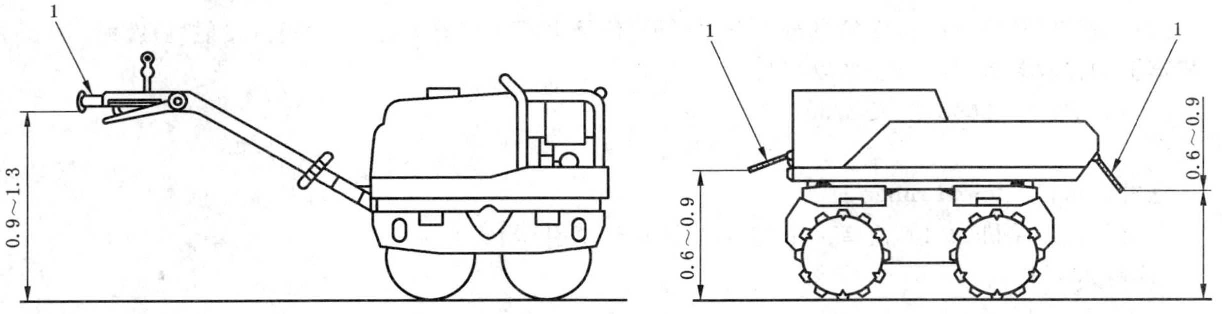

a) 手扶式压路机　　b) 遥控型压路机

说明：
1——制动装置。

图 2　非驾乘式机器上安全装置的位置

4.3　司机操作位置(驾乘式机器)

4.3.1　一般要求

GB 25684.1—2010 的 4.3.1 以及下述 4.3.2～4.3.4 适用于本部分。

4.3.2　司机位置

如果司机位置偏离司机室宽度的中心线，则座椅中心线至司机室内侧的距离不应小于 295 mm。

4.3.3　带司机室的司机操作位置

GB 25684.1—2010 中 4.3.1.1 的第 1 段和第 2 段不适用于压路机。

工作质量大于 4 500 kg 的压路机应设计成可以安装司机室。

GB 25684.1—2010 的 4.3.1.2 不适用于压路机。

4.3.4　车门和车窗

当准备操作机器时，如车门和车窗处于打开位置且已被锁止，此时，车门和车窗不应延伸出机器主要外部尺寸以外。

4.4　司机座椅

GB 25684.1—2010 的 4.4 适用于本部分，但不包括其中的 4.4.1.4。

4.5　操纵装置和指示器

4.5.1　一般要求

GB 25684.1—2010 的 4.5 以及下述 4.5.2～4.5.4 适用于本部分。

4.5.2　手扶非驾乘式压路机的行驶操纵

由一名操作者操纵的非驾乘式压路机的行驶操纵装置应是双向的止-动型。

4.5.3　拖式机器的操纵装置

对于拖式压路机，应能在牵引机器的操作台上操纵振动的开关。

4.5.4　遥控型机器

由司机参与操作的压路机红外遥控装置补充以下要求。

在下述情况，所有行驶动作应由接收器自动关闭：

a)　最大范围超过 20 m；

b)　机器与司机的距离小于 2 m。

4.5.5　制动系统

4.5.5.1　驾乘式机器

对于驾乘式机器，GB 25684.1—2010 的 4.7 以及下述条款适用于本部分。

制动系统应符合 GB/T 21152 的规定。

对于行车和辅助制动系统：

——制动系统应施加于全部动力驱动的滚筒和车轮；

——对于分离的滚筒，每个滚筒部分应具有相同的制动转矩。

如果压路机采用静液传动，辅助制动装置动作时应将其中断。

制动系统的性能宜考虑按制造商预定坡道进行设定。

所有的制动系统应从司机操作位置上进行操纵。

4.5.5.2 非驾乘式机器

非驾乘式机器的制动系统应符合 GB/T 25609 的规定。

4.5.6 紧急停车

符合 GB 16754 的紧急停车操纵装置应安装在 GB/T 21935 规定的舒适区域内。紧急停车应能停止机器所有的危险机能。

4.6 至司机操作位置和维修点的通道装置

4.6.1 一般要求

GB 25684.1—2010 的 4.2 以及下述 4.6.2 和 4.6.3 适用于本部分。

4.6.2 最低一级的踏脚

通往司机操纵位置的通道装置的最低一级的踏脚，不应高于地面以上 600 mm。

4.6.3 护栏

如果通往司机操作位置和平台的通道的垂直高度差超过 1 m，则应提供防护栏。

4.7 滚翻保护结构(ROPS)

GB 25684.1—2010 的 4.3.3 适用于本部分。

当驾乘式压路机配备滚翻保护结构(ROPS)时，该 ROPS 应符合 GB/T 17922 的规定。

如果司机的位置没有位于机器的纵向中线，则 GB/T 17922 的试验程序作如下修改：

当符合最小能量要求时，在定位轴 LA(SIP)线(按 GB/T 17772)上部的挠曲极限量(DLV)部分允许侧向偏离或倾斜 15°(见图 3)，在 LA(SIP)线下部的 DLV 部分可忽略不计。

司机座椅应配备符合 GB/T 17921 的约束系统。座椅安全带既不应妨碍压路机的操纵，也不应与座椅的悬挂装置相干涉。

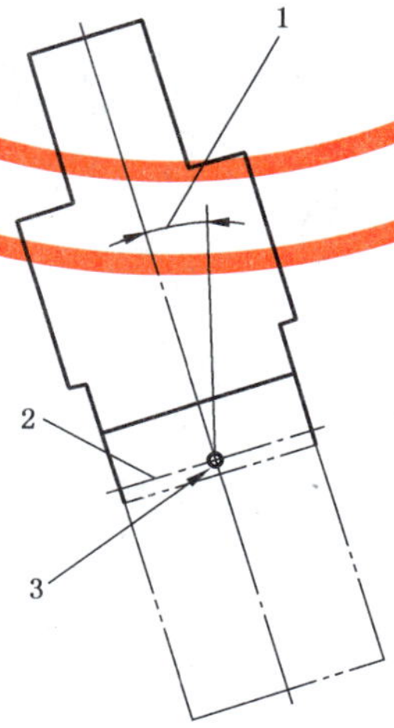

说明：

1——最大角度 15°；

2——定位轴 LA；

3——座椅标定点(SIP)。

图 3 挠曲极限量 前视图

4.8 噪声和振动

4.8.1 噪声的一般要求

GB 25684.1—2010 的 4.13 以及下述 4.8.2～4.8.4 适用于本部分。

4.8.2 在设计阶段对噪声源的降噪

GB 25684.1—2010 的 4.13.1.1 适用于本部分。

4.8.3 作业宽度不大于 1 m 的非驾乘式和遥控型振动压路机的噪声测量

作业宽度不大于 1 m 的非驾乘式和遥控型振动压路机的发射噪声应按附录 A 测定。

4.8.4 作业宽度不大于 1 m 的非驾乘式振动压路机的振动测量

作业宽度不大于 1 m 的非驾乘式振动压路机的手-臂振动应按附录 B 测定。

5 安全要求和/或防护措施的验证

GB 25684.1—2010 的第 5 章适用于 GB 25684 的本部分。

6 使用信息

6.1 安全标志(安全标签)

GB 25684.1—2010 的 6.1 适用于 GB 25684 的本部分。

6.2 司机手册

GB 25684.1—2010 的 6.2 及以下条款适用于本部分：

——参见 4.8.4 规定的手-臂振动；

——非驾乘式机器和遥控型机器的停机装置所需的使用说明；

——非驾乘式压路机的开机和停机的安全预防事项；

——正确使用包括对洒水系统的清洁和保养的说明；

——有关机器稳定性的补充资料(允许的坡度等)。

6.3 标识

GB 25684.1—2010 的 6.3 适用于本部分。

附 录 A
（规范性附录）
作业宽度不大于 1 m 的非驾乘式和遥控型振动压路机的噪声试验规程

A.1 概述

本噪声试验规程规定了所有为有效进行试验所必需的信息，以及在标准条件下，作业宽度等于或小于 1 m 的非驾乘式和遥控型振动压路机的发射噪声特性的测定、公告和验证。

注：试验道路的宽度按本附录以及 2000/14/EC 噪声指令中所述的规定，由于来自于试验道路边缘的随机影响，实际上不允许进行作业宽度超过 1 m 的机器的测量。

发射噪声特性包括作业区的发射声压级和声功率级。需确定下列各项：

——制造商公告的发射噪声；

——相关的一类产品中机器发射噪声对比；

——用于在产品设计阶段对噪声源进行控制。

本噪声试验规程的使用将通过所采用的基本噪声测量方法的准确度程度，保证发射噪声特性测定的重复性在规定的测量限值之内。GB 25684 的本部分准许的噪声试验方法是符合 GB/T 3767—1996 中 2 级的工程法。

发射噪声（按本附录）和手-臂振动（按附录 B）测定的试验条件和程序是相同的。因此，在可能的情况下，建议在一次测量过程中同时记录发射噪声和手-臂振动值，由此减少了测量的工作量。

A.2 试验区域

A.2.1 试验场所的设计

可以在户外或适合的室内进行试验。

试验道路周围要求至少有 10 m×10 m 的声音反射材料（例如混凝土、闭孔沥青或钢板）和至少 25 m×25 m 没有反射障碍物的区域。

A.2.2 试验道路的设计

应按图 A.1 设计砂砾的试验道路。

用以压实的地面应具有下列特性：

——平均直径 16 mm 的有足够硬度的干性砂砾（颗粒尺寸 10 mm～22 mm），见图 A.2 所示的粒度曲线；

——如果平均砂砾直径有 30％或更多已降低，则应更换砂砾；

——由于深度会影响压实机械，砂砾的堆积深度应至少 0.5 m；

——为避免砂砾的坍落现象，砂砾的试验道路应具有与压实的声音反射表面相同的水平面。

单位为米

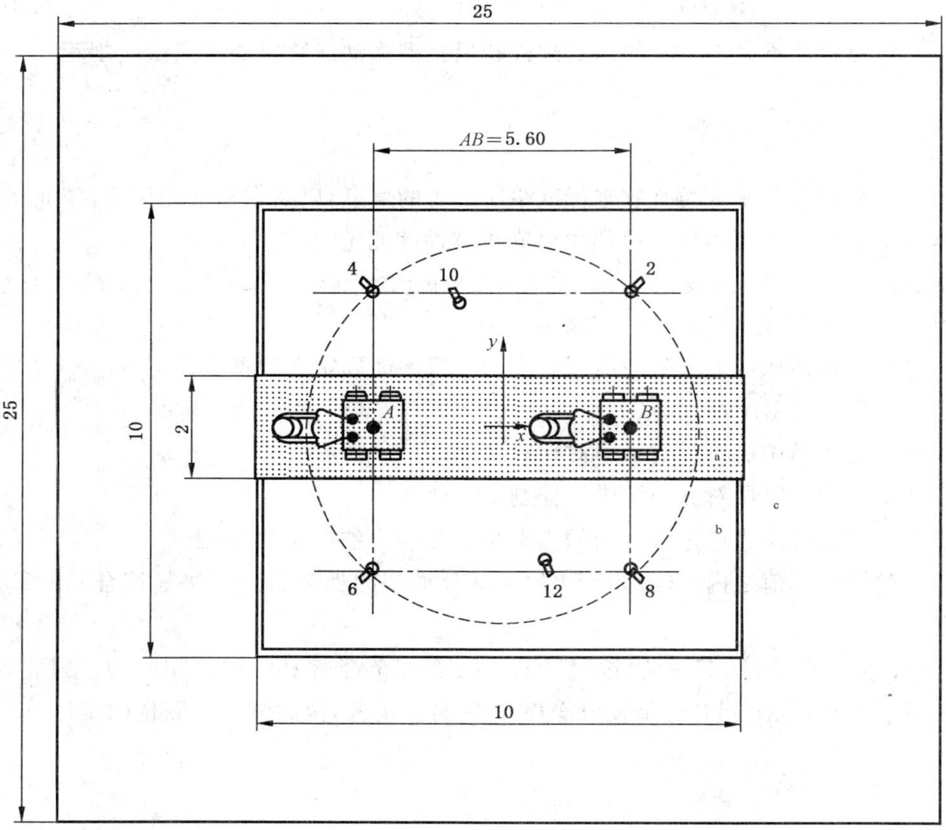

说明：

AB——测量长度；

A——起始点；

B——终点；

2、4、6、8、10、12——测定声功率级的传声器。

a 砂砾试验道路(深度=0.50 m)。

b 硬反射平面 10 m×10 m。

c 25 m×25 m 的没有反射障碍物的平面。

图 A.1 试验场所及试验道路的布置

单位为毫米

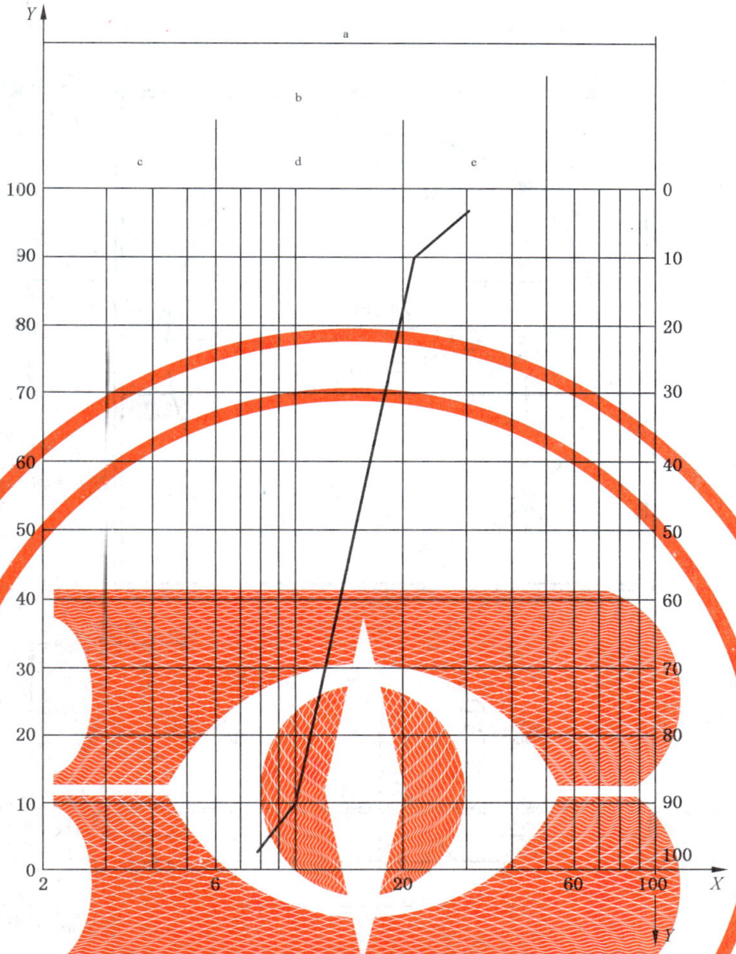

说明：

X——全部体积的质量百分比；

Y——砂砾大小。

[a] 砂砾筛分。

[b] 砂砾大小。

[c] 细的颗粒。

[d] 中间的颗粒。

[e] 粗的颗粒。

图 A.2 被压实材料(砂砾)的颗粒大小图表

A.2.3 测量表面

A.2.3.1 测量表面的形状和尺寸

用于测量A计权声功率级的测量表面应为由声音反射表面(见图A.3和图A.4)包围的半径r=4 m的半球形表面。

A.2.3.2 传声器的位置

规定在半球形范围内设置6个传声器(见图A.3、图A.4和表A.1)。

单位为米

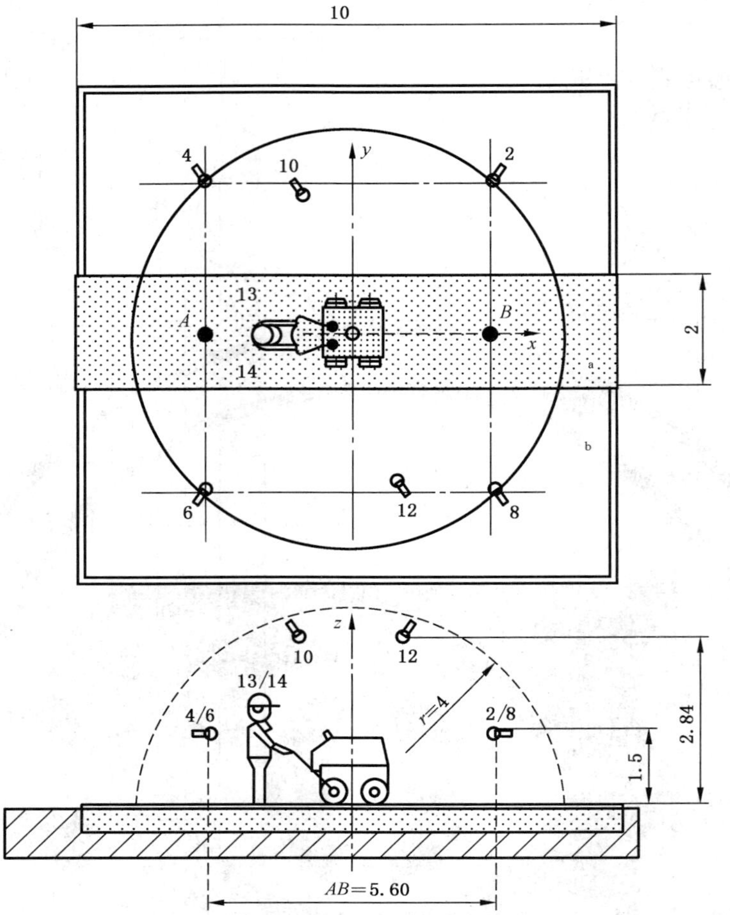

说明：

AB——测量长度(AB=5.60 m)；

A——起始点；

B——终点；

2、4、6、8、10、12——用于声功率级测定的传声器位置(见表 A.1)；

13、14——用于测定发射声压级的传声器位置。

[a] 砂砾试验道路(深度=0.5 m)。

[b] 硬反射平面=10 m×10 m。

测量行驶时间 t_F，单位为秒(s)：

$$t_F=\frac{AB}{v_F}$$

式中：

v_F——工作速度，单位为米每秒(m/s)；

测量行驶时间 t_F=测量时间 t_M。

图 A.3 直接操纵的非驾乘式压路机测点的布置

单位为米

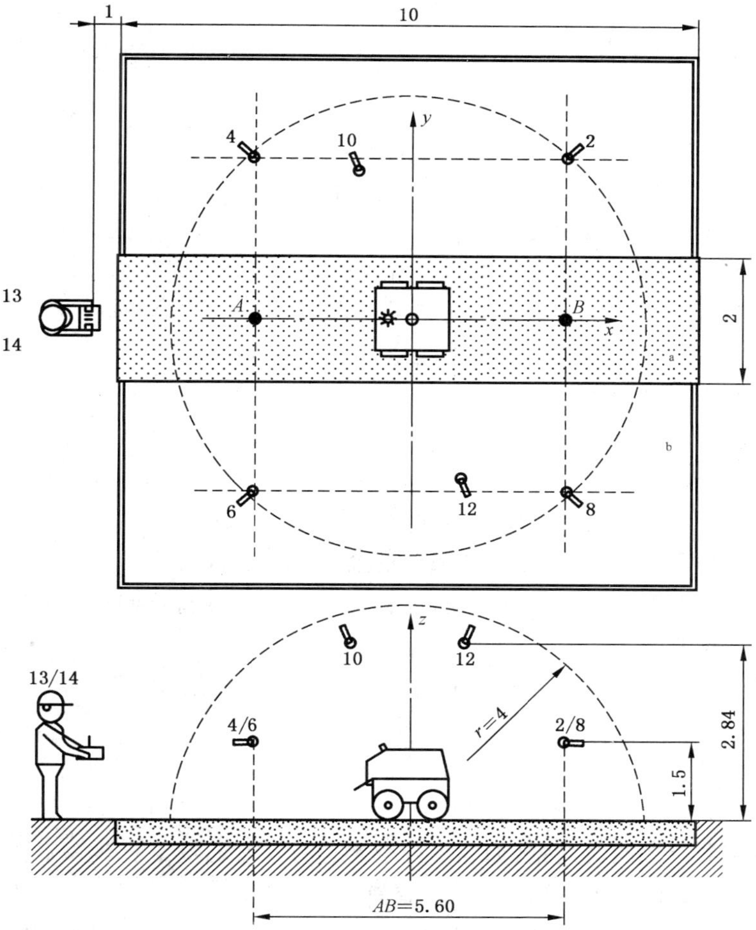

说明：

AB——测量长度（AB=5.60 m）；

A——起始点；

B——终点；

2、4、6、8、10、12——用于声功率级测定的传声器位置（见表 A.1）；

13、14——用于测定发射声压级的传声器位置。

a 砂砾试验道路（深度=0.5 m）。

b 硬反射平面=10 m×10 m。

图 A.4 遥控型压路机测点的布置

表 A.1 传声器的坐标

测量点	坐标/m		
	x	y	z
2	2.8	2.8	1.5
4	−2.8	2.8	1.5
6	−2.8	−2.8	1.5
8	2.8	−2.8	1.5
10	−10.8	2.8	2.84
12	1.08	−2.6	2.84

A.3 A计权声功率级的测定

A.3.1 概述

本章规定了按GB/T 3767规定进行的有关A计权声功率级测定的补充要求。

A.3.2 试验程序

A.3.2.1 操作条件

用于测试的机器应符合制造商的规范。

水箱和燃油箱应加至一半。洒水装置不打开。

手扶式机器的牵引杆应能在上下限位块间自由地移动。

发动机应按制造商的规定设在额定转速(±5%)。

选择最大前进作业速度。要确保机器在正确的速度下运行。

应选择对噪声贡献最高的振动设置。

开始测量之前,应达到操作温度。

A.3.2.2 试验道路准备和条件

在开始全部的试验程序之前应疏松试验地面被压实的材料。

试验道路的材料应是干燥的,如果是湿的或冻的会影响到测量效果。

带有光滑滚筒的机器在振动状态下首次通过松动过的道路时可能会难以运转。如遇此情况,将机器不振动通过道路进行预压实。

用于遥控型压路机的试验道路应与非驾乘式压路机的相同(见图A.1)。

A.3.2.3 环境

空气温度应高于10 ℃。

A.3.2.4 测量程序

推荐对所有的传声器位置同时测量(如果可能也要进行连续的测量)。

对于测量时间 t_M,试验道路 AB=5.60 m的表面由机器前进压实。随后机器向后移动到开始点。

当机器的中部与 A 点成一条线时应开始测量,在测量路程的 B 点时停止(见图A.3和图A.4)。所有上述压实作业都应沿着整个砂砾的路程进行。因此,要确保机器在测量距离内以全压实功率工作。

对每一台机器,应三次通过试验道路。完成三次试验过程被作为一个测量周期。

三次通过之间不应疏松试验路面的被压实材料。

每次通过都应记录声压级的均方根数值。

常规操作中,机器应沿着试验道路的中心线移动。

整个试验过程中应由相同的人员操作机器。该人员应熟练使用和操作机器。

A.3.3 声功率级的计算

由三次过程的算术平均值计算A计权声功率级。

机器的A计权声功率级应圆整成最接近的整数,单位为dB(A)(尾数<0.5时,圆整到较小的整数;尾数≥0.5时,圆整到较大的整数)。

A.3.4 发射噪声声压谱的测定

如果需要,传声器的位置10可按GB/T 3767的规定被认定为声压谱。

A.4 司机位置处发射噪声A计权声压级的测定

A.4.1 概述

本章规定了GB/T 17248.2关于非驾乘式和遥控型振动压路机的发射噪声A计权声压级测定的补充要求。

A.4.2 试验程序

应按 A.3.2 的要求进行试验。

对于非驾乘式压路机，司机的位置应按图 A.3 所示。

对于遥控型压路机，司机的位置应按图 A.4 所示。

由于声压级随司机的高度不同而变化，司机的身高应为 1.8 m±5 cm。

注：对于位于地面以上 0.3 m 处(机器的中心)的 A 计权声功率级 100 dB(A)的声源，声源之后 1.5 m 与高于地面 1.8 m 处(司机位置)以及声源后 1.5 m 和高于地面 1.6 m 处(比司机低 0.2 m)的 A 计权声压级的理论差值为 0.6 dB(A)。

A.4.3 发射噪声声压级的计算

由三次试验过程的算术平均值计算 A 计权声压级。所记录的数值为两个测量位置(13、14)的最高值。

司机位置处的 A 计权声压级应圆整成最接近的整数，单位为 dB(A)(尾数<0.5 时，圆整到较小的整数；尾数≥0.5 时，圆整到较大的整数)。

A.4.4 发射噪声声压谱的测定

如果需要，按 GB/T 17248.2(传声器位置 14，右耳，见图 A.3 和 A.4)的规定，工作台可被认定为声压谱。

A.4.5 作为时间函数的声压级

如果需要，传声器位置 10 和 14(右耳)处的声压级可被记录为时间的函数。

A.5 不确定度

在测定 A 计权声功率级及司机位置 A 计权发射噪声声压级数值时，应考虑到由于产品不同的机器系列的不确定度以及测量的不确定度。

目前的经验表明非驾乘式和遥控型压路机的有关 A 计权声功率级的总的不确定度(测量加上产品)K_{WA}和有关 A 计权发射噪声声压级的总的不确定度 K_{pA} 小于表 A.2 中给出的数值。

表 A.2 不确定度

K_{WA}/dB(A)	K_{pA}/dB(A)
1.0～2.0	2.0～3.0

A.6 需记录的信息

GB/T 3767 和 GB/T 17248.2 及以下条款适用于本附录：

——发动机每次运行的发动机转速；

——每次运行的振动频率；

——每次运行的测量时间 t_M；

——操作人员的身高；

——砂砾的级配曲线；

——试验环境的描述；

——每次运行的 A 计权声功率级和作为发射值而得出的声功率级；

——每次运行的司机位置处的 A 计权声压级以及每次它们的算术平均值(左耳和右耳分别列出)；

——适合的声压谱；

——适当时以时间函数计的声压级。

A.7 需报告的信息

报告列出 A.6 规定的所有信息。

试验报告应包括对已测的声功率级和司机位置发射噪声声压级完全符合本附录规定的声明。

A.8 发射噪声值的公布和检验

公布的A计权声功率级应是测量值的总和并与不确定度参数 K_{WA} 相关(见A.5)。

注：公布的A计权声功率级等同于符合2000/14/EC的声功率级。

公布的司机位置处的发射噪声A计权声压级应为测量值的总和并与不确定度参数 K_{pA} 相关(见A.5)。

噪声公告应明确表示所得到发射噪声限值符合本噪声试验规程。

应采用本噪声试验规程进行检验。如果检验过程中的数值小于或等于公布的数值,则公布的数值是经验证的。

附 录 B
（规范性附录）
作业宽度不大于 1 m 的非驾乘式振动压路机的手-臂振动试验规程

B.1 概述

本附录中，关于机器的规范作为 ISO 20643 中关于作业宽度不大于 1 m 的非驾乘式振动压路机内容的补充。这些规范用于在实际工况下测定振幅的特性。机器以具有产生振动的机构为特征，从而对地面进行压实。

本附录所包括的关于操作和布置方面的内容与用于噪声测量（附录 A）的内容相同。因此应在对手-臂振动和发射噪声的任一项进行测量过程中，同时记录这两项测量内容。这样可在相当程度上减少对机器试验所需的设备。

B.2 振动的特性

B.2.1 测量的方向

图 B.1 给出了测量的方向。在测量中，根据操作者身材不同，连接件应被定向于使 z 轴平行于地面的状态。

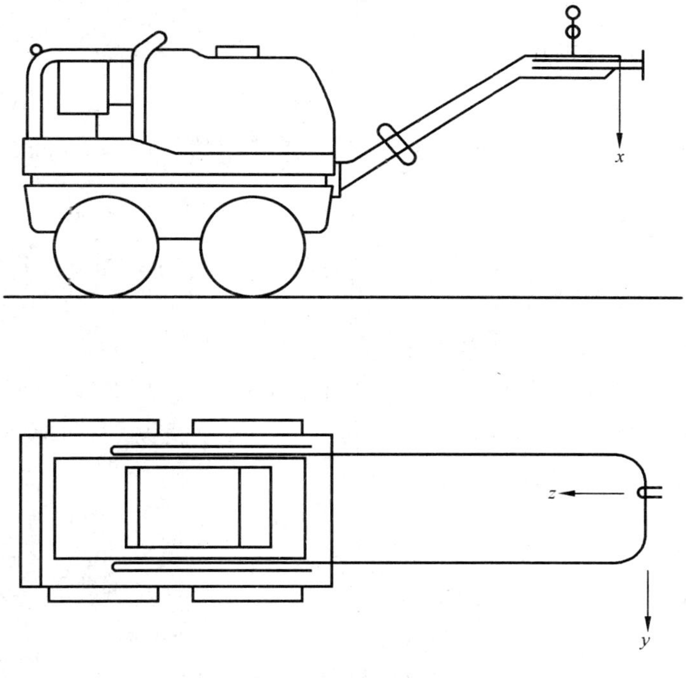

图 B.1 测量的方向

B.2.2 测量的定位

测量的位置应位于牵引杆上，在两个手指之间，或尽可能靠近手边（图 B.2）。如果牵引杆装有弹性罩，应将手握在传感器（连接件）上，以避免发生共振现象。

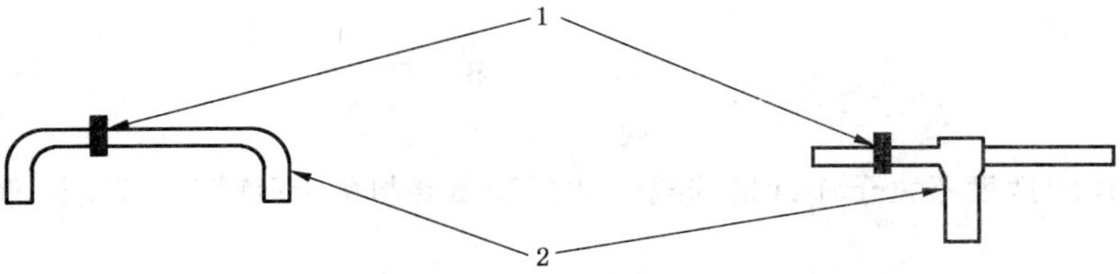

说明：
1——连接件；
2——牵引杆。

图 B.2 牵引杆上连接件的布置

B.2.3 振动方向的组合

按 A.4.2 的规定，被测得的数值是加权振动加速度的均方根值 $a_{hwx,i}$、$a_{hwy,i}$、$a_{hwz,i}$，进行一次试验的测量次数 $i=1\sim3$，按公式(B.1)：

$$\bar{a}_{hwx}=\frac{1}{3}\sum_{i=1}^{3}a_{hwx,i}\text{；}\quad \bar{a}_{hwy}=\frac{1}{3}\sum_{i=1}^{3}a_{hwy,i}\text{；}\quad \bar{a}_{hwz}=\frac{1}{3}\sum_{i=1}^{3}a_{hwz,i} \qquad \cdots\cdots\cdots\cdots (B.1)$$

对于每一坐标记入试验运行的结果。

按公式(B.2)计算试验运行中的加速度之和：

$$a_h=\sqrt{\bar{a}_{hwx}^2+\bar{a}_{hwy}^2+\bar{a}_{hwz}^2} \qquad \cdots\cdots\cdots\cdots (B.2)$$

B.3 试验仪器的要求

B.3.1 加速度传感器的规格

最好采用三轴传感器进行测量，也可以用三个单独的传感器。传感器的总质量应小于 60 g。传感器的连接件的质量应尽可能小(最大 60 g)。

B.3.2 加速度传感器的安装

将传感器用连接件牢靠地固定在牵引杆上。连接件应适合于各牵引杆的直径。传感器应牢固地附在连接件上(螺纹连接或胶粘)。

加速度传感器的轴向应按 B.2.1 的要求定向。

测量过程中加速度传感器的电缆沿着机器或操作者拖行。因此，电缆应固定在机器上或操作者的腰部，这样可以使加速度传感器不受拉力。

B.4 试验程序

B.4.1 概述

试验应按 A.4.2 及 B.4.2～B.4.4 的规定。

B.4.2 试验道路

除非同时进行噪声的测量，否则对砂砾地外面的试验场地和背景没有要求。

B.4.3 操作条件

测量过程中要用两手导引机器。由于在牵引杆处测得的加速度值会受到操作者所施加的操作力(握紧力、进给力和导向力)的影响，操作力如下：

——常规操作对牵引杆施加的握紧力；

——常规操作对牵引杆施加的进给力；

——常规操作对牵引杆施加的导向力。

注：根据目前的技术水平，还不能通过简单的方法对这三种指定力进行测量。

B.4.4 测量程序

B.4.4.1 概述

同时记录测量中所有三个方向的信号。

B.4.4.2 手-臂振动值的计算

按 B.2 对手-臂振动值进行计算。

B.4.4.3 频率分析

如果要求,可利用加速时间信号在一个测量方向(x 轴)或三个测量方向上,对频率分析加以测定。这种分析不应对手-臂滤除进行加权。

B.4.4.4 时间记录

如要求,可对一个测量方向(x 轴)或三个测量方向上的相对于时间的信号变化进行记录。

B.5 需记录的信息

按 ISO 20643 及以下补充内容:

——每次运行的发动机转速;

——每次运行的振动频率;

——每次运行的测量时间 t_M;

——测量过程中所保持的牵引杆高度(自地面);

——砂砾的级配曲线;

——试验环境的描述;

——每次运行中三个方向上的加速度($a_{hwx,i}$,$a_{hwy,i}$,$a_{hwz,i}$),以加权均方根值形式;

——所有试验运行的每一测量方向上的算术平均值(a_{hwx},a_{hwy},a_{hwz});

——每一试验周期的加速度向量和(a_{hv});

——所有测量方向上加速度向量和(a_h);

——加速度谱(如有);

——时间记录(如有)。

B.6 需报告的信息

报告列出 B.5 规定的所有信息。

报告中应包括关于所给出的振动加速度完全符合本附录要求的声明。振动加速度值应圆整成带一位小数。

B.7 测量的不确定度

应用本试验程序时,三个振动加速度的算术平均值的测定中可允许有 3 m/s² 的测量不确定值。

参 考 文 献

[1] GB/T 8419—2007 土方机械 司机座椅振动的试验室评价(ISO 7096:2000,IDT).

[2] GB/T 15619—2005 机械振动与冲击 人体暴露 词汇(ISO 5805:1997,IDT).

[3] GB/T 15706.1—2007 机械安全 基本概念与设计通则 第1部分:基本术语和方法(ISO 12100-1:2003,IDT).

[4] GB/T 15706.2—2007 机械安全 基本概念与设计通则 第2部分:技术原则(ISO 12100-2:2003,IDT).

[5] GB/T 19932—2005 土方机械 液压挖掘机 司机防护装置的试验室试验和性能要求(ISO 10262:1998,MOD).

[6] GB/T 21153—2007 土方机械 尺寸、性能和参数的单位与测量准确度(ISO 9248:1992,MOD).

[7] ISO/TS 20474-14:2008 土方机械 安全 第14部分:国家和区域规定的信息(Earth-moving machinery—Safety—Part 14:Information on national and regional provisions).

[8] 欧洲议会和欧洲联盟理事会关于使各成员国有关机械设备的法律趋于一致的98/37/EC指令(1998年6月22日).

[9] 欧洲议会和欧洲联盟理事会关于使各成员国有关户外用设备在环境中排放噪声的法律趋于一致的2000/14/EC指令(2000年5月8日)(噪声指令).

[10] EN 500-4:2011 移动式道路施工机械 安全 第4部分:压实机械的要求(Mobile road construction machinery—Safety—Part 4:Specific requirements for compaction machines).

ICS 53.100
P 97

中华人民共和国国家标准

GB/T 25685.1—2010/ISO 14401-1:2009

土方机械 监视镜和后视镜的视野 第1部分:试验方法

Earth-moving machinery—Field of vision of surveillance and rear-view mirrors—Part 1:Test methods

(ISO 14401-1:2009,IDT)

2010-12-23 发布　　　　2011-07-01 实施

中华人民共和国国家质量监督检验检疫总局
中国国家标准化管理委员会　发布

前　言

GB/T 25685《土方机械　监视镜和后视镜的视野》分为两个部分：

——第1部分：试验方法；

——第2部分：性能准则。

本部分是GB/T 25685的第1部分。本部分等同采用ISO 14401-1:2009《土方机械　监视镜和后视镜的视野　第1部分：试验方法》(英文版)。

本部分等同翻译ISO 14401-1:2009。

为便于使用，本部分作了下列编辑性修改：

——“本国际标准”一词改为“本部分”；

——用小数点“.”代替作为小数点的“,”；

——删除了国际标准前言；

——对ISO 14401-1:2009中引用的国际标准，用已被采用为我国的标准代替对应的国际标准。

本部分由中国机械工业联合会提出。

本部分由全国土方机械标准化技术委员会(SAC/TC 334)归口。

本部分负责起草单位：天津工程机械研究院。

本部分参加起草单位：福田雷沃国际重工股份有限公司。

本部分主要起草人：吴红丽、王金华、阎秀芳。

引　　言

GB/T 25685 的本部分提供了评价土方机械监视镜和后视镜视野的试验方法。

GB/T 16937 中规定:当仅由直接视野不能达到 GB/T 16937 中规定的视野性能要求时,视镜也可安装在土方机械上以帮助达到这些要求。允许对 GB/T 25685 的本部分和 GB/T 16937 中视镜的试验程序进行调整以达到 GB/T 16937 和 GB/T 25685.2 的要求。

视镜应符合国家规章,如:公路行驶要求。

土方机械　监视镜和后视镜的视野　第1部分:试验方法

1　范围

GB/T 25685 的本部分规定了确定安装在 GB/T 8498 所定义土方机械上的监视镜和后视镜视野的定置试验方法。

2　规范性引用文件

下列文件中的条款通过 GB/T 25685 的本部分的引用而成为本部分的条款。凡是注日期的引用文件,其随后所有的修改单(不包括勘误的内容)或修订版均不适用于本部分,然而,鼓励根据本部分达成协议的各方研究是否可使用这些文件的最新版本。凡是不注日期的引用文件,其最新版本适用于本部分。

GB/T 8420　土方机械　司机的身材尺寸与司机的最小活动空间(GB/T 8420—2000,eqv ISO 3411:1995)

GB/T 8498　土方机械　基本类型　识别、术语和定义(GB/T 8498—2008,ISO 6165:2006,IDT)

GB/T 8591　土方机械　司机座椅标定点(GB/T 8591—2000,eqv ISO 5353:1995)

GB/T 16937—2010　土方机械　司机视野　试验方法和性能准则(ISO 5006:2006,IDT)

GB/T 21154　土方机械　整机及其工作装置和部件的质量测量方法(GB/T 21154—2007,ISO 6016:1998,IDT)

GB/T 25685.2—2010　土方机械　监测镜和后视镜的视野　第2部分:性能准则(ISO 14401-2:2009,IDT)

3　术语和定义

下列术语和定义适用于 GB/T 25685 的本部分。

3.1

65 mm 灯距　65 mm light spacing

代表 GB/T 8420 规定的身材为第 50 百分位的坐姿土方机械司机的双目间距的白炽灯灯丝间距。

3.2

205 mm 灯距　205 mm light spacing

鉴于坐姿司机向两侧转动身体躯干或身体躯干和头,并看向司机两侧后方 45°角时会受限制,代表 GB/T 8420 规定的身材为第 50 百分位的坐姿土方机械司机能实现的视线距离的白炽灯灯丝间距。

3.3

405 mm 灯距　405 mm light spacing

鉴于在观察前面情况时,司机上身躯干和头具有很好的移动能力,代表 GB/T 8420 规定的身材为第 50 百分位的坐姿土方机械司机能实现的视线距离的白炽灯灯丝间距。

3.4

试验地面　test surface

水平压实地面或铺设的路面区域,即测量视野的水平地平面(GPR),为一长为至少 31 m 加上机器长度,宽为至少 16 m 加上机器宽度的长方形区域。

见图1。

单位为米

说明：

1——灯丝位置中心点(FPCP)。

图1 试验地面和机器位置

3.5

灯丝位置中心点 filament position centre-point

FPCP

灯距为65 mm、205 mm或405 mm时，灯泡灯丝连线的中点，位于GB/T 8591定义的司机座椅标定点(SIP)向上 680 mm 和向前 20 mm 的位置。见 GB/T 16937—2010 的图 1。

注：改写 GB/T 16937—2010，定义 3.2。

3.6

视野　field of vision

自司机位置处通过监视镜和后视镜间接能够看到的范围。

3.7

后视镜　rear-view mirror

对机器的后面和侧面提供视野的装置。

3.7.1

内部后视镜　interior rear-view mirror

位于司机位置(司机室或机棚)内的后视镜。

3.7.2

外部后视镜　exterior rear-view mirror

位于司机位置(司机室或机棚)外部的后视镜。

3.8

监视镜　surveillance mirror

位于司机位置(司机室或机棚)的内部或外部，对特定范围提供视野的镜子。

4　试验仪器

4.1　灯源应能设置成由两个竖直安装的卤化灯泡(或相当的)组成的灯带。在灯丝位置中心点(FPCP)的每侧，每个灯泡应在灯带上从 32.5 mm 水平移到 202.5 mm。灯带应能围绕 FPCP 进行 360°旋转。

4.2　试验地面各方向坡度应不超过 3%。

4.3　手持试验镜可用于观察来自监视镜和后视镜的灯源反射和视野。允许使用其他可给出同样结果的仪器。

5　机器配置

5.1　应按制造商对工况操作和/或公路行驶的规定，在机器上安装附属装置和工作装置。机器结构至少应保证不妨碍可视度和直视视镜。

5.2　机器的所有开口(如：门和窗)应关闭。

5.3　机器应置于试验地面上。工作装置和附属装置应处于制造商规定的行驶状态(示例见 GB/T 16937—2010 中的附录 A)。机器应置于其后方至少 31 m 及两侧至少 8 m 不受阻碍视野范围的试验地面。(见图 1)。

5.4　机器应配备适当的视镜。

6　视镜性能准则

GB/T 25685.2 中规定的后视镜视野类别 A、B 和 C 的凸面最小曲率半径应为 1 000 mm。对 C 类视野，可附加使用凸面最小曲率半径为 300 mm 的后视镜。

机器最大水平行驶速度小于 40 km/h[1] 时，监视镜(如安装)凸面最小曲率半径宜按表 1 的规定。

机器最大水平行驶速度大于或等于 40 km/h[1] 时，监视镜(如安装)凸面最小曲率半径应符合表 1 的规定。

注：考虑土方机械预期用途，应预先进一步研究凸面曲率半径和视野距离之间的关系。

---

1)　GB/T 10913—2005《土方机械　行驶速度测定》。

表 1 视镜距离和凸面最小曲率半径

视镜与 FPCP 的距离/m	凸面最小曲率半径/mm
＜2.5	200
＜3.5	300
＜5	400

7 测量和评价程序

7.1 试验地面标识及机器在试验地面的位置

7.1.1 按 5.3 规定的在试验地面对机器定位。

7.1.2 视野的评价应按 GB/T 25685.2 的规定，按 GB/T 25685.2—2010 中第 4 章和附录 A(测量位置)的规定标记最低视野要求。

7.2 试验仪器的布置

7.2.1 按 4.1 中定义的 FPCP 定位灯源。

7.2.2 在后视镜处于例如 A、B 或 C 类视野(见 GB/T 25685.2)的情况下，可允许有最大 205 mm 的灯距。

在监视镜处于例如 D 类视野(见 GB/T 25685.2)的情况下，可允许有最大 405 mm 的灯距。

注：左、右灯泡应以试验时提供最大视野的方式布置。在此过程中，只要距 FPCP 最大距离是 102.5 mm 或 202.5 mm，则两侧灯泡可不与 FPCP 对称。

7.2.3 为了进行测量，旋转灯带使两个灯泡之间的连线与 FPCP 和视镜中心之间的连线垂直。

7.3 视野的测量

7.3.1 由来自安装在机器上的各视镜反射的灯源确定出各视镜的视野。手持试验镜能用于确认视野测量区域的灯源反射。应使手持试验镜尽可能接近地平面或其他 GB/T 25685.2 中规定的高度测量手持试验镜的反射。

7.3.2 按照 GB/T 25685.2 进行视野评价：

——调整镜子以便接近机器的测量位置能用手持试验镜进行检验；

——不调整视镜，验证 7.1.2 规定的试验地面上标记的视野，至少一个灯泡有灯源反射比(见 5.4)。

7.3.3 在任何情况下，当距离其中一个灯泡的光线能在试验地面看到时，标记并记录极限值。

7.3.4 测量程序用于评价安装在机器上的其他视镜的视野，如：按照 GB/T 16937 规定的试验中，机器上安装的用来克服直接可视性障碍的监视镜。

注：试验能在黑暗的环境中进行，此时，在地面上的视野内外边界线应能直接确定。

8 计算和计算机模拟程序

第 7 章中规定的测量程序可以利用数学方法模拟计算出视野。

9 试验报告

9.1 机器信息

试验报告应包括下列信息：

——制造商；

——型号；

——GB/T 21154 中定义的工作质量；

——产品识别代码；

——司机室和/或保护结构描述或证明；

——机器上安装的工作装置；

——视镜的形式、尺寸、曲率半径和位置；

——影响可视性测量的其他信息；

——图片或图示。

9.2 绘图

试验报告应包括绘制所测量视野的图解说明。

ICS 53.100
P 97

中华人民共和国国家标准

GB/T 25685.2—2010/ISO 14401-2:2009

土方机械　监视镜和后视镜的视野
第2部分:性能准则

Earth-moving machinery—Field of vision of surveillance and rear-view mirrors—Part 2: Performance criteria

(ISO 14401-2:2009,IDT)

2010-12-23 发布　　　　2011-07-01 实施

中华人民共和国国家质量监督检验检疫总局
中国国家标准化管理委员会　发布

前　　言

GB/T 25685《土方机械　监视镜和后视镜的视野》分为两个部分：

——第1部分：试验方法；

——第2部分：性能准则。

本部分是GB/T 25685的第2部分。本部分等同采用ISO 14401-2:2009《土方机械　监视镜和后视镜的视野　第2部分：性能准则》(英文版)。

本部分等同翻译ISO 14401-2:2009。

为便于使用，本部分作了下列编辑性修改：

——“本国际标准”一词改为“本部分”；

——用小数点“.”代替作为小数点的“,”；

——删除了国际标准前言；

——对ISO 14401-2:2009中引用的国际标准，用已被采用为我国的标准代替对应的国际标准；

——按照5.4.4的描述，修改了图3的错误；

——删除了图4中的“单位为毫米”；

——将局部放大图的表示符号改为“Ⅰ”，并删除了放大比例“(3:1)”。

本部分的附录A为规范性附录。

本部分由中国机械工业联合会提出。

本部分由全国土方机械标准化技术委员会(SAC/TC 334)归口。

本部分负责起草单位：天津工程机械研究院。

本部分参加起草单位：福田雷沃国际重工股份有限公司。

本部分主要起草人：吴红丽、王金华、阎秀芳。

引　言

GB/T 25685 的本部分规定了安装在土方机械上的监视镜和后视镜视野的性能准则。所描述的视野是用来定义机器后方最小可视区域,以便在其他移动的机械周围工作时前进/后退操作模式或有其他交通工具的公路运输期间为司机提供足够的视野。

GB/T 16937 中规定:当仅由直接视野不能达到 GB/T 16937 中规定的视野性能要求时,视镜也可安装在土方机械上以帮助达到这些要求。允许对 GB/T 25685.1 和 GB/T 16937 中视镜的试验程序进行调整以达到 GB/T 16937 和 GB/T 25685 的本部分的要求。

视镜应符合国家规章,如:公路行驶要求。

土方机械　监视镜和后视镜的视野
第2部分:性能准则

1　范围

GB/T 25685的本部分规定了土方机械监视镜和后视镜的视野性能。

本部分适用于附录A列出的机器族中非道路的驾乘式机器。

注1:对附录A中未列机器,本部分可用于指导相似类型和/或规格的机器选配视镜。

注2:在公路上行驶的机器可符合附加的国家公路规章。

2　规范性引用文件

下列文件中的条款通过GB/T 25685的本部分的引用而成为本部分的条款。凡是注日期的引用文件,其随后所有的修改单(不包括勘误的内容)或修订版均不适用于本部分,然而,鼓励根据本部分达成协议的各方研究是否可使用这些文件的最新版本。凡是不注日期的引用文件,其最新版本适用于本部分。

GB/T 8420　土方机械　司机的身材尺寸与司机的最小活动空间(GB/T 8420—2000,eqv ISO 3411:1995)

GB/T 8498　土方机械　基本类型　识别、术语和定义(GB/T 8498—2008,ISO 6165:2006,IDT)

GB/T 16937—2010　土方机械　司机视野　试验方法和性能准则(ISO 5006:2006,IDT)

GB/T 21154　土方机械　整机及其工作装置和部件的质量测量方法(GB/T 21154—2007,ISO 6016:1998,IDT)

GB/T 25685.1　土方机械　监测镜和后视镜的视野　第1部分:试验方法(GB/T 25685.1—2010,ISO 14401-1:2009,IDT)

3　术语和定义

GB/T 25685.1中确立的术语和定义适用于GB/T 25685的本部分。

4　视野的类别

视野类别如下:

A类:按5.4.2规定的视野,如图1所示;

B类:按5.4.3规定的视野,如图2所示;

C类:按5.4.4规定的视野,如图3所示;

D类:按5.4.5规定的视野,如图4所示。

单位为米

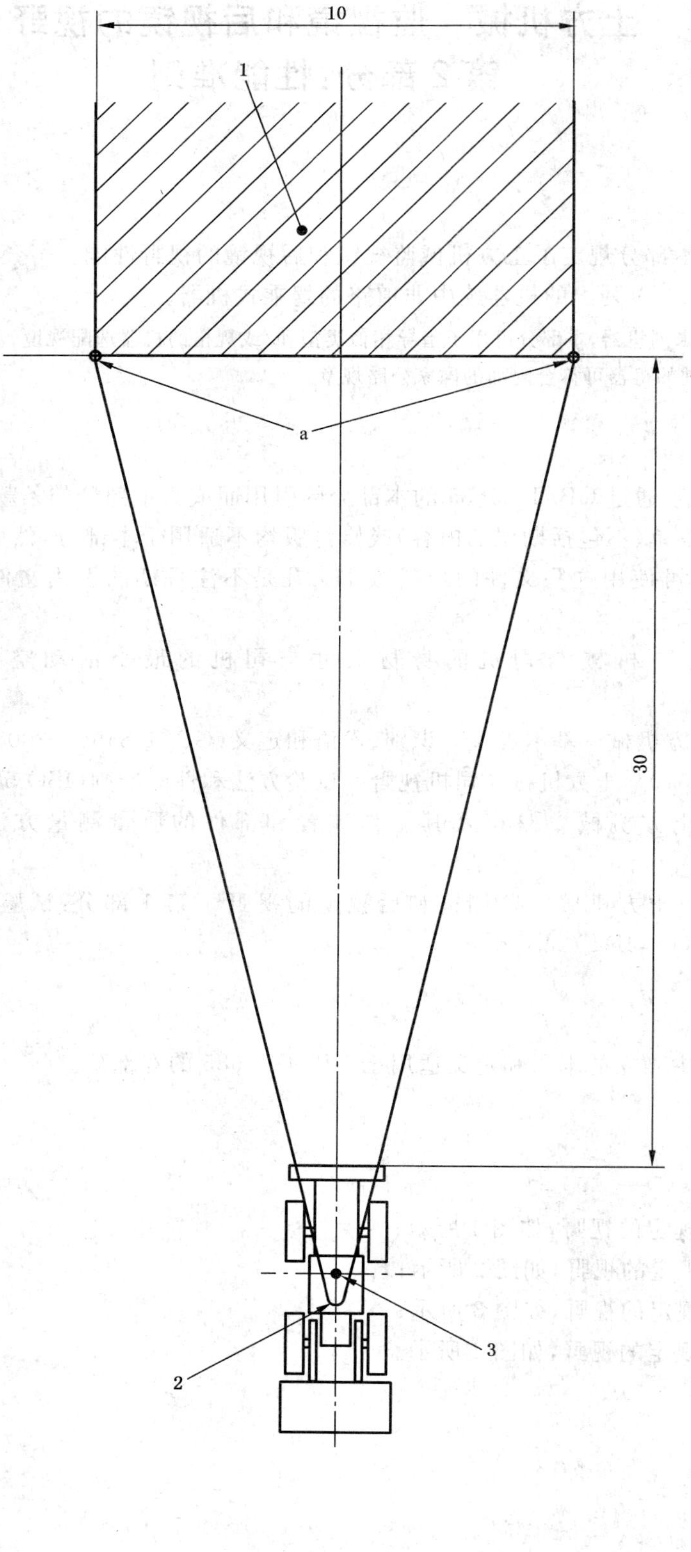

说明：
1——视野；
2——后视镜；
3——灯丝位置中心点(FPCP)。
[a] 在地平面上测定。

图 1　A类视野

单位为米

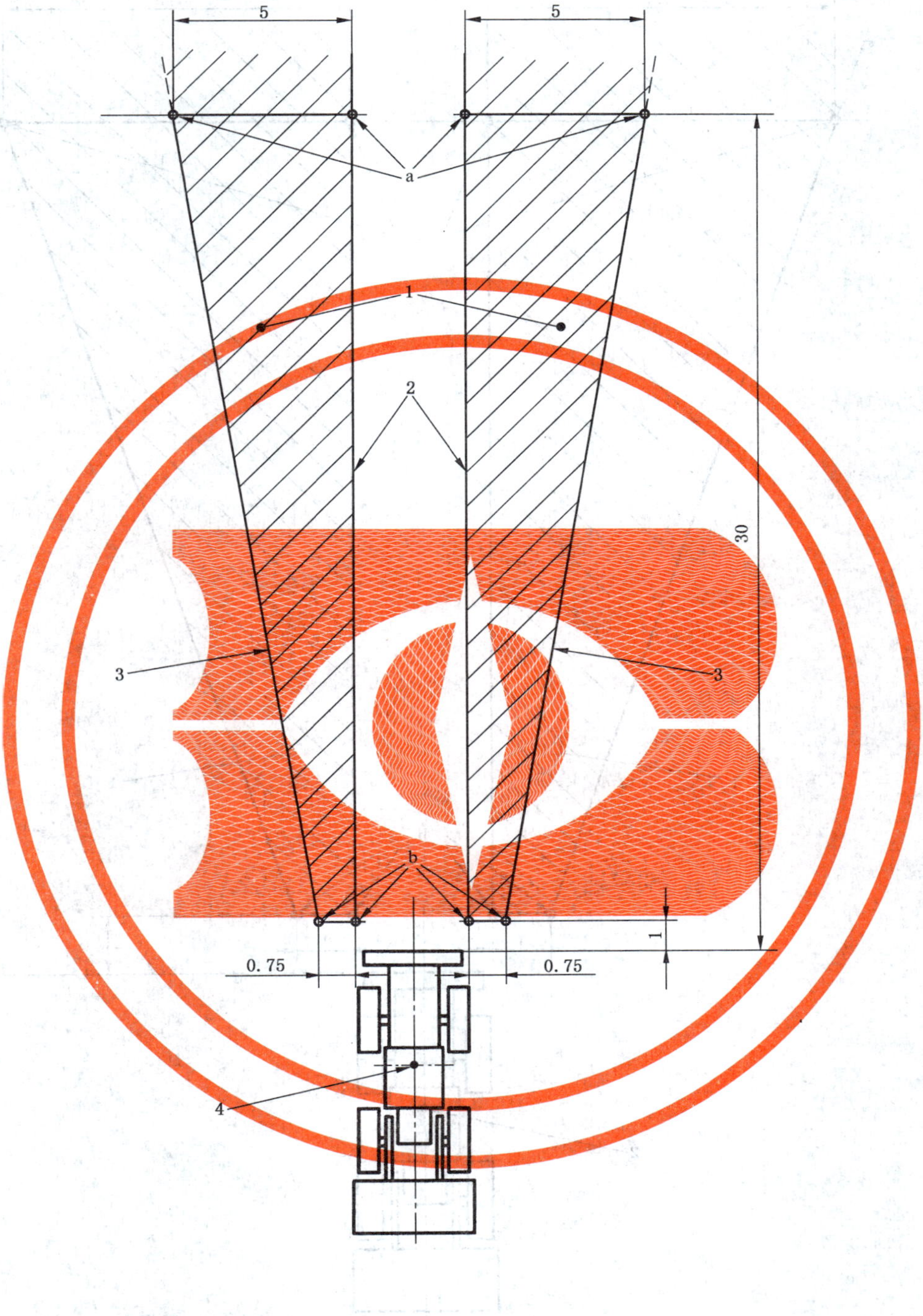

说明：

1——视野；

2——内边界线；

3——外边界线；

4——灯丝位置中心点(FPCP)。

a 在地平面上测定。

b 在地平面以上 1.5 m 处测定。

图 2　B类视野

单位为米

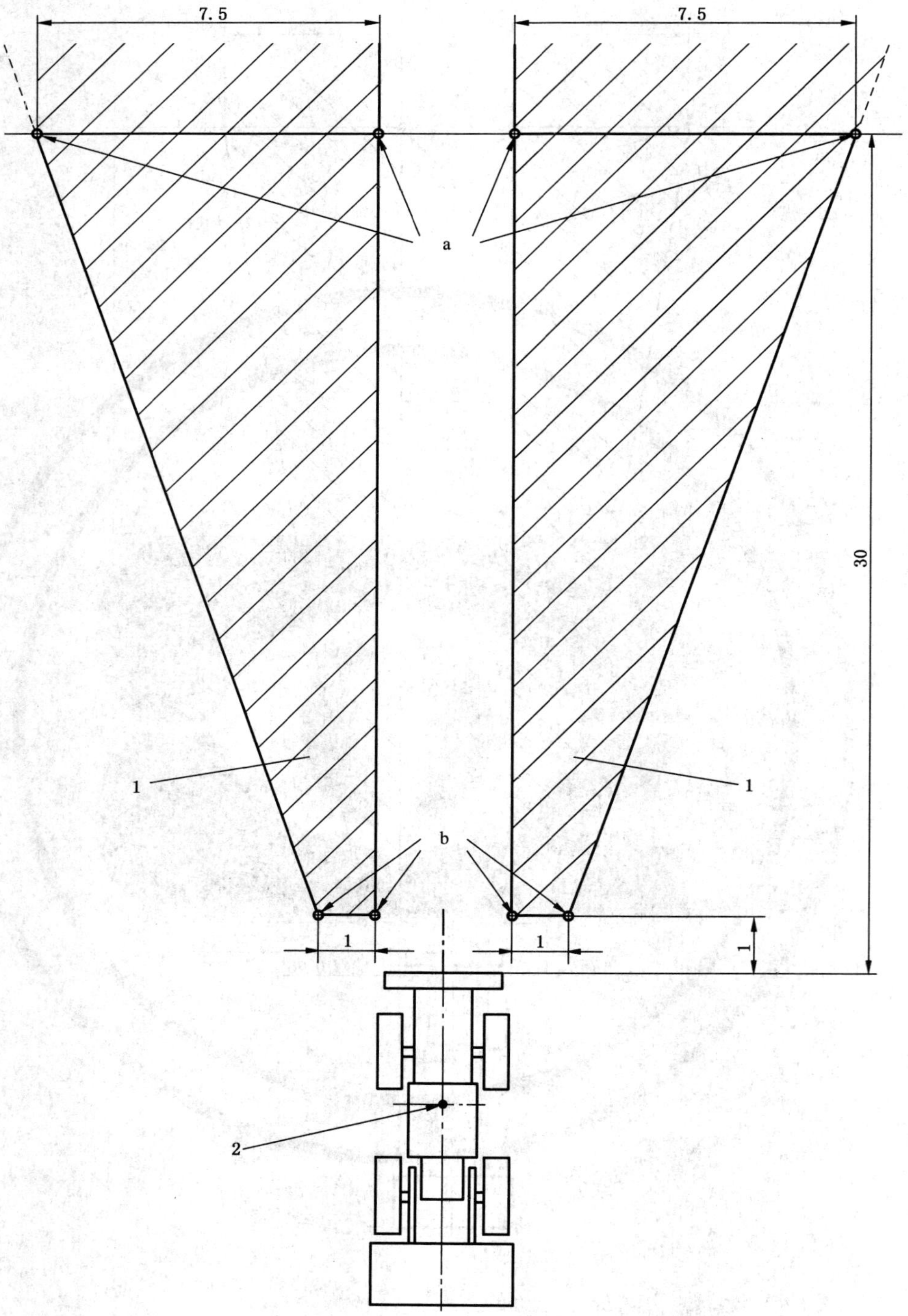

说明：

1——视野；

2——灯丝位置中心(FPCP)。

a 在地平面上测定。

b 在地平面以上 1.5 m 处测定。

图 3 C 类视野

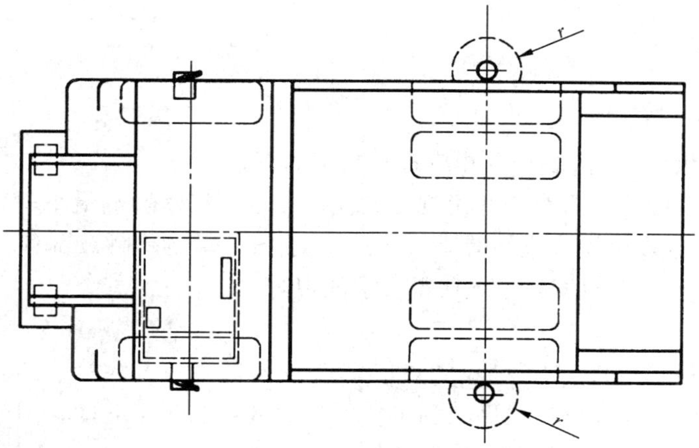

a）轮胎式自卸车

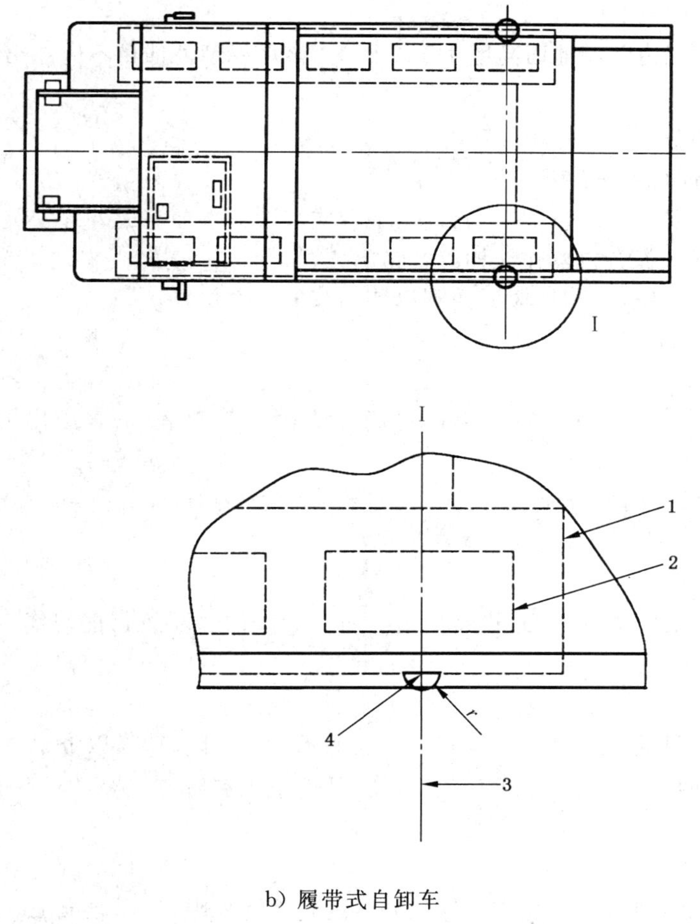

b）履带式自卸车

说明：

r——半径（=100 mm）。

1——履带；

2——最后部驱动链轮或引导轮；

3——最后部驱动链轮或引导轮中心线；

4——履带最外接地点。

图 4　D 类视野

5 要求

5.1 一般要求

视镜及其安装应符合下列要求：

a) 土方机械应按附录 A 安装符合相应视野类别的视镜；

b) 后视镜的安装，应使司机在制造商规定的使用条件下振动影响最小；

c) 司机通过一个或多个视镜应能看见机器的左、右及后端的零件或部件。

也可选用闭路电视摄像机(CCTV)以获得要求的视野。

5.2 视镜位置

视镜位置应符合下列要求：

a) 如果安装司机室，通过风挡玻璃被刮水器刮过的区域或侧窗应能看到外部后视镜。

如果安装机棚，应能通过机棚开口看到外部后视镜。

b) 后视镜单侧凸出机器外轮廓的程度不应超出获得 5.4 规定的视野必需的程度。对于道路机器，单侧凸出机器大于 0.2 m(安装在地面以上高度大于 2 m 处)的后视镜应可折叠，以便在被碰撞移位后，易于调回原位。

c) 外部后视镜的底边距离地面高度小于 2 m 时，该后视镜外伸量不应超出机器总宽 0.3 m。

5.3 调节

视镜应能做下列调节：

a) 司机应能调节内部后视镜；

b) 应能从司机位置、地面、机器上的台阶、平台或从辅助平台完成外部安装视镜的调节：

——调节装置应保持机器作业期间视镜的位置；

——当折叠式视镜展开时，应返回到以前调节的折叠位置。

5.4 视野

5.4.1 一般要求

机器应按 GB/T 25685.1 规定的试验配置确定视野。对于表 A.1 给出的性能准则评价，仅在图 1～图 4 规定的测量位置测量。

注：为符合 GB/T 16937 中的可视性要求，需靠近机器进行额外测量，以确定符合相关视野等级要求视镜的适用性。

5.4.2 A 类视野

以机器纵向垂直中心平面为中心，机器后边缘向后 30 m 处，司机借助视镜应能看到地平面上宽度不小于 10 m 的视野区域(见图 1)。

5.4.3 B 类视野

以平行于机器纵轴且通过机器左右两侧最外点的垂面为界限，地面以上 1.5 m 高，司机借助视镜应能看到从机器后边缘向后 1 m 处不小于 0.75 m 宽，延伸至机器后方 30 m 处，不小于 5 m 宽的视野区域(见图 2)。

5.4.4 C 类视野

以平行于机器纵轴且通过机器左右两侧最外点的垂面为界限，地面以上 1.5 m 高，司机借助视镜应能看到从机器后边缘向后 1 m 处不小于 1 m 宽，延伸至机器后方 30 m 处，不小于 7.5 m 宽的视野区域(见图 3)。

5.4.5 D 类视野——自卸车

对于轮胎式自卸车，司机借助视镜至少应能看到地平面上机器的左右后轮胎外缘地面接触点(100 mm半径范围内)的视野区域[见图 4a)]。

对于履带式自卸车，司机借助视镜至少应能看到地平面上机器左右两侧最后方的驱动链轮或引导轮中心线处履带最外缘地面投影(100 mm 半径范围内)的视野区域[见图 4b)]。

5.4.6 **视镜数量**

内部视镜和外部视镜组合使用可以得到符合 5.4.2～5.4.5 中规定的视野。

6 司机手册中关于可视性的信息

为使司机在操作机器时可视性造成的危险降到最低,机器司机手册应包含以下信息:

——关于视镜的布置和使用;

——机器使用者对机器配置的更改将导致机器可视性受限,必须按 GB/T 25685 的本部分进行验证。

附 录 A
（规范性附录）
监视镜和后视镜的视野

A类视野的视镜不适用于没有司机室、滚翻保护结构或机棚的机器，但应使用视镜以满足视野，例如：B类或C类。

适用性应符合表A.1的规定。

表 A.1 不同机器族的监视镜和后视镜最低视野要求

机器族按照 GB/T 8498 工作质量按照 GB/T 21154	视野类别 （见第4章）
履带式推土机＜18 000 kg	A
轮胎式推土机＜30 000 kg	A[a]，B
履带式装载机＜30 000 kg	A
4 500 kg＜轮胎式装载机[b]≤30 000 kg	A[a]，B
小型装载机[b]	A[c] 或 B[a]
挖掘装载机＜15 000 kg	B
轮胎式挖掘机＜25 000 kg	B[d,e]
自卸车＜50 000 kg	C 和 D
铰接式自卸车＜50 000 kg	C 和 D
平地机≤15 000 kg	A[a]，B
压路机＜25 000 kg	A[a]，B

[a] 作为选配视镜，但应符合国家公路规章。

[b] 滑移转向装载机除外。

[c] 如果不能满足，则按B类。

[d] 动臂处于制造商规定的公路行驶的运输位置。

[e] 轮胎式挖掘机视镜的视野仅限于在动臂处于行驶位置时，在作业期间动臂处于任何其他位置都可能妨碍视野。

ICS 53.100
P 97

中华人民共和国国家标准

GB/T 25686—2010/ISO 15817:2005

土方机械　司机遥控的安全要求

Earth-moving machinery—Safety requirements for remote operator control

(ISO 15817:2005,IDT)

2010-12-23 发布　　2011-07-01 实施

中华人民共和国国家质量监督检验检疫总局
中国国家标准化管理委员会　发布

前　言

本标准等同采用国际标准 ISO 15817:2005《土方机械　司机遥控的安全要求》(英文版)。

本标准等同翻译 ISO 15817:2005。

为了便于使用,本标准作了下列编辑性修改:

——“本国际标准”一词改为“本标准”;

——对 ISO 15817:2005 中引用的国际标准,用已被采用为我国的标准代替对应的国际标准;

——删除了国际标准的前言。

本标准由中国机械工业联合会提出。

本标准由全国土方机械标准化技术委员会(SAC/TC 334)归口。

本标准负责起草单位:天津工程机械研究院、厦门厦工机械股份有限公司。

本标准参加起草单位:三一重机有限公司。

本标准主要起草人:阎堃、李蔚苹、赵志刚。

土方机械　司机遥控的安全要求

1　范围

本标准规定了用于 GB/T 8498 中定义的土方机械用无线和/或有线遥控的安全要求。

本标准适用于由司机遥控操纵的机器，不适用于不受司机协助就可使机器自行工作的自主控制系统，也不适用于非遥控机器上的附属装置的遥控。

本标准不规定遥控装置的性能准则。在用“无线操纵”或“有线操纵”作为条款标题时，此类条款的规定仅适用于相应的控制。

2　规范性引用文件

下列文件中的条款通过本标准的引用而成为本标准的条款。凡是注日期的引用文件，其随后所有的修改单(不包括勘误的内容)或修订版均不适用于本标准，然而，鼓励根据本标准达成协议的各方研究是否可使用这些文件的最新版本。凡是不注日期的引用文件，其最新版本适用于本标准。

GB/T 2423.8　电工电子产品环境试验　第2部分：试验方法　试验 Ed：自由跌落(GB/T 2423.8—1995，idt IEC 60068-2-32：1990)

GB 4208　外壳防护等级(IP 代码)(GB 4208—2008，IEC 60529：2001，IDT)

GB 5226.1—2008　机械电气安全　机械电气设备　第1部分：通用技术条件(IEC 60204-1：2005，IDT)

GB/T 8498　土方机械　基本类型　识别、术语和定义(GB/T 8498—2008，ISO 6165：2006，IDT)

GB/T 8593.1　土方机械　司机操纵装置和其他显示装置用符号　第1部分：通用符号(GB/T 8593.1—2010，ISO 6405-1：2004，IDT)

GB/T 8593.2　土方机械　司机操纵装置和其他显示装置用符号　第2部分：机器、工作装置和附件的特殊符号(GB/T 8593.2—2010，ISO 6405-2：1993，IDT)

GB 14048.5　低压开关设备和控制设备　第5-1部分：控制电路电器和开关元件　机电式控制电路电器(GB 14048.5—2008，IEC 60947-5-1：2003，MOD)

GB/T 16937　土方机械　司机视野　试验方法和性能准则(GB/T 16937—2010，ISO 5006：2006，IDT)

GB/T 19929　土方机械　履带式机器　制动系统的性能要求和试验方法(GB/T 19929—2005，ISO 10265：1998，MOD)

GB 20178　土方机械　安全标志和危险图示　通则(GB 20178—2006，ISO 9244：1995，MOD)

GB/T 21152　土方机械　轮胎式机器　制动系统的性能要求和试验方法(GB/T 21152—2007，ISO 3450：1996，IDT)

GB/T 22359　土方机械　电磁兼容性(GB/T 22359—2008，ISO 13766：2006，IDT)

GB/T 25609　土方机械　步行操纵式机器的制动系统　性能要求和试验方法(GB/T 25609—2010，ISO 17063：2003，IDT)

ISO 15998：2008　土方机械　采用电子元件的机器控制系统(MCS)功能性安全的性能准则和试验[Earth-moving machinery—Machine-control systems (MCS) using electronic components—Performance criteria and tests for functional safety]

3　术语和定义

下列术语和定义适用于本标准。

3.1

遥控　remote control

司机遥控　remote operator control

从一个不位于机器上的遥控箱通过无线或有线的信号发射到一个位于机器上的接收装置来控制机器。

3.2

遥控装置　remote control system

用于给一台受遥控的机器传输操作信息或控制的装置。

注：它由一个遥控箱和一个接收装置组成。

3.3

遥控操纵　remote-controlled operation

由一名远离机器的司机对机器的操纵。

3.4

遥控箱　remote control box

从有一定距离的位置，执行机器所有需要操纵功能的装置。

注：信号在遥控箱和接收装置间传输。

3.5

接收装置　receiving unit

位于机器上以接收从遥控箱发射的信号并处理这些信号成为机器操纵命令的装置。

注：它由下列元件组成：

——从遥控箱接受信号的接收元件；

——确认信号用的监测元件；

——驱动机器的操纵装置的输出交会元件。

接收装置还可以包含回送确认信号的措施。

3.6

控制电缆　control cable

在遥控箱和接收装置之间传输信号的电线。

3.7

危险区域　hazard zone

机器制造商和机器使用所定义的由于机器的运动和机器的应用可能存在潜在性伤害的区域。

4　司机遥控的要求

4.1　一般要求

4.1.1　设计

遥控装置的设计应使所有受遥控机器在出现下面任何条件时操纵停止并以安全的方式保持静止：

a)　当没触发操纵装置时；

b)　当遥控装置的电源中断时；

c)　当遥控箱与接收装置之间的通讯中断时；

d)　机器丧失动力中断了遥控装置任何部分；

e)　信号丧失。

4.1.2　无线操纵

当由无线遥控的机器的位置在遥控通讯范围以外时，机器的遥控操纵应停止并以安全方式保持静止。

如果有数台配备无线遥控装置的机器在临近一起工作，每个遥控装置应具有在启动遥控以前给司机显示相应被控机器的措施。

建议采用一个特殊灯控(例如4.10中引用的司机位置处的黄色/橙色警示灯)，用于当司机开始遥控操纵时识别相应的机器。

4.2 信号的可靠性

信号传输系统应具有一个错误监测和/或错误纠正系统以防止机器的控制装置被电磁辐射的脉冲电平造成的假信号、短时信号丧失和遥控箱故障等所触发。数据通讯协议应保证通信链和被传输数据的完好。在完好性不能核实的情况下，机器应以安全的方式立即停止。

遥控装置应满足GB/T 22359的电磁兼容性要求。

4.3 遥控箱

4.3.1 设计

除急停外，一台机器在某一时刻应只能被一个遥控箱遥控。

遥控箱应配备装置或措施来控制其使用权，例如一把钥匙或执行/取消遥控操纵的使用密码。

遥控箱的设计应尽量减少对机器司机运动自由度的限制。

4.3.2 操纵装置

4.3.2.1 中位

遥控箱上的所有操纵装置应在司机松开它们时返回到中位。而且当操纵装置在它们的中位时，机器的动作应与机器上相应操纵装置在中位时的动作相同。

如果给机器和/或附属装置(机具)操纵装置提供了固定的止动位置，在机器功能导致的结果不存在潜在危险时，即使司机松开所有其他操纵装置，仍能保持止动位置的激活功能。

4.3.2.2 标记

遥控箱上的操纵装置应清楚标记机器及其工作装置/附属装置(机具)运动的方向定位和方向，并与机器上操纵装置标记一致(若机器也按此配备)(见GB/T 8593.1和GB/T 8593.2)。

4.3.2.3 防止意外触动的保护

遥控箱上的操纵装置应按防止意外触动进行布置，取消或加以防护。在遥控箱从司机手中跌落或司机拿着遥控箱摔倒的情况下，应提供防止触动的措施。

为了防止非授权的触动，在非运行模式下应提供使遥控箱上的操纵装置失效的措施。

4.3.2.4 制动/停车功能

当遥控的行走操纵装置在中位时，机器应保持在静止位置(在制造商规定的最大坡度上)。遥控机器的制动系统应符合GB/T 21152、GB/T 19929或GB/T 25609的规定。

4.3.2.5 司机位置处操纵装置的优先

通常，司机位置处的直接操纵(如配备)应优先于司机遥控。操纵装置的选择见4.6。

4.4 有线操纵

有线操纵装置应可使司机在危险区域外操纵机器。

为了使司机能在危险区域以外进行操纵，控制电缆应有足够长度和柔韧性。关于拉力方面，用于电缆连接盒的柔性电缆和接头应符合GB 5226.1—2008中13.4.2和13.4.3的要求。

操纵电缆的过度拉力不应导致操纵装置的触动。

4.5 停机操纵

4.5.1 通则

遥控箱和机器上应有一个停机操纵装置。

触动停机操纵装置应以安全的方式立即停止机器的所有危险运动。

4.5.2 特性

在停机操纵装置手动复位以前，不应恢复机器的操作。

在设置了多个停机操纵装置的场合，在所有以前操作或触动过的停机操纵装置都复位以前，不应恢复机器的操作。

4.5.3 停机操纵装置按钮

停机操纵装置通常由一个按钮执行，且该装置及其标记应为红色(见 GB 14048.5)。

停机操纵装置周围背景应为与该装置成对比的颜色。

停机操纵装置按钮应采用自动防故障的设计。

4.5.4 机器

遥控的机器宜配备一个停机操纵装置按钮或由站在机器行走路径以外地面上的人员可触动的其他措施。

4.6 选择开关

如果机器也可以用机器上的操纵装置操纵(直接操纵)，应在司机位置处设置一个选择开关，供选择直接操纵或遥控。

仅能用钥匙开关、启动指令或锁定司机室内的开关来选择控制方式(直接操纵或遥控)。

4.7 碰撞、冲击和振动

通过设计，遥控箱和接收装置在操作中的冲击碰撞不应导致机器意外运动。

遥控箱应承受下列试验：

——按照 GB/T 2423.8 的自由跌落；

——按照 ISO 15998:2008 的冲击测试(15*g* 冲击负荷，11 ms)。

接收装置应承受 ISO 15998:2008 规定的振动试验。

4.8 环境保护

4.8.1 遥控箱

遥控箱的环境保护应为 IP65(见 GB 4208)。

4.8.2 接收装置

防护等级应基于接收装置的安装位置。如果接收装置位于司机室内或类似的位置，应满足 IP54；在其他所有情况下，应采用 IP65。

4.9 电源

4.9.1 通则

电源中断时，遥控箱、停机操纵装置或接收装置不应引起机器意外的危险动作，所有控制装置和操纵功能应恢复到它们的中位，按可控的方式停住机器所有运动，同时制动器自动闭锁。

电源的恢复不应引起机器意外的动作。只有在将变速器复位后才能遥控操纵。

4.9.2 遥控箱

遥控箱通电宜由一个光学装置(LED 或面板指示灯)显示。

4.10 警示装置

当机器以任一操作方式(遥控或直接操纵)工作时，应打开机器上的黄色/橙色警示灯。警示灯应位于或最接近司机的位置(按照 GB/T 16937 的眼睛位置)以告知周围的人——机器是被遥控的。

注：机器上可装一个绿色和一个红色警示灯，前者指示机器在活动，而且遥控信号良好；后者指示机器发生了某种严重的问题或机器由于某种故障而停止。

当机器是遥控时，应能从遥控箱操作机器的声响报警装置(例如喇叭)。

4.11 行走

4.11.1 无线操纵

无线操纵的机器行走速度不应超过 10 km/h。如果在遥控的机器运动区域内没有其他人员，且远离危险区域进行遥控机器，则可以容许机器以更快的速度行走。

4.11.2 有线操纵

最大行走速度应在操纵者步行速度以内且不应超过 6 km/h。

4.12 信息

下列数据应永久性地固定在遥控装置上：

a) 制造商；

b) 型号；

c) 制造年份；

d) 序列号。

信息应清楚地指示遥控箱和接收装置之间的关系，并且在遥控箱和司机位置或其附近易读位置上标识出来。

4.13 危险图示

机器上应按 GB 20178 标识出危险图示，指示机器可以用遥控操纵。该图示应清楚指示出需远离机器。

示例：见图 1。

图 1

5 前进方向的标记

对于像挖掘机 360°回转的机器，应在机器底盘上的所有侧面标记出前进方向，以告知遥控操作者行走方向。

6 说明书

对于无线遥控的情况，遥控机器的说明手册应包含建议司机可以用遥控箱无线遥控操作机器的最大安全距离。遥控操作的其他信息应包括：在坡面上工作，载荷运输，在极端条件/环境中的使用，关机步骤和保养控制箱的安全做法等。

如适用，说明手册中应包含下列声明或类似的声明：

“机器可以遥控。机器可能未经通知启动。远离机器。”

ICS 53.100
P 97

中华人民共和国国家标准

GB/T 25687.1—2010/ISO/TS 9250-1:2004

土方机械　同义术语的多语种列表
第1部分:综合

Earth-moving machinery—
Multilingual listing of equivalent terms—Part 1:General

(ISO/TS 9250-1:2004,IDT)

2010-12-23 发布　　　　2011-07-01 实施

中华人民共和国国家质量监督检验检疫总局
中国国家标准化管理委员会　发布

前言

GB/T 25687《土方机械　同义术语的多语种列表》分为两个部分：

——第1部分：综合；

——第2部分：性能和尺寸。

本部分为GB/T 25687的第1部分。

本部分等同采用ISO/TS 9250-1:2004《土方机械　同义术语的多语种列表　第1部分：综合》(英文版)。

本部分等同翻译ISO/TS 9250-1:2004。

为便于使用，本部分作了下列编辑性修改：

——“本国际标准”一词改为“本部分”；

——删除了国际标准前言；

——对ISO/TS 9250-1:2004中引用的国际标准，用已被采用为我国的标准代替对应的国际标准；

——在第2章中，增列了“中文列表”；

——根据有关术语的国际标准最新版本，将第64项“grab and clamshell closing force”改为“grab [clamshell] closing force”，第73项“hydraulic limiting conditions”改为“hydraulic limit”，第137项“slipping limiting condition”改为“slipping limit”，第173项“tipping limiting condition”改为“tipping limit”，将第178项“tractor-dozer”改为“dozer”，第192项“working circuit pressure”改为“working circuit hydraulic pressure”；

——参考文献中增列了中文、对应中国国家标准编号及采用程度，增补了俄文。

本部分由中国机械工业联合会提出。

本部分由全国土方机械标准化技术委员会(SAC/TC 334)归口。

本部分负责起草单位：天津工程机械研究院。

本部分参加起草单位：广西柳工机械股份有限公司。

本部分主要起草人：张志烁、胡浩。

土方机械　同义术语的多语种列表
第1部分:综合

1　范围

GB/T 25687 的本部分给出了中文、英文、法文和俄文的土方机械综合术语的同义语列表,这些术语已经由现有的标准所定义。

制定本部分的目的是为了:

——促进世界范围内土方机械信息的交流,特别是确保使用者之间的交流正确和一致;

——明确专业人士(销售、售后服务、技术、零部件分销等)之间信息的交流;

——简化通关操作及统计调查;

——对于不同的市场,尽可能地翻译成适用的主要语言。

这些术语是以字母顺序进行排列和编号的,并且每项术语都由引用的标准所定义。

2　中文、英文、法文、俄文的同义术语

表

序号	中文	English(英文)	Français(法文)	Русский(俄文)	中国标准编号 (采用的国际标准)
1	外展	abduction	abduction	отведение (конечности или ее сегмента)	GB/T 21935—2008 (ISO 6682:1986,IDT)
2	内收	adduction	adduction	приведение	GB/T 21935—2008 (ISO 6682:1986,IDT)
3	通道装置	access system	accès secondaire	запасная система доступа	GB/T 17300—2010 (ISO 2867:2006,IDT)
4	备用出入口	alternative opening	ouverture secondaire	запасной проем	GB/T 17300—2010 (ISO 2867:2006,IDT)
5	固定器	anchorage	ancrage	место крепления	GB/T 17921—2010 (ISO 6683:2005,IDT)
6	角推土铲	angle dozer	lame orientable	бульдозерное оборудование с поворотным отвалом	GB/T 8590—2001 (eqv ISO 6747:1998)
7	在直线位置的角推土铲	angling blade dozer in straight position	lame inclinable en position droite	бульдозерное оборудование с поворотным отвалом, установленное в прямое положение	GB/T 21937—2008 (ISO 9246:1988,IDT)
8	仪器	apparatus	appareillage	аппаратура	GB/T 21154—2007 (ISO 6016:1998,IDT)

表（续）

序号	中文	English（英文）	Français（法文）	Русский（俄文）	中国标准编号（采用的国际标准）
9	铰接车架自卸车	articulated frame dumper	tombereau à châssis articulé	самосвал с шарнирным шасси	GB/T 8498—2008 (ISO 6165:2006,IDT)
10	附属装置	attachment	accessoire	дополнительное оборудование	GB/T 21154—2007 (ISO 6016:1998,IDT)
11	反铲	backhoe	pelle rétro	обратная лопата	GB/T 25604—2010 (ISO/DIS 7131:2007,MOD)
12	挖掘装载机	backhoe loader	chargeuse-pelleteuse	обратная лопата-погрузчик	GB/T 8498—2008 (ISO 6165:2006,IDT)
13	护栏	barrier guard	garde-corps	защитное ограждение	GB/T 25607—2010 (ISO 3457:2003,IDT)
14	主机	base machine	engin de base	базовая машина	GB/T 21154—2007 (ISO 6016:1998,IDT)
15	基本尺寸	basic dimension	dimension principale	основной размер	GB/T 17300—2010 (ISO 2867:2006,IDT)
16	底板	bed plate	banc d'essai	платформа стенда	GB/T 17922—1999 (idt ISO 3471:1994)
17	车厢	body	benne	кузов	GB/T 25689—2010 (ISO 6483:1980,IDT)
18	臂架走道	boom walkway	passerelle de flèche	проход по стреле	GB/T 17300—2010 (ISO 2867:2006,IDT)
19	底卸式自卸车	bottom dumper	tombereau à vidage par le fond	землевоз с донной разгрузкой	GB/T 25689—2010 (ISO 6483:1980,IDT)
20	制动器	brake	frein	тормоз	GB/T 21152—2007 (ISO 3450:1996,IDT)
21	制动操纵机构	brake control	commande (de frein)	орган управления	GB/T 21152—2007 (ISO 3450:1996,IDT)
22	制动系统	brake system	dispositif de freinage	тормозная система	GB/T 21152—2007 (ISO 3450:1996,IDT)
23	制动系统压力	brake system pressure	pression à l'intérieur du dispositif de freinage	давление тормозной системы	GB/T 21152—2007 (ISO 3450:1996,IDT)
24	停车制动系统	brake system, parking (parking brake system)	dispositif de freinage de stationnement	стояночная тормозная система	GB/T 21152—2007 (ISO 3450:1996,IDT)

表（续）

序号	中文	English（英文）	Français（法文）	Русский（俄文）	中国标准编号（采用的国际标准）
25	辅助制动系统	brake system, secondary (secondary brake system)	dispositif de freinage de secours	резервная тормозная система	GB/T 21152—2007 (ISO 3450:1996, IDT)
26	行车制动系统	brake system, service (service brake system)	dispositif de freinage de service	рабочая тормозная система	GB/T 21152—2007 (ISO 3450:1996, IDT)
27	铲斗组件	bucket components	éléments/composants des godets	элемент конструкции ковша	GB/T 21942—2008 (ISO 7546:1983, MOD)
28	磨合	burnish	mise en condition	приработка (тормозов)	GB/T 21152—2007 (ISO 3450:1996, IDT)
29	机械挖掘机	cable excavator	pelle à câble	кабельный землекоп	GB/T 8498—2008 (ISO 6165:2006, IDT)
30	摇转	circumduction	circumduction	дуговое движение	GB/T 21935—2008 (ISO 6682:1986, IDT)
31	防滑带	cleat	traverse	планка	GB/T 17300—2010 (ISO 2867:2006, IDT)
32	冷制动	cold brakes	freins froids	холодные тормоза	GB/T 21152—2007 (ISO 3450:1996, IDT)
33	共用部件	common component	élément commun	общая составная часть	GB/T 21152—2007 (ISO 3450:1996, IDT)
34	间接测量	complex measurement	mesure complexe	комплексное измерение	GB/T 21154—2007 (ISO 6016:1998, IDT)
35	部件	components	organes constitutifs	составные части	GB/T 21154—2007 (ISO 6016:1998, IDT)
36	普通装斗式铲运机的部件	components of open bowl scraper	composantes de décapeuse à benne ouverte	составные части скрепера с напорной загрузкой	GB/T 25691—2010 (ISO 6485:1980, IDT)
37	操纵位移	control displacement	déplacement des commandes	перемещение органа управления	GB/T 21935—2008 (ISO 6682:1986, IDT)
38	操纵定位	control location	emplacement de la commande	расположение органа управления	GB/T 21935—2008 (ISO 6682:1986, IDT)
39	挠曲极限量(DLV)	deflection-limiting volume (DLV)	volume limite de déformation (DLV)	объем ограничения деформации	GB/T 17772—1999 (idt ISO 3164:1995)

表（续）

序号	中文	English（英文）	Français（法文）	Русский（俄文）	中国标准编号（采用的国际标准）
40	防护距离	distance guarding	protecteur de maintien à distance	ограничитель расстояния	GB/T 25607—2010（ISO 3457:2003,IDT）
41	推土铲装置	dozing equipment	équipement lame	бульдозерное оборудование	GB/T 8590—2001（eqv ISO 6747:1998）
42	牵引杆	drawbar	timon	сцепное устройство	GB/T 6375—2008（ISO 7464:1983,IDT）
43	牵引功率	drawbar power	puissance du timon	тяговая мощность	GB/T 6375—2008（ISO 7464:1983,IDT）
44	牵引力	drawbar pull	traction du timon	тяговое усилие	GB/T 6375—2008（ISO 7464:1983,IDT）
45	自卸车	dumper	tombereau	землевоз	GB/T 8498—2008（ISO 6165:2006,IDT）
46	负荷测量车	dynamometer car	wagon-dynanomètre	динамометрическая тележка	GB/T 6375—2008（ISO 7464:1983,IDT）
47	土方机械	earth-moving machinery	engin de terrassement	землеройные машины	GB/T 8498—2008（ISO 6165:2006,IDT）
48	升运式铲运机	elevating scraper	décapeuse élévatrice	скрепер с элеваторной загрузкой	GB/T 25690—2010（ISO 6484:1986,IDT）
49	升运式铲运机部件	elevating scraper components	composantes des décapeuses élévatrices	составные части скрепера с элеваторной загрузкой	GB/T 25690—2010（ISO 6484:1986,IDT）
50	机壳出入口	enclosure opening	ouverture de la cabine	проем в ограде	GB/T 17300—2010（ISO 2867:2006,IDT）
51	发动机熄火临界状态	engine stall limiting condition	condition limite due au calage du moteur	ограничение по возможности двигателя	ISO 6015:1989
52	工作装置	equipment	accessoire	рабочее оборудование	GB/T 21154—2007（ISO 6016:1998,IDT）
53	挖掘机	excavator	pelle	экскаватор	GB/T 8498—2008（ISO 6165:2006,IDT）
54	落物保护结构(FOPS)	falling object protective structure (FOPS)	structure de protection contre les chutes d'objet (FOPS)	устройство защиты от падающих предметов (FOPS)	GB/T 17922—1999（idt ISO 3471:1994）

表（续）

序号	中文	English（英文）	Français（法文）	Русский（俄文）	中国标准编号（采用的国际标准）
55	风扇护罩	fan guard	protection de ventilateur	кожух вентилятора	GB/T 25607—2010 (ISO 3457:2003,IDT)
56	发动机最大空载转速	fast idle engine speed	vitesse au ralenti rapide	максимальная частота вращения холостого хода двигателя	GB/T 6375—2008 (ISO 7464:1983,IDT)
57	挡泥板	fender	garde-boue	крыло	GB/T 25607—2010 (ISO 3457:2003,IDT)
58	扭曲	flexion	flexion	сгибание (тела, конечности)	GB/T 21935—2008 (ISO 6682:1986,IDT)
59	挡脚板	foot barrier	plinthe	бортик для ног	GB/T 17300—2010 (ISO 2867:2006,IDT)
60	前进和倒退报警器	forward and reverse warning alarm	avertisseur de marche avant et de marche arrière	звуковой сигнализатор переднего и заднего хода	GB/T 21155—2007 (ISO 9533:1989,IDT)
61	频率分析	frequency analysis	analyse de fréquence	частотный анализ	GB/T 8419—2007 (ISO 7096:2000,IDT)
62	机器的前桥和后桥	front axle and rear axle of a machine	essieu avant et essieu arrière d'un engin	передняя ось и задняя ось двигателя	GB/T 21154—2007 (ISO 6016:1998,IDT)
63	前置铲刀（推土板）	front blade	lame avant	передний отвал	GB/T 7920.9—2003 (ISO 7134:1993,MOD)
64	抓铲[蛤壳式]闭合力	grab [clamshell] closing force	force de fermeture d'une grasping pelle [clamshell] en demi-coquilles	замыкающее усилие самосхвата	GB/T 13332—2008 (ISO 6015:2006,IDT)
65	平地机	grader	niveleuse	автогрейдер	GB/T 8498—2008 (ISO 6165:2006,IDT)
66	防护装置	guard	protecteur	защитное устройство системы доступа	GB/T 25607—2010 (ISO 3457:2003,IDT)
67	护栏	guardrail	garde-corps	ограждающий поручень	GB/T 17300—2010 (ISO 2867:2006,IDT)
68	扶栏	handrail	main courante	поручень	GB/T 17300—2010 (ISO 2867:2006,IDT)

表（续）

序号	中文	English（英文）	Français（法文）	Русский（俄文）	中国标准编号（采用的国际标准）
69	扶栏和抓手	handrail and handhold	main courante et poignée	поручень и скоба	GB/T 17300—2010 (ISO 2867:2006,IDT)
70	抓手	handhold	poignée	скоба	GB/T 17300—2010 (ISO 2867:2006,IDT)
71	闭锁回路压力	holding circuit pressure	pression maximale du circuit	давление удерживания в контуре	ISO 6015:1989
72	软管护罩	hose guard	protection des tuyaux flexibles	защитное устройство для рукавов (гидросистемы)	GB/T 25607—2010 (ISO 3457:2003,IDT)
73	液压极限	hydraulic limit	limite hydraulique	гидровлический предел	GB/T 13332—2008 (ISO 6015:2006,IDT)
74	斜支撑	jack	élément de réglage	винтовой раскос	GB/T 8590—2001 (eqv ISO 6747:1998)
75	梯子	ladder	échelle	трап	GB/T 17300—2010 (ISO 2867:2006,IDT)
76	回填压实机	landfill compactor	compacteur de remblais et de déchets	уплотнитель насыпи	GB/T 8498—2008 (ISO 6165:2006,IDT)
77	机器的左侧和右侧	left-hand and right-hand side of a machine	côté gauche et côté droit	левая и правая стороны машины	GB/T 21154—2007 (ISO 6016:1998,IDT)
78	装载机	loader	chargeuse	погрузчик	GB/T 8498—2008 (ISO 6165:2006,IDT)
79	定位轴(LA)	locating axis (LA)	axe de positionnement (LA)	установочная ось	GB/T 17772—1999 (idt ISO 3164:1995)
80	圆木叉	log fork	fourche à grumes	челюстной захват	GB/T 25604—2010 (ISO/DIS 7131:2007,MOD)
81	机器	machine	engin	машина	GB/T 8499—1987 (idt ISO 5005:1977)
82	机器通过直径	machine clearance diameter	diamètre de dégagement de l'engin	габаритный диаметр поворота машины	GB/T 8592—2001 (eqv ISO 7457:1997)
83	机架	machine frame	châssis	рама машины	GB/T 17922—1999 (idt ISO 3471:1994)

表（续）

序号	中文	English（英文）	Français（法文）	Русский(俄文)	中国标准编号（采用的国际标准）
84	机器质量	machine mass	masse de l'engin	масса машины	GB/T 21152—2007 (ISO 3450:1996,IDT)
85	机器速度	machine speed	vitesse de l'engin	скорость передвижения машины	GB/T 10913—2005 (ISO 6014:1986,MOD)
86	质量	mass	masse	масса	GB/T 10913—2005 (ISO 6014:1986,MOD)
87	机器基准体	machine reference box	parallélépipède de référence de l'engin	базисный параллелепипед машины	GB/T 21155—2007 (ISO 9533:1989,IDT)
88	平均减速度	mean deceleration	décélération moyenne	среднее замедление	GB/T 21152—2007 (ISO 3450:1996,IDT)
89	测量时间	measuring period	période de mesure	период измерения (вибрации)	GB/T 8419—2007 (ISO 7096:2000,IDT)
90	小回转半径挖掘机	minimal swing radius excavator	pelle à rayon court	экскаватор с малым радиусом поворота	GB/T 8498—2008 (ISO 6165:2006,IDT)
91	多功能铲斗	multi-purpose bucket	godet à plusieurs utilisations	двухчелюстной ковш	GB/T 25604—2010 (ISO/DIS 7131:2007,MOD)
92	净功率	net power	puissance nette	мощность нетто	GB/T 16936—2007 (ISO 9249:1997,MOD)
93	普通装斗式铲运机	open bowl scraper	décapeuse à benne ouverte	скрепер с напорной загрузкой	GB/T 25691—2010 (ISO 6485:1980,IDT)
94	工作质量	operating mass	masse en service de l'engin	эксплуатационная масса	GB/T 21154—2007 (ISO 6016:1998,IDT)
95	高大身材司机	operator,large	grand conducteur	оператор высокого роста	GB/T 8420—2000 (eqv ISO 3411:1995)
96	中等身材司机	operator,medium	moyen conducteur	оператор среднего роста	GB/T 8420—2000 (eqv ISO 3411:1995)
97	矮小身材司机	operator,small	petit conducteur	оператор низкого роста	GB/T 8420—2000 (eqv ISO 3411:1995)

表(续)

序号	中文	English(英文)	Français(法文)	Русский(俄文)	中国标准编号(采用的国际标准)
98	司机座椅	operator seat	siège de l'opérateur	сиденье оператора	GB/T 8419—2007 (ISO 7096:2000,IDT)
99	可选的工作装置	optional equipment	équipement optionnel	необязательное оборудование	GB/T 21154—2007 (ISO 6016:1998,IDT)
100	货叉	pallet fork	fourche à palettes	грузовая вила	GB/T 25604—2010 (ISO/DIS 7131:2007,MOD)
101	走廊	passageway	passage	проход	GB/T 17300—2010 (ISO 2867:2006,IDT)
102	吊管机	pipelayer	poseur de canalisations	трубоукладчик	GB/T 8498—2008 (ISO 6165:2006,IDT)
103	平台	platform	plate-forme	платформа	GB/T 17300—2010 (ISO 2867:2006,IDT)
104	聚酯纤维	polyester fibre	fibre polyester	полизфирное волокно	GB/T 17921—2010 (ISO 6683:2005,IDT)
105	防护	preservation	mise en conservation	консервация	GB/T 22358—2008 (ISO 6749:1984,IDT)
106	主要操纵	primary control	commande primaire	основные органы управления	GB/T 21935—2008 (ISO 6682:1986,IDT)
107	基本出入口	primary opening	ouverture principale	основной проем	GB/T 17300—2010 (ISO 2867:2006,IDT)
108	推拉或双重装载	push-pull or dual loading	chargement réversible ou double	сцепное устройство для совместного набора и раздельного транспортирования грунта	GB/T 7920.8—2003 (ISO 7133:1994,MOD)
109	斜坡	ramp	rampe d'accès	рампа	GB/T 17300—2010 (ISO 2867:2006,IDT)
110	铲斗额定容量(V_R)	rated bucket volume(V_R)	volume évalué du godet(V_R)	номинальная вместимость ковша	GB/T 21942—2008 (ISO 7546:1983,MOD)
111	清除防护物	removal of preservatives	remise en état de service	расконсервация	GB/T 22358—2008 (ISO 6749:1984,IDT)
112	限速器	retarder	ralentisseur	замедлитель	GB/T 21152—2007 (ISO 3450:1996,IDT)

表（续）

序号	中文	English（英文）	Français（法文）	Русский（俄文）	中国标准编号（采用的国际标准）
113	刚性车架自卸车	rigid-frame dumper	tombereau à châssis rigide	самосвал с жестким шасси	GB/T 8498—2008（ISO 6165:2006,IDT）
114	松土器	ripper	défonceuse	рыхлительное оборудование	GB/T 8590—2001（eqv ISO 6747:1998）
115	平行四连杆式松土器	ripper, parallelogram type	défonceuse, type parallélogramme	четырехзвенное рыхлительное оборудование	GB/T 8590—2001（eqv ISO 6747:1998）
116	铰接式松土器	ripper, radial type	défonceuse, type radial	трехзвенное рыхлительное оборудование	GB/T 8590—2001（eqv ISO 6747:1998）
117	可调式松土器	ripper, variable type	défonceuse, type variable	рыхлительное оборудование с регулируемым углом рыхления	GB/T 8590—2001（eqv ISO 6747:1998）
118	梯级高度	riser height	hauteur de la contre-marche	шаг подъема（лестницы, трапа）	GB/T 17300—2010（ISO 2867:2006,IDT）
119	压路机	roller	compacteur	каток	GB/T 8498—2008（ISO 6165:2006,IDT）
120	滚翻保护结构(ROPS)	roll-over protective structure (ROPS)	structure de protection contre le retournement (ROPS)	устройство защиты при опрокидывании (ROPS)	GB/T 17922—1999（idt ISO 3471:1994）
121	日常维修	routine maintenance	entretien régulier	текущий ремонт	GB/T 25607—2010（ISO 3457:2003,IDT）
122	梯级	rung	échelon	перекладина（трапа）	GB/T 17300—1998（idt ISO 2867:1994）
123	松土器	scarifier	scarificateur	кирковщик	GB/T 25604—2010（ISO/DIS 7131:2007,MOD）
124	铲运机	scraper	décapeuse	самоходный скрепер	GB/T 8498—2008（ISO 6165:2006,IDT）
125	座椅安全带	seat belt assembly	assemblage de ceinture de sécurité	комплект ремня безопасности	GB/T 17921—2010（ISO 6683:2005,IDT）
126	座椅安全带装置	seat belt system	ceinture de sécurité (dispositif)	система ремня безопасности	GB/T 17921—2010（ISO 6683:2005,IDT）
127	司机座椅标定点(SIP)	seat index point (SIP)	point de repère du siège (SIP)	контрольная точка сиденья (SIP)	GB/T 8591—2000（eqv ISO 5353:1995）

表（续）

序号	中文	English（英文）	Français（法文）	Русский（俄文）	中国标准编号（采用的国际标准）
128	次要操纵	secondary control	commande secondaire	второстепенные органы управления	GB/T 21935—2008（ISO 6682:1986,IDT）
129	半U形和U形推土铲	semi-U and U-blade dozer	lame en demi-U et en U	бульдозерное оборудование с полусферическим и сферическим отвалами	GB/T 21937—2008（ISO 9246:1988,IDT）
130	维修出入口	service opening	ouverture de service	служебный проем	GB/T 17300—2010（ISO 2867:2006,IDT）
131	运输质量（SM）	shipping mass（SM）	masse de transport（SM）	погрузочная масса	GB/T 21154—2007（ISO 6016:1998,IDT）
132	侧卸铲斗	side dump bucket	godet à déchargement latéral	ковш с боковой разгрузкой	GB/T 25604—2010（ISO/DIS 7131:2007,MOD）
133	直接测量	simple measurement	mesure simple	простое измерение	GB/T 21154—2007（ISO 6016:1998,IDT）
134	模拟地平面（SGP）	simulated ground plane（SGP）	plan fictif du sol（SGP）	имитируемая плоскость грунта（SGP）	GB/T 17922—1999（idt ISO 3471:1994）
135	滑移转向装载机	skid-steer loader	chargeuse à direction par glissement（uniloader）	погрузчик с управлением с буксованием	GB/T 8498—2008（ISO 6165:2006,IDT）
136	防滑面	slip-resistant surface	surface antidérapante	нескользкое покрытие	GB/T 17300—2010（ISO 2867:2006,IDT）
137	滑移极限	slipping limit	limite de dérapage	скольжение предел	GB/T 13332—2008（ISO 6015:2006,IDT）
138	扫雪装置	snowplough	chasse-neige	плужный снегоочиститель	GB/T 7920.9—2003（ISO 7134:1993,MOD）
139	阶梯	stairway	escalier	лестница	GB/T 17300—2010（ISO 2867:2006,IDT）
140	标准配置部件	standard production equipment	équipement de série	стандартное производственное оборудование	GB/T 16936—2007（ISO 9249:1997,MOD）
141	转向角	steering angle	angle de braquage	угол поворота	GB/T 14781—1993（eqv ISO 5010:1992）
142	转向操纵元件	steering control element	dispositif de contrôle de direction	командный орган рулевого управления	GB/T 14781—1993（eqv ISO 5010:1992）

表（续）

序号	中文	English（英文）	Français（法文）	Русский（俄文）	中国标准编号（采用的国际标准）
143	转向操纵力	steering effort	effort de conduite	усилие рулевого управления	GB/T 14781—1993 (eqv ISO 5010:1992)
144	应急转向动力源	steering power source, emergency	source de force motrice de direction de secours	аварийный энергетический источник системы рулевого управления	GB/T 14781—1993 (eqv ISO 5010:1992)
145	正常转向动力源的故障	steering power source, failures of the normal	défaillance de la source de force motrice normale	отказ рабочего энергетического источника системы рулевого управления	GB/T 14781—1993 (eqv ISO 5010:1992)
146	正常转向动力源	steering power source, normal	source de force motrice de direction normale	рабочий энергетический источник системы рулевого управления	GB/T 14781—1993 (eqv ISO 5010:1992)
147	转向系统	steering system	système de direction	система рулевого управления	GB/T 14781—1993 (eqv ISO 5010:1992)
148	应急转向系统	steering system, emergency	système de direction de secours	аварийная система рулевого управления	GB/T 14781—1993 (eqv ISO 5010:1992)
149	动力转向系统	steering system, fully powered	système avec servodirection	рулевое управление с силовым приводом	GB/T 14781—1993 (eqv ISO 5010:1992)
150	机械转向系统	steering system, manual	système de direction manuelle	ручное рулевое управление	GB/T 14781—1993 (eqv ISO 5010:1992)
151	动力助力转向系统	steering system, power-assisted	système de direction assistée	рулевое управление с усилителем	GB/T 14781—1993 (eqv ISO 5010:1992)
152	踏脚	step	marche	ступень	GB/T 17300—2010 (ISO 2867:2006, IDT)
153	制动距离	stopping distance	distance d'arrêt	тормозной путь	GB/T 21152—2007 (ISO 3450:1996, IDT)
154	贮存	storage	stockage	хранение	GB/T 22358—2008 (ISO 6749:1984, IDT)
155	直推土铲	straight dozer	lame droite	бульдозерное оборудование с неповоротным отвалом	GB/T 8590—2001 (eqv ISO 6747:1998)
156	跨步距离	stride distance	pas	проступь (лестницы)	GB/T 17300—2010 (ISO 2867:2006, IDT)

表（续）

序号	中文	English（英文）	Français（法文）	Русский（俄文）	中国标准编号（采用的国际标准）
157	标定面	strike plane	plan de rasage	разделительная плоскость	GB/T 21942—2008（ISO 7546:1983,MOD）
158	平装容量（V_S）	struck volume（V_S）	volume ras（V_S）	геометрический объем（V_S）	GB/T 21942—2008（ISO 7546:1983,MOD）
159	撑杆	strut	arc-boutant	жесткий раскос	GB/T 8590—2001（eqv ISO 6747:1998）
160	回转自卸车	swing dumper	tombereau orientable	поворотный опрокидыватель	GB/T 8498—2008（ISO 6165:2006,IDT）
161	回转装载机	swing loader	chargeuse orientable	поворотный погрузчик	GB/T 8498—2008（ISO 6165:2006,IDT）
162	摆动式牵引杆	swinging drawbar	barre d'attelage orientable	поворотное сцепное устройство	GB/T 8590—2001（eqv ISO 6747:1998）
163	试验道路	test course	aire d'essai	испытательный участок	GB/T 21152—2007（ISO 3450:1996,IDT）
164	测试距离	test distance	distance d'essai	длина измеряемого участка	GB/T 6375—2008（ISO 7464:1983,IDT）
165	试验速度	test speed	vitesse d'essai	скорость передвижения	GB/T 10913—2005（ISO 6014:1986,MOD）
166	测试时间	test time	temps d'essai	время опыта	GB/T 6375—2008（ISO 7464:1983,IDT）
167	试验跑道	test track	piste d'essai	испытательный трек	GB/T 10913—2005（ISO 6014:1986,MOD）
168	测试路段	test track length	longueur de la piste d'essai	мерный участок	GB/T 10913—2005（ISO 6014:1986,MOD）
169	隔热罩	thermal guard	protection thermique	тепловой кожух	GB/T 25607—2010（ISO 3457:2003,IDT）
170	三点支承	three-point support	support trois points	трехточковая опора	GB/T 17300—2010（ISO 2867:2006,IDT）
171	时间间隔	time interval	intervalle de temps	интервал времени	GB/T 10913—2005（ISO 6014:1986,MOD）
172	时间记录器	time recorder	enregistreur de temps	регистратор времени	GB/T 10913—2005（ISO 6014:1986,MOD）
173	倾翻极限	tipping limit	limite de basculement	опрокидывающаяся предел	GB/T 13332—2008（ISO 6015:2006,IDT）

表（续）

序号	中文	English（英文）	Français（法文）	Русский（俄文）	中国标准编号（采用的国际标准）
174	挖掘力	tool forces	forces de l'outil	усилия на рабочем органе	GB/T 13332—2008 (ISO 6015:2006,IDT)
175	堆尖容量（V_T）	top volume（V_T）	volume dépassant（V_T）	объем《шапки》（V_T）	GB/T 21942—2008 (ISO 7546:1983,MOD)
176	拖式压路机	towed roller	compacteur tracté	прицепной каток	GB/T 8498—2008 (ISO 6165:2006,IDT)
177	拖式铲运机	towed scraper	décapeuse tractée	прицепной скрепер	GB/T 8498—2008 (ISO 6165:2006,IDT)
178	推土机	dozer	bouteur	бульдозер	GB/T 8498—2008 (ISO 6165:2006,IDT)
179	运输	transportation	transport	транспортирование	GB/T 22358—2008 (ISO 6749:1984,IDT)
180	踏面深度	tread depth	profondeur de marche	глубина рабочей поверхности ступени	GB/T 17300—2010 (ISO 2867:2006,IDT)
181	挖沟机	trencher	trancheuse	траншеекопатель	GB/T 8498—2008 (ISO 6165:2006,IDT)
182	转向中心	turning centre	centre de braquage	центр поворота	GB/T 8592—2001 (eqv ISO 7457:1997)
183	转弯直径	turning diameter	diamètre de braquage	диаметр поворота	GB/T 8592—2001 (eqv ISO 7457:1997)
184	转弯半径	turning radius	rayon de braquage	радиус поворота	GB/T 8592—2001 (eqv ISO 7457:1997)
185	轮胎通过圆	tyre circle	cercle de roulement	окружность поворота по шинам	GB/T 14781—1993 (eqv ISO 5010:1992)
186	步履式挖掘机	walking excavator	pelle araignée	шагающий экскаватор	GB/T 8498—2008 (ISO 6165:2006,IDT)
187	走道	walkway	passerelle	проход	GB/T 17300—2010 (ISO 2867:2006,IDT)
188	轮胎或履带的滑转率	wheel or track slip	patinage des roues ou des chenilles	буксование колес или гусениц	GB/T 6375—2008 (ISO 7464:1983,IDT)
189	全身振动	whole-body vibration	vibration globale du corps	общая вибрация тела оператора	GB/T 8419—2007 (ISO 7096:2000,IDT)

表（续）

序号	中文	English（英文）	Français（法文）	Русский（俄文）	中国标准编号（采用的国际标准）
190	绞盘	winch	treuil	лебедка	GB/T 8590—2001（eqv ISO 6747:1998）
191	绞盘	winch	équipement du treuil	оборудование лебедки	GB/T 25604—2010（ISO/DIS 7131:2007,MOD）
192	作业回路压力	working circuit hydraulic pressure	pression hydraulique de fonctionnement du circuit	работая гидравлическое давление цепи	GB/T 13332—2008（ISO 6015:2006,IDT）
193	操纵的舒适区域	zones of comfort	zones de confort	зона комфорта	GB/T 21935—2008（ISO 6682:1986,IDT）
194	操纵的可及范围	zones of reach	zones d'accessibilité	зона досягаемости	GB/T 21935—2008（ISO 6682:1986,IDT）

参考文献

中文 [对应中国国家标准编号及采用程度]	Bibliography（英文）	Bibliographie（法文）	Библиография（俄文）
[1] ISO 2867:2006　土方机械　通道装置 [GB/T 17300—2010,IDT]	[1] ISO 2867:2006,Earth-moving machinery—Access systems	[1] ISO 2867:2006,Engins de terrassement—Moyens d'accès	[1] ISO 2867:2006,Машины землеройные. Системы доступа
[2] ISO 2867:1994　土方机械　通道装置 [GB/T 17300—1998,IDT]	[2] ISO 2867:1994,Earth-moving machinery—Access systems	[2] ISO 2867:1994,Engins de terrassement—Moyens d'accès	[2] ISO 2867:1994,Машины землеройные. Системы доступа
[3] ISO 3164:1995　土方机械　保护结构的实验室鉴定　挠曲极限量的规定 [GB/T 17772—1999,idt]	[3] ISO 3164:1995,Earth-moving machinery—Laboratory evaluations of protective structures—Specifications for deflection-limiting volume	[3] ISO 3164:1995,Engins de terrassement—Évaluations en laboratoire des structures de protection—Spécifications pour le volume limite de déformation	[3] ISO 3164:1995,Машины землеройные. Защитные устройства. Характеристика объема ограничения деформации при лабораторных испытаниях
[4] ISO 3411:1995　土方机械　司机的身材尺寸与司机的最小活动空间 [GB/T 8420—2000,eqv]	[4] ISO 3411:1995,Earth-moving machinery—Human physical dimensions of operators and minimum operator space envelope	[4] ISO 3411:1995,Engins de terrassement—Définitions ergonomiques des conducteurs et espace enveloppe minimal	[4] ISO 3411:1995,Машины землеройные. Антропометрические данные операторов и минимальное рабочее пространство вокруг оператора
[5] ISO 3450:1996　土方机械　轮胎式机器　制动系统的性能要求和试验方法 [GB/T 21152—2007,IDT]	[5] ISO 3450:1996,Earth-moving machinery—Braking systems of rubber-tyred machines—Systems and performance requirements and test procedures	[5] ISO 3450:1996,Engins de terrassement—Dispositifs de freinage des engins sur roues équipés de pneumatiques—Exigences relatives aux dispositifs et à leurs performances,et méthodes d'essai	[5] ISO 3450:1996, Машины землеройные. Тормозные системы колесных машин. Требования к эффективности и методы испытаний

中文 [对应中国国家标准编号及采用程度]	Bibliography（英文）	Bibliographie（法文）	Библиография（俄文）
[6] ISO 3457:2003 土方机械 防护装置 定义和要求 [GB/T 25607—2010,IDT]	[6] ISO 3457:2003,Earth-moving machinery—Guards—Definitions and requirements	[6] ISO 3457:2003,Engins de terrassement—Protecteurs—Définitions et exigences	[6] ISO 3457:2003,Машины землеройные. Защитные устройства и ограждения. Определения и технические характеристики
[7] ISO 3471:1994 土方机械 翻车保护结构 试验室试验和性能要求 [GB/T 17922—1999,idt]	[7] ISO 3471:1994,Earth-moving machinery—Roll-over protective structures—Laboratory tests and performance requirements	[7] ISO 3471:1994,Engins de terrassement—Structures de protection au retournement—Essais de laboratoire et critères de performance	[7] ISO 3471:1994,Машины землеройные. Устройства защиты при опрокидывании. Технические требования и лабораторные испытания
[8] ISO 5005:1977 土方机械 测定重心位置的方法 [GB/T 8499—1987,idt]	[8] ISO 5005:1977,Earth-moving machinery—Method for locating the centre of gravity	[8] ISO 5005:1977,Engins de terrassement—Méthode de repérage du centre de gravité	[8] ISO 5005:1977,Машины землеройные. Метод определения положения центра тяжести
[9] ISO 5010:1992 土方机械 轮胎式机械 转向要求 [GB/T 14781—1993,eqv]	[9] ISO 5010:1992,Earth-moving machinery—Rubber-tyred machines—Steering requirements	[9] ISO 5010:1992,Engins de terrassement—Engins équipés de pneumatiques—Systèmes de direction	[9] ISO 5010:1992,Машины землеройные. Системы рулевого управления колесных машин
[10] ISO 5353:1995 土方机械、农林拖拉机和机械 司机座椅标定点 [GB/T 8591—2000,eqv]	[10] ISO 5353:1995, Earth-moving machinery, and tractors and machinery for agriculture and forestry—Seat index point	[10] ISO 5353:1995,Engins de terrassement et tracteurs et matériels agricoles et forestiers—Point repère du siège	[10] ISO 5353:1995,Машины землеройные и тракторы и машины самоходные сельскохозяйственные. Контрольная точка сиденья. Метод определения

中文 [对应中国国家标准编号及采用程度]	Bibliography（英文）	Bibliographie（法文）	Библиография（俄文）
[11] ISO 6014:1986　土方机械　行驶速度测定 [GB/T 10913—2005,MOD]	[11] ISO 6014: 1986, Earth-moving machinery—Determination of ground speed	[11] ISO 6014:1986, Engins de terrassement—Détermination de la vitesse au sol	[11] ISO 6014:1986, Машины землеройные. Определение скорости движения
[12] ISO 6015:2006　土方机械　液压挖掘机和挖掘装载机挖掘力的测定方法 [GB/T 13332—2008,IDT]	[12] ISO 6015: 2006, Earth-moving machinery—Hydraulic excavators and backhoe loaders—Method of measuring tool forces	[12] ISO 6015:2006, Engins de terrassement—Pelles hydrauliques et chargeuses-pelleteuses—Méthodes de détermination des forces de l'outil	[12] ISO 6015:2006, Машины землеройные. Экскаваторы. Методы измерения усилий на рабочих органах
[13] ISO 6016:1998　土方机械　整机及其工作装置和部件质量的测量方法 [GB/T 21154—2007,IDT]	[13] ISO 6016: 1998, Earth-moving machinery—Methods of measuring the masses of whole machines, their equipment and components	[13] ISO 6016:1998, Engins de terrassement—Méthodes de mesure des masses des engins complets, de leurs équipements et de leurs organes constitutifs	[13] ISO 6016:1998, Машины землеройные. Методы определения размеров машин с рабочим оборудованием
[14] ISO 6165:2006　土方机械　基本类型　识别、术语和定义 [GB/T 8498—2008,IDT]	[14] ISO 6165: 2006, Earth-moving machinery—Basic types—Identification and terms and definitions	[14] ISO 6165:2006, Engins de terrassement—Principaux types—Identification et terms et définitions	[14] ISO 6165:2006, Машины землеройные. Основные типы. Термины и определения
[15] ISO 6483:1980　土方机械　自卸车车厢　容量标定 [GB/T 25689—2010,IDT]	[15] ISO 6483: 1980, Earth-moving machinery—Dumper bodies—Volumetric rating	[15] ISO 6483:1980, Engins de terrassement—Bennes de tombereau—Évaluation volumétrique	[15] ISO 6483:1980, Машины землеройные. Кузовы землевозов (самосвалов). Расчет вместимости

中文 ［对应中国国家标准编号及采用程度］	Bibliography（英文）	Bibliographie（法文）	Библиография（俄文）
［16］ ISO 6484:1986 土方机械 升运式铲运机 容量标定［GB/T 25690—2010,IDT］	［16］ ISO 6484: 1986, Earth-moving machinery—Elevating scrapers—Volumetric ratings	［16］ ISO 6484:1986, Engins de terrassement—Décapeuses élévatrices—Évaluations voumétriques	［16］ ISO 6484:1986, Машины землеройные. Скреперы с элеваторной загрузкой. Расчет вместимости ковша
［17］ ISO 6485:1980 土方机械 自行式铲运机容量标定［GB/T 25691—2010,IDT］	［17］ ISO 6485: 1980, Earth-moving machinery—Tractor-scraper volumetric rating	［17］ ISO 6485:1980, Engins de terrassement—Décapeuse—Évaluation volumétrique	［17］ ISO 6485:1980, Машины землеройные. Расчет вместимости ковшей самоходных скреперов
［18］ ISO 6682:1986 土方机械 操纵的舒适区域与可及范围［GB/T 21935—2008,IDT］	［18］ ISO 6682: 1986, Earth-moving machinery—Zones of comfort and reach for controls	［18］ ISO 6682:1986, Engins de terrassement—Zones de confort et d'accessibilité des commandes	［18］ ISO 6682:1986, Машины землеройные. Зоны комфорта и досягаемости органов управления
［19］ ISO 6683:2005 土方机械 座椅安全带及其固定器 性能要求和试验［GB/T 17921—2010,IDT］	［19］ ISO 6683: 2005, Earth-moving machinery—Seat belts and seat belt anchorages—Performance requirements and tests	［19］ ISO 6683:2005, Engins de terrassement—Ceintures de sécurité et ancrages pour ceintures de sécurité	［19］ ISO 6683:2005, Машины землеройные. Ремни безопасности и анкореджи ремня безопасности. Технические требования и испытания
［20］ ISO 6747:1998 土方机械 推土机 术语和商业规格［GB/T 8590—2001,eqv］	［20］ ISO 6747: 1998, Earth-moving machinery—Tractor-dozers—Terminology and commercial specifications	［20］ ISO 6747:1998, Engins de terrassement—Bouteurs—Terminologie et spécifications commerciales	［20］ ISO 6747:1998, Машины землеройные. Тракторы. Терминология и техническая характеристика для коммерческой документации

中文 [对应中国国家标准编号及采用程度]	Bibliography(英文)	Bibliographie(法文)	Библиография(俄文)
[21] ISO 6749:1984 土方机械 防护与贮存 [GB/T 22358—2008,IDT]	[21] ISO 6749: 1984, Earth-moving machinery—Preservation and storage	[21] ISO 6749:1984,Engins de terrassement Conservation et stockage	[21] ISO 6749:1984,Машины землеройные. Консервация и хранение
[22] ISO 7096:2000 土方机械 司机座椅振动的试验室评价 [GB/T 8419—2007,IDT]	[22] ISO 7096: 2000, Earth-moving machinery—Laboratory evaluation of operator seat vibration	[22] ISO 7096:2000,Engins de terrassement—Évaluation en laboratoire des vibrations transmises à l'opérateur par le siège	[22] ISO 7096:2000,Вибрация. Лабораторный метод оценки вибрации,передаваемой через сиденье оператора машины. Машины землеройные
[23] ISO/DIS 7131:2007 土方机械 装载机 术语和商业规格 [GB/T 25604—2010,MOD]	[23] ISO/DIS 7131: 2007, Earth-moving machinery—Loaders—Terminology and commercial specifications	[23] ISO/DIS 7131:2007,Engins de terrassement—Chargeuses—Terminologie et spécifications commerciales	[23] ISO/DIS 7131:2007,Машины землеройные. Погрузчики. Термины,определения и техническая характеристика для коммерческой документации
[24] ISO 7133:1994 土方机械 铲运机 术语和商业规格 [GB/T 7920.8—2003,MOD]	[24] ISO 7133: 1994, Earth-moving machinery—Tractor-scrapers—Terminology and commercial specifications	[24] ISO 7133:1994,Engins de terrassement—Décapeuses—Terminlogie et spécifications commerciales	[24] ISO 7133:1994,Машины землеройные. Самоходные скреперы. Термины,определения и техническая характеристика для коммерческой документации
[25] ISO 7134:1993 土方机械 平地机 术语和商业规格 [GB/T 7920.9—2003,MOD]	[25] ISO 7134: 1993, Earth-moving machinery—Graders—Terminology and commercial specifications	[25] ISO 7134:1993,Engins de terrassement—Niveleuses—Terminologie et spécifications commerciales	[25] ISO 7134:1993,Машины землеройные. Скреперы с элеваторной загрузкой. Расчет вместимости ковша

中文 ［对应中国国家标准编号及采用程度］	Bibliography（英文）	Bibliographie（法文）	Библиография（俄文）
［26］ ISO 7457:1997 土方机械 轮胎式机器转向尺寸的测定 ［GB/T 8592—2001,eqv］	［26］ ISO 7457: 1997, Earth-moving machinery—Determination of turning dimensions of wheeled machines	［26］ ISO 7457:1997, Engins de terrassement—Détermination des dimensions de braquage des engins sur roues	［26］ ISO 7457:1997, Машины землеройные. Методы определения параметров поворота колесных машин
［27］ ISO 7464:1983 土方机械 牵引力测试方法 ［GB/T 6375—2008,IDT］	［27］ ISO 7464: 1983, Earth-moving machinery—Method of test for the measurement of drawbar pull	［27］ ISO 7464:1983, Engins de terrassement—Méthode d'essai pour le mesurage de la traction du timon	［27］ ISO 7464:1983, Машины землеройные. Метод определения тяговой характеристики
［28］ ISO 7546:1983 土方机械 装载机和正铲挖掘机的铲斗 容量标定 ［GB/T 21942—2008,MOD］	［28］ ISO 7546: 1983, Earth-moving machinery—Loaders and front loading excavator buckets—Volumetric ratings	［28］ ISO 7546:1983, Engins de terrassement—Godets de chargeuses et de pelles à chargement frontal—Évaluations volumétriques	［28］ ISO 7546:1983, Машины землеройные. Ковши погрузчиков и погрузочные ковши экскаваторов. Расчет вместимости
［29］ ISO 9246:1988 土方机械 履带式和轮胎式推土机的推土铲 容量标定 ［GB/T 21937—2008,IDT］	［29］ ISO 9246: 1988, Earth-moving machinery—Crawler and wheel tractor dozer blades—Volumetric ratings	［29］ ISO 9246:1988, Engins de terrassement—Lames de tracteurs sur chenilles ou sur roues—Évaluations volumétriques	［29］ ISO 9246:1988, Машины землеройные. Бульдозерные отвалы к гусеничным и колесным тракторам. Расчет объема призмы волочения
［30］ ISO 9249:1997 土方机械 发动机净功率试验规范 ［GB/T 16936—2007,MOD］	［30］ ISO 9249: 1997, Earth-moving machinery—Engine test code—Net power	［30］ ISO 9249:1997, Engins de terrassement—Code d'essai des moteurs—Puissance nette	［30］ ISO 9249:1997, Машины землеройные. Правила испытаний двигателей. Полезная мощность

中文 ［对应中国国家标准编号及采用程度］	Bibliography（英文）	Bibliographie（法文）	Библиография（俄文）
［31］ ISO 9533:1989　土方机械　前进和倒退音响报警　声响试验方法 ［GB/T 21155—2007,IDT］	［31］ ISO 9533: 1989, Earth-moving machinery—Machine-mounted forward and reverse audible warning alarm—Sound test method	［31］ ISO 9533:1989,Engins de terrassement—Avertisseurs sonores de marche avant et de marche arrière montés sur engins—Méthode d'essai acoustique	［31］ ISO 9533:1989,Машины землеройные. Бортовые звуковые сигнализаторы переднего и заднего хода. Методы акустических испытаний
［32］ ISO 6015:1989　土方机械　液压挖掘机　挖掘力的测定方法	［32］ ISO 6015: 1989, Earth-moving machinery—Hydraulic excavators—Methods of measuring tool force	［32］ ISO 6015:1989,Engins de terrassement—Pelles hydrauliques—Méthodes de détermination des forces de l'outil	［32］ ISO 6015:1989,Машины землеройные. Гидравлические экскаваторы. Методы измерения усилий на рабочих органах

中 文 索 引

W

X

Y

Z

Alphabetical index(英文索引)

H

J

L

M

N

O

P

R

S

T

W

Z

Index alphabétique（法文索引）

A

B

C

D

E

R

S

T

V

W

Z

Алфавитный указатель（俄文索引）

А

Б

В

Г

Д

Ж

З

И

К

С

Т

У

Х

Ц

Ч

Ш

Э

ICS 53.100
P 97

中华人民共和国国家标准

GB/T 25687.2—2010/ISO/TS 9250-2:2004

土方机械　同义术语的多语种列表 第2部分:性能和尺寸

**Earth-moving machinery—
Multilingual listing of equivalent terms—
Part 2: Performance and dimensions**

(ISO/TS 9250-2:2004,IDT)

2010-12-23 发布　　2011-07-01 实施

中华人民共和国国家质量监督检验检疫总局
中国国家标准化管理委员会　发布

前　言

GB/T 25687《土方机械　同义术语的多语种列表》分为两个部分：

——第1部分：综合；

——第2部分：性能和尺寸。

本部分为GB/T 25687的第2部分。

本部分等同采用ISO/TS 9250-2:2004《土方机械　同义术语的多语种列表　第2部分：性能和尺寸》(英文版)。

本部分等同翻译ISO/TS 9250-2:2004。

为便于使用，本部分作了下列编辑性修改：

——"本国际标准"一词改为"本部分"；

——删除了国际标准前言；

——对ISO/TS 9250-2:2004中引用的国际标准，用已被采用为我国的标准代替对应的国际标准；

——在第2章中，增列了"中文列表"；

——根据有关术语的国际标准最新版本，将第103项"overall length (with bucket)"改为"overall length (with attachment)"，第129项"tipping load"改为"tipping load at maximum reach"；

——参考文献中增列了中文、对应中国国家标准编号及采用程度，增补了俄文。

本部分由中国机械工业联合会提出。

本部分由全国土方机械标准化技术委员会(SAC/TC 334)归口。

本部分负责起草单位：天津工程机械研究院。

本部分参加起草单位：广西柳工机械股份有限公司。

本部分主要起草人：张志烁、黄中良。

土方机械　同义术语的多语种列表
第2部分:性能和尺寸

1　范围

GB/T 25687的本部分给出了中文、英文、法文和俄文的土方机械综合术语的同义语列表,这些术语已经由现有的标准所定义。

制定本部分的目的是为了:

——促进世界范围内土方机械信息的交流,特别是确保使用者之间的交流正确和一致;

——明确专业人士(销售、售后服务、技术、零部件分销等)之间信息的交流;

——简化通关操作及统计调查;

——对于不同的市场,尽可能地翻译成适用的主要语言。

这些术语是以字母顺序进行排列和编号的,并且每项术语都由引用的标准所定义。

2　中文、英文、法文、俄文的同义术语

表

序号	中　文	English(英文)	Français(法文)	Русский(俄文)	中国标准编号 (采用的国际标准)
1	阿克曼转向角	Ackemann steering angle	angle de direction Ackermann	угол поворотота Акермана	GB/T 18577.1—2008 (ISO 6746-1:2003,IDT)
2	接近角	angle of approach	angle d'approche	угол въезда	GB/T 18577.1—2008 (ISO 6746-1:2003,IDT)
3	离去角	angle of departure	angle de sortie	угол съезда	GB/T 18577.1—2008 (ISO 6746-1:2003,IDT)
4	斗杆挖掘力	arm crowd force	force de poussée du bras	напорное усилие рукояти	GB/T 6572.1—1997 (eqv ISO 7135:1993)
5	铰接转向角	articulation angle	angle d'articulation	угол складывания полурам	GB/T 18577.1—2008 (ISO 6746-1:2003,IDT)
6	刀刃倾斜角	blade angle	angle de biais de la lame	угол поворота отвала	GB/T 18577.2—2008 (ISO 6746-2:2003,IDT)
7	铲刀至前轮的距离	blade base	base de la lame	база отвала	GB/T 7920.9—2003 (ISO 7134:1993,MOD)
8	推土铲高度	blade height	hauteur de la lame	высота отвала	GB/T 18577.2—2008 (ISO 6746-2:2003,IDT)
9	铲刀长度	blade length	longueur de la lame	длина отвала	GB/T 7920.9—2003 (ISO 7134:1993,MOD)
10	铲刀切削角	blade pitch angle	angle d'attaque de la lame	угол резания	GB/T 7920.9—2003 (ISO 7134:1993,MOD)
11	铲刀切削角调整范围	blade pitch angle adjustment range	amplitude de l'angle d'attaque de la lame	диапазон регулировки угла резания	GB/T 7920.9—2003 (ISO 7134:1993,MOD)

表（续）

序号	中　文	English(英文)	Français (法文)	Русский(俄文)	中国标准编号（采用的国际标准）
12	铲刀侧移距离	blade sideshift	déport de la lame	выдвижение отвала	GB/T 7920.9—2003 (ISO 7134:1993,MOD)
13	铲刀倾斜角	blade tilt angle	angle d'inclinaison de la lame	угол срезаемого откоса	GB/T 7920.9—2003 (ISO 7134:1993,MOD)
14	料斗倾翻角度（后部卸料）	body dump angle (rear dump)	angle de basculement de la benne (basculement arrière)	угол разгрузки кузова с задней разгрузкой	GB/T 25605—2010 (ISO 7132:2003,MOD)
15	掘起力	breakout force	force d'arrachage	вырывное усилие	GB/T 25604—2010 (ISO/DIS 7131:2007,MOD)
16	铲斗宽度	bucket width	largeur du godet	ширина ковша	GB/T 25604—2010 (ISO/DIS 7131:2007,MOD)
17	C形架宽度	C-frame width	largeur du châssis en forme de C	ширина C-образной рамы	GB/T 18577.2—2008 (ISO 6746-2:2003,IDT)
18	司机室高度	cab height	hauteur de la cabine	высота кабины	GB/T 6572.1—1997 (eqv ISO 7135:1993)
19	司机室总长	cab overall length	longueur hors tout de la cabine	габаритная длина кабины	GB/T 6572.1—1997 (eqv ISO 7135:1993)
20	司机室宽度	cab width overall	largeur hors tout de la cabine	габаритная ширина кабины	GB/T 6572.1—1997 (eqv ISO 7135:1993)
21	运料位置(高度)	carry position (height)	position de transport (hauteur)	высота подъема в транспортном положении	GB/T 25604—2010 (ISO/DIS 7131:2007,MOD)
22	回转圈侧移距离	circle sideshift	déport du cercle d'orientation	вынос поворотного круга	GB/T 7920.9—2003 (ISO 7134:1993,MOD)
23	通过半径	clearance radius	rayon de l'engin	габаритный радиус поворота машины	GB/T 18577.1—2008 (ISO 6746-1:2003,IDT)
24	运行状态时刀片下面的间隙	clearance under cutting edge in travel position	garde au sol de la superstructure	дорожный просвет под ножом в транспортном положении	GB/T 7920.8—2003 (ISO 7133:1994,MOD)
25	伸出的配重底部间隙	clearance under the extended counterweights	garde au sol sous le bord de coupe en position de translation	просвет под вынесенными противовесами	GB/T 22352—2008 (ISO 7136:2006,IDT)
26	上部总成的离地高度	clearance height under upper structure	garde sous le contrepoids sorti	дорожный просвет под поворотной частью	GB/T 6572.1—1997 (eqv ISO 7135:1993)
27	履带接地长度（履带轴距）	crawler base	empattement (engins sur chenilles)	база гусеничной машины	GB/T 18577.1—2008 (ISO 6746-1:2003,IDT)

表（续）

序号	中　文	English(英文)	Français (法文)	Русский(俄文)	中国标准编号（采用的国际标准）
28	履带总成长度	crawler overall length	longueur hors tout des chenilles	общая длина гусеницы	GB/T 6572.1—1997 (eqv ISO 7135:1993)
29	履带总成高度	crawler tracks height	hauteur de voie des chenilles	высота гусеницы	GB/T 6572.1—1997 (eqv ISO 7135:1993)
30	切削宽度	cutting edge width	largeur du bord de coupe	ширина режущей кромки	GB/T 7920.9—2003 (ISO 7134:1993,MOD)
31	挖掘深度	digging depth	profondeur d'excavation	глубина копания	GB/T 25604—2010 (ISO/DIS 7131:2007,MOD)
32	挖掘力	digging force	force de creusement	усилие копания	GB/T 6572.1—1997 (eqv ISO 7135:1993)
33	卸料高度(后部或侧向卸料)	discharge height (rear or side dump)	hauteur de déchargement (tombereau à basculement arrière ou latéral)	высота разгрузки (задней или боковой)	GB/T 25605—2010 (ISO 7132:2003,MOD)
34	卸载角	dump angle	angle de déchargement	угол опрокидывания	GB/T 25604—2010 (ISO/DIS 7131:2007,MOD)
35	卸载高度	dump height	hauteur de déchargement	высота опрокидывания	GB/T 25604—2010 (ISO/DIS 7131:2007,MOD)
36	转向桥中心至工作装置前端的距离	front distance to steering-wheel centre	distance entre l'avant et le centre du volant de direction	расстояние от передней точки до центра рулевого колеса	GB/T 6572.1—1997 (eqv ISO 7135:1993)
37	前伸距离	front overhang	porte-à-faux frontal	передний свес	GB/T 7920.9—2003 (ISO 7134:1993,MOD)
38	前桥至前支腿中心的距离	front pad centre to front axle	distance du centre du patin avant à l'essieu avant	вынос передних опор относительно переднего моста	GB/T 6572.1—1997 (eqv ISO 7135:1993)
39	离地间隙	ground clearance	garde au sol	дорожный просвет	GB/T 18577.1—2008 (ISO 6746-1:2003,IDT)
40	履刺高度	grouser height	hauteur du crampon	высота грунтозацепа	GB/T 18577.1—2008 (ISO 6746-1:2003,IDT)
41	抓铲闭合高度	height of closed grab	hauteur du grappin fermé	высота закрытого грейфера	GB/T 6572.1—1997 (eqv ISO 7135:1993)
42	最高提升时的圆木叉水平段高度	height of level tines, fully raised	hauteur des dents horizontales, en levage maximal	высота горизонтальных вилок полностью поднятого челюстного захвата	GB/T 25604—2010 (ISO/DIS 7131:2007,MOD)
43	抓铲张开高度	height of open grab	hauteur du grappin ouvert	высота открытого грейфера	GB/T 6572.1—1997 (eqv ISO 7135:1993)

表(续)

序号	中　文	English(英文)	Français(法文)	Русский(俄文)	中国标准编号(采用的国际标准)
44	铲运机高度	height of scraper	hauteur de la décapeuse	высота скрепера	GB/T 7920.8—2003 (ISO 7133:1994,MOD)
45	最高提升并在卸载时的圆木叉水平段端部高度	height of tips of tines, fork fully raised and dumped	hauteur des extrémités des dents, les fourches étant en position de levage maximal et en position de basculement	высота концов вилок при разгрузке полностью поднятого челюстного захвата	GB/T 25604—2010 (ISO/DIS 7131:2007,MOD)
46	最大提升时的销轴高度	height to hinge pin, fully raised	hauteur du tourillon de pivotement, en levage maximal	высота шарнира максимально поднятого ковша	GB/T 25604—2010 (ISO/DIS 7131:2007,MOD)
47	收回的配重顶部高度	height to top of retracted counterweight	hauteur du sommet du contrepoids rentré	высота до верхней точки придвинутого противовеса	GB/T 22352—2008 (ISO 7136:2006,IDT)
48	水平切削长度	length of level floor cut	longueur de coupe au niveau du sol	длина участка горизонтальной планировки	GB/T 6572.1—1997 (eqv ISO 7135:1993)
49	料斗装载长度	length of loading body	longueur de la benne de chargement	длина грузовой части кузова	GB/T 25605—2010 (ISO 7132:2003,MOD)
50	铲刀提升高度	lift above ground	levée au-dessus du sol	высота подъема отвала автогрейдера над уровнем грунта	GB/T 7920.9—2003 (ISO 7134:1993,MOD)
51	提升高度	lift height	hauteur de levage	высота подъема отвала бульдозера	GB/T 18577.2—2008 (ISO 6746-2:2003,IDT)
52	线拉力	line pull	traction sur le câble	тяговое усилие на канате	GB/T 8590—2001 (eqv ISO 6747:1998)
53	线速度	line speed	vitesse du câble	скорость навивки каната	GB/T 8590—2001 (eqv ISO 6747:1998)
54	载荷悬距	load overhang distance	distance d'accrochage	вылет груза	GB/T 22352—2008 (ISO 7136:2006,IDT)
55	装载高度	loading height	hauteur de chargement	погрузочная высота обратной лопаты	GB/T 25604—2010 (ISO/DIS 7131:2007,MOD)
56	圆木夹钳的宽度	log grapple width	largeur du grappin à bûches	ширина грейфера дия бревен	GB/T 18577.2—2008 (ISO 6746-2:2003,IDT)
57	纵向静态坡道能力〈机器〉	longitudinal static slope capacity 〈machine〉	pente limite longitudinale 〈engin〉	преодолеваемый продольный уклон 〈машины〉	GB/T 8590—2001 (eqv ISO 6747:1998)

表（续）

序号	中　文	English(英文)	Français (法文)	Русский(俄文)	中国标准编号（采用的国际标准）
58	下降时间	lowering time	temps de descente	время опускания ковша	GB/T 25604—2010 (ISO/DIS 7131:2007,MOD)
59	铲斗（或抓铲）最大装载高度	maximum bucket (or grab) loading clearance	garde au sol du godet (grappin) en chargement maximal	максимальная высота погрузки ковша	GB/T 6572.1—1997 (eqv ISO 7135:1993)
60	铲斗铰轴的最大高度	maximum bucket hinge pin height	hauteur maximale de l'axe d'articulation du godet	максимальная высота подъема шарнира ковша	GB/T 6572.1—1997 (eqv ISO 7135:1993)
61	最大铲削深度	maximum cutting depth	profondeur maximale de coupe	максимальная глубина резания	GB/T 7920.8—2003 (ISO 7133:1994,MOD)
62	最大挖掘深度	maximum digging depth	profondeur maximale d'excavation	максимальная глубина копания	GB/T 6572.1—1997 (eqv ISO 7135:1993)
63	水平底面为2.5米时的最大挖掘深度	maximum digging depth at 2.5 m floor length	profondeur maximale d'excavation pour une longueur horizontale de 2.5 m	максимальная глубина копания котлована на участке 2.5м	GB/T 6572.1—1997 (eqv ISO 7135:1993)
64	夹具关闭时的最大卸载高度	maximum dump height, clam closed	hauteur maximale de déchargement, mâchoire fermée	максимальная высота разгрузки закрытого двухчелюстного ковша	GB/T 25604—2010 (ISO/DIS 7131:2007,MOD)
65	夹具开启时的最大卸载高度	maximum dump height, clam open	hauteur maximale de déchargement, mâchoire ouverte	максимальная высота разгрузки раскрытого двухчелюстного ковша	GB/T 25604—2010 (ISO/DIS 7131:2007,MOD)
66	最大侧向卸载高度	maximum dump height, side	hauteur maximale de déchargement latéral	максимальная высота боковой разгрузки	GB/T 25604—2010 (ISO/DIS 7131:2007,MOD)
67	最大卸载高度	maximum dumping height	hauteur maximale de basculement (du godet)	максимальная высота разгрузки	GB/T 6572.1—1997 (eqv ISO 7135:1993)
68	正铲的最大卸载高度	maximum dumping height for shovel	hauteur maximale de basculement de la pelle	максимальная высота разгрузки ковша прямой лопатой	GB/T 6572.1—1997 (eqv ISO 7135:1993)
69	最大切入角	maximum grading angle	angle maximal de nivellement	максимальный угол копания	GB/T 25604—2010 (ISO/DIS 7131:2007,MOD)
70	最大高度	maximum height	hauteur totale maximale	максимальная высота	GB/T 18577.1—2008 (ISO 6746-1:2003,IDT)
71	切削刃或斗齿的最大高度	maximum height of cutting edge or teeth	hauteur maximale du bord coupant ou des dents	максимальная высота подъема режущей кромки или зубьев	GB/T 18577.2—2008 (ISO 6746-2:2003,IDT)

表（续）

序号	中　文	English(英文)	Français (法文)	Русский(俄文)	中国标准编号（采用的国际标准）
72	自卸车料斗或拖挂装置的最大高度	maximum height of dumper body or hitch	hauteur maximale de la benne ou de l'attelage	максимальная высота кузова или сцепного устройства	GB/T 25605—2010 (ISO 7132:2003,MOD)
73	铲斗铰接点的最大高度	maximum height to hinge pin,fully raised	hauteur maximale de levage du godet	максимальная высота подъема ковша	GB/T 18577.2—2008 (ISO 6746-2:2003,IDT)
74	最大高度(不带司机室或ROPS)	maximum height without cab or ROPS	hauteur maximale sans cabine ni ROPS	максимальная высота без кабины и без ROPS	GB/T 18577.1—2008 (ISO 6746-1:2003,IDT)
75	最大吊钩高度	maximum hook height	hauteur maximale du crochet porteur	максимальная высота подъема крюка	GB/T 22352—2008 (ISO 7136:2006,IDT)
76	最大长度〈主机〉	maximum length 〈base-machine〉	longueur maximale 〈engin de base〉	максимальная длина базовой машины	GB/T 18577.1—2008 (ISO 6746-1:2003,IDT)
77	最大长度(装有工作装置和附属装置的机器)	maximum length 〈machine with equipment/ attachment fitted〉	longueur maximale, 〈engin avec son équipement/ses accessoires〉	максимальная длина машины вместе с дополнительным оборудованием	GB/T 18577.2—2008 (ISO 6746-2:2003,IDT)
78	货叉水平段最大提升高度	maximum lift height tines level	hauteur maximale de levage,au niveau des dents	максимальная высота подъема горизонтальных вилок	GB/T 25604—2010 (ISO/DIS 7131:2007,MOD)
79	最大挖掘半径	maximum reach	portée maximale	максимальный радиус копания	GB/T 6572.1—1997 (eqv ISO 7135:1993)
80	基准地平面最大挖掘半径	maximum reach at GRP	portée maximale au PRS	максимальный радиус копания на GRP	GB/T 6572.1—1997 (eqv ISO 7135:1993)
81	在运料位置时的最大翻转角	maximum rollback at carry position	redressement maximal en position de transport	максимальный угол запрокидывания ковша в транспортном положении	GB/T 25604—2010 (ISO/DIS 7131:2007,MOD)
82	在地平面的最大翻转角	maximum rollback at ground	redressement maximal au niveau du sol	максимальный угол запрокидывания ковша на уровне стоянки	GB/T 25604—2010 (ISO/DIS 7131:2007,MOD)

表(续)

序号	中　文	English(英文)	Français(法文)	Русский(俄文)	中国标准编号(采用的国际标准)
83	最大提升时的最大翻转角	maximum rollback fully raised	redressement maximal,en levage maximal	максимальный угол запрокидывания полностью поднятого ковша	GB/T 25604—2010 (ISO/DIS 7131:2007,MOD)
84	最大侧向卸载伸距	maximum side dump reach	portée maximale de déchargement latéral	максимальный вылет при боковой разгрузке	GB/T 25604—2010 (ISO/DIS 7131:2007,MOD)
85	最大回转速度	maximum swing speed	vitesse maximale de rotation	максимальная частота вращения поворотной части	GB/T 6572.1—1997 (eqv ISO 7135:1993)
86	最大摆角	maximum swinging angle	angle d'orientation maximal	максимальный угол поворота	GB/T 18577.2—2008 (ISO 6746-2:2003,IDT)
87	最高行驶速度	maximum travel speeds	vitesses maximales de translation	максимальные скорости передвижения	GB/T 8590—2001 (eqv ISO 6747:1998)
88	最大垂直挖掘深度	maximum vertical digging depth	profondeur maximale d'excavation à la verticale	максимальная глубина копания по вертикали	GB/T 6572.1—1997 (eqv ISO 7135:1993)
89	最大宽度〈主机〉	maximum width 〈machine〉	largeur maximale 〈engin〉	максимальная ширина машины	GB/T 18577.1—2008 (ISO 6746-1:2003,IDT)
90	最大宽度〈工作装置〉	maximum width 〈equipment〉	largeur maximale 〈équipements〉	максимальная ширина оборудования	GB/T 18577.2—2008 (ISO 6746-2:2003,IDT)
91	履带最大总宽	maximum width, track extended or retracted	largeur maximale (voie étendue ou rétractée)	максимальная ширина с выступающими и невыступающими гусеницами	GB/T 6572.1—1997 (eqv ISO 7135:1993)
92	水平挖掘时的最小挖掘半径	minimum level floor radius	rayon minimal au niveau du sol	максимальный радиус горизонтальной планировки на уровне стоянки	GB/T 6572.1—1997 (eqv ISO 7135:1993)
93	最小挖掘半径	minimum reach	portée minimale	минимальный радиус копания	GB/T 6572.1—1997 (eqv ISO 7135:1993)
94	在GRP上的最小挖掘半径	minimum reach at GRP	portée minimale au PRS	минимальный радиус копания на GRP	GB/T 6572.1—1997 (eqv ISO 7135:1993)

表（续）

序号	中　文	English(英文)	Français (法文)	Русский(俄文)	中国标准编号 (采用的国际标准)
95	铲斗在运料位置时的最小转弯半径	minimum turning radius with bucket in carry position	rayon minimal de braquage, le godet étant en position de transport	минимальный радиус копания с ковшом в транспортном положении	GB/T 25604—2010 (ISO/DIS 7131:2007, MOD)
96	机器最外侧通过半径	outside machine clearance radius	rayon minimal de braquage	внешний габаритный радиус поворота машины	GB/T 18577.2—2008 (ISO 6746-2:2003, IDT)
97	抓铲侧板宽度	outside width of grab	largeur externe du grappin	габаритная ширина грейфера	GB/T 6572.1—1997 (eqv ISO 7135:1993)
98	行驶时工作装置的总高	overall height in travelling condition	hauteur hors tout en condition de déplacement	габаритная ширина машины при передвижении своим ходом	GB/T 6572.1—1997 (eqv ISO 7135:1993)
99	工地内转移时总长	overall length in manoeuvring condition	longueur hors tout en condition de manceuvre	габаритная длина машины в положении маневрирования	GB/T 6572.1—1997 (eqv ISO 7135:1993)
100	运输长度	overall length in shipping position	longueur hors tout en condition de transport	габаритная длина машины при перевозке	GB/T 18577.2—2008 (ISO 6746-2:2003, IDT)
101	运输总长	overall length in transport condition	longueur hors-tout en condition de transport	габаритная длина машиныпри транспортировании	GB/T 6572.1—1997 (eqv ISO 7135:1993)
102	行驶时总长	overall length in travelling condition	longueur hors tout en condition de déplacement	габаритная длина машины при передвижении	GB/T 6572.1—1997 (eqv ISO 7135:1993)
103	整机长度(带附属装置)	overall length (with attachment)	longueur hors tout (avec godet)	габаритная длина машины (с ковшом)	GB/T 25604—2010 (ISO/DIS 7131:2007, MOD)
104	铲运机总长度	overall length of scraper	longueur hors tout de la décapeuse	габаритная длина скрепера	GB/T 7920.8—2003 (ISO 7133:1994, MOD)
105	最大提升时的作业高度	overall operating height fully raised	hauteur hors tout en ordre de marche, en levage maximal	габаритная рабочая высота с полностью поднятым ковшом	GB/T 25604—2010 (ISO/DIS 7131:2007, MOD)
106	支腿伸展时的总宽度	overall width including outriggers and supporting plates	largeur hors tout comprenant les stabilisateurs et les plaques de support	габаритная ширина по выносным опорам и их основаниям	GB/T 6572.1—1997 (eqv ISO 7135:1993)

表（续）

序号	中　文	English(英文)	Français (法文)	Русский(俄文)	中国标准编号（采用的国际标准）
107	行驶状态时的支腿总宽度	overall width including outriggers at road travelling position	largeur hors tout comprenant les stabilisateurs en position de déplacement sur route	габаритная ширина по выносным опорам в положении передвижения по дорогам	GB/T 6572.1—1997 (eqv ISO 7135:1993)
108	工地内转移时工作装置的总高	overall working equipment height in manoeuvring position	hauteur hors tout de l'équipement de travail en position de manceuvre	габаритная высота рабочего оборудования в положении маневрирования	GB/T 6572.1—1997 (eqv ISO 7135:1993)
109	运输状态时工作装置的总高	overall working equipment height in transport position	hauteur hors tout de l'équipement de travail en position de transport	габаритная высота рабочего оборудования при транспортировании	GB/T 6572.1—1997 (eqv ISO 7135:1993)
110	有效载荷	payload	charge utile	полезная нагрузка	GB/T 25605—2010 (ISO 7132:2003,MOD)
111	提升时间	raising time	temps de levage	время подъема ковша	GB/T 25604—2010 (ISO/DIS 7131:2007,MOD)
112	最大挖掘深度时挖掘半径	reach at maximum digging depth	portée à la profondeur maximale d'excavation	радиус копания при максимальной глубине копания	GB/T 6572.1—1997 (eqv ISO 7135:1993)
113	最大高度的挖掘半径	reach at maximum height	portée à la hauteur maximale	вылет при максимальной высоте	GB/T 6572.1—1997 (eqv ISO 7135:1993)
114	最高提升时的伸距	reach fully raised	portées en levage maximal	вылет кромки ковша при разгрузке	GB/T 25604—2010 (ISO/DIS 7131:2007,MOD)
115	最大高度的卸载半径	reach to bucket pin centre at maximum height	portée du centre de l'axe du godet à la hauteur maximale	вылет шарнира ковша при максимальной высоте подъема	GB/T 6572.1—1997 (eqv ISO 7135:1993)
116	回转中心至后桥距离	rear axis to axis of rotation	distance entre l'essieu arrière et l'axe de rotation	расстояние от оси вращения до оси заднего моста	GB/T 6572.1—1997 (eqv ISO 7135:1993)
117	后桥到转向铰接点的间距	rear axle to pivot of articulated steering	pont arrière à l'articulation	расстояние от заднего моста до шарнира сочлененной рамы	GB/T 18577.1—2008 (ISO 6746-1:2003,IDT)
118	后伸部分	rear overhang	porte-à-faux par rapport à la surface de montage pour équipement optionnel	свес задней монтажной поверхности	GB/T 18577.1—2008 (ISO 6746-1:2003,IDT)

表(续)

序号	中　文	English(英文)	Français(法文)	Русский(俄文)	中国标准编号(采用的国际标准)
119	后桥至后支腿中心的距离	rear pad centre to rear axle	distance du centre du patin arrière à l'essieu arrière	вынос задних опор относительно заднего моста	GB/T 6572.1—1997 (eqv ISO 7135:1993)
120	上部总成右侧至回转中心宽度	right side upper structure distance from axle of rotation	distance entre la partie droite de la superstructure et l'axe de rotation	расстояние от оси вращения до правого края поворотной платформы	GB/T 6572.1—1997 (eqv ISO 7135:1993)
121	运输高度	shipping height	hauteur (de chargement)	отгрузочная высота	GB/T 18577.1—2008 (ISO 6746-1:2003,IDT)
122	伸出距离	shoulder reach	portée latérale	вылет отвала	GB/T 7920.9—2003 (ISO 7134:1993,MOD)
123	扫雪装置前端高度	snowplough height at leading end	hauteur du chasse-neige au bord d'attaque	высота передка плуга снегоочистителя	GB/T 7920.9—2003 (ISO 7134:1993,MOD)
124	扫雪装置最大高度	snowplough maximum height	hauteur maximale du chasse-neige	максимальная высота плуга снегоочистителя	GB/T 7920.9—2003 (ISO 7134:1993,MOD)
125	回转中心至驱动轮轴的距离	sprocket axis to axis of rotation	distance entre l'axe du pignon et l'axe de rotation	расстояние от оси цепного колеса до оси вращения	GB/T 6572.1—1997 (eqv ISO 7135:1993)
126	尾部回转半径	swing (rear end) radius	rayon de pivotement (extrémité arrière)	радиус хвостовой части поворотной платформы	GB/T 6572.1—1997 (eqv ISO 7135:1993)
127	串联轴中心距	tandem centre distance	entre-axes du tandem	расстояние между осями колес сдвоенного моста	GB/T 25605—2010 (ISO 7132:2003,MOD)
128	货叉水平段宽度	tines width	largeur des dents	ширина по вилкам грузовых вил	GB/T 25604—2010 (ISO/DIS 7131:2007,MOD)
129	极限倾翻载荷	tipping load at maximum reach	charge de basculement	опрокидывающая нагрузка	GB/T 25604—2010 (ISO/DIS 7131:2007,MOD)
130	履带中心距	track gauge	voie	колея гусеничной машины	GB/T 18577.1—2008 (ISO 6746-1:2003,IDT)
131	履带轨距	track gauge,track extended or retracted	voie (étendue ou rétractée)	колея гусеничной машины с выступающими и невыступающими гусеницами	GB/T 6572.1—1997 (eqv ISO 7135:1993)
132	履带板宽度	track shoe width	largeur du patin	ширина башмака гусеницы	GB/T 18577.1—2008 (ISO 6746-1:2003,IDT)

表（续）

序号	中　文	English(英文)	Français (法文)	Русский(俄文)	中国标准编号 (采用的国际标准)
133	轮缘牵引力	tractive force rimpull	effect à la jante	тяговое усилие машины	GB/T 25605—2010 (ISO 7132:2003,MOD)
134	带直接传动变速器的牵引力	tractive force with direct drive transmission	effect à la jante avec transmission directe	тяговое усилие машины с прямой передачей	GB/T 25605—2010 (ISO 7132:2003,MOD)
135	带动力换挡变速器[电传动][液压传动]的轮缘牵引力	tractive force rimpull with powershift transmission [electric drive] [hydrostatic drive]	effect à la jante avec servotransmission [transmission électrique] [transmission hydrostatique]	тяговое услилие на ведущих колесах машины с силовой передачей [электрическим приводом] [гидростатическим приводом]	GB/T 25605—2010 (ISO 7132:2003,MOD)
136	运输高度	transport height	hauteur de transport	высота в транспортном положении	ISO 7131:1997
137	轮距（轮胎式）	tread (wheel type)	voie 〈engins sur roues〉	колея (колесной машины)	GB/T 18577.1—2008 (ISO 6746-1:2003,IDT)
138	转弯半径	turning radius	rayon de braquage	радиус поворота машины	GB/T 18577.1—2008 (ISO 6746-1:2003,IDT)
139	下部总长	undercarriage overall length	longueur hors tout du châssis	габаритная длина ходовой части	GB/T 6572.1—1997 (eqv ISO 7135:1993)
140	下部总成的总宽	undercarriage overall width	largeur hors tout du châssis	габаритная ширина ходовой части	GB/T 6572.1—1997 (eqv ISO 7135:1993)
141	上部总成的总宽	upper structure overall width	largeur hors tout de la superstructure	габаритная ширина поворотной части	GB/T 6572.1—1997 (eqv ISO 7135:1993)
142	回转中心至上部总成尾部的距离	upper structure rearmost distance from axis of rotation	distance entre l'arrière de la superstructure et l'axe de rotation	расстояние от оси вращения до заднего края поворотной части	GB/T 6572.1—1997 (eqv ISO 7135:1993)
143	轴距	wheel base	empattement 〈engins sur roues〉	база колесной машины	GB/T 18577.1—2008 (ISO 6746-1:2003,IDT)
144	车轮倾斜角	wheel lean angle	angle d'inclinaison des roues	угол наклона колес	GB/T 7920.9—2003 (ISO 7134:1993,MOD)
145	轴距（拖挂车）	wheel base (trailer)	empattement 〈remorque〉	колесная база полуприцепа	GB/T 25605—2010 (ISO 7132:2003,MOD)
146	抓铲闭合宽度	width of closed grab	largeur du grappin fermé	ширина закрытого грейфера	GB/T 6572.1—1997 (eqv ISO 7135:1993)

表（续）

序号	中　文	English(英文)	Français (法文)	Русский(俄文)	中国标准编号 (采用的国际标准)
147	铲削宽度	width of cut	largeur de coupe	ширина резания	GB/T 7920.8—2003 (ISO 7133:1994,MOD)
148	张开抓斗的宽度	width of open grab	largeur du grappin ouvert	ширина открытого грейфера	GB/T 18577.2—2008 (ISO 6746-2:2003,IDT)
149	支腿伸展时的中心宽度	width of pad centres outrigger or stabilizer extended	entraxes des patins de stabilisateurs	ширина по осям оснований выдвинутых выносных опор	GB/T 6572.1—1997 (eqv ISO 7135:1993)
150	配重伸出时的宽度	width with counterweight extended	largeur de l'engin contrepoids sorti	ширина с вынесенным противовесом	GB/T 22352—2008 (ISO 7136:2006,IDT)
151	配重收回时的宽度	width with counterweight retracted	largeur de l'engin contrepoids rentré	ширина с придвинутым противовесом	GB/T 22352—2008 (ISO 7136:2006,IDT)

参考文献

中文 [对应中国国家标准编号及采用程度]	Bibliography（英文）	Bibliographie（法文）	Библиография（俄文）
[1] ISO 6746-1:2003 土方机械 尺寸与符号的定义 第1部分:主机 [GB/T 18577.1—2008,IDT]	[1] ISO 6746-1:2003,Earth-moving machinery—Definitions of dimensions and codes—Part 1: Base machine	[1] ISO 6746-1:2003,Engins de terrassement—Définitions des dimensions et des codes—Partie 1:Engin de base	[1] ISO 6746-1:2003,Машины землеройные. Определения и условные обозначения размерных характеристик. Часть 1. Базовая машина
[2] ISO 6746-2:2003 土方机械 尺寸与符号的定义 第2部分:工作装置和附属装置 [GB/T 18577.2—2008,IDT]	[2] ISO 6746-2:2003,Earth-moving machinery—Definitions of dimensions and codes—Part 2: Equipment and attachments	[2] ISO 6746-2:2003,Engins de terrassement—Définitions des dimensions et des codes—Partie 2:Équipements et accessoires	[2] ISO 6746-2:2003,Машины землеройные. Определения и условные обозначения размерных характеристик. Часть 2. Рабочее оборудование
[3] ISO 6747:1998 土方机械 推土机 术语和商业规格 [GB/T 8590—2001,eqv]	[3] ISO 6747:1998,Earth-moving machinery—Tractor-dozers—Terminology and commercial specifications	[3] ISO 6747:1998,Engins de terrassement—Bouteurs—Terminplogie et spécifications commerciales	[3] ISO 6747:1998,Машины землеройные. Тракторы. Терминология и техническая характеристика для коммерческой документации
[4] ISO/DIS 7131:2007 土方机械 装载机 术语和商业规格 [GB/T 25604—2010,MOD]	[4] ISO/DIS 7131:2007,Earth-moving machinery—Loaders—Terminology and commercial specifications	[4] ISO/DIS 7131:2007,Engins de terrassement—Chargeuses—Terminplogie et spécifi-cations commerciales	[4] ISO/DIS 7131:2007,Машины землеройные. Погрузчики. Термины,определения и техническая характеристика для коммерческой документации
[5] ISO 7132:2003 土方机械 自卸车 术语和商业规格 [GB/T 25604—2010,MOD]	[5] ISO 7132:2003,Earth-moving machinery—Dumpers—Terminology and commercial specifications	[5] ISO 7132:2003,Engins de terrassement—Tombereaux—Terminplogie et spécifications commerciales	[5] ISO 7132:2003,Машины землеройные. Землевозы. Термины,определения и техническая характеристика для коммерческой документации

中文 [对应中国国家标准编号及采用程度]	Bibliography（英文）	Bibliographie（法文）	Библиография（俄文）
[6] ISO 7133:1994　土方机械　铲运机　术语和商业规格 [GB/T 7920.8—2003,MOD]	[6] ISO 7133:1994,Earth-moving machinery—Tractor-scrapers—Terminology and commercial specifications	[6] ISO 7133:1994, Engins de terrassement—Décapeuses—Terminplogie et spécifications commerciales	[6] ISO 7133:1994,Машины землеройные. Самоходные скреперы. Термины,определения и техническая характеристика для коммерческой документации
[7] ISO 7134:1993　土方机械　平地机　术语和商业规格 [GB/T 7920.9—2003,MOD]	[7] ISO 7134:1993,Earth-moving machinery—Graders—Terminology and commercial specifications	[7] ISO 7134:1993, Engins de terrassement—Niveleuses—Terminplogie et spécifications commerciales	[7] ISO 7134:1993,Машины землеройные. Скреперы с элеваторной загрузкой. Расчет вместимости ковша
[8] ISO 7135:1993　土方机械　液压挖掘机　术语和商业规格 [GB/T 6572.1—1997,eqv]	[8] ISO 7135:1993,Earth-moving machinery—Hydraulic excavators—Terminology and commercial specifications	[8] ISO 7135:1993, Engins de terrassement—Pelles hydrauliques—Terminplogie et spécifications commerciales	[8] ISO 7135:1993,Машины землеройные. Гидравлические экскаваторы определения и техническая характеристика для коммерческой документации
[9] ISO 7136:1998　土方机械　吊管机　术语和商业规格 [GB/T 22352—2008,IDT]	[9] ISO 7136:1998,Earth-moving machinery—Pipelayers—Definitions and commercial specifications	[9] ISO 7136:1998, Engins de terrassement—Tracteurs poseurs de canalisations—Définitions et spécifications commerciales	[9] ISO 7136:1998,Машины землеройные. Погрузчики. Термины,определения и техническая характеристика для коммерческой документации
[10] ISO 7131:1997　土方机械　装载机　术语和商业规格	[10] ISO 7131:1997,Earth-moving machinery—Loaders—Terminology and commercial specifications	[10] ISO 7131:1997,Engins de terrassement—Chargeuses—Terminplogie et spécifications commerciales	[10] ISO 7131:1997,Машины землеройные. Погрузчики. Термины,определения и техническая характеристика для коммерческой документации

中 文 索 引

Alphabetical index(英文索引)

Index alphabétique（法文索引）

L

P

R

T

V

Алфавитный указатель (俄文索引)

Б

В

Г

Д

К

М

Н

О

П

Р

С

Т

У

Ш

ICS 53.100
P 97

中华人民共和国国家标准

GB/T 25688.1—2010/ISO 4510-1:1987

土方机械 维修工具
第1部分:通用维修和调整工具

Earth-moving machinery—Service tools—
Part 1:Common maintenance and adjustment tools

(ISO 4510-1:1987,IDT)

2010-12-23 发布　　2011-07-01 实施

中华人民共和国国家质量监督检验检疫总局
中国国家标准化管理委员会　发布

前　　言

GB/T 25688《土方机械　维修工具》分为两个部分：

——第1部分：通用维修和调整工具；

——第2部分：机械式拉拔器和推拔器。

本部分为GB/T 25688的第1部分。

本部分等同采用ISO 4510-1:1987《土方机械　维修工具　第1部分：通用维修和调整工具》(英文版)。

本部分等同翻译ISO 4510-1:1987。

为便于使用，本部分作了下列编辑性修改：

——删除了国际标准的前言；

——用小数点“.”代替作为小数点的“,”；

——对ISO 4510-1:1987中引用的国际标准，用已被采用为我国的标准代替对应的国际标准；

——取消了部分规格的英制数值；

——表1中的表注和脚注重新编辑；

——将“附录”改为“附录A”，并将附录中的“表2”相应改为“表A.1”。

本部分的附录A为资料性附录。

本部分由中国机械工业联合会提出。

本部分由全国土方机械标准化技术委员会(SAC/TC 334)归口。

本部分起草单位：天津工程机械研究院。

本部分主要起草人：吴红丽。

土方机械　维修工具
第1部分:通用维修和调整工具

1　范围

GB/T 25688的本部分规定了用于GB/T 8498定义的土方机械的一般现场修理、日常维修和定期调整的通用工具。

制造商应从表1中选择合适的工具进行日常维修和定期调整,并应按照GB/T 25622在适当的手册中规定维修和调整所用的工具类型。

2　规范性引用文件

下列文件中的条款通过GB/T 25688的本部分的引用而成为本部分的条款。凡是注日期的引用文件,其随后所有的修改单(不包括勘误的内容)或修订版均不适用于本部分,然而,鼓励根据本部分达成协议的各方研究是否可使用这些文件的最新版本。凡是不注日期的引用文件,其最新版本适用于本部分。

GB/T 8498　土方机械　基本类型　识别、术语和定义(GB/T 8498—2008,ISO 6165:2006,IDT)

GB/T 25622　土方机械　司机手册　内容和格式(GB/T 25622—2010,ISO 6750:2005,IDT)

3　类型和规格

表1"规格"中的公制和英制规格不是相等的,但代表了符合公制和英制名称工具的实际尺寸大小。因此,没有给出与每个公制尺寸相等的英制尺寸。

4　手工工具的应用

附录A列出了在现场何时使用和如何使用表1中用于土方机械一般现场修理、日常维修和定期调整的手工工具的一般指导。

表1　通用维修和调整工具　　单位为毫米(括号内为英寸)

序号	名　称	规　格	图　例
1	两用扳手[a]	S=8,10,12,13,14,16,17,18,19,21,22,24,27,30,32,34 (5/16,3/8,7/16,1/2,9/16,5/8,11/16,3/4,13/16,7/8,15/16,1⅛)	
2	单头呆扳手	S=36,41,46,50,55,60 (1 5/16,1½,1 11/16,1⅞,2 1/16,2¼,2⅜)	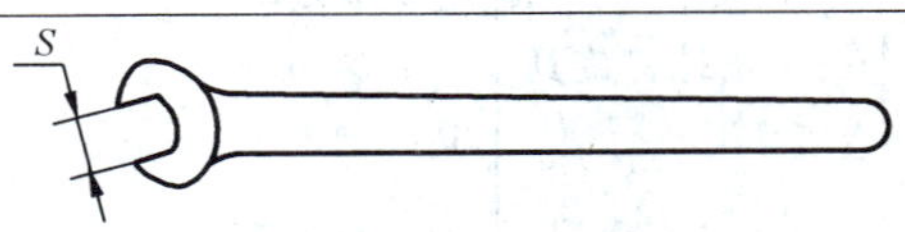
3	套筒扳手	12.5 (1/2)方头 20　(3/4)方头 S=10,12,13,14,16,17,18,19,21,22,24,27,30,32,34,36,41,46,50 (3/8,7/16,1/2,9/16,5/8,11/16,3/4,13/16,7/8,15/16,1½,1 11/16,1⅞,2 1/16,2¼)	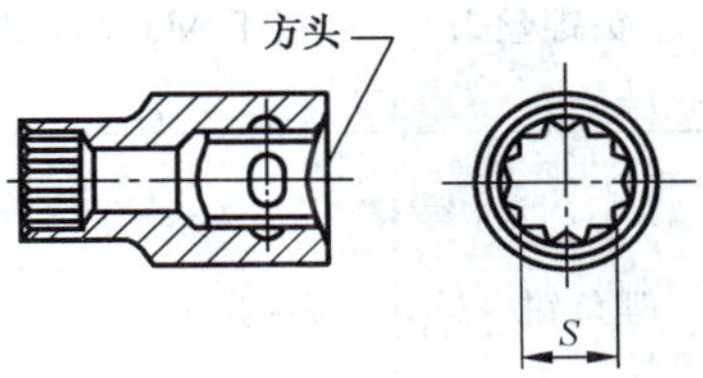

表 1（续） 单位为毫米（括号内为英寸）

序号	名　称	规　　格	图　　例
4	接杆	12.5 (1/2)方头 20　(3/4)方头	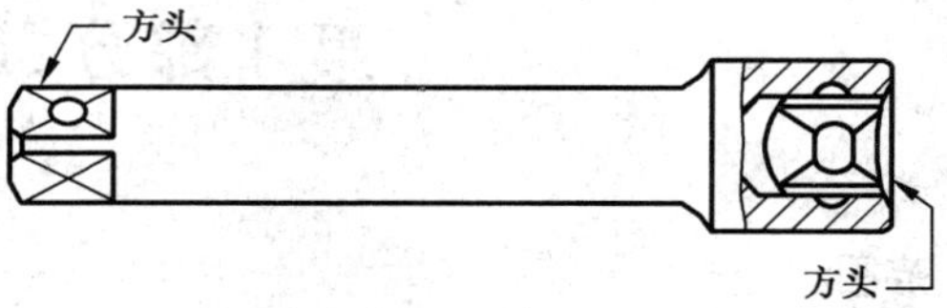
5	四方传动万向接头	12.5 (1/2)方头 20　(3/4)方头	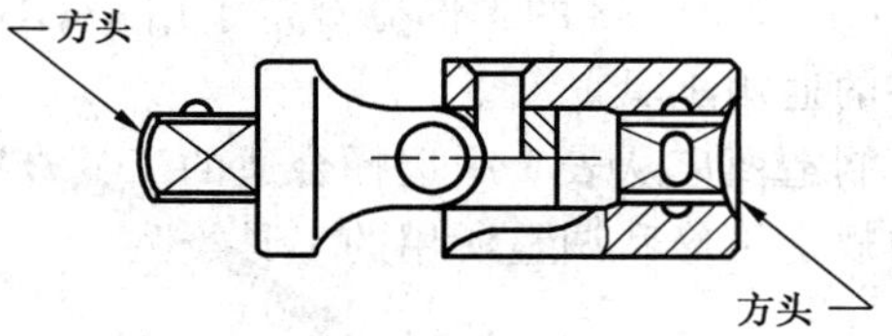
6	转向手柄	12.5 (1/2)方头 20　(3/4)方头	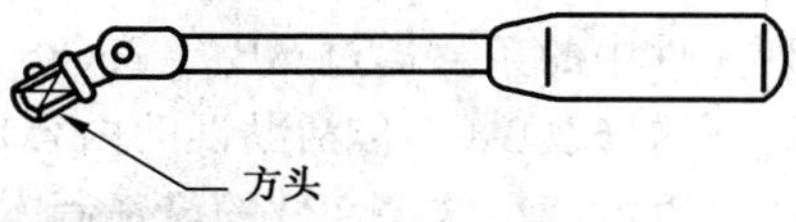
7	滑行头手柄	12.5 (1/2)方头 20　(3/4)方头	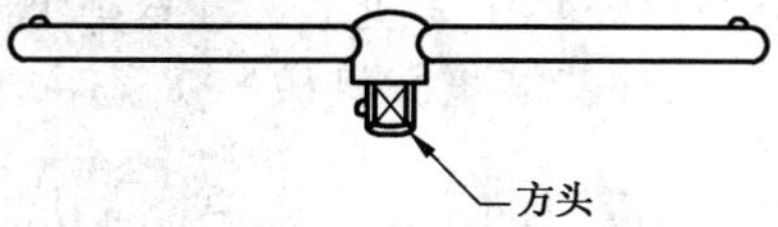
8	可逆式棘轮扳手	12.5 (1/2)方头 20　(3/4)方头	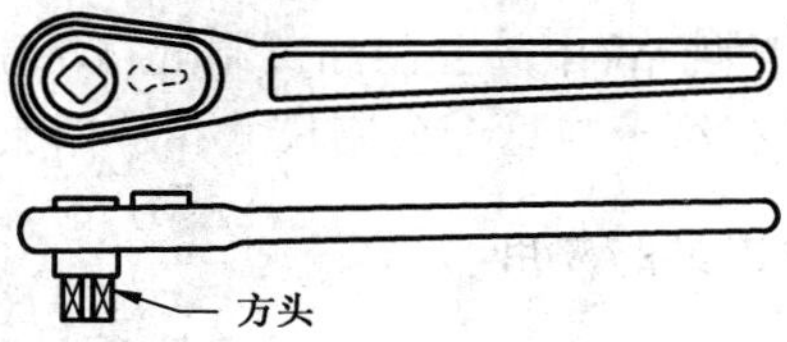
9	内六角扳手	S=3,4,5,6,8,10,12,14,17 (3/16,7/32,1/4,5/16,3/8,7/16,1/2,9/16,5/8)	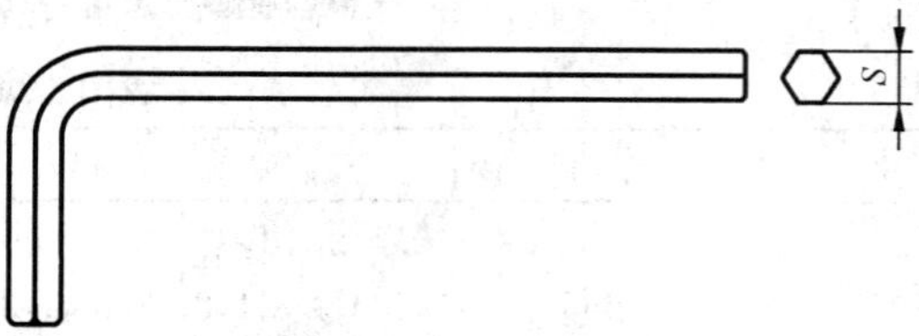
10	一字槽螺钉旋具	3 型刀口 $a \times b = 0.8 \times 5.5$，$1.2 \times 8$，$1.4 \times 12$	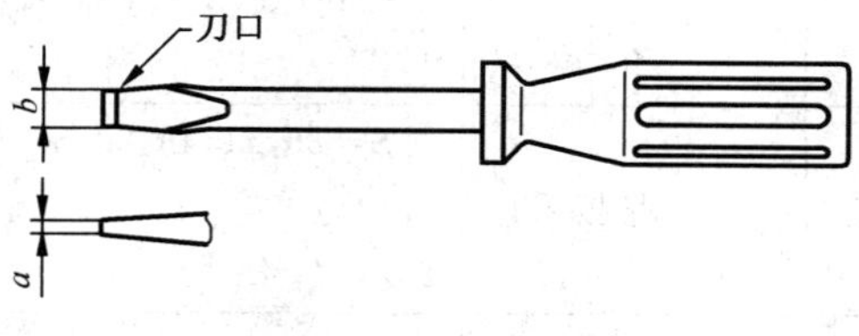
11	十字头螺丝刀	用于 M3、M4 和 M5 螺钉	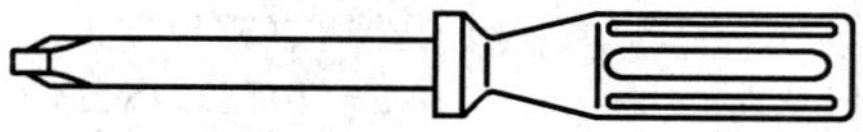
12	鲤鱼钳	l=150	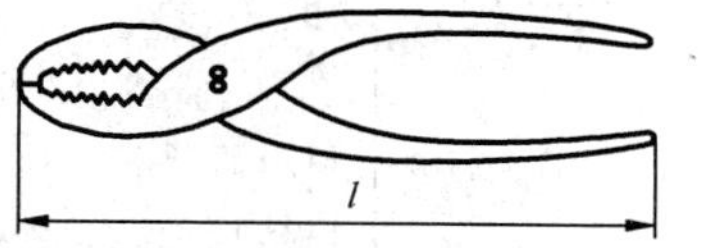

表 1（续）　　　　单位为毫米(括号内为英寸)

序号	名　称	规　　格	图　　例
13	紧带扳手	12.5 (1/2)方头	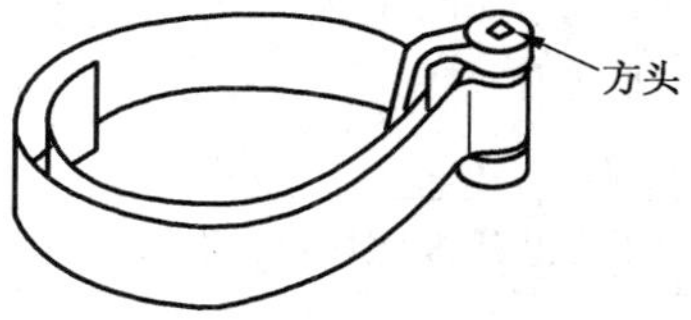
14	锤子	锤头质量=0.7 kg	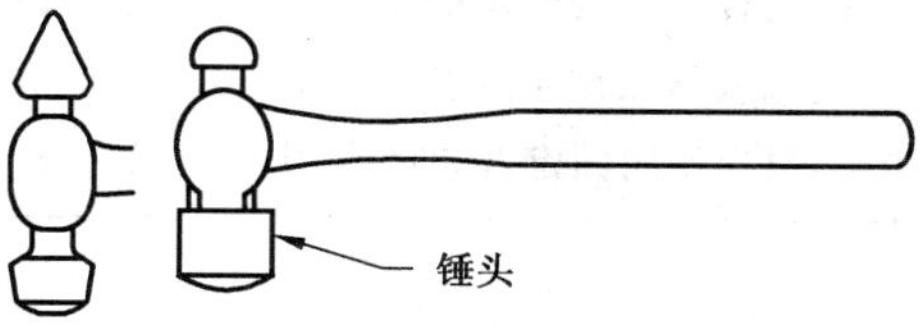
15	塞规	l=75	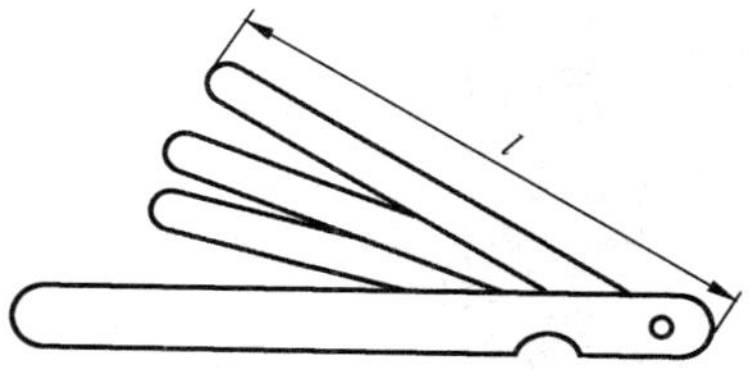
16	撬棍	l=400,750	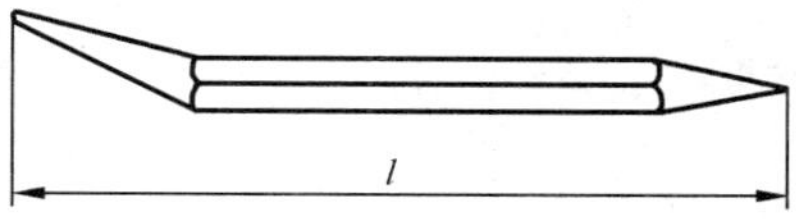
17	带软管的 黄油枪	油缸容量≥300 mL 或 300 g	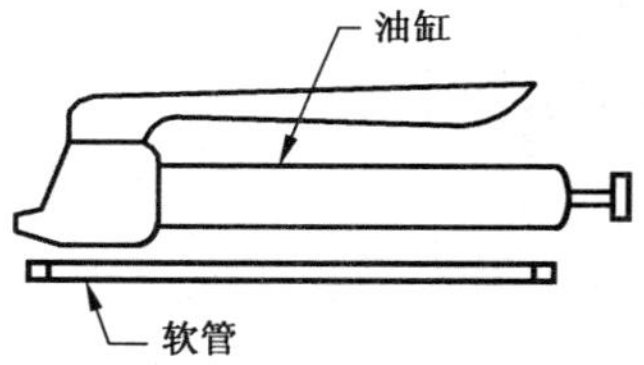
18	轮胎气压表[b]	气缸能力=1 MPa	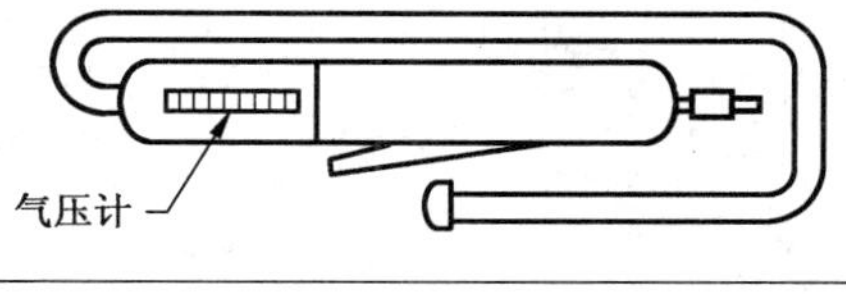
19	活扳手[c]	$a \times l$=0～29×250	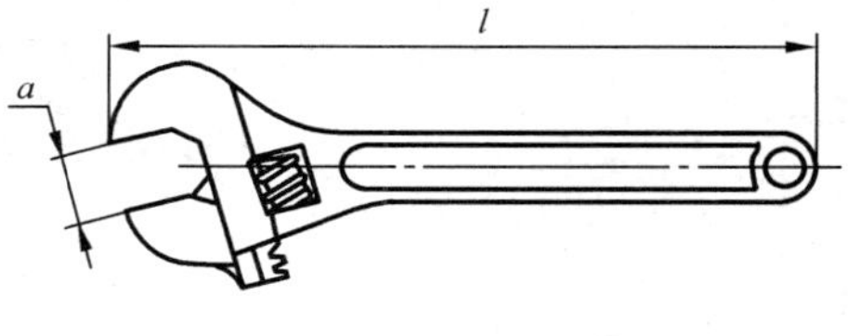
20	扭力扳手	12.5 (1/2)方头 20　(3/4)方头	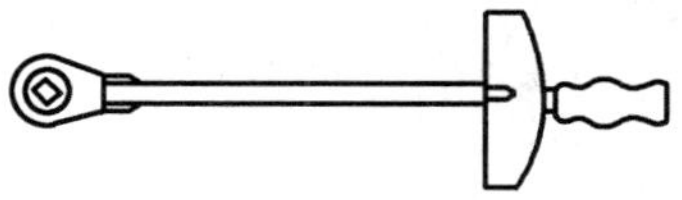
21	蓄电池接线柱 清洁器		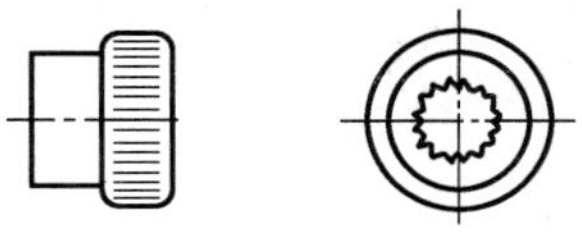

表 1（续） 单位为毫米(括号内为英寸)

序号	名　称	规　　格	图　　例
22	拉力计		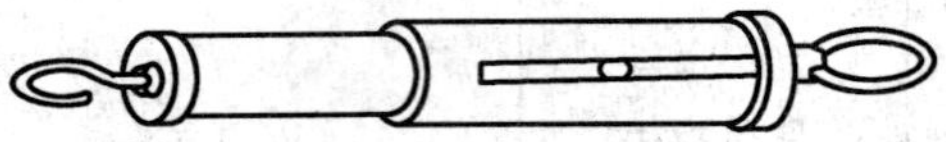
注：对于方孔排液螺堵，可用 12.5 mm 或 20 mm 方头扳手。			

[a] 两用扳手可按给定的 *S* 尺寸用开口双头扳手或双头套筒扳手代替。

[b] 轮胎气压表用于轮胎式机器。

[c] 一般应使用固定开口的专用工具，仅在没有这种专用工具时，才用活扳手。

附　录　A
（资料性附录）
现场修理、日常维修和定期调整用手工工具使用的一般指导

为使土方机械保持良好的状态，作业前、作业过程中和作业后应分别对机器进行加油、润滑、检查和调整。

表 A.1 给出了机器维修项目中所用基本工具的一般性指导。

表 A.1　手工工具使用的一般指导

序号	分类	维修项目	手工[a]	两用扳手[b]	单头呆扳手	套筒扳手和手柄	内六角扳手	螺钉旋具	鲤鱼钳	紧带扳手	锤子	塞规	撬棍	黄油枪	轮胎气压表	活扳手[c]	套筒扭力扳手	蓄电池接线柱清洁器	拉力计
A	B	C	D	E	F	G	H	I	J	K	L	M	N	O	P	Q	R	S	T
1	发动机	1）发动机油	○			○													
		2）泵（水泵和燃油泵）	○	○		○								○					
		3）滤清器零件	○	○		○				○							○		
		4）螺栓和螺母（用于排气管、进气管、涡轮增压器、空气滤清器）		○		○													
		5）气门间隙		○				○				○							
2	仪器仪表	1）发动机转速表		○					○										
		2）车速表		○					○										
		3）电流表		○															
		4）温度表		○															
		5）压力表		○															
3	进气、冷却、燃油系统	1）燃油系统	○	○															
		2）散热器	○	○		○													
		3）气缸盖和气缸体				○											○		
		4）空气滤清器	○						○										
		5）滤清器零件（主要的和次要的）		○		○											○		
		6）喷油嘴		○		○													
		7）风扇皮带		○		○								○					○
4	电器系统	1）蓄电池		○				○	○									○	
		2）照明系统	○	○				○	○										
		3）起动系统		○		○								○					
		4）发电机		○		○													
		5）调节器				○		○				○							

表 A.1（续）

序号	分类	维修项目	手工[a]	两用扳手[b]	单头呆扳手	套筒扳手和手柄	内六角扳手	螺钉旋具	鲤鱼钳	紧带扳手	锤子	塞规	撬棍	黄油枪	轮胎气压表	活扳手[c]	套筒扭力扳手	蓄电池接线柱清洁器	拉力计
A	B	C	D	E	F	G	H	I	J	K	L	M	N	O	P	Q	R	S	T
5	传动装置和工作装置	1）离合器	○	○		○					○		○				○		
		2）变速器	○			○											○		
		3）转向装置	○	○		○											○		
		4）最终传动				○	○				○		○				○		
		5）传动轴		○		○							○	○			○		
		6）液压件	○	○		○			○								○		
6	操纵装置	1）发动机操纵		○										○					
		2）转向操纵		○										○					
		3）制动器		○										○					
7	行走装置	1）托链轮				○					○			○			○		
		2）支重轮				○					○			○			○		
		3）引导轮				○					○			○			○		
		4）履带板				○					○						○		
		5）主簧片				○					○						○		
		6）履带张紧调节装置 a）调节杆式			○	○					○								
		6）履带张紧调节装置 b）注油式		○										○					
		7）轮胎				○									○		○		

a “手工”指用手而不是用工具来维修和调整。

b 两用扳手和套筒扳手也用于拧紧机器的螺栓与螺母。

c 只有在没有两用扳手、普通扳手或套筒扳手可用时，可用活扳手。

参 考 文 献

[1] GB/T 3227—2008 螺栓螺母用装配工具 机动套筒工具的传动四方(ISO 1174-2:1996, Assembly tools for screws and nuts—Driving squares—Part 2:Driving squares for power socket tools, MOD).

[2] GB/T 3228—2009 螺栓螺母用装配工具 冲击式机动四方传动套筒的尺寸[ISO 2725-2:2007, Assembly tools for screws and nuts—Square drive sockets—Part 2:Machine-operated sockets ("impact"), IDT].

[3] GB/T 3390.1—2004 手动套筒扳手 套筒(ISO 2725-1:1996, Assembly tools for screws and nuts—Square drive sockets—Part 1:Hand-operated sockets—Dimensions, MOD).

[4] GB/T 3390.2—2004 手动套筒扳手 传动方榫和方孔(ISO 1174-1:1996, Assembly tools for screws and nuts—Driving squares—Part 1:Driving squares for hand socket tools, MOD).

[5] GB/T 3390.3—2004 手动套筒扳手 传动附件(ISO 3315:1996, Assembly tools for screws and nuts—Driving parts for hand-operated square drive socket wrenches—Dimensions and tests, MOD).

[6] GB/T 3390.4—2004 手动套筒扳手 连接附件(ISO 3316:1996, Assembly tools for screws and nuts—Attachments for hand-operated square drive socket wrenches—Dimensions and tests, MOD).

[7] GB/T 4389—1995 螺钉与螺母的装配工具 双头呆扳手、双头梅花扳手、两用扳手头部外形的最大尺寸(idt ISO 3318:1990).

[8] GB/T 4391—2008 双头扳手 对边尺寸组配(ISO 1085:1999, Assembly tools for screws and nuts—Double-ended wrenches—Size pairing, MOD).

[9] GB/T 4625—1998 螺钉和螺母的装配工具术语(idt ISO 1703:1983).

[10] GB/T 5356—2008 内六角扳手(ISO 2936:2001, Assembly tools for screws and nuts—Hexagon socket screw keys, MOD).

[11] ISO 2380-1:2004 螺栓螺母用装配工具 一字头螺钉旋具 第1部分:手动和机动旋具工作部分.

[12] ISO 2380-2:2004 螺栓螺母用装配工具 一字头螺钉旋具 第2部分:手动旋具的一般要求、旋具长度和标志.

ICS 53.100
P 97

中华人民共和国国家标准

GB/T 25688.2—2010/ISO 4510-2:1996

土方机械　维修工具　第2部分:机械式拉拔器和推拔器

Earth-moving machinery—Service tools—
Part 2:Mechanical pullers and pushers

(ISO 4510-2:1996,IDT)

2010-12-23 发布　　2011-07-01 实施

中华人民共和国国家质量监督检验检疫总局
中国国家标准化管理委员会　发布

前　言

GB/T 25688《土方机械　维修工具》分为两个部分：

——第1部分：通用维修和调整工具；

——第2部分：机械式拉拔器和推拔器。

本部分为GB/T 25688的第2部分。

本部分等同采用ISO 4510-2:1996《土方机械　维修工具　第2部分：机械式拉拔器和推拔器》(英文版)。

本部分等同翻译ISO 4510-2:1996。

为便于使用，本部分作了下列编辑性修改：

——删除了国际标准前言；

——用小数点“.”代替作为小数点的“,”；

——对ISO 4510-2:1996中引用的国际标准，用已被采用为我国的标准代替对应的国际标准；

——将“范围”中第3段参考性信息改为注的形式；

——增加了图题；

——调整了第5章的悬置段；

——对图1进行了编辑性调整；

——本部分没有规定英制尺寸，只有在必要时，才可采用与公制尺寸等效的英制尺寸。

本标准的附录A为资料性附录。

本标准由中国机械工业联合会提出。

本标准由全国土方机械标准化技术委员会(SAC/TC 334)归口。

本标准起草单位：天津工程机械研究院。

本标准主要起草人：段琳。

土方机械　维修工具
第2部分:机械式拉拔器和推拔器

1　范围

GB/T 25688的本部分规定了修理用的机械式拉拔器、推拔器、卡爪和连接装置的类型、一般要求和主要公称尺寸。

本部分适用于拆卸GB/T 8498定义的土方机械上的齿轮和轴承用的机械式拉拔器、推拔器、卡爪和连接装置。

注:制造商应考虑:

——进行修理用的拉拔器和推拔器的用法(参见附录A中图A.1、图A.4和图A.5);

——从表1～表4选择机器设计尺寸;

——按GB/T 25622在适当手册中规定的修理用工具类型。

2　规范性引用文件

下列文件中的条款通过GB/T 25688的本部分的引用而成为本部分的条款。凡是注日期的引用文件,其随后所有的修改单(不包括勘误的内容)或修订版均不适用于本部分,然而,鼓励根据本部分达成协议的各方研究是否可使用这些文件的最新版本。凡是不注日期的引用文件,其最新版本适用于本部分。

GB/T 8498　土方机械　基本类型　识别、术语和定义(GB/T 8498－2008,ISO 6165:2006,IDT)

GB/T 25622　土方机械　司机手册　内容和格式(GB/T 25622－2010,ISO 6750:2005,IDT)

GB/T 25688.1　土方机械　维修工具　第1部分:通用维修和调整工具(GB/T 25688.1—2010,ISO 4510-1:1987,IDT)

3　拉拔器/推拔器、卡爪和连接装置的类型

3.1　机械式拉拔器

机械式拉拔器类型见图1,可单独使用(参见图A.1)或与外部拉拔器卡爪(参见图A.2)结合进行拆卸操作。

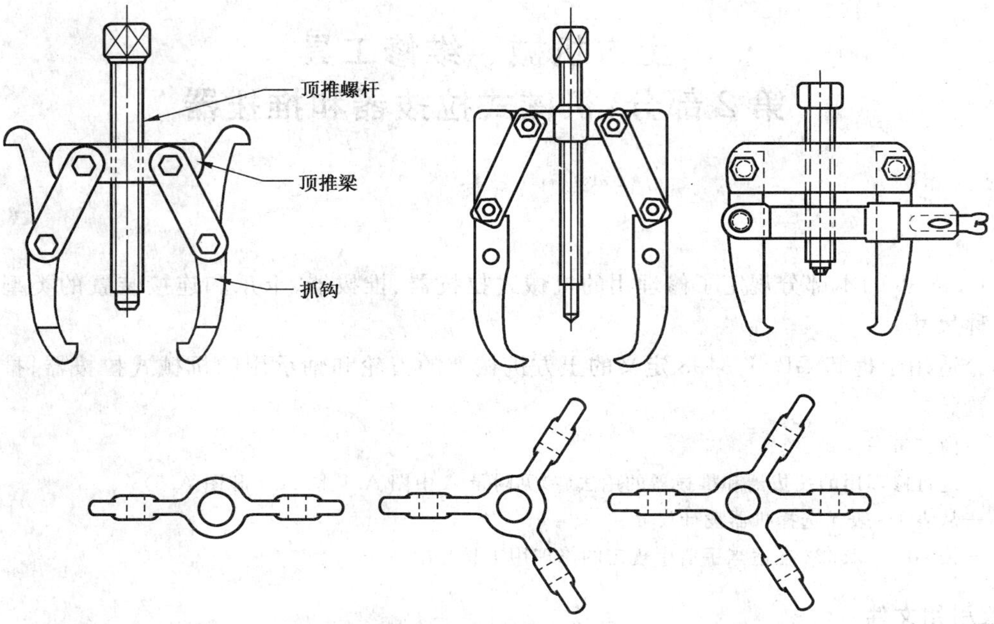

类型 1(双爪梁)　　类型 2(三爪梁)　　类型 3(双爪三爪复合梁)

a) 顶推梁

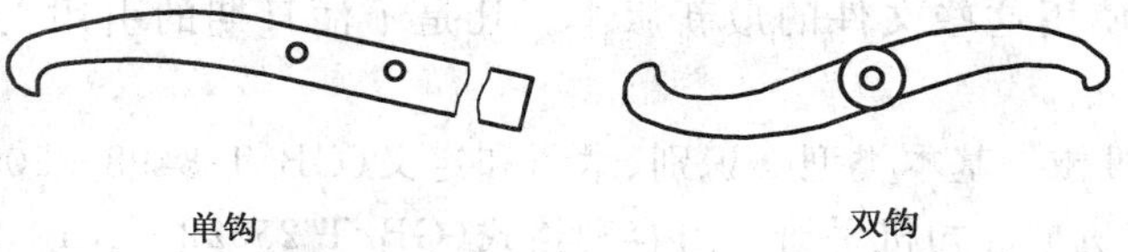

b) 抓钩

图 1　机械式拉拔器

3.2　推拔器

推拔器见图 2。推拔器可单独使用(参见图 A.4)或与内、外拉拔器卡爪结合使用(参见图 A.5 和图 A.6),进行齿轮、轴承、轴和其他压力装配零件的拆卸和安装操作。

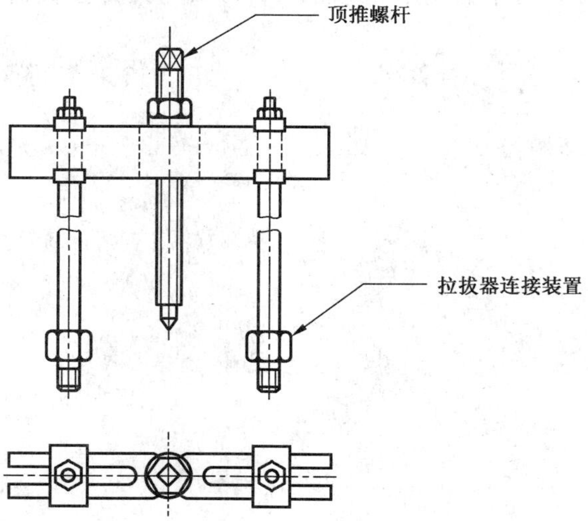

图 2　推拔器

3.3 拉拔器卡爪

内拉拔器卡爪[见图 3a)]可单独使用(参见图 A.3)或与推拔器结合使用(参见图 A.5),无破坏性地从盲孔拆卸轴承盖、油封、衬套和其他零件。

在需拆卸的零件后没有夹爪操作空间处,外部拉拔器卡爪[见图 3b)]可与拉拔器(参见图 A.2)或推拔器(参见图 A.6)结合使用,拆卸轴承外圈和其他零件。

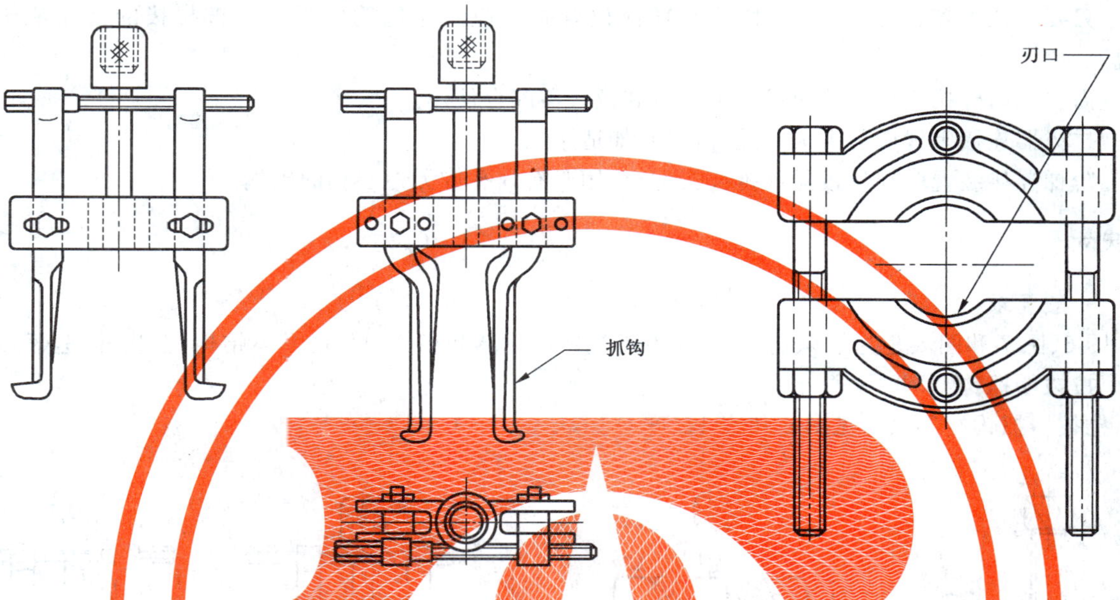

a) 内拉拔器卡爪　　b) 外拉拔器卡爪

图 3 拉拔器卡爪

3.4 拉拔器内外螺纹连接装置

拉拔器连接装置(见图 2 和图 4)用于推拔器支腿末端。

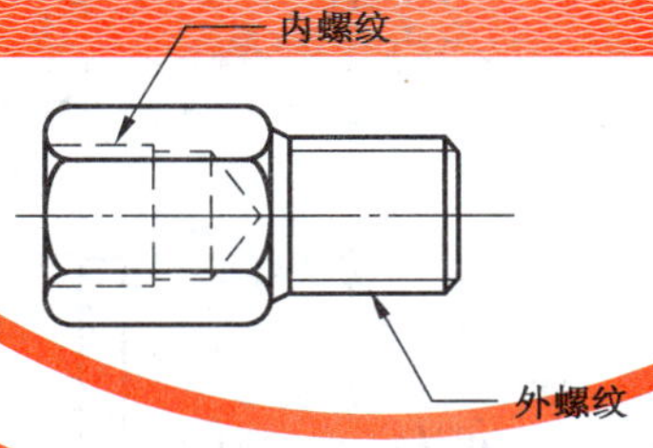

图 4 拉拔器内外螺纹连接装置

3.5 阶梯连接装置

当对拉拔器螺杆施加过度压力时,阶梯连接装置(见图 5)可用于防止轴中心线移位。连接装置也可用于拉拔器螺杆末端和空心轴之间(参见附录 A 中图 A.2、图 A.4 和图 A.6)。

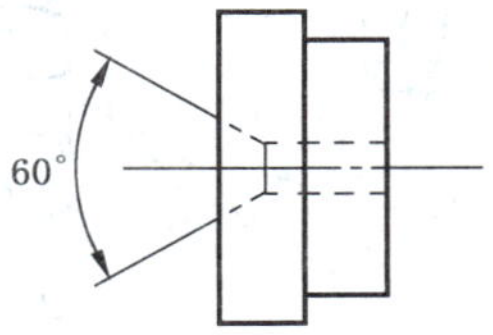

图 5 阶梯连接装置

4 一般要求

4.1 拉拔器和卡爪应设计成当零件之间间隙最小时仍可自由动作。

4.2 顶推螺杆头部和/或其紧固螺母应做成方形或六角形，其尺寸应符合 GB/T 25688.1 规定的扳手尺寸。

4.3 顶推螺杆的压紧端应做成 60°锥面，使压紧力能作用在轴心上。

4.4 只要在拉拔器性能范围内，抓钩在任何位置时都应防止抓钩的爪尖从被拉拔的齿轮或轴承上滑脱。

4.5 需要时内外拉拔器卡爪应可与推拔器和拉拔器配合使用。

4.6 拉拔器连接装置应与推拔器配合使用(如适用)。

4.7 阶梯连接装置应与拉拔器和推拔器配合，用于有内孔或无中心孔的轴端。

5 尺寸

5.1 一般要求

图 6、图 7 和图 8 是为了识别方便，而不是规定拉拔器和相关附件的具体结构(形状、构造等)。

5.2 拉拔器抓钩

拉拔器抓钩端部尺寸见图 6 和表 1。

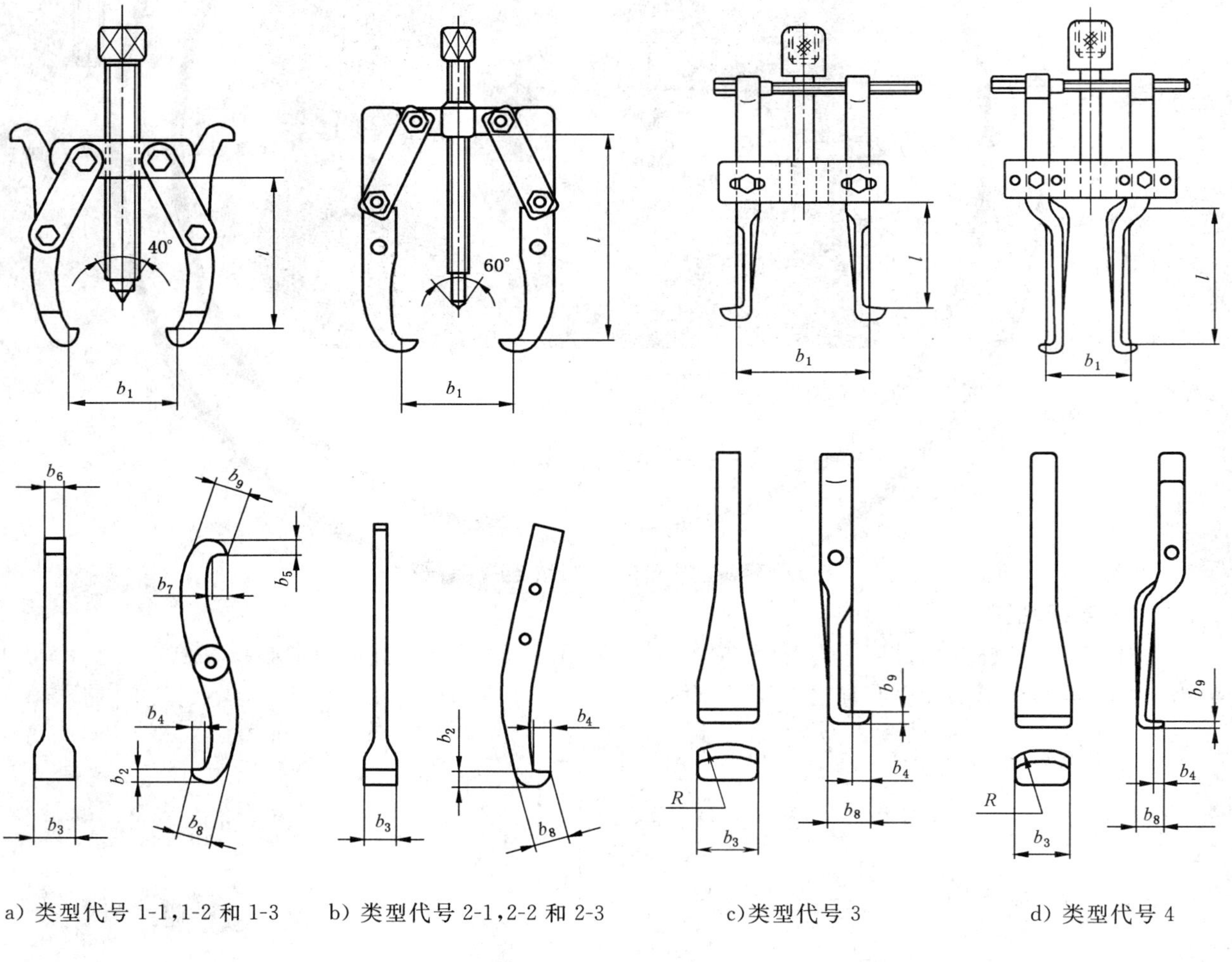

a) 类型代号 1-1,1-2 和 1-3　b) 类型代号 2-1,2-2 和 2-3　c)类型代号 3　d) 类型代号 4

图 6 拉拔器抓钩

表 1　拉拔器的抓钩尺寸

类型代号	顶推梁类型[a]	能力/kN	b_1/mm	b_2/mm	b_3/mm	b_4/mm	b_5/mm	b_6/mm	b_7/mm	b_8/mm	b_9/mm	l/mm	R/mm	相应应用宽度	
														推拔器类型[b]	拉拔器卡爪类型[c]
1-1	1、3	18	≤120	3	13	5.5	5	6.5	6	15	16	86	—	—	—
1-2	1、3	44.5	≤175	6.5	17.5	6	8	9	6.5	16	19	82.5	—	—	1
1-3	1、3	62.5	≤265	9.5	24	8	8	9.5	11.5	19	25.5	127	—	—	2、3
2-1	1、3	115.5	≤355	14.5	25.5	14.5	—	—	—	28.5	—	280	—	—	3
2-2	1、2	156	≤355	20.5	32.5	14.5	—	—	—	32.5	—	368	—	—	4
2-3	1、2	222.5	≤405	27.5	38	24	—	—	—	49.5	—	390	—	—	4、5
3	—	133.5	75～225	6.5	51	6.5	—	—	—	25.5	—	150	63.5	3	—
4	—	48	40～150	3.5	29.5	6.5	—	—	—	16	—	100	38	1、2	—

注：l 是基于标准夹爪长度。

a　见图 1。

b　见表 2。

c　见表 3。

5.3　推拔器

推拔器的尺寸见图 7 和表 2。

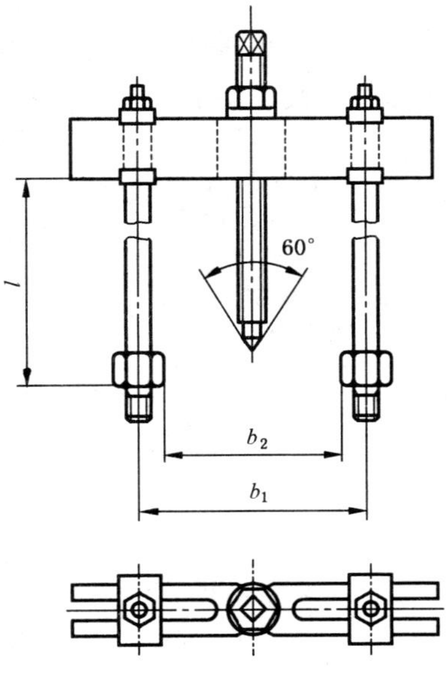

图 7　推拔器

表 2 推拔器尺寸

类型代号	能力/kN	b_1/mm	b_2/mm	l/mm
1	89	56～185	31～160	213
2	156	90～295	65～270	295
3	267	160～400	120～360	267
注：l 是基于标准支腿长度。				

5.4 拉拔器卡爪刃口

拉拔器卡爪刃口尺寸见图 8 和表 3。

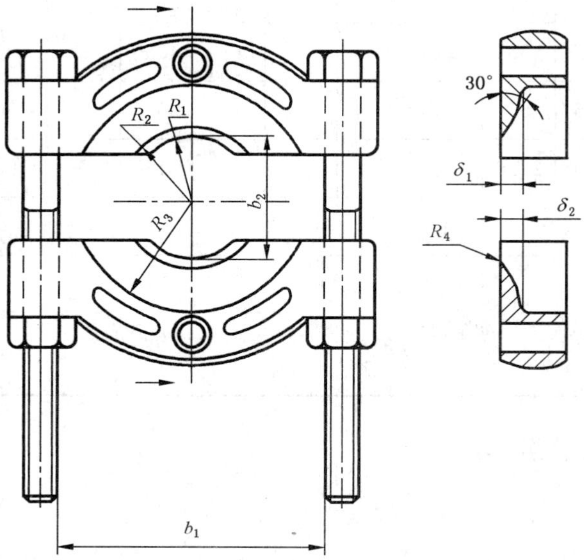

图 8 拉拔器卡爪刃口

表 3 拉拔器卡爪尺寸

类型代号	能力/kN	b_1/mm	b_2/mm	δ_1/mm	δ_2/mm	R_1/mm	R_2/mm	R_3/mm	R_4/mm	相应应用宽度	
										推拔器类型[a]	拉拔器类型[b]
1	35.5	62	5～50	2.9	4.3	15	20	25	0.2	—	1-2
2	80	110	10～110	4.5	8.7	25	32.8	48.5	0.2	1	1-3
3	133.5	152	15～135	5.5	13.3	35	44.5	73.5	0.2	2	1-3、2-1
4	178	180	15～205	7.5	15	50	63	91	0.2	3	2-2、2-3
5	178	260	20～340	9.8	15	85	102	121.5	0.2	3	2-3

a 见表 2。

b 见表 1。

5.5 拉拔器连接装置外螺纹

拉拔器连接装置外螺纹尺寸见表 4。

表 4　拉拔器连接装置外螺纹尺寸

单位为毫米

类型代号	螺　纹
1	M12×1.25
2	M12×1.75
3	M14×1.5
4	M14×2
5	M16×1.5
6	M16×2
7	M18×1.5
8	M18×2.5
9	M20×1.5
10	M20×2.5

5.6　阶梯连接装置外部尺寸

阶梯连接装置外部尺寸见图 9 和表 5。

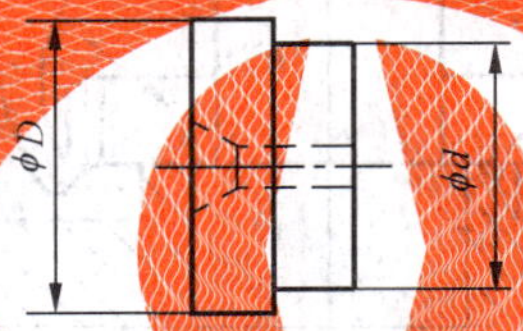

图 9　阶梯连接装置

表 5　阶梯连接装置尺寸

单位为毫米

类型代号	D	d
1	25	15
2	30	20
3	35	25
4	40	30
5	50	35
6	60	45
7	70	55
8	80	60
9	90	70
10	100	80

附 录 A
(资料性附录)
机械式拉拔器、推拔器及其附件应用示例

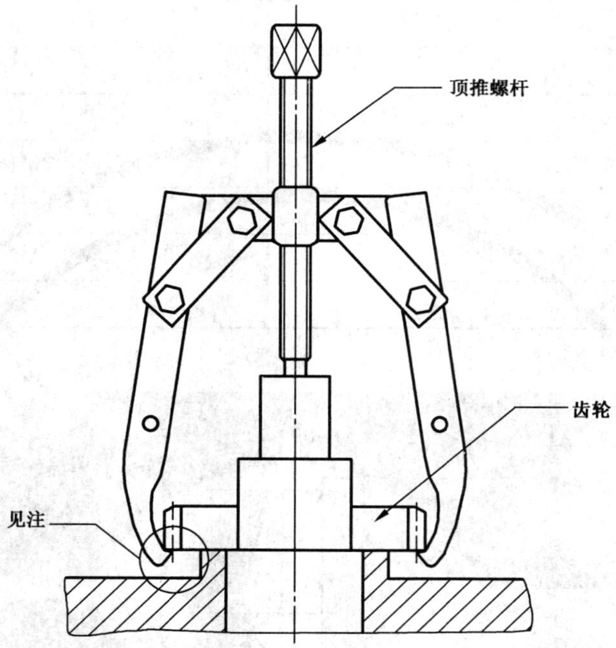

注：机器制造商应确保拉拔器抓钩有足够的操作空间。

图 A.1 机械式拉拔器

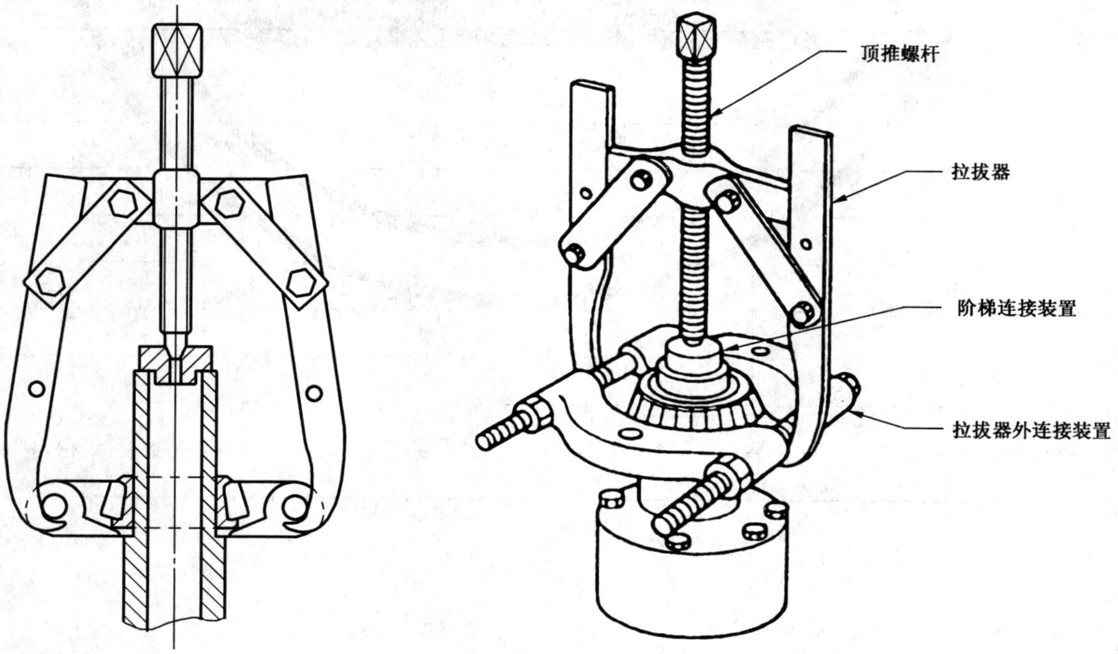

图 A.2 带外拉拔器卡爪和阶梯连接装置的拉拔器

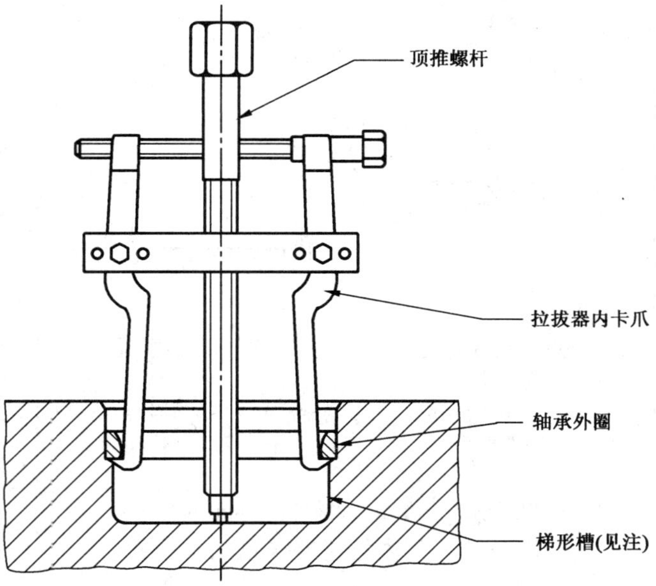

注:机器制造商应确保轴承外圈的梯形槽有内拉拔器卡爪的抓钩操作空间。

图 A.3　带顶推螺杆的内拉拔器卡爪

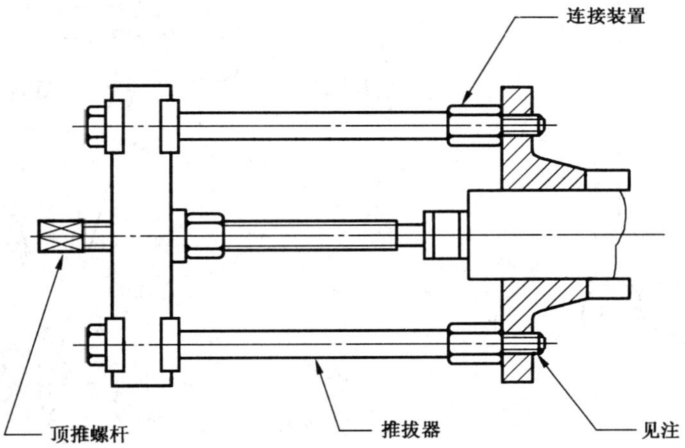

注:被拆卸零件的制造商应确保螺栓孔可容纳拉拔器支架。

图 A.4　带连接装置的推拔器

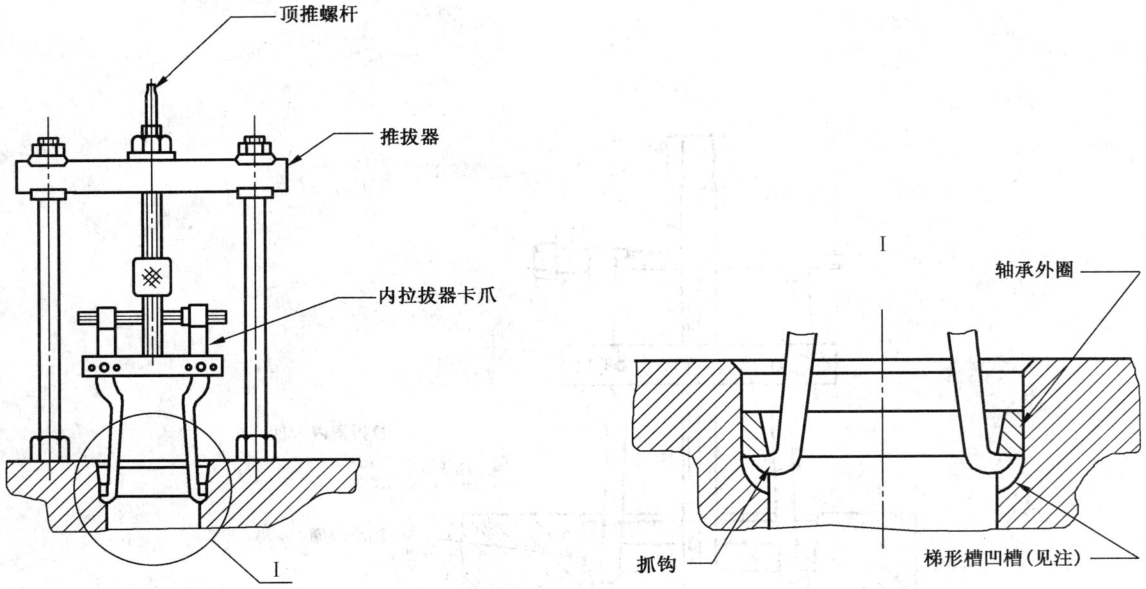

注:机器制造商应确保轴承外圈的梯形槽凹槽可容纳内拉拔器卡爪的抓钩。

图 A.5 带内拉拔器卡爪的推拔器

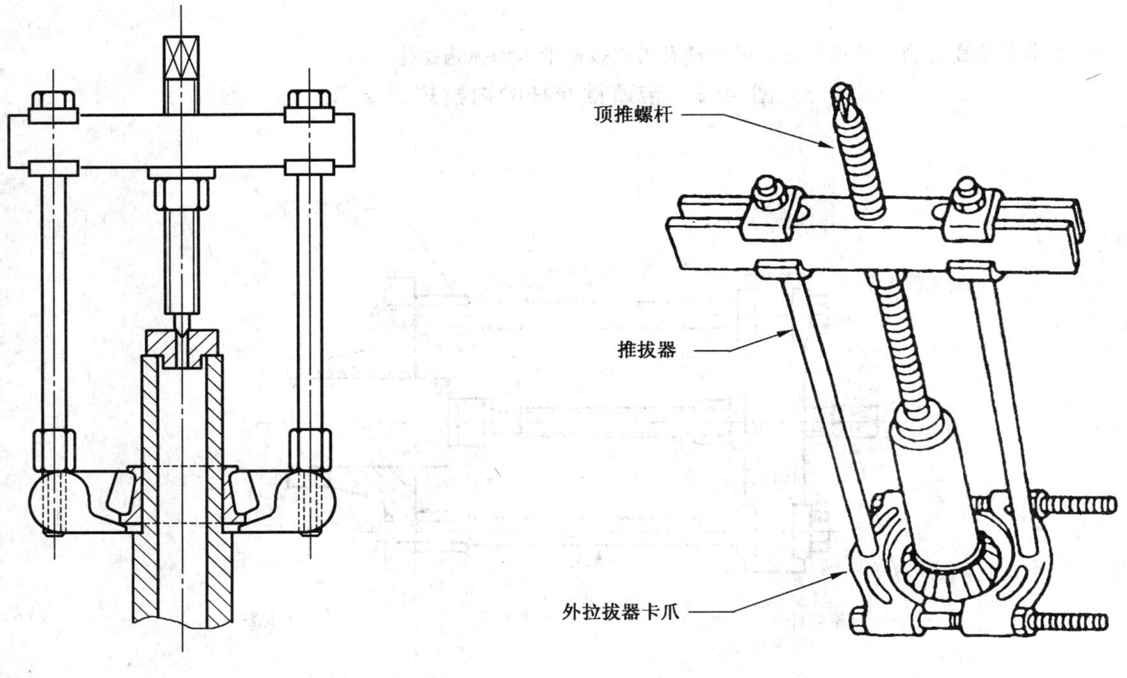

图 A.6 带外拉拔器卡爪的推拔器

ICS 53.100
P 97

中华人民共和国国家标准

GB/T 25689—2010/ISO 6483：1980

土方机械　自卸车车厢　容量标定

Earth-moving machinery—Dumper bodies—Volumetric rating

（ISO 6483：1980，IDT）

2010-12-23 发布　　　　2011-07-01 实施

中华人民共和国国家质量监督检验检疫总局
中国国家标准化管理委员会　发布

前　言

本标准等同采用ISO 6483:1980《土方机械　自卸车车厢　容量标定》(英文版)。

本标准等同翻译ISO 6483:1980。

为便于使用,本标准作了下列编辑性修改:

——“本国际标准”一词改为“本标准”;

——用小数点“.”代替作为小数点的“,”;

——删除了国际标准前言;

——对ISO 6483:1980中引用的国际标准,用已被采用为我国的标准代替对应的国际标准。

本标准由中国机械工业联合会提出。

本标准由全国土方机械标准化技术委员会(SAC/TC 334)归口。

本标准负责起草单位:天津工程机械研究院、内蒙古北方重型汽车股份有限公司。

本标准参加起草单位:厦门厦工机械股份有限公司。

本标准主要起草人:吴红丽、李来平、冯明、李蔚苹。

土方机械　自卸车车厢　容量标定

1　范围

本标准规定了自卸车车厢所能盛装典型物料容量的近似标定方法。容量标定是按照车厢内壁尺寸和堆尖物料体积而确定的。

本标准的目的在于提供一个统一的比较车厢容量的标定方法，而不是为了在各种使用场合下确定实际车厢容量。

2　规范性引用文件

下列文件中的条款通过本标准的引用而成为本标准的条款。凡是注日期的引用文件，其随后所有的修改单(不包括勘误的内容)或修订版均不适用于本标准，然而，鼓励根据本标准达成协议的各方研究是否可使用这些文件的最新版本。凡是不注日期的引用文件，其最新版本适用于本标准。

GB/T 25605　土方机械　自卸车　术语和商业规格(GB/T 25605—2010,ISO 7132:2003,MOD)

3　术语和定义

GB/T 25605 确立的以及下列术语和定义适用于本标准。

3.1

车厢　body

自卸车上盛装物料的部分，见图1和图2(用来防止人员受伤或机器损伤的防护面不作为本定义的装载平面)。

图1　自卸车车厢

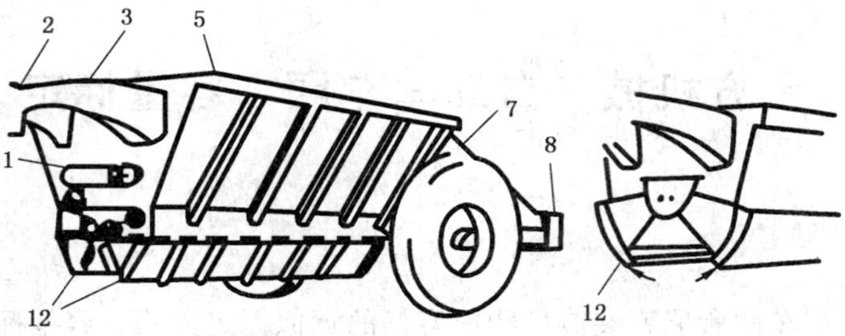

a）底部卸料

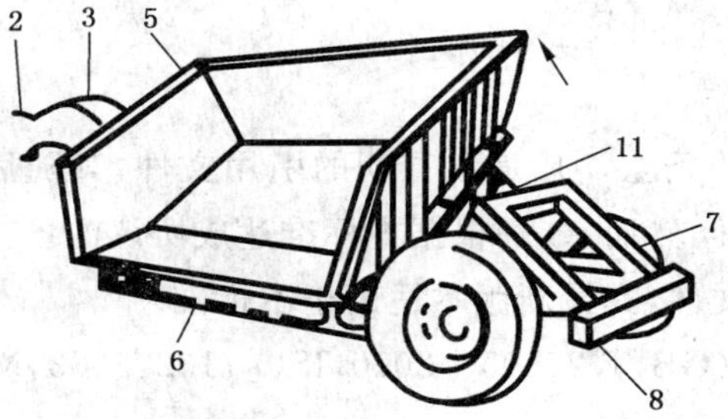

b）侧方卸料

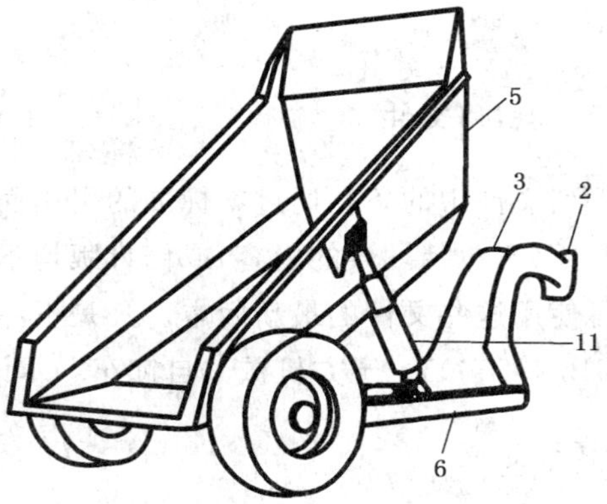

c）后方卸料

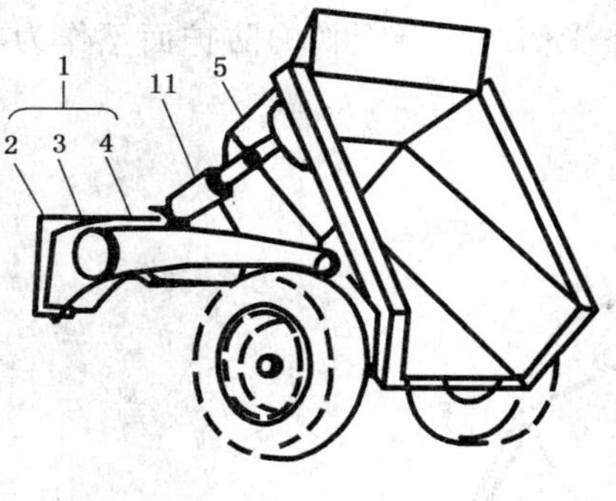

d）后方卸料

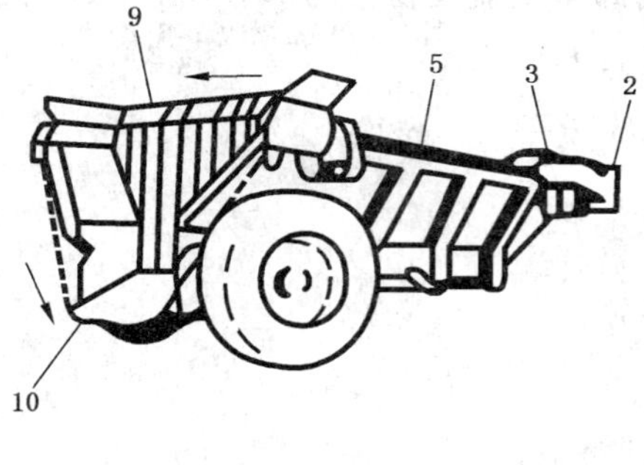

e）后方卸料

说明：

1——牵引架；
2——拖挂销轴座；
3——鹅颈式牵引架；
4——牵引臂；
5——车厢；
6——车架；
7——后枢架；
8——保险杠；
9——推料装置；
10——尾板；
11——举升液压缸；
12——车厢门。

图 2　自卸车的车厢型式

3.2

底部卸料式自卸车　bottom dumper

靠打开车厢底部卸料的自卸车。

3.3

后方卸料式自卸车　rear dumper

沿着平行于自卸车纵轴方向,向后倾卸物料的自卸车。

3.4

侧方卸料式自卸车　side dumper

沿着垂直于自卸车纵轴方向倾卸物料的自卸车。

4　容量标定

4.1　轮胎气压应符合制造商的规定,车厢应完全降落在处于水平位置的机器上。

4.2　使贮料或卸料装置处于最大容量的位置,且该位置应在这些装置正常工作的范围内。

4.3　平装容量界面

4.3.1　车厢底面、侧板、推料或贮料装置的内表面。

4.3.2　对尾部敞口卸料的车厢,其容量以通过侧板后部边缘确定的平面为界,或从卸料边缘起,按1∶1斜率向上并向里倾斜的延伸平面为界,取其中所得容量值较小者。这些平面在4.3.2.1和4.3.2.2中作了规定。对侧面开口的车厢容量,可以用同样的方法进行。

4.3.2.1　由车厢两侧板后部边缘所确定的平面(见图3)。

4.3.2.2　从卸料边缘起,斜率为1∶1的斜面(见图3)。

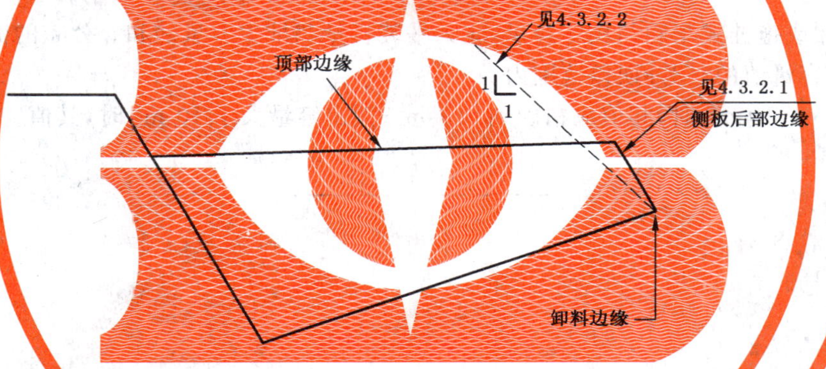

图3　平装容量界面:由侧板后部边缘或卸料边缘所确定的平面

4.3.3　由平均线确定的平面。在车厢的侧视图上平均线是一条水平线(见图4),平均线上方的车厢部分的侧面积应等于平均线下方的非车厢部分的侧面积。

4.3.4　车厢侧面内表面到平均线的垂直平面(见图4)。

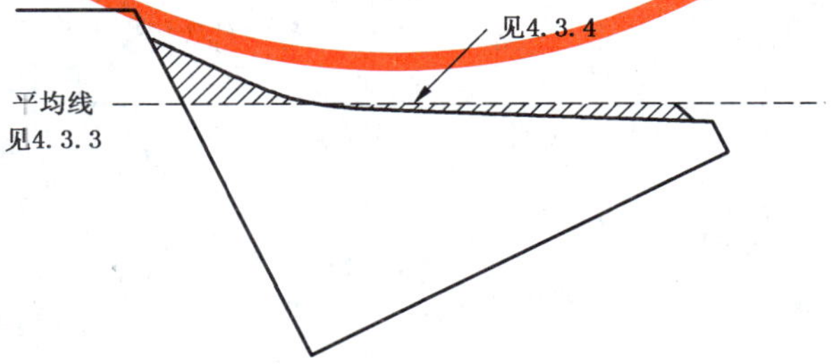

图4　平装容量界面:由平均线确定的平面

4.4　堆尖容量界面

4.4.1　在平装容量上平面的上方,能贮料的非水平面(见图5)。

4.4.2　从4.4.1和4.3.4上表面的上部边缘起,以斜度为1∶2(26.6°)向里并向上的斜面。从平装容量上表面的上部边缘起，以斜度为 1∶2(26.6°)向里并向上的斜面(见图 5)，不是说所有物料都能形成该角度，该角度只代表一般土壤或岩石的最佳安息角。

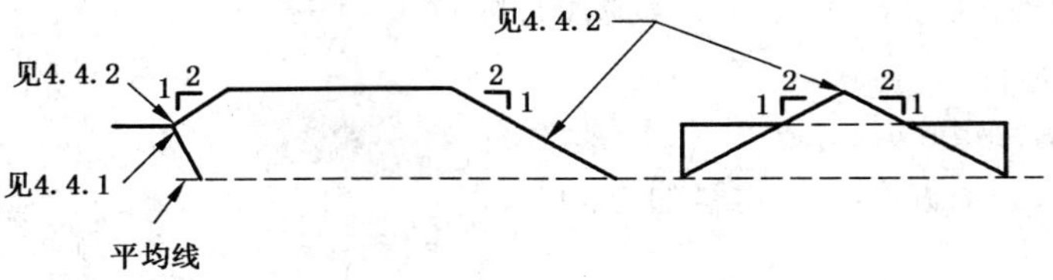

a) 尾部或侧面敞口式

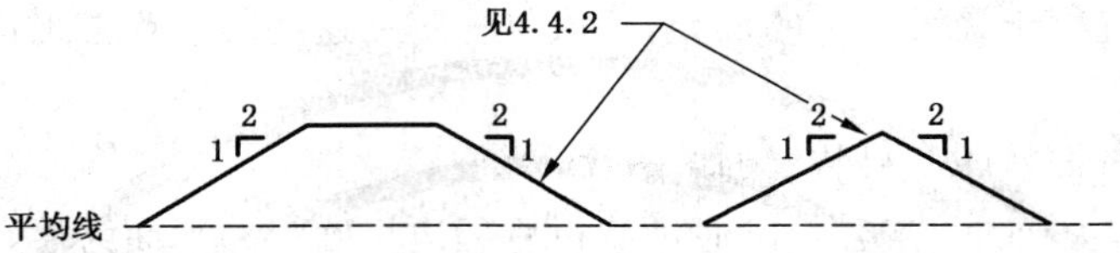

b) 闭合式车厢

图 5 堆尖容量界面

5 额定容量的表示方法

5.1 自卸车车厢或拖挂式车厢的额定容量，应为平装容量和堆尖容量之和。公布的额定容量应在用本标准方法所确定容量值的±3%误差范围内。

5.2 额定容量小于 10 m^3 时，其值应精确到 0.1 m^3；额定容量大于 10 m^3 时，其值应精确到 0.5 m^3。

ICS 53.100
P 97

中华人民共和国国家标准

GB/T 25690—2010/ISO 6484:1986

土方机械　升运式铲运机　容量标定

**Earth-moving machinery—
Elevating scrapers—Volumetric ratings**

(ISO 6484:1986,IDT)

2010-12-23 发布　　2011-07-01 实施

中华人民共和国国家质量监督检验检疫总局
中国国家标准化管理委员会　发布

前　言

本标准等同采用 ISO 6484:1986《土方机械　升运式铲运机　容量标定》(英文版)。

本标准等同翻译 ISO 6484:1986。

为便于使用,本标准作了下列编辑性修改:

——“本国际标准”一词改为“本标准”;

——用小数点“.”代替作为小数点的“,”;

——删除了国际标准前言;

——对 ISO 6484:1986 中引用的国际标准,用已被采用为我国的标准代替对应的国际标准。

本标准由中国机械工业联合会提出。

本标准由全国土方机械标准化技术委员会(SAC/TC 334)归口。

本标准起草单位:天津工程机械研究院。

本标准主要起草人:李广庆。

土方机械　升运式铲运机　容量标定

1　范围

本标准规定了升运式铲运机的铲斗所能盛装的典型物料容量的近似标定方法，容量标定是按铲斗内壁尺寸和堆尖物料体积而确定的。

本标准的目的在于提供一个统一的比较铲斗容量的标定方法，而不是为了在各种使用场合下确定实际铲斗容量。

2　规范性引用文件

下列文件中的条款通过本标准的引用而成为本标准的条款。凡是注日期的引用文件，其随后所有的修改单(不包括勘误的内容)或修订版均不适用于本标准，然而，鼓励根据本标准达成协议的各方研究是否可使用这些文件的最新版本。凡是不注日期的引用文件，其最新版本适用于本标准。

GB/T 7920.8　土方机械　铲运机　术语和商业规格(GB/T 7920.8—2003，ISO 7133:1994，MOD)

3　术语和定义

GB/T 7920.8 确立的以及下列术语和定义适用于本标准。

3.1

升运式铲运机　elevating scraper

GB/T 7920.8 定义的铲运机，具有固定在铲斗上并在装载物料时起支撑作用的动力装置。

3.2

升运式铲运机组成　elevating scraper components

见图 1、图 2 和图 3。

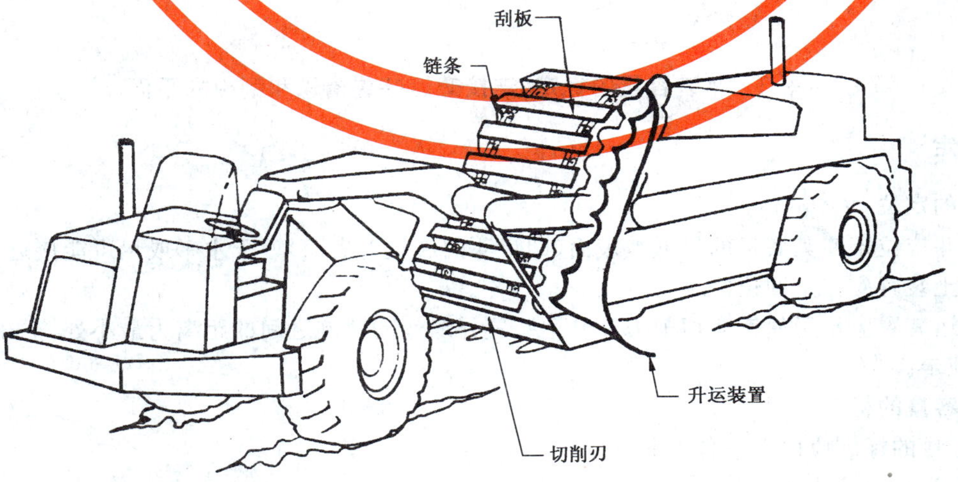

图 1　升运式铲运机

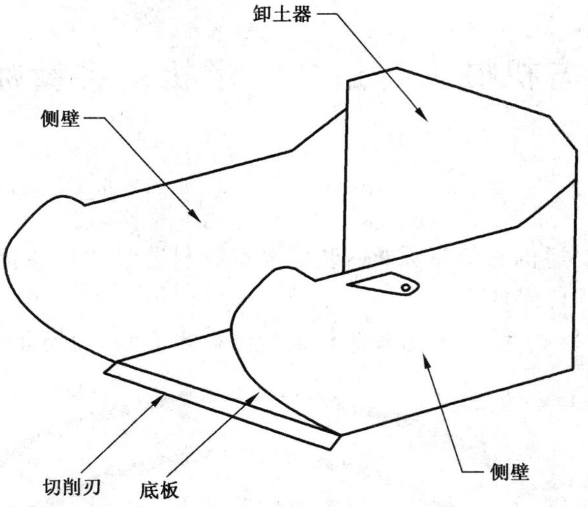

图 2　铲斗组成

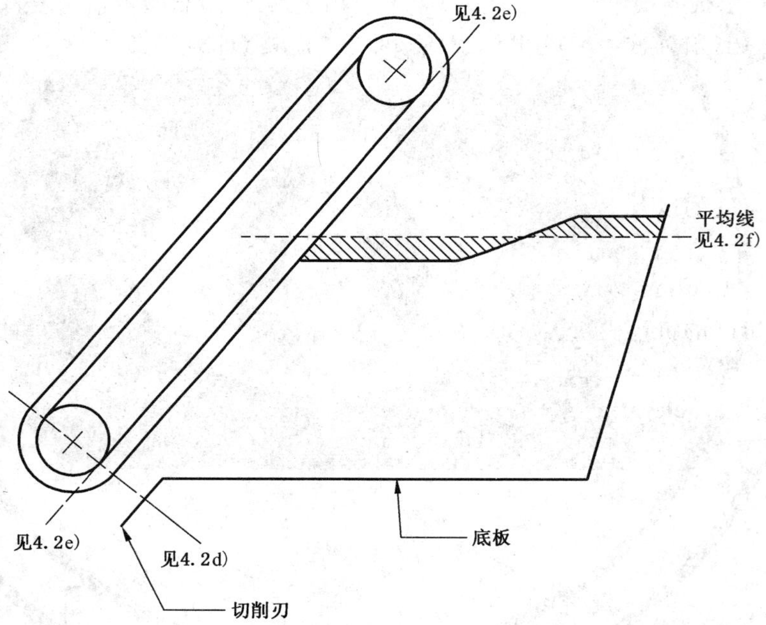

图 3　平装容量的标定:连接升运装置惰轮和刮板的平面

4　容量标定

4.1　铲斗的定位

4.1.1　铲斗应位于使其底板的最低上表面(即铲斗的底板上表面)处于水平或尽可能接近水平位置。

4.1.2　卸土装置应完全回位。

4.1.3　升运装置应位于使铲斗切削刃和升运装置外缘运动轨迹之间的距离为最小处,上述位置应在司机手册中规定。

4.2　平装容量的标定

平装容量的标定应由以下各界面组成:

a)　铲斗两侧壁的内表面;

b)　铲斗后部或卸土装置的内表面;

c)　铲斗底板的上表面;

d) 通过升运装置下端惰轮的中心线且垂直于切削刃前表面的平面(见图 3);

e) 升运装置刮板靠物料一侧的内轨迹平面及其延伸平面(见图 3);

f) 按平均直线法确定标定面,即在铲斗侧壁上端做一条平行于铲斗底板的直线,使位于该直线上方的侧壁面积与该直线下方的侧壁空缺面积相等(见图 3);

g) 通过该平均线的水平面为铲斗两侧壁上方的标定面。

4.3 堆尖容量的标定

堆尖容量的标定由以下各界面组成:

a) 平装容量的上表面所确定的平面[见 4.2f)];

b) 升运装置刮板靠物料一侧的内轨迹平面及其延伸平面[见 4.2e)];

c) 自铲斗后壁顶缘或卸土装置顶缘至升运装置刮板外缘运动轨迹的上端所做的切面(见图 4),该切面自铲斗后壁顶缘或卸土装置顶缘前上方的斜度不应小于 1∶3(18.4°),如果斜度小于 1∶3时则标定面应按 4.3d)的规定;

d) 取自升运装置刮板顶部运动轨迹的某一点,由该点向后下方做斜度为 1∶3 的切面,延伸到与铲斗后部相交;

e) 从铲斗两侧壁平均线向铲斗内上方做斜度为 1∶1(45°)的平面(见图 5)。

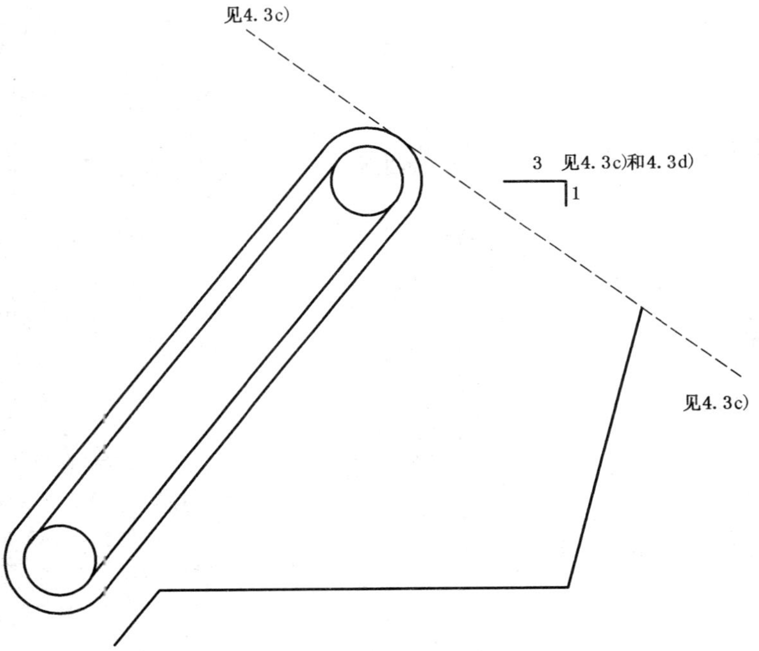

图 4 堆尖容量的标定:后端切面

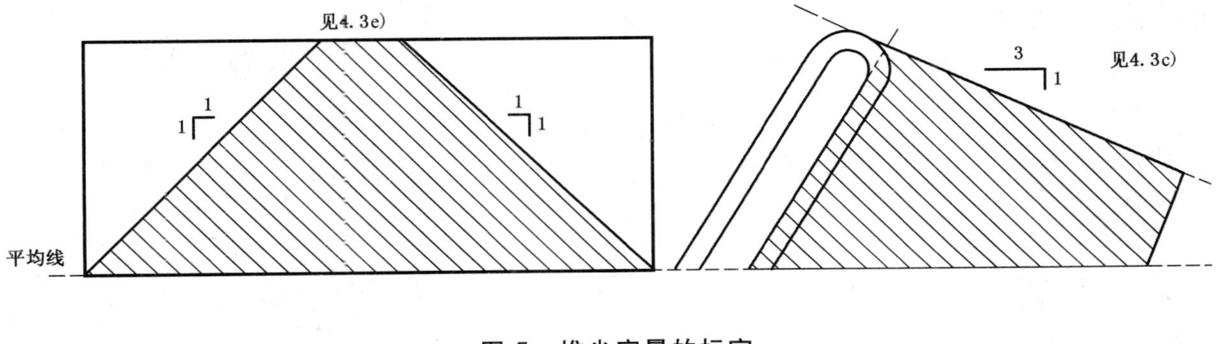

图 5 堆尖容量的标定

4.4 额定容量

额定容量为平装容量和堆尖容量的总和。

铲斗内壁局部不连续部分如加强筋、铲斗支撑臂部分等占去的容量应忽略不计。

5 容量标定值的表示方法

5.1 铲斗容量的标定值不应超出按本标准方法所确定的铲斗容量的±3%。

5.2 对于铲斗容量小于 10 m^3 的，标定值应精确到 0.1 m^3；而大于或等于 10 m^3 的，其标定值应精确到 0.5 m^3。

ICS 53.100
P 97

中华人民共和国国家标准

GB/T 25691—2010/ISO 6485:1980

土方机械　开斗式铲运机　容量标定

Earth-moving machinery—Open bowl scraper—Volumetric rating

(ISO 6485:1980,Earth-moving machinery—Tractor-scraper—Volumetric rating,IDT)

2010-12-23 发布　　2011-07-01 实施

中华人民共和国国家质量监督检验检疫总局
中国国家标准化管理委员会　发布

前　言

本标准等同采用 ISO 6485:1980《土方机械　自行式铲运机　容量标定》(英文版)。

本标准等同翻译 ISO 6485:1980。

为便于使用,本标准作了下列编辑性修改:

——标准名称改为“土方机械　开斗式铲运机　容量标定”;

——“本国际标准”一词改为“本标准”;

——用小数点“.”代替作为小数点的“,”;

——删除了国际标准前言;

——对 ISO 6485:1980 中引用的国际标准,用已被采用为我国的标准代替对应的国际标准。

本标准由中国机械工业联合会提出。

本标准由全国土方机械标准化技术委员会(SAC/TC 334)归口。

本标准负责起草单位:天津工程机械研究院。

本标准参加起草单位:厦门厦工机械股份公司。

本标准主要起草人:李广庆、李蔚苹。

土方机械　开斗式铲运机　容量标定

1　范围

本标准规定了开斗式铲运机的铲斗所能盛装的典型物料容量的近似标定方法,容量标定是按铲斗内壁尺寸和堆尖物料体积而确定的。

本标准的目的在于提供一个统一的比较铲斗容量的标定方法,而不是为了在各种使用场合下确定实际铲斗容量。

2　规范性引用文件

下列文件中的条款通过本标准的引用而成为本标准的条款。凡是注日期的引用文件,其随后所有的修改单(不包括勘误的内容)或修订版均不适用于本标准,然而,鼓励根据本标准达成协议的各方研究是否可使用这些文件的最新版本。凡是不注日期的引用文件,其最新版本适用于本标准。

GB/T 7920.8　土方机械　铲运机　术语和商业规格(GB/T 7920.8—2003,ISO 7133:1994,MOD)

3　术语和定义

GB/T 7920.8 确立的以及下列术语和定义适用于本标准。

3.1

开斗式铲运机　open bowl scraper

在牵引力的作用下使用铲斗装载物料的铲运机。牵引力可来自该铲运机,也可来自临时或长期连接的另一个铲运机或牵引车。

3.2

开斗式铲运机组成　components of open bowl scrapers

见图 1 和图 2。

图 1　开头式铲运机

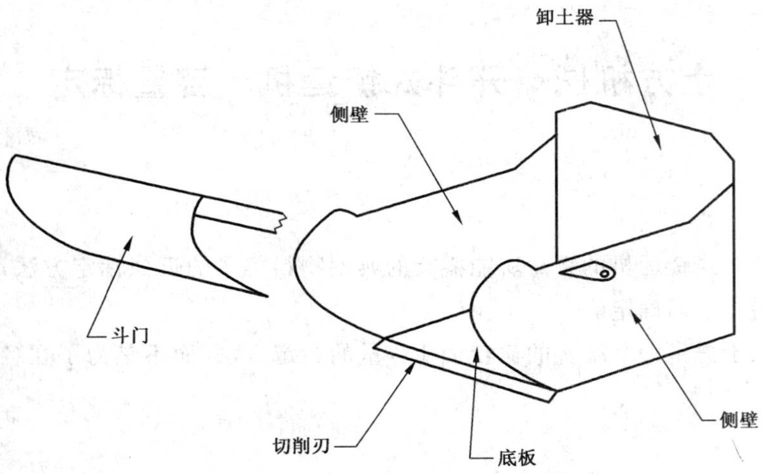

图 2　铲斗组成

4　容量标定

4.1　铲斗的定位

4.1.1　铲斗应位于使其底板的最低上表面(即铲斗的底板上表面)处于水平或尽可能接近水平位置。

4.1.2　卸土装置应完全回位。

4.1.3　斗门应完全关闭,并调整斗门,使斗门和切削刃之间的缝隙值达到最小。

4.2　平装容量的标定

4.2.1　斗门的内表面。

4.2.2　当斗门处于关闭位置,斗门顶缘低于铲斗侧壁上缘或平均线时,则由斗门顶缘向铲斗后上方做出与侧壁平均线平面的斜度为 1 : 1(45°)的平面,见图 3。

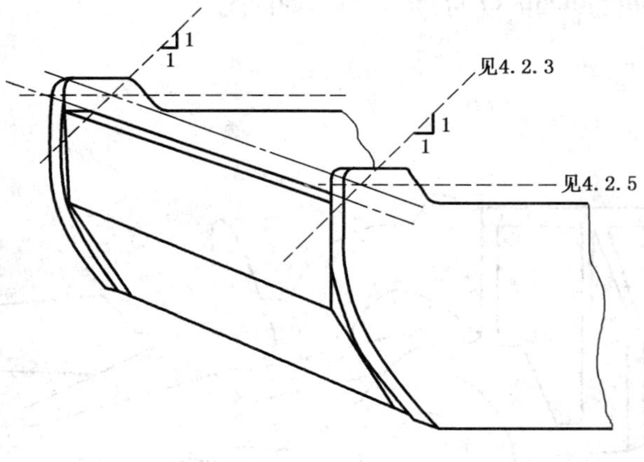

图 3　平装容量的标定:斜度为 1 : 1(45°)的平面

4.2.3　如果斗门处于 4.1.3 所规定的位置,但斗门并未与切削刃相接触,则其界面为过切削刃和铲斗底板的交线,与斗门唇部最外缘的直线所形成的平面。

4.2.4　切削刃、铲斗底板、卸土装置和铲斗两侧壁的内表面。

4.2.5　按平均直线法确定标定面,即按铲斗侧壁上端面最低位置做一条平行于铲斗底板的直线,使位于该直线上方的侧壁面积与该直线下方的侧壁空缺面积相等,见图 4。

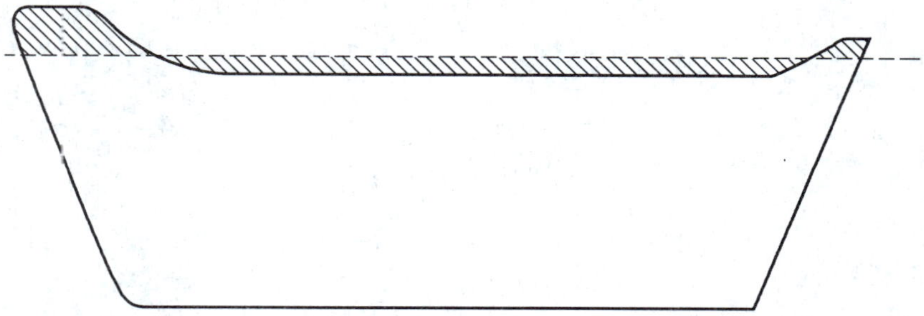

图 4 平装容量的标定:由平均线所确定的平面

4.3 堆尖容量的标定

4.3.1 卸土装置高出平装容量上表面以上的部分,见图 5。

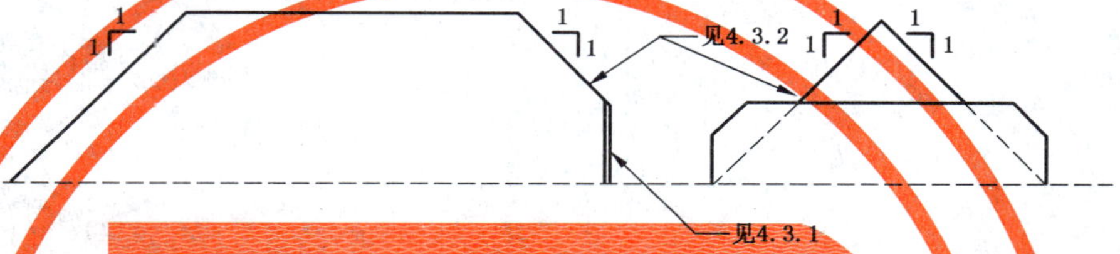

图 5 堆尖容量的标定:斜度为 1:1(45°)的平面

4.3.2 从平装容量上表面和 4.3.1 的表面向内上方做斜度为 1:1(45°)的平面,见图 5,并非用物料能形成这个角,但该静止角通常表示土壤所形成的最佳静止角。

4.4 额定容量为平装容量和堆尖容量的总和。

4.5 铲斗内壁局部不连续部分如加强筋、侧壁凸出部分等占去的容量可忽略不计。

5 容量标定值的表示方法

5.1 铲斗容量的标定值不应超出按本标准方法所确定的铲斗容量的±3%。

5.2 对于铲斗容量小于 10 m^3 的,标定值应精确到 0.1 m^3;而大于或等于 10 m^3 的,其标定值应精确到 0.5 m^3。

ICS 53.100
P 97

中华人民共和国国家标准

GB/T 25692—2010/ISO 10268:1993

土方机械　自卸车和自行式铲运机用限速器　性能试验

Earth-moving machinery—Retarders for dumpers and tractor-scrapers—Performance tests

(ISO 10268:1993,IDT)

2010-12-23 发布　　2011-07-01 实施

中华人民共和国国家质量监督检验检疫总局
中国国家标准化管理委员会　发布

前　言

本标准等同采用 ISO 10268:1993《土方机械　自卸车和自行式铲运机用限速器　性能试验》(英文版)。

本标准等同翻译 ISO 10268:1993。

为便于使用,本标准作了下列编辑性修改:

——“本国际标准”一词改为“本标准”;

——用小数点“.”代替作为小数点的“,”;

——删除了国际标准前言;

——对 ISO 10268:1993 中引用的国际标准,用已被采用为我国的标准代替对应的国际标准。

本标准的附录 A 为资料性附录。

本标准由中国机械工业联合会提出。

本标准由全国土方机械标准化技术委员会(SAC/TC 334)归口。

本标准负责起草单位:厦门市产品质量监督检验院[国家场(厂)内机动车辆质量监督检验中心]、天津工程机械研究院。

本标准参加起草单位:厦门厦工机械股份有限公司。

本标准起草人:田力军、吴红丽、王一峰、李蔚苹。

土方机械　自卸车和自行式铲运机用限速器　性能试验

1　范围

本标准规定了检验由制造商提供的限速器连续限速能力的试验程序。

本标准适用于安装了限速器的自卸车、自行式铲运机及其他土方机械。

2　规范性引用文件

下列文件中的条款通过本标准的引用而成为本标准的条款。凡是注日期的引用文件，其随后所有的修改单（不包括勘误的内容）或修订版均不适用于本标准，然而，鼓励根据本标准达成协议的各方研究是否可使用这些文件的最新版本。凡是不注日期的引用文件，其最新版本适用于本标准。

GB/T 21152　土方机械　轮胎式机器　制动系统的性能要求和试验方法(GB/T 21152—2007，ISO 3450:1996，IDT)

GB/T 21153　土方机械　尺寸、性能和参数的单位与测量准确度(GB/T 21153—2007，ISO 9248:1992，MOD)

3　术语和定义

下列术语和定义适用于本标准。

3.1

限速器　retarder

为了控制机器下坡时的速度，通常使用的能量吸收装置。

3.2

连续限速能力　continuous retarding capability

机器限速系统稳定地处于且没有超出规定的临界参数时，限速器的稳态能量吸收率。

注：临界参数应由制造商规定。临界参数依赖于限速系统的设计，例如临界参数受润滑油和冷却液温度的影响。

3.3

最大连续功率　maximum continuous power

未超过制造商规定的发动机转速时，在规定的传动比下用最大递减速度和轮辋受力进行描述的值。

3.4

坡度　grade

进行坡道试验时试验跑道的坡度。

4　试验方法

可采用下列任一种方法检验：

——牵引；

——在坡道上；

——采用测功器。

5　设备

5.1　牵引和在坡道上的检验试验

试验跑道应充分压实，表面坚硬、干燥（允许有不影响路面摩擦特性的地面湿度）。为确保维持所要求的试验速度,试验跑道应有足够的长度、平整和均匀的坡度。另外,用于牵引试验的跑道,在行驶方向上的平均坡度应在水平面(0%的坡度)的±1%以内。

5.2 测功器试验

驱动装置由动力源、电动测功器或滚筒组成,所用的这些装置应满足制造商规定的限制范围。

6 测量准确度

6.1 测量仪表的准确度应符合 GB/T 21153 的规定。

6.2 测量坡度的准确度应在±0.5°之内。

7 试验要求

7.1 限速系统和机器应进行彻底保养,并调整到符合制造商的技术规范后,才可进行试验。

7.2 机器应达到标定的工作温度,才能进行试验。

7.3 如果行车制动器独立于限速器,则行车制动器应彻底脱开。

7.4 如果限速器使用行车和/或辅助制动系统作为一般能量吸收元件,则机器在整个限速器检验试验中应符合 GB/T 21152 的要求。

7.5 检验试验的环境温度应为 27 ℃～32 ℃,除非性能不受环境温度的影响。

注 1:环境温度不在 27 ℃～32 ℃范围时,不能检验 32 ℃时提供的性能,除非所确定的性能不受环境温度影响。

注 2:由于本标准没有规定温度修正系数,因此要求进行试验的环境温度在 27 ℃～32 ℃范围内,以便能检验 32 ℃的基准温度下公布的限速器性能。

超出 27 ℃～32 ℃的环境温度范围也可进行检验试验。当环境温度超出 27 ℃～32 ℃范围进行试验时,检验温度应在报告中表明。但检验温度不应高于制造商试验时记录的环境温度 5 ℃。

7.6 试验期间应记录与试验方法相应的有关数据:

a) 机器速度;

b) 机器质量;

c) 牵引力;

d) 坡度;

e) 测功器的输出功率;

f) 环境温度。

8 检验试验

8.1 使用制造商公布的连续限速曲线,确定试验机器所要检验的一组轮辋受力和速度。限速器性能数据的典型例子见图 A.1。

8.2 机器上安装相应的仪表来监测和记录与临界参数(见 3.2)有关的必要数据。

8.3 测定任一系统的极限值,并遵循制造商关于机器操作的注意事项。

8.4 检查行车制动系统处于正常的工作状况,并确保有能力在试验速度、试验载荷和试验坡度的条件下停住机器。

8.5 测定机器的连续限速能力进行运行试验是必要的。三个连续运行试验结果的平均值不应小于所公布数据的计算功率的 95%。公布的曲线上的每个点应满足试验的检验:这些点应是最大的连续功率。

9 限速性能报告格式

9.1 当机器的限速能力是根据本标准公布时，应表明环境温度为 32 ℃时的连续限速能力曲线。如果检验试验未在 32 ℃时进行，则应注明。其他温度下的性能曲线也应表明。

9.2 限速能力应采用与图 A.1 中相当或相似的格式表明。

9.3 附录 A 表明了限速性能图的使用。

附　录　A
（资料性附录）
限速性能图的使用示例

限速性能图的使用是通过如下自行式自卸车作为示例进行图解说明。已知限速性能的机器在最大的稳定速度能够由下列a)～e)的步骤确定的连续梯度进行减速。

已知下列数据：

——下坡坡度　　12%；

——滚动阻力　　2%；

——最大机器质量　136 000 kg。

确定连续梯度的步骤如下：

a)　计算有效坡度，下坡坡度减去滚动阻力(12%－2%＝10%)；

b)　在表中找出最大机器质量为136 000 kg的坐标；

c)　垂直向下移动，直到与10%的有效坡度线相交；

d)　水平地向左移动，直到与传动速度线相交；

e)　垂直向下移动至速度坐标线，并确定最大速度为26 km/h。

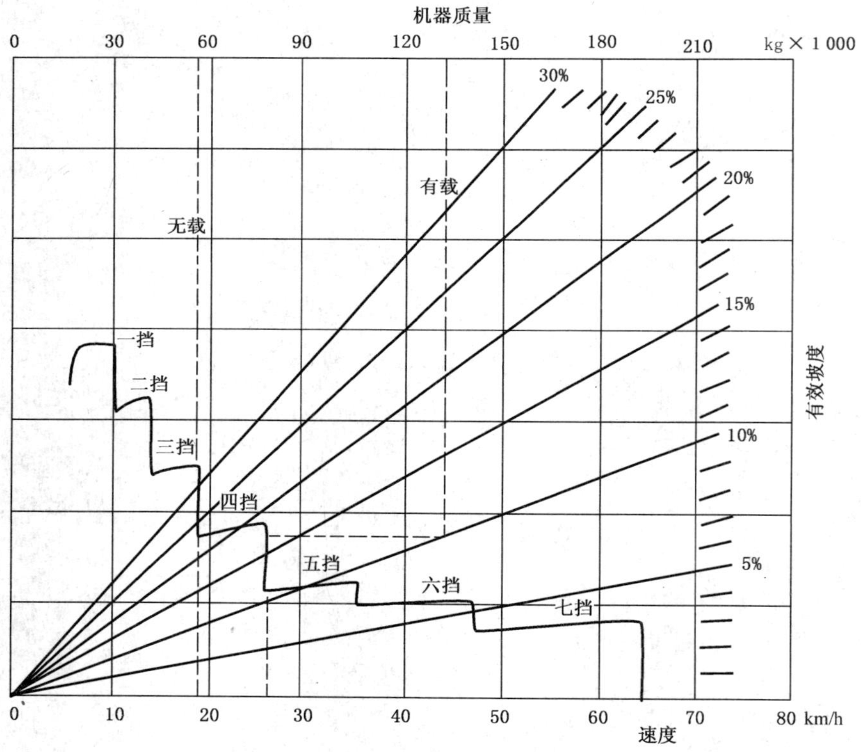

图 A.1　限速性能

参 考 文 献

[1] GB/T 7920.8—2003 土方机械 铲运机 术语和商业规格(ISO 7133:1994,MOD).
[2] GB/T 25605—2010 土方机械 自卸车 术语和商业规格(ISO 7132:2003,MOD).

ICS 53.100
P 97

中华人民共和国国家标准

GB/T 25693—2010

土方机械　遥控拆除机

Earth-moving machinery—remote-controlled demolition robot

2010-12-23 发布　　2011-07-01 实施

中华人民共和国国家质量监督检验检疫总局
中国国家标准化管理委员会　发布

前　言

本标准的附录B、附录C和附录D为规范性附录，附录A为资料性附录。

本标准由中国机械工业联合会提出。

本标准由全国土方机械标准化技术委员会(SAC/TC 334)归口。

本标准起草单位：惊天液压机械制造有限公司、天津工程机械研究院。

本标准主要起草人：罗铭、段琳、孟宪三。

土方机械 遥控拆除机

1 范围

本标准规定了遥控拆除机(以下简称拆除机)的术语和定义、分类、要求、试验方法、检验规则、标志、包装、运输和贮存等。

本标准适用于遥控操作的拆除机。

2 规范性引用文件

下列文件中的条款通过本标准的引用而成为本标准的条款。凡是注日期的引用文件,其随后所有的修改单(不包括勘误的内容)或修订版均不适用于本标准,然而,鼓励根据本标准达成协议的各方研究是否可使用这些文件的最新版本。凡是不注日期的引用文件,其最新版本适用于本标准。

GB/T 1147.1 中小功率内燃机 第1部分:通用技术条件

GB/T 2829 周期检验计数抽样程序及表(适用于对过程稳定性的检验)

GB/T 3766 液压系统通用技术条件(GB/T 3766—2001,eqv ISO 4413:1998)

GB/T 3797 电气控制设备

GB 4208 外壳防护等级(IP代码)(GB 4208—2008,IEC 60529:2001,IDT)

GB 5226.1 机械电气安全 机械电气设备 第1部分:通用技术条件(GB 5226.1—2008,IEC 60204-1:2005,IDT)

GB/T 7586—2008 液压挖掘机 试验方法

GB/T 7935 液压元件 通用技术条件

GB/T 8498 土方机械 基本类型 识别、术语和定义(GB/T 8498—2008,ISO 6165:2006,IDT)

GB/T 14039 液压传动 油液 固体颗粒污染等级代号(GB/T 14039—2002,ISO 4406:1999,MOD)

GB/T 18577.1 土方机械 尺寸与符号的定义 第1部分:主机(GB/T 18577.1—2008,ISO 6746-1:2003,IDT)

GB 20178 土方机械 安全标志和危险图示 通则(GB 20178—2006,ISO 9244:1995,MOD)

GB/T 20418 土方机械 照明、信号和标志灯以及反射器(GB/T 20418—2006,ISO 12509:1995,MOD)

GB 20891 非道路移动机械用柴油机排气污染物排放限值及测量方法(中国Ⅰ、Ⅱ阶段)[GB 20891—2007,97/68/EC(最新修订版 2002/88/EC)和 74/150/EEC(最新修订版 2000/25/EC),MOD]

GB/T 21154—2007 土方机械 整机及其工作装置和部件的质量测量方法(ISO 6016:1998,IDT)

GB/T 21155 土方机械 前进和倒退音响报警 声响试验方法(GB/T 21155—2007,ISO 9533:1989,IDT)

GB/T 22358 土方机械 防护与贮存(GB/T 22358—2008,ISO 6749:1984,IDT)

GB/T 22359 土方机械 电磁兼容性(GB/T 22359—2008,ISO 13766:2006,IDT)

GB/T 25602 土方机械 机器可用性 术语(GB/T 25602—2010,ISO 8927:1991,IDT)

GB/T 25622 土方机械 司机手册 内容和格式(GB/T 25622—2010,ISO 6750:2005,IDT)

JB/T 5943 工程机械 焊接件通用技术条件

JB/T 5946　工程机械　涂装通用技术条件

JB/T 5947　工程机械　包装通用技术条件

JB/T 5953　液压锤

ISO 15817:2005　土方机械　司机遥控的安全要求

3　术语和定义

GB/T 8498、GB/T 21154 和 GB/T 25602 确立的以及下列术语和定义适用于本标准。

3.1

遥控拆除机　remote-controlled demolition robot

自行的履带式遥控型机器，具有可带多节臂工作装置做 360°回转的上部结构。主要进行破碎、拆除等作业。

3.2

遥控型机器　remote-control machine

通过信号的传输进行操纵的自行式土方机械，信号由不在机器上的控制装置（发射机）发射，并由位于机器上的接收装置（接收机）加以接收。

注：遥控装置有无线控制或有线控制。

[GB/T 8498—2008，定义 3.3]。

3.2.1

有线遥控型机器　wire-controlled machine

由电线连接机器与远处的司机控制装置，并通过电线传送的信号实现操纵的自行式的遥控型机器。

注：有线遥控型机器通常是在作业区内以直接监视的方式进行操纵。

[GB/T 8498—2008，定义 3.3.1]。

3.2.2

无线遥控型机器　wireless-controlled machine

由远离机器的司机控制装置发出的，并通过空中传送的信号实现操纵的自行式的遥控型机器。

注：无线遥控型机器可在作业区内，以直接监视或非直接监视的方式进行操纵。

[GB/T 8498—2008，定义 3.3.2]。

3.3

主机　base machine

机器不带有工作装置或附属装置，但配备有安装工作装置或附属装置所必需的连接件。

注：改写 GB/T 21154—2007，定义 3.1.1。

3.4

工作质量　operating mass

主机带有包括制造商规定的工作装置、燃油箱加足燃油、其他液体系统加到制造商规定液位时的质量。

注：改写 GB/T 21154—2007，定义 3.2.1。

4　分类

4.1　形式

拆除机按动力源可分为电动机驱动型和柴油机驱动型。

4.2　标记方法

产品标记至少应包含企业代号和体现机器性能的特征参数代号。

4.3　基本参数

拆除机基本参数为发动机和电动机功率，工作质量及破碎能力，主要参数一览表见附录 A。

5 要求

5.1 一般要求

5.1.1 拆除机应能在－15 ℃～＋40 ℃的环境条件下正常工作。

5.1.2 司机手册的编制应符合 GB/T 25622，制造商还应依据市场和客户要求增加司机手册内容。

5.2 性能要求

5.2.1 柴油机驱动型拆除机的发动机功率应符合 GB/T 1147.1 的规定。

5.2.2 拆除机应具有能更换不同附属装置的快换接口。

5.2.3 液压系统和液压元件应符合 GB/T 3766 和 GB/T 7935 的规定。

5.2.4 液压系统清洁度等级应符合 GB/T 14039 规定的—/18/15。

5.2.5 整机出厂时，不能出现渗漏。

5.2.6 拆除机的爬坡能力不小于 50%。

5.2.7 拆除机整机稳定性见附录 B。

5.2.8 拆除机直线行驶的跑偏量不应大于测量距离的 7%。

5.2.9 回转机构的回转、启动和制动应平稳。

5.2.10 拆除机整机可靠性为工作可用度(有效度)≥80%，平均失效间隔时间(平均故障间隔时间)≥200 h。

5.3 电气系统要求

5.3.1 电气系统的设计和安装应符合 GB/T 3797 的规定。

5.3.2 所有安装于机器外部或直接暴露于环境中的电气和电子部件的防护等级应至少符合 GB 4208 中 IP55 的规定。启动开关应装有自动转向装置使电机有正确的回转方向而不受电源相序影响。

5.3.3 应设置紧急停止开关和接地装置，备有有线遥控装置的拆除机，其遥控装置应与主机一起接地。

5.3.4 遥控装置与主机电气控制系统应有互锁装置，遥控器电压应采用安全电压。

5.3.5 电气控制系统中应设有确保安全的过载保护装置或其他类似的保护装置。

5.4 安全、环境保护及外观要求

5.4.1 遥控装置应符合 ISO 15817:2005 的要求。

5.4.2 整机电磁兼容性要求应符合 GB/T 22359 的规定。

5.4.3 设置在拆除机上的和编制在司机手册中的安全标识和危险图示应符合 GB 20178 的规定。

5.4.4 拆除机的照明、信号和标志灯以及反射器应符合 GB/T 20418 的规定，其前进、后退报警音响应符合 GB/T 21155 的规定。

5.4.5 电气及液压管路应固定牢靠，避免因振动和冲击而发生损坏和泄漏现象，活动的管路应装有防止磨损的防护装置。

5.4.6 柴油机驱动型拆除机的柴油机排气污染物应符合 GB 20891 的规定。

5.4.7 拆除机的焊接质量应符合 JB/T 5943 的规定。

5.4.8 拆除机涂漆质量应符合 JB/T 5946 的规定。

5.4.9 拆除机应设置起吊和运输专用吊钩、栓环，并标注起吊标志。

6 试验方法

6.1 定置试验

几何尺寸测量结果记入表 C.1，见图 1(尺寸符号和定义见附录 D)。

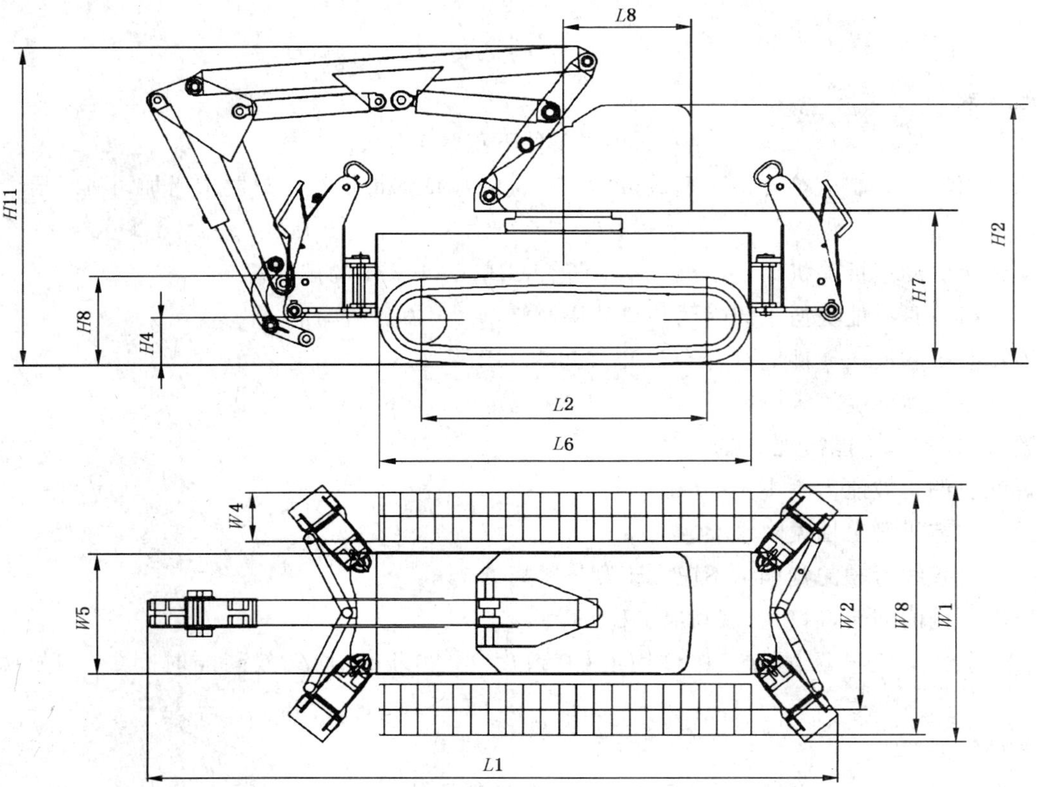

a) 外形尺寸

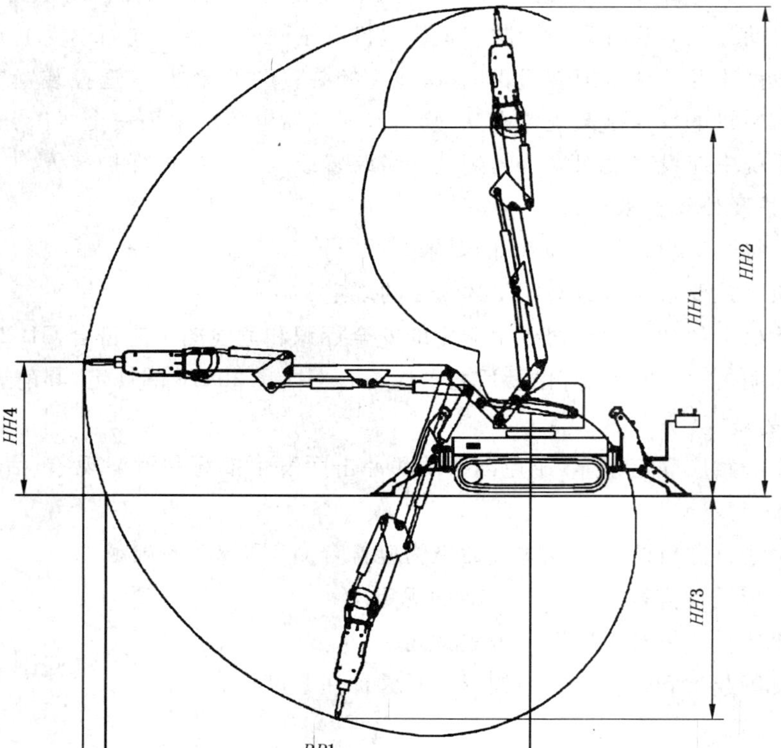

b) 作业尺寸

图 1　拆除机几何尺寸

6.2 **遥控装置测定**

以拆除机回转中心为中心点，在半径为 10 m、20 m、30 m、40 m、50 m、70 m、100 m、130 m、150 m 处，操作遥控装置控制拆除机各机构动作，检测其动作灵敏性。试验结果记入表 C.2。

6.3 **无线视频监测系统测定**

把监视器放在离拆除机回转中心 20 m、40 m、80 m、100 m、120 m、140 m、150 m 处，在不同照度下检测图像质量，应清晰准确。试验结果记入表 C.3。

6.4 **电气设备及系统试验**

电气设备及系统的试验按 GB 5226.1 进行。

6.5 **电磁兼容性试验**

电磁兼容性试验按 GB/T 22359 的规定。

6.6 **作业试验(破碎能力试验)**

拆除机的破碎能力由液压锤的破碎能力具体体现，即液压锤具有的冲击能(或叫冲击功)。作业试验按 JB/T 5953 的规定。

6.7 **其他试验**

其他试验按 GB/T 7586 的规定。

6.8 **工业性试验**

6.8.1 **试验条件**

6.8.1.1 供工业性试验的拆除机应从制造商当月(或季)生产批量中，经制造商质量检验部门检验合格的产品中随机抽取 1 台。在用户中抽取样机时，拆除机应处于正常工作状态。

6.8.1.2 试验场地可在实际工地或在专用的试验场，并能满足样机使用和设计要求的各种负荷工况。

6.8.1.3 样机工业性试验的累计时间不应少于 400 h。其中作业时间不应少于总试验时间的 70%。

6.8.2 **试验前的准备**

6.8.2.1 样机的技术文件应齐全。

6.8.2.2 样机各总成、部件、附件及随机工具应完整。登记样机的制造商、型号、编号、发动机编号及主要总成编号和出厂日期。

6.8.2.3 样机燃油箱的油标尺刻度应进行标定。

6.8.3 **试验内容**

6.8.3.1 磨合试验

6.8.3.1.1 检验样机各部位的技术状态应符合有关技术文件的规定，并按样机司机手册或制造商规定的磨合规范进行磨合。

6.8.3.1.2 在样机磨合期间，应作好记录。

6.8.3.1.3 样机磨合后，进行检验和调整，并作好记录。

6.8.3.2 作业试验

6.8.3.2.1 在保证安全生产的前提下，样机应在全负荷状态下工作。

6.8.3.2.2 试验期间，连续 2 h 以上的作业时间总计不应少于总作业时间的 95%。

6.8.3.2.3 试验期间，应根据样机的司机手册的要求进行技术保养，并作好记录。

6.8.3.2.4 拆除机工业性试验内容是根据不同工作装置进行破碎、拆除作业，试验结果记入表 C.4。

6.8.4 **故障分类和加权系数**

故障的分类原则、判别准则和加权系数见表 1。

表 1 故障分类表

故障类别	故障名称	分类原则	判别准则	加权系数
0	致命故障	严重危及或导致人身伤亡，引起重要总成报废或主要部件严重损坏，造成严重经济损失	1. 发动机损坏； 2. 车架、动臂、斗杆、转台断裂； 3. 转向、换向机构失灵或损坏； 4. 重要构件断裂	—
1	严重故障	严重影响拆除机功能，主要性能指标达不到规定数值，需更换外部重要零部件或拆开机体更换内部零件，修理时间较长，维修费用较高	1. 主要性能下降； 2. 主要液压元件损坏； 3. 遥控装置失灵； 4. 电气故障； 5. 各传动齿轮、传动轴承等主要零部件损坏	1.5
2	一般故障	拆除机功能下降或导致停机，用更换易损备件和用随机工具在 2 h 内可以排除	1. 当气温在 5 ℃以上时发动机连续三次不能启动； 2. 主要液压元件发生异常响声； 3. 发动机连续两次自动熄火造成停机； 4. 漏水、漏油； 5. 液压系统中管道、管接头损坏与更换； 6. 焊接部位焊缝开裂长度大于 5% 的相对长度； 7. 键、销损坏与更换； 8. 各仪器、仪表失灵或损坏	0.8
3	轻微故障	拆除机的使用性能有轻微影响，用更换易损备件和用随车工具在 20 min 内能够排除	1. 渗水、渗油； 2. 转向灯、照明灯不亮； 3. 焊接部位开裂(焊)长度小于 5% 相对长度； 4. 螺栓松动等	0.2

6.8.5 试验结果

试验结果的处理意见按 GB/T 7586—2008 中 24.6 的规定。

7 检验规则

7.1 检验分类

7.1.1 出厂检验

7.1.1.1 所有产品均应经出厂检验合格后方可出厂。

7.1.1.2 出厂检验项目如下：

a) 目测焊接件、漆膜等外观质量(5.4.7、5.4.8)；

b) 整机密封性(5.2.5)；

c) 各润滑部位的润滑状态；

d) 燃油、润滑油、液压油的装机情况；

e) 整机、随机备件、随机工具及司机手册等的完整性；

f) 液压系统压力；

g) 遥控装置(5.4.1)；

h) 照明、信号、标志灯和反射器及前进和倒退音响报警(5.4.4)；

i) 制动性能；

j) 安全标志。

7.1.2 型式检验

7.1.2.1 拆除机在下列情况之一时，应进行型式检验：

a) 新产品或老产品转厂生产的试制定型鉴定；

b) 当正常生产过程中，如结构、材料或工艺等有较大改变，而可能影响产品性能时；

c) 长期停产后，恢复生产时。

7.1.2.2 型式检验项目：

a) 出厂检验项目(7.1.1.2)；

b) 出厂检验之外的其他要求。

7.2 抽样与判定

7.2.1 拆除机的出厂检验采用全数检验，应100%达到要求方为合格。

7.2.2 拆除机的型式检验采用抽样检验。具体的抽样、组批方式由制造商按GB/T 2829中规定的一次抽样方案，在受检当月(季)的批量中随机抽取。

8 标志、包装、运输和贮存

8.1 标志

8.1.1 产品标牌应固定在拆除机机身的明显位置。

8.1.2 产品标牌应包括下列项目：

a) 制造商名称和地址；

b) 产品名称和型号；

c) 产品基本参数和外形尺寸；

d) 制造年度或出厂编号。

8.1.3 在拆除机的明显位置应设置安全标志和润滑示意图等标志。

8.2 包装

8.2.1 拆除机及其附件的包装应符合JB/T 5947或合同的约定。

8.2.2 拆除机整机一般采用裸装(有特殊要求除外)。易损易落零部件应从主机上拆下，单独采用包装箱包装。拆除机分解包装运输按包装图样进行包装。

8.2.3 产品包装前各油口应用密封塞堵封严。

8.2.4 拆除机出厂时应提供下列文件：

a) 产品合格证明书；

b) 司机手册；

c) 装箱单；

d) 附件、备件和随机工具清单；

e) 产品主要外购设备使用手册。

8.3 运输

8.3.1 拆除机的运输应符合铁路、公路和河运等交通运输部门的规定。

8.3.2 拆除机采用整机装运，超高部件应拆卸单独运输。

8.3.3 整机装运时，应有可靠的固定防护措施、吊装防护措施和防雨措施。

8.3.4 运输过程中应避免碰撞。

8.4 贮存

拆除机的防护与贮存应符合GB/T 22358的规定。

附 录 A
（资料性附录）
拆除机主要参数一览表

表 A.1 拆除机主要参数一览表

性能参数		单位
基本参数	额定功率/额定转速	kW/(r/min)
	工作质量	t
	冲击功	J
液压系统参数	设定压力(工作装置)	MPa
	加力压力(工作装置)	MPa
	设定压力(回转)	MPa
	设定压力(行走)	MPa
	流量	L/min
作业范围参数	最大破碎半径	mm
	最大转锤高度	mm
	最大作业高度	mm
	最大破碎深度	mm
	最大破碎半径时转锤高度	mm
整机性能参数	回转速度	r/min
	行走速度	km/h
	爬坡能力	(°)或%
	接地比压	kPa
外形尺寸	运输时全长	mm
	运输时全宽	mm
	运输时全高	mm
	履带总长	mm
	履带中心距	mm
	履带板宽度	mm
	回转中心至上部总成尾部的距离	mm

附　录　B
（规范性附录）
遥控拆除机稳定性要求

B.1　一般要求

本附录规定了评定遥控拆除机稳定性的准则，包括评价稳定性的计算方法。

本附录适用于处于水平坚硬面进行拆除作业的遥控拆除机。

B.2　安全技术要求

B.2.1　应计算遥控拆除机的稳定性，并通过实测进行验证，其计算结果应满足稳定性系数 $k \geqslant 1$。

B.2.2　支承面下沉和回转、提升动态力对稳定性的影响应按 B.3.2.3 的系数进行计算。

B.3　稳定性计算

B.3.1　倾翻线

指距离遥控拆除机质心最小垂直距离的倾翻线。应即以最不利的倾翻线来进行稳定性计算。多功能遥控拆除机的倾翻线是支腿对地面支承面中心的连线。

B.3.2　计算方法

B.3.2.1　遥控拆除机所有部分质量引起的力矩均作为稳定力矩。所有影响稳定性的变化部分和运动部分均以最不利的尺寸和位置计算。

B.3.2.2　遥控拆除机所用液压锤的重力所引起的力矩为倾翻力矩。

B.3.2.3　应按公式(B.1)计算稳定性系数 k：

$$k = \frac{M_1}{M_2} \qquad \cdots\cdots\cdots\cdots (\text{B.1})$$

式中：

k——稳定系数；

M_1——稳定力矩，单位为牛米(N·m)；

M_2——倾翻力矩，单位为牛米(N·m)。

B.3.3　稳定性计算示例

B.3.3.1　稳定力矩应由称量或计算求得。

B.3.3.2　遥控拆除机机体(不带工作装置及液压锤)重力的称量应使转台与行走方向成 90°(见图 B.1)。

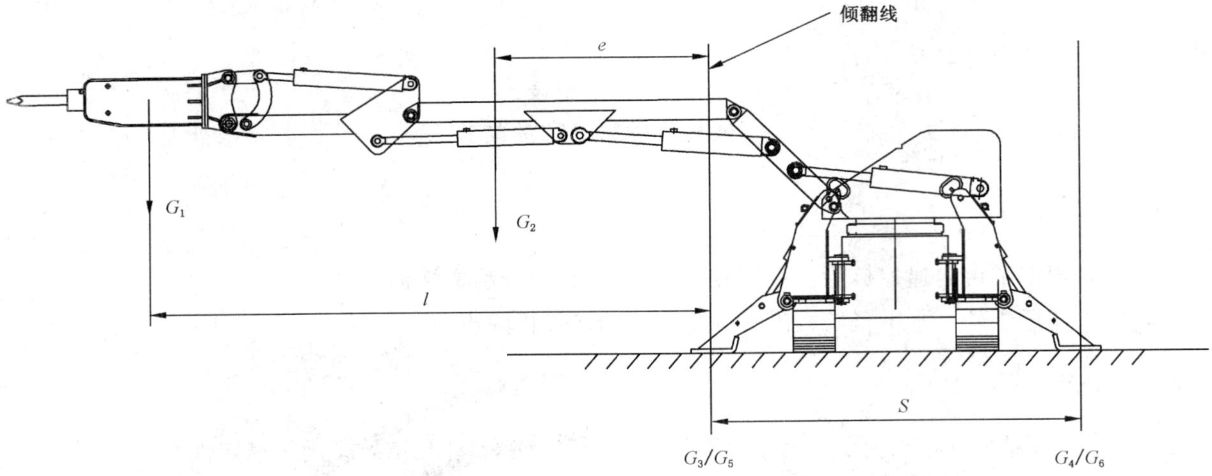

图 B.1 拆除机重力称量示例

B.3.3.3 遥控拆除机工作装置(不含液压锤)重力的称量应使工作装置伸出到最大的破碎半径,如图B.1,并且转台应与行走方向成90°。

B.3.3.4 稳定系数应按公式(B.2)~(B.5)计算:

$$G_1 = mg \qquad \cdots\cdots\cdots\cdots (B.2)$$

式中:

G_1——液压锤重力,单位为牛顿(N);

m——液压锤质量,单位为千克(kg);

g——重力加速度,单位为米每二次方秒(m/s^2)。

$$G_2 = G_5 + G_6 - (G_3 + G_4) \qquad \cdots\cdots\cdots\cdots (B.3)$$

式中:

G_2——工作装置重力,单位为牛(N);

G_5——左边整机重力,单位为牛(N);

G_6——右边整机重力,单位为牛(N);

G_3——左边机体重力,单位为牛(N);

G_4——右边机体重力,单位为牛(N)。

$$e = \frac{(G_6 - G_4)S}{G_2} \qquad \cdots\cdots\cdots\cdots (B.4)$$

式中:

e——工作装置质心距离,单位为米(m);

S——倾翻线间的距离,单位为米(m)。

$$k = \frac{G_4 S - 1.10 G_2 e}{1.25 G_1 l} \geqslant 1 \qquad \cdots\cdots\cdots\cdots (B.5)$$

式中:

l——最大破碎位置时液压锤重力距离(从倾翻线量),单位为米(m)。

附 录 C
（规范性附录）
拆除机试验记录表

表 C.1 拆除机主机几何尺寸测定记录表

样机型号________________ 试验日期________________ 试验人员________________

出厂编号________________ 试验地点________________________________

单位为毫米

序号	项 目	符 号	测 定 值	备 注
1	最大长度	$L1$		
2	最大宽度	$W1$		
3	最大高度（不带司机室或 ROPS）	$H2$		
4	履带接地长度	$L2$		
5	履带长度	$L6$		
6	回转中心至上部总成尾部的距离	$L8$		
7	履带中心距	$W2$		
8	履带板宽度	$W4$		
9	上部总成宽度	$W5$		
10	下部总成宽度	$W8$		
11	离地间隙	$H4$		
12	上部总成离地高度	$H7$		
13	履带高度	$H8$		
14	转运高度	$H11$		
15	基准地平面最大破碎半径	$RR1$		
16	最大破碎半径	$RR2$		
17	最大转锤高度	$HH1$		
18	最大作业高度	$HH2$		
19	最大破碎深度	$HH3$		
20	最大破碎半径时转锤高度	$HH4$		

表 C.2 遥控装置试验记录表

样机型号________________试验日期________________出厂编号________________试验人员________________

试验地点________________________________

距离/m	拆除机动作情况			备　注
	1	2	3	
10				
20				
30				
40				
50				
70				
100				
130				
150				

表 C.3 无线视频监测系统试验记录表

样机型号________________试验日期________________出厂编号________________试验人员________________

试验地点________________________________

距离/m	1	2	3	备　注
20				
40				
80				
100				
120				
140				
150				

表 C.4 拆除机工业性试验记录表

拆除机型号____________________制造商____________________出厂编号____________________

日期	天气情况	工地名称	作业		保养		故障				司机	试验人员	备注
			作业内容	作业时间	保养内容	保养时间	故障内容	故障时间	故障排除时间	故障停机时间			

附 录 D
（规范性附录）
拆除机尺寸符号和定义

本附录规定了与拆除机直接相关的尺寸及符号。有关土方机械的基本尺寸、三维坐标系统的定义及主机尺寸符号的规定见 GB/T 18577.1。

表 D.1 拆除机尺寸符号和定义

符号	术　语	定　义
*L*6	履带长度	在 *X* 坐标轴方向上，通过履带总成前和后最远点的两个 *X* 平面之间的距离
*L*8	回转中心至上部总成尾部的距离	在 *X* 坐标轴方向上，分别通过回转中心和上部总成尾部的两个 *X* 平面之间的距离
*W*5	上部总成宽度	在 *Y* 坐标轴方向上，通过上部总成两侧最远点的两个 *Y* 平面之间的距离
*W*8	下部总成宽度	在 *Y* 坐标轴方向上，通过下部总成两侧最远点的两个 *Y* 平面之间的距离
*H*7	上部总成离地高度	在 *Z* 坐标轴方向上，基准地平面至上部总成最低点之间的距离
*H*8	履带总成总高	在 *Z* 坐标轴方向上，基准地平面至履带总成最高点之间的距离
*H*11	转运高度	在 *Z* 坐标轴方向上，基准地平面至工作装置处于运输状态时的最高点之间的距离
*RR*1	基准地平面最大破碎半径	在 *Z* 坐标轴方向上，工作装置最外伸时，破碎锤在 GRP 上所达到的最远点至回转中心中间的距离
*RR*2	最大破碎半径	在 *Z* 坐标轴方向上，工作装置最外伸时，破碎锤所达到的最远点至回转中心中间的距离
*HH*1	最大转锤高度	在 *Z* 坐标轴方向上，破碎锤作业时在作业区所能达到的最高点至 GRP 平面之间的距离
*HH*2	最大作业高度	在 *Z* 坐标轴方向上，破碎锤所能达到的最高点至 GRP 平面之间的距离
*HH*3	最大破碎深度	在 *Z* 坐标轴方向上，破碎锤作业时所能达到的最深点至 GRP 平面之间的距离
*HH*4	最大破碎半径时转锤高度	在 *Z* 坐标轴方向上，工作装置处于最大破碎半径时，破碎锤至 GRP 平面之间的距离

ICS 53.100
P 97

中华人民共和国国家标准

GB/T 25694—2010

土方机械 滑移转向装载机

Earth-moving machinery—Skid-steer loaders

2010-12-23 发布 2011-07-01 实施

中华人民共和国国家质量监督检验检疫总局
中国国家标准化管理委员会 发布

前　言

本标准的附录A为资料性附录。

本标准由中国机械工业联合会提出。

本标准由全国土方机械标准化技术委员会(SAC/TC 334)归口。

本标准起草单位:浙江濠泰机械有限公司、天津工程机械研究院。

本标准主要起草人:蒋光明、王永田、李宏宝、吴红丽。

土方机械　滑移转向装载机

1　范围

本标准规定了 GB/T 8498 中定义的滑移转向装载机的分类、标记、参数、要求、试验方法、检验规则和标志、包装、运输及贮存。

本标准适用于轮胎式或履带式滑移转向装载机(以下简称滑移装载机)。

2　规范性引用文件

下列文件中的条款通过本标准的引用而成为本标准的条款。凡是注日期的引用文件，其随后所有的修改单(不包括勘误的内容)或修订版均不适用于本标准，然而，鼓励根据本标准达成协议的各方研究是否可使用这些文件的最新版本。凡是不注日期的引用文件，其最新版本适用于本标准。

GB/T 1147.1　中小功率内燃机　第 1 部分:通用技术条件

GB/T 2829　周期检验计数抽样程序及表(适用于对过程稳定性的检验)

GB/T 3766　液压系统通用技术条件(GB/T 3766—2001,eqv ISO 4413:1998)

GB/T 7935　液压元件　通用技术条件

GB/T 8419　土方机械　司机座椅振动的试验室评价(GB/T 8419—2007,ISO 7096:2000,IDT)

GB/T 8498　土方机械　基本类型　识别、术语和定义(GB/T 8498—2008,ISO 6165:2006,IDT)

GB/T 8595　土方机械　司机的操纵装置(GB/T 8595—2008,ISO 10968:2004,IDT)

GB/T 10175.1　土方机械　装载机和挖掘装载机　第 1 部分:额定工作载荷的计算和验证倾翻载荷计算值的测试方法(GB/T 10175.1—2008,ISO 14397-1:2007,IDT)

GB/T 10175.2　土方机械　装载机和挖掘装载机　第 2 部分:掘起力和最大提升高度提升能力的测试方法(GB/T 10175.2—2008,ISO 14397-2:2007,IDT)

GB/T 13306　标牌

GB/T 14039　液压传动　油液　固体颗粒污染等级代号(GB/T 14039—2002,ISO 4406:1999,MOD)

GB 16710　土方机械　噪声限值

GB/T 16936　土方机械　发动机净功率试验规范(GB/T 16936—2007,ISO 9249:1997,MOD)

GB/T 16937　土方机械　司机视野　试验方法和性能准则(GB/T 16937—2010,ISO 5006:2006,IDT)

GB/T 17300　土方机械　通道装置(GB/T 17300—2010,ISO 2867:2006,IDT)

GB/T 17771　土方机械　落物保护结构　实验室试验和性能要求(GB/T 17771—2010,ISO 3449:2005,IDT)

GB/T 17922　土方机械　翻车保护结构　试验室试验和性能要求(GB/T 17922—1999,idt ISO 3471:1994)

GB/T 19929　土方机械　履带式机器　制动系统的性能要求和试验方法(GB/T 19929—2005,ISO 10265:1998,MOD)

GB/T 20082　液压传动　液体污染　采用光学显微镜测定颗粒污染度的方法(GB/T 20082—2006,ISO 4407:2002,IDT)

GB 20178 土方机械 安全标志和危险图示 通则(GB 20178—2006,ISO 9244:1995,MOD)

GB/T 20418 土方机械 照明、信号和标志灯以及反射器(GB/T 20418—2006,ISO 12509:1995,MOD)

GB 20891 非道路移动机械用柴油机排气污染物排放限值及测量方法(中国Ⅰ、Ⅱ阶段)[GB 20891—2007,97/68/EC(最新修订版 2002/88/EC)和 74/150/EEC(最新修订版 2000/25/EC),MOD]

GB/T 21152 土方机械 轮胎式机器 制动系统的性能要求和试验方法(GB/T 21152—2007,ISO 3540:1996,IDT)

GB/T 21155 土方机械 前进和倒退音响报警 声响试验方法(GB/T 21155—2007,ISO 9533:1989,IDT)

GB/T 21935 土方机械 操纵的舒适区域与可及范围(GB/T 21935—2008,ISO 6682:1986,IDT)

GB/T 22358 土方机械 防护与贮存(GB/T 22358—2008,ISO 6749:1984,IDT)

GB/T 25604 土方机械 装载机 术语和商业规格(GB/T 25604—2010,ISO/DIS 7131:2007,MOD)

GB/T 25607 土方机械 防护装置 定义和要求(GB/T 25607—2010,ISO 3457:2003,IDT)

GB/T 25614 土方机械 声功率级的测定 动态试验条件(GB/T 25614—2010,ISO 6395:2008,IDT)

GB/T 25615 土方机械 司机位置发射声压级的测定 动态试验条件(GB/T 25615—2010,ISO 6396:2008,IDT)

GB/T 25619 土方机械 滑移转向装载机附属装置的联接(GB/T 25619—2010,ISO 24410:2005,IDT)

GB/T 25622 土方机械 司机手册 内容和格式(GB/T 25622—2010,ISO 6750:2005,IDT)

JB/T 3688.1 轮胎式装载机 基本参数

JB/T 3688.3 轮胎式装载机 试验方法

JB/T 5943 工程机械 焊接件通用技术条件

JB/T 5945 工程机械 装配通用技术条件

JB/T 5946 工程机械 涂装通用技术条件

JB/T 5947 工程机械 包装通用技术条件

JB/T 7155 轮式工程机械车轮 技术条件

JB/T 7698 轮胎式装载机车轮轮辐与轮毂 安装尺寸

JB/T 51147 轮胎式装载机 可靠性加速试验规范

JB/T 51148 轮胎式装载机 可靠性试验方法、故障分类及评定

3 术语和定义

GB/T 25604 和 JB/T 3688.1 确立的术语和定义适用于本标准。

4 分类

滑移装载机按行走方式分为:

——轮胎式滑移装载机;

——履带式滑移装载机。

5 标记

滑移装载机产品标记至少应包含企业代号和体现机器性能特征参数代号。

6 参数

6.1 基本参数

滑移装载机的基本参数是发动机功率、额定工作载荷和工作质量。

6.2 主要参数

滑移装载机的主要参数一览表参见表A.1。

7 要求

7.1 一般要求

7.1.1 滑移装载机应能在－15 ℃～＋40 ℃的环境温度下正常作业。

7.1.2 滑移装载机附属装置的连接应符合GB/T 25619的规定。

7.1.3 滑移装载机的焊接件应符合JB/T 5943的规定。

7.1.4 滑移装载机的装配应符合JB/T 5945的规定。

7.1.5 滑移装载机的外观涂装应符合JB/T 5946的规定。

7.1.6 滑移装载机用液压系统和液压元件应符合GB/T 3766和GB/T 7935的规定。

7.1.7 滑移装载机用柴油机应符合GB/T 1147.1的规定。

7.1.8 滑移装载机用燃油箱的容量应保证其连续作业时间不少于8 h。

7.1.9 滑移装载机用车轮应符合JB/T 7155的规定，其轮辐与轮毂的安装尺寸应符合JB/T 7698的规定。

7.1.10 司机手册的编制应按照GB/T 25622的规定。

7.2 性能要求

7.2.1 滑移装载机的掘起力应符合JB/T 3688.1的规定。

7.2.2 滑移装载机的液压系统油液固体颗粒污染等级不应超过GB/T 14039规定的－/18/15。

7.2.3 滑移装载机的整机出厂时应无渗漏。

7.2.4 滑移装载机的液压缸沉降量应符合表1的规定。

表1 液压缸沉降量

单位为毫米每15分钟

	转斗液压缸	提升液压缸
静态测试1 h的平均值	≤20	≤50

7.2.5 滑移装载机在不少于500 h的工业性试验中，应达到如下要求：

a) 平均失效间隔时间(平均无故障工作时间)应不少于240 h；

b) 工作可用度(有效度)应不小于85%。

7.3 安全、环境保护和舒适性要求

7.3.1 滑移装载机的额定工作载荷和极限倾翻载荷应符合GB/T 10175.1的规定。

7.3.2 滑移装载机的噪声限值应符合GB 16710的规定。

7.3.3 滑移装载机用司机座椅振动性能应符合GB/T 8419的规定。

7.3.4 滑移装载机选用柴油机的排气污染物应符合GB 20891的规定。

7.3.5 滑移装载机司机操纵装置的布置应符合GB/T 21935的规定，操纵力应符合GB/T 8595的规定；带前通道的滑移装载机还应符合以下规定：滑移装载机连杆系的提升与下降、机器行走和液压操纵的附属装置(例如，多用途铲斗)等操纵装置，当司机离开或进入司机操作间时，应自动锁止(如用一个安全杆)或自动不起作用。

7.3.6 轮胎式滑移装载机的制动系统应符合GB/T 21152的规定，履带式滑移装载机的制动系统应符合GB/T 19929的规定。

7.3.7 滑移装载机的司机视野应符合 GB/T 16937 的规定。

7.3.8 滑移装载机的信号和外部照明装置应符合 GB/T 20418 的规定。

7.3.9 滑移装载机的前进、后退报警音响应符合 GB/T 21155 的规定。

7.3.10 滑移装载机的通道装置应符合 GB/T 17300 的规定。

7.3.11 带前通道的滑移装载机的防护装置应装备侧面防护装置，防止司机坐在操作位置上将四肢伸到侧臂与机器固定部件之间受到挤夹。防护装置应符合 GB/T 25607 的规定。保护下肢较低部位保护装置应位于 GB/T 21935 规定的可及区域内，并距司机室地板的最小高度为 200 mm。

7.3.12 配备有滚翻保护结构(ROPS)的滑移装载机，该 ROPS 应符合 GB/T 17922 的规定。对于顶棚式滑移装载机若不需要配备 ROPS，可允许预留 ROPS 固定点。对于配备多种工作装置的滑移装载机，ROPS 的设计应考虑制造商规定最重配置下的工作质量。

7.3.13 在有落物危险的场合使用的滑移装载机应作安装落物保护结构(FOPS)的设计，安装的 FOPS 应符合 GB/T 17771 的规定。

7.3.14 设置在滑移装载机上以及编制在司机手册中的安全标志和危险图示应符合 GB 20178 的规定。

8 试验方法

8.1 滑移装载机的发动机功率的测定按 GB/T 16936 的规定。

8.2 滑移装载机掘起力的测定按 GB/T 10175.2 的规定。

8.3 滑移装载机额定工作载荷和极限倾翻载荷的测定按 GB/T 10175.1 的规定。

8.4 滑移装载机声功率级的测定按 GB/T 25614 的规定。

8.5 滑移装载机司机位置发射声压级的测定按 GB/T 25615 的规定。

8.6 滑移装载机排气污染物的测定按 GB 20891 的规定。

8.7 轮胎式滑移装载机制动系统的测定按 GB/T 21152 的规定，履带式滑移装载机制动系统的测定按 GB/T 19929 的规定。

8.8 滑移装载机前进、后退报警音响的测定按 GB/T 21155 的规定。

8.9 滑移装载机用司机座椅振动性能的试验方法按 GB/T 8419 的规定。

8.10 滑移装载机信号和外部照明装置的测定按 GB/T 20418 的规定。

8.11 滑移装载机液压系统的油液固体颗粒污染度的测定按 GB/T 20082 的规定。

8.12 滑移装载机通道装置测定按 GB/T 17300 的规定。

8.13 滑移装载机防护装置测定按 GB/T 25607 的规定。

8.14 滑移装载机滚翻保护结构(ROPS)试验按 GB/T 17922 的规定。

8.15 滑移装载机落物保护结构(FOPS)试验按 GB/T 17771 的规定。

8.16 滑移装载机工业性试验按 JB/T 51147 或 JB/T 51148 的规定。

8.17 其余项目的试验按 JB/T 3688.3 的规定。

9 检验规则

9.1 检验分类

滑移装载机检验分为出厂检验和型式检验。

9.2 检验项目

9.2.1 滑移装载机应由制造商的质量检验部门检验合格后方可出厂，并应附有产品质量合格的文件或标记。出厂检验项目应包括：

a) 装配的正确性及完整性；

b) 外观质量；

c) 液压系统的工作压力；
d) 各润滑部位的润滑状态；
e) 燃油、液压油及冷却液等油液的状态；
f) 模拟行驶工况，检查操纵性、制动距离和转向性能；
g) 信号和外部照明；
h) 前进、后退报警音响；
i) 整机密封性；
j) 安全标志；
k) 整机、备件及随机工具的完整性。

9.2.2 滑移装载机的型式检验项目应包括：
a) 出厂检验项目(见 9.2.1)；
b) 几何尺寸参数；
c) 通道装置；
d) 制动性能；
e) 工作质量及质心位置；
f) 额定工作载荷、掘起力和极限倾翻载荷；
g) 噪声；
h) 操纵装置的布置及操纵力；
i) 液压缸沉降量；
j) 液压系统的油液固体颗粒污染度；
k) 司机视野；
l) 司机座椅振动性能(座椅制造商提供检验报告)；
m) 防护装置；
n) 滚翻保护结构；
o) 落物保护结构；
p) 发动机功率的测定(发动机制造商提供检验报告)；
q) 排放(发动机制造商提供检验报告)；
r) 工业性试验。

9.3 抽样与组批

9.3.1 滑移装载机的出厂检验采用全数检验。

9.3.2 滑移装载机的型式检验采用抽样检验，具体的抽样、组批方式由制造商按 GB/T 2829 中规定的一次抽样方案，在受检的当月(或当季)的批量中随机抽取。

9.3.3 滑移装载机在下列情况之一时，应进行型式检验：
a) 新产品或老产品转厂生产的试制定型鉴定；
b) 当正常生产过程中，如结构、材料或工艺等有较大改变，而可能影响产品性能时；
c) 长期停产后，恢复生产时。

9.4 判定规则

9.4.1 出厂检验项目按 9.2.1 的规定，其指标或要求应 100%达到要求，方为合格。

9.4.2 型式检验项目按 9.2.2 的规定，其指标或要求按 GB/T 2829 中不合格质量水平 RQL=40，判别水平 DL=Ⅰ的一次抽样方案进行判定。

10 标志、包装、运输及贮存

10.1 滑移装载机应在明显位置固定标牌，其形式与尺寸应符合 GB/T 13306 的规定。标牌上至少应注明：

a） 制造商名称和地址；

b） 产品名称及型号；

c） 产品基本参数；

d） 外形尺寸；

e） 出厂编号；

f） 制造年度。

10.2 滑移装载机及其附件、备件和随机工具的包装应符合 JB/T 5947 的规定，并保证在正常运输和贮存条件下不致损坏。

10.3 滑移装载机出厂时，应向用户提供以下随机文件：

a） 产品合格证明书；

b） 司机手册；

c） 随机附件、备件及随机工具清单；

d） 装箱单。

10.4 滑移装载机的运输应符合交通运输部门的有关规定，未经制造商的同意，运输过程中不应对滑移装载机的部件进行拆卸。发运前，制造商应进行以下准备工作：

a） 必要时，排放水箱内的存水；

b） 切断蓄电池与车身相连的电路。

10.5 滑移装载机的防护与贮存应符合 GB/T 22358 的规定。

附　录　A
（资料性附录）
滑移装载机主要参数一览表

表 A.1　滑移装载机主要参数一览表

性能参数			单位
基本参数	额定功率/额定转速		kW/(r/min)
	额定工作载荷		kg
	工作质量		kg
液压系统参数	工作装置工作压力		MPa
	工作装置流量		L/min
	行走装置工作压力		MPa
	行走装置流量		L/min
作业范围参数	卸载高度		mm
	卸载距离		mm
	标准铲斗容量		m^3
整机性能参数	掘起力	铲斗掘起力	kN
		动臂掘起力	
	最大行驶速度		km/h
	转弯半径		mm
	极限倾翻载荷		kg
	提升时间		s
	总和时间		s
	爬坡能力		(°)或%
	最大牵引力		kN
	离去角		(°)
	最小离地间隙		mm
外形尺寸	最大长度		mm
	最大宽度		mm
	最大高度		mm
	运输高度		mm
	轮胎式	轮距	mm
		轴距	mm
	履带式	履带全长	mm
		履带中心距	mm
		履带板宽度	mm